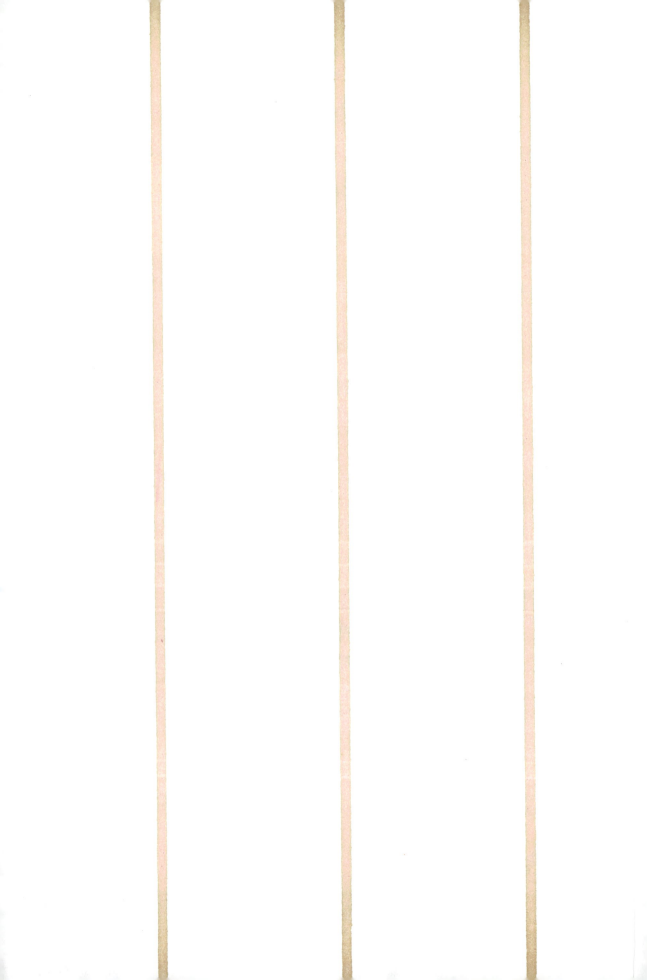

住房和城乡建设领域专业人员岗位培训考核系列用书

施工员专业基础知识
（土建施工）

江苏省建设教育协会　组织编写

中国建筑工业出版社

图书在版编目(CIP)数据

施工员专业基础知识（土建施工）/江苏省建设教育协会组织编写. —北京：中国建筑工业出版社，2014.4

住房和城乡建设领域专业人员岗位培训考核系列用书

ISBN 978-7-112-16621-3

Ⅰ.①施… Ⅱ.①江… Ⅲ.①建筑工程-工程施工-岗位培训-教材②土木工程-工程施工-岗位培训-教材 Ⅳ.①TU712

中国版本图书馆 CIP 数据核字(2014)第 056761 号

本书是《住房和城乡建设领域专业人员岗位培训考核系列用书》中的一本，供土建施工员学习使用。全书结合现场专业人员的岗位工作实际，详细介绍了建筑识图、房屋构造、建筑测量、建筑力学、建筑结构、建筑材料、建筑工程造价、法律法规、职业道德等必备的专业基础知识。本书可作为土建施工员岗位考试的指导用书，也可供职业院校师生和相关专业技术人员参考使用。

责任编辑：刘　江　岳建光
责任设计：张　虹
责任校对：张　颖　关　健

住房和城乡建设领域专业人员岗位培训考核系列用书
施工员专业基础知识
（土建施工）
江苏省建设教育协会　组织编写
*
中国建筑工业出版社出版、发行（北京西郊百万庄）
各地新华书店、建筑书店经销
北京科地亚盟排版公司制版
北京中科印刷有限公司印刷
*
开本：787×1092 毫米　1/16　印张：19½　字数：470 千字
2014 年 9 月第一版　　2015 年 6 月第四次印刷
定价：**51.00** 元
ISBN 978-7-112-16621-3
(25328)

版权所有　翻印必究
如有印装质量问题，可寄本社退换
（邮政编码　100037）

住房和城乡建设领域专业人员岗位培训考核系列用书

编审委员会

主　　任：杜学伦

副 主 任：章小刚　　陈　曦　　曹达双　　漆贯学

　　　　　金少军　　高　枫　　陈文志

委　　员：王宇旻　　成　宁　　金孝权　　郭清平

　　　　　马　记　　金广谦　　陈从建　　杨　志

　　　　　魏僡燕　　惠文荣　　刘建忠　　冯汉国

　　　　　金　强　　王　飞

出版说明

为加强住房城乡建设领域人才队伍建设，住房和城乡建设部组织编制了住房城乡建设领域专业人员职业标准。实施新颁职业标准，有利于进一步完善建设领域生产一线岗位培训考核工作，不断提高建设从业人员队伍素质，更好地保障施工质量和安全生产。第一部职业标准——《建筑与市政工程施工现场专业人员职业标准》（以下简称《职业标准》），已于2012年1月1日实施，其余职业标准也在制定中，并将陆续发布实施。

为贯彻落实《职业标准》，受江苏省住房和城乡建设厅委托，江苏省建设教育协会组织了具有较高理论水平和丰富实践经验的专家和学者，以职业标准为指导，结合一线专业人员的岗位工作实际，按照综合性、实用性、科学性和前瞻性的要求，编写了这套《住房和城乡建设领域专业人员岗位培训考核系列用书》（以下简称《考核系列用书》）。

本套《考核系列用书》覆盖施工员、质量员、资料员、机械员、材料员、劳务员等《职业标准》涉及的岗位（其中，施工员、质量员分为土建施工、装饰装修、设备安装和市政工程四个子专业），并根据实际需求增加了试验员、城建档案管理员岗位；每个岗位结合其职业特点以及培训考核的要求，包括《专业基础知识》、《专业管理实务》和《考试大纲·习题集》三个分册。随着住房城乡建设领域专业人员职业标准的陆续发布实施和岗位的需求，本套《考核系列用书》还将不断补充和完善。

本套《考核系列用书》系统性、针对性较强，通俗易懂，图文并茂，深入浅出，配以考试大纲和习题集，力求做到易学、易懂、易记、易操作。既是相关岗位培训考核的指导用书，又是一线专业人员的实用手册；既可供建设单位、施工单位及相关高、中等职业院校教学培训使用，又可供相关专业技术人员自学参考使用。

本套《考核系列用书》在编写过程中，虽经多次推敲修改，但由于时间仓促，加之编者水平有限，如有疏漏之处，恳请广大读者批评指正（相关意见和建议请发送至JYXH05@163.com），以便我们认真加以修改，不断完善。

本书编写委员会

主　　编：郭清平
副 主 编：张晓岩
编写人员：彭　国　杜成仁　杨　菊　王松成
　　　　　朱祥亮　陈晋中　金　强

前 言

为贯彻落实住房城乡建设领域专业人员新颁职业标准，受江苏省住房和城乡建设厅委托，江苏省建设教育协会组织编写了《住房和城乡建设领域专业人员岗位培训考核系列用书》，本书为其中的一本。

施工员（土建施工）培训考核用书包括《施工员专业基础知识（土建施工）》、《施工员专业管理实务（土建施工）》、《施工员考试大纲·习题集（土建施工）》三本，反映了国家现行规范、规程、标准，并以建筑工程施工技术操作规程和建筑工程施工安全技术操作规程为主线，不仅涵盖了现场施工人员应掌握的通用知识、基础知识和岗位知识，还涉及新技术、新设备、新工艺、新材料等方面的知识。

本书为《施工员专业基础知识（土建施工）》分册，全书共分9章，内容包括：制图基本知识；房屋构造；建筑测量；建筑力学；建筑结构；建筑材料；建筑工程造价；法律法规；职业道德。

本书既可作为施工员（土建施工）岗位培训考核的指导用书，又可作为施工现场相关专业人员的实用手册，也可供职业院校师生和相关专业技术人员参考使用。

目 录

第1章 建筑识图 ... 1

1.1 制图的基本知识 ... 1
- 1.1.1 建筑制图统一标准 ... 1
- 1.1.2 图线 ... 1
- 1.1.3 字体 ... 3
- 1.1.4 比例 ... 3
- 1.1.5 尺寸标注 ... 3
- 1.1.6 工程制图的基本规定 ... 4

1.2 投影的基本知识 ... 7
- 1.2.1 投影法、投射线、投影面、投影图的概念 ... 7
- 1.2.2 投影的分类 ... 8
- 1.2.3 平行投影的特性 ... 8
- 1.2.4 形体的三面投影图 ... 8
- 1.2.5 点的三面投影规律 ... 10
- 1.2.6 直线的投影特性 ... 10
- 1.2.7 平面的投影 ... 11
- 1.2.8 平面立体的投影 ... 11
- 1.2.9 曲面立体的投影 ... 11

1.3 组合体的投影及轴测图 ... 12
- 1.3.1 形体分析 ... 12
- 1.3.2 组合体的尺寸标注 ... 13
- 1.3.3 组合体投影图的读图 ... 14
- 1.3.4 轴测投影的基本知识 ... 16

1.4 计算机辅助制图 ... 17
- 1.4.1 计算机辅助设计和AutoCAD概述 ... 17
- 1.4.2 AutoCAD软件简介 ... 18

1.5 识读建筑施工图 ... 18
- 1.5.1 房屋施工图的产生、分类和特点 ... 18
- 1.5.2 图纸目录和施工说明 ... 20
- 1.5.3 总平面图识读 ... 20
- 1.5.4 建筑平面图识读 ... 22
- 1.5.5 建筑立面图识读 ... 26

  1.5.6　建筑剖面图识读 …………………………………………… 28
  1.5.7　建筑详图识读 ……………………………………………… 29
 1.6　识读结构施工图 …………………………………………………… 34
  1.6.1　结构施工图包括的内容 …………………………………… 34
  1.6.2　结构施工图的识读方法 …………………………………… 34
  1.6.3　柱平法施工图识读 ………………………………………… 36
  1.6.4　梁平法施工图识读 ………………………………………… 39
 1.7　识读钢结构施工图 ………………………………………………… 41
  1.7.1　概述 ………………………………………………………… 41
  1.7.2　单层门式钢结构厂房施工设计图实例 …………………… 42

第2章　房屋构造 …………………………………………………………… 45

 2.1　概述 ………………………………………………………………… 45
  2.1.1　建筑的概念 ………………………………………………… 45
  2.1.2　建筑的构成要素 …………………………………………… 45
  2.1.3　建筑分类和分级 …………………………………………… 45
  2.1.4　建筑模数 …………………………………………………… 47
  2.1.5　建筑六大组成部分 ………………………………………… 48
 2.2　基础与地下室构造 ………………………………………………… 49
  2.2.1　地基基础构造 ……………………………………………… 49
  2.2.2　地下室防潮防水构造 ……………………………………… 51
 2.3　墙体与门窗构造 …………………………………………………… 53
  2.3.1　墙体概述 …………………………………………………… 53
  2.3.2　砖墙 ………………………………………………………… 55
  2.3.3　砌块墙 ……………………………………………………… 61
  2.3.4　隔墙 ………………………………………………………… 62
  2.3.5　门的种类与构造 …………………………………………… 63
  2.3.6　窗的种类与构造 …………………………………………… 63
 2.4　楼板与地面构造 …………………………………………………… 64
  2.4.1　楼地层的组成 ……………………………………………… 65
  2.4.2　现浇钢筋混凝土楼板 ……………………………………… 66
  2.4.3　装配式钢筋混凝土楼板 …………………………………… 67
  2.4.4　顶棚构造 …………………………………………………… 67
  2.4.5　地面构造 …………………………………………………… 68
 2.5　屋顶构造 …………………………………………………………… 70
  2.5.1　屋顶概述 …………………………………………………… 70
  2.5.2　平屋顶的构造 ……………………………………………… 72
  2.5.3　坡屋顶构造 ………………………………………………… 77

第3章 建筑测量 ... 79

3.1 施工测量概述 ... 79
3.1.1 施工测量概述 ... 79
3.1.2 施工测量的特点 ... 79
3.1.3 施工测量的原则 ... 79

3.2 施工测量仪器与工具 ... 80
3.2.1 常见的测量仪器 ... 80
3.2.2 常规测量仪器使用和维护 ... 81
3.2.3 测量工具使用和维护 ... 82

3.3 建筑物的定位放线 ... 82
3.3.1 概述 ... 82
3.3.2 施工场地的平面控制测量 ... 82
3.3.3 施工场地的高程控制测量 ... 85

3.4 民用建筑的施工测量 ... 85
3.4.1 施工测量前的准备工作 ... 85
3.4.2 定位和放线 ... 87
3.4.3 基础工程施工测量 ... 88
3.4.4 墙体施工测量 ... 90
3.4.5 建筑物的轴线投测 ... 91
3.4.6 建筑物的高程传递 ... 91

3.5 高层建筑的施工测量 ... 92
3.5.1 外控法 ... 92
3.5.2 内控法 ... 93

3.6 工业建筑的施工测量 ... 95
3.6.1 概述 ... 95
3.6.2 厂房矩形控制网测设 ... 95
3.6.3 厂房柱列轴线与柱基施工测量 ... 96
3.6.4 厂房预制构件安装测量 ... 97

3.7 建筑物的变形观测 ... 102
3.7.1 建筑物的沉降观测 ... 102
3.7.2 建筑物的倾斜观测 ... 103
3.7.3 建筑物的裂缝观测 ... 104
3.7.4 建筑物位移观测 ... 104

第4章 建筑力学 ... 105

4.1 静力学基本知识 ... 105
4.1.1 力的概念 ... 105
4.1.2 静力学公理 ... 105

4.1.3 约束与约束反力 …………………………………………………… 106
　　　4.1.4 结构上的荷载及支座反力计算 ……………………………………… 107
　4.2 材料力学基本知识 ……………………………………………………………… 107
　　　4.2.1 平面力系的平衡条件 ………………………………………………… 107
　　　4.2.2 构件的支座反力计算 ………………………………………………… 108
　　　4.2.3 构件内力计算 ………………………………………………………… 108
　4.3 结构力学基本知识 ……………………………………………………………… 109
　　　4.3.1 静定梁 ………………………………………………………………… 110
　　　4.3.2 静定平面刚架 ………………………………………………………… 114
　　　4.3.3 静定桁架的内力计算 ………………………………………………… 117

第5章 建筑结构 ……………………………………………………………………… 121

　5.1 建筑结构概述 …………………………………………………………………… 121
　　　5.1.1 建筑结构的概念与分类 ……………………………………………… 121
　　　5.1.2 结构设计的基本要求 ………………………………………………… 121
　　　5.1.3 结构上的荷载与荷载效应 …………………………………………… 122
　　　5.1.4 概率极限状态设计法 ………………………………………………… 123
　5.2 钢筋混凝土结构基本知识 ……………………………………………………… 124
　　　5.2.1 材料强度与锚固搭接 ………………………………………………… 124
　　　5.2.2 受弯构件的一般构造 ………………………………………………… 126
　　　5.2.3 受弯构件正截面承载力计算 ………………………………………… 129
　　　5.2.4 受弯构件斜截面承载力计算 ………………………………………… 132
　　　5.2.5 受压构件 ……………………………………………………………… 135
　　　5.2.6 受拉构件 ……………………………………………………………… 136
　　　5.2.7 预应力混凝土 ………………………………………………………… 136
　　　5.2.8 楼盖、楼梯、雨篷 …………………………………………………… 137
　　　5.2.9 单层工业厂房简介 …………………………………………………… 138
　5.3 砌体结构基本知识 ……………………………………………………………… 139
　　　5.3.1 砌体结构概述 ………………………………………………………… 139
　　　5.3.2 砌体结构材料 ………………………………………………………… 139
　　　5.3.3 砌体力学性能 ………………………………………………………… 140
　　　5.3.4 受压构件计算 ………………………………………………………… 142
　　　5.3.5 局部受压计算 ………………………………………………………… 142
　　　5.3.6 房屋的空间工作和静力计算方案 …………………………………… 143
　　　5.3.7 墙、柱高厚比的验算 ………………………………………………… 143
　　　5.3.8 过梁 …………………………………………………………………… 144
　5.4 钢结构基本知识 ………………………………………………………………… 144
　　　5.4.1 钢结构概述 …………………………………………………………… 144
　　　5.4.2 建筑钢材的力学性能及其技术指标 ………………………………… 145

5.4.3　影响建筑钢材力学性能的因素 …………………………… 145
　　　5.4.4　建筑钢材的规格 …………………………………………… 146
　　　5.4.5　钢结构的连接 ……………………………………………… 148
　　　5.4.6　轻钢工业厂房简介 ………………………………………… 149
　5.5　木结构基本知识 …………………………………………………… 149
　　　5.5.1　木结构概述 ………………………………………………… 149
　　　5.5.2　木结构分类 ………………………………………………… 150
　5.6　多、高层建筑结构简介 …………………………………………… 150
　　　5.6.1　高层建筑概述 ……………………………………………… 150
　　　5.6.2　多、高层房屋结构体系 …………………………………… 151
　5.7　新型建筑结构简介 ………………………………………………… 151
　　　5.7.1　板片空间结构体系 ………………………………………… 151
　　　5.7.2　高效预应力结构体系 ……………………………………… 151
　　　5.7.3　膜结构 ……………………………………………………… 152
　　　5.7.4　巨型结构体系 ……………………………………………… 152
　5.8　建筑结构抗震基本知识 …………………………………………… 152
　　　5.8.1　抗震概述 …………………………………………………… 152
　　　5.8.2　抗震设防 …………………………………………………… 153
　5.9　地基与基础 ………………………………………………………… 154
　　　5.9.1　地基承载力特征值的确定 ………………………………… 154
　　　5.9.2　基础设计的内容与步骤 …………………………………… 155
　　　5.9.3　桩基础 ……………………………………………………… 155

第6章　建筑材料 …………………………………………………………… 156

　6.1　材料的基本性质 …………………………………………………… 156
　　　6.1.1　材料的物理性质 …………………………………………… 156
　　　6.1.2　材料的力学性质 …………………………………………… 159
　　　6.1.3　材料的耐久性 ……………………………………………… 161
　6.2　结构性材料 ………………………………………………………… 162
　　　6.2.1　气硬性胶凝材料 …………………………………………… 162
　　　6.2.2　水泥 ………………………………………………………… 166
　　　6.2.3　混凝土 ……………………………………………………… 173
　　　6.2.4　建筑砂浆及墙体材料 ……………………………………… 182
　　　6.2.5　建筑钢材 …………………………………………………… 188
　　　6.2.6　木材 ………………………………………………………… 193
　6.3　功能性材料 ………………………………………………………… 195
　　　6.3.1　沥青 ………………………………………………………… 195
　　　6.3.2　建筑装饰材料 ……………………………………………… 198
　　　6.3.3　建筑塑料 …………………………………………………… 200

第7章 建筑工程造价 ····· 204

7.1 工程造价概述 ····· 204
7.1.1 工程定额计价基本特点 ····· 204
7.1.2 建筑安装工程施工工作研究 ····· 206
7.1.3 生产要素消耗量确定的基本方法 ····· 206
7.1.4 企业定额 ····· 208
7.1.5 预算定额的基本知识 ····· 209
7.1.6 江苏省建筑与装饰工程计价表介绍 ····· 212
7.1.7 建设工程工程量清单系列规范（2013）简介 ····· 215

7.2 工程造价的构成 ····· 218
7.2.1 工程单价 ····· 218
7.2.2 费用计算说明 ····· 219

7.3 建筑工程计量 ····· 222
7.3.1 土、石方工程 ····· 223
7.3.2 打桩工程及基础垫层 ····· 226
7.3.3 砌筑工程 ····· 227
7.3.4 钢筋工程 ····· 229
7.3.5 混凝土工程 ····· 230
7.3.6 楼地面工程 ····· 234
7.3.7 墙柱面工程 ····· 235
7.3.8 脚手架工程 ····· 236
7.3.9 模板工程 ····· 238

7.4 建筑工程施工图预算 ····· 239
7.4.1 工程量计算的原则 ····· 239
7.4.2 计算的一般方法 ····· 240
7.4.3 施工图预算编制依据和方法 ····· 241
7.4.4 施工图预算的编制依据 ····· 241
7.4.5 施工图预算的编制方法和步骤 ····· 242

第8章 法律法规 ····· 245

8.1 法律体系和法的形式 ····· 245
8.1.1 法律体系 ····· 245
8.1.2 法的形式 ····· 246

8.2 建设工程质量法规 ····· 247
8.2.1 建设工程质量管理的基本制度 ····· 247
8.2.2 建设单位的质量责任和义务 ····· 248
8.2.3 勘察设计单位的质量责任和义务 ····· 248
8.2.4 施工单位的质量责任和义务 ····· 248

  8.2.5　工程监理企业的质量责任和义务 ······ 249
  8.2.6　建设工程质量保修 ······ 249
  8.2.7　建设工程质量的监督管理 ······ 250
 8.3　建设工程安全生产法规 ······ 250
  8.3.1　安全生产法 ······ 250
  8.3.2　建设工程安全生产管理条例 ······ 255
  8.3.3　安全生产许可证的管理规定 ······ 261
 8.4　其他相关法规 ······ 262
  8.4.1　招投标法 ······ 262
  8.4.2　合同法 ······ 264
  8.4.3　劳动法 ······ 268
 8.5　建设工程纠纷的处理 ······ 271
  8.5.1　建设工程纠纷的分类及处理方式 ······ 271
  8.5.2　和解与调解 ······ 272
  8.5.3　仲裁 ······ 273
  8.5.4　诉讼 ······ 274
  8.5.5　证据 ······ 274
  8.5.6　行政复议和行政诉讼 ······ 277

第9章　职业道德 ······ 279
 9.1　概述 ······ 279
 9.2　建设行业从业人员的职业道德 ······ 283
 9.3　建设行业职业道德的核心内容 ······ 286
 9.4　建设行业职业道德建设的现状、特点与措施 ······ 289
 9.5　加强职业道德修养 ······ 292

参考文献 ······ 294

第1章 建筑识图

1.1 制图的基本知识

1.1.1 建筑制图统一标准

1. 图幅、图框

图幅是指图纸的幅面大小。对于一整套的图纸，为了便于装订、保存和合理使用，国家标准《房屋建筑制图统一标准》GB 50001—2010 对图纸幅面进行了规定，共有 5 种，见表 1-1。

图幅及其图框尺寸（mm） 表 1-1

幅面代号 尺寸代号	A0	A1	A2	A3	A4
$b \times l$	841×1189	594×841	420×594	297×420	210×297
c		10		5	
a			25		

图纸的短边一般不应加长，长边可加长，但应符合表 1-2 的规定。

图纸长边加长尺寸（mm） 表 1-2

幅面尺寸	长边尺寸	长边加长后尺寸
A0	1189	1486 1635 1783 1932 2080 2230 2378
A1	841	1051 1261 1471 1682 1892 2102
A2	594	743 891 1041 1189 1338 1486 1635
A2	594	1783 1932 2080
A3	420	630 841 1051 1261 1471 1682 1892

注：有特殊需要的图纸，可采用 $b \times l$ 为 841mm×891mm 与 1189mm×1261mm 的幅面。

2. 标题栏和会签栏

每张图纸都必须有标题栏，如图 1-1（a）所示。标题栏的文字方向为看图方向。
需要会签的图纸应按图 1-1（b）所示的格式绘制会签栏。

1.1.2 图线

1. 线宽

工程图样一般使用 3 种线宽，即粗线、中粗线、细线，三者的比例规定为 b：0.5b：0.25b。绘图时，应根据图样的复杂程度及比例大小，选用表 1-3 所示的线宽组合。

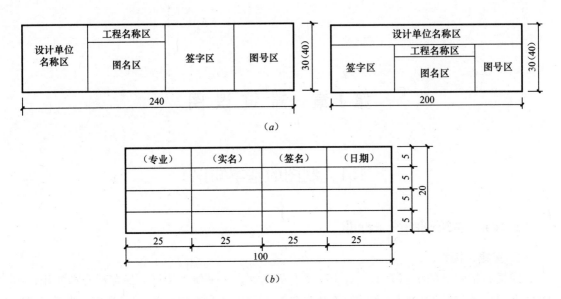

图 1-1 标题栏和会签栏

线宽组（mm） 表 1-3

线宽比	线宽组			
b	1.4	1.0	0.7	0.5
$0.7b$	1.0	0.7	0.5	0.35
$0.5b$	0.7	0.5	0.35	0.25
$0.25b$	0.35	0.25	0.18	0.13

注：1. 需要缩微的图纸，不宜采用0.18及更细的线宽。
 2. 同一张图纸内，各不同线宽中的细线，可统一采用较细的线宽组的细线。

2. 线型

工程图是由不同种类的线型所构成，这些图线可表达图样的不同内容，以及分清图中的主次，工程图的图线线型、线宽和用途见表1-4。

图线的类型及应用 表 1-4

名 称		线 型	线宽	一般用途
实线	粗	———————	b	主要可见轮廓线
	中粗	———————	$0.7b$	可见轮廓线
	中	———————	$0.5b$	可见轮廓线、尺寸线、变更云线
	细	———————	$0.25b$	图例填充线、家具线
虚线	粗	- - - - - - -	b	见各有关专业制图标准
	中粗	- - - - - - -	$0.7b$	不可见轮廓线
	中	- - - - - - -	$0.5b$	不可见轮廓线、图例线
	细	- - - - - - -	$0.25b$	图例填充线、家具线
单点长划线	粗	—·—·—·—	b	见各有关专业制图标准
	中	—·—·—·—	$0.5b$	见各有关专业制图标准
	细	—·—·—·—	$0.25b$	中心线、对称线、轴线等

续表

名　称		线　型	线宽	一般用途
双点长划线	粗		b	见各有关专业制图标准
	中		0.5b	见各有关专业制图标准
	细		0.25b	假想轮廓线、成型前原始轮廓线
折断线	细		0.25b	断开界线
波浪线	细		0.25b	断开界线

1.1.3　字体

1. 汉字

图样及说明中的汉字，宜采用长仿宋体。长仿宋体的宽度与高度的关系应符合表 1-5 的规定，且字高 h 不应小于 3.5mm。

长仿宋体字高宽关系（mm）　　　　　　　　　　　　　表 1-5

字　高	20	14	10	7	5	3.5
字　宽	14	10	7	5	3.5	2.5

2. 数字和字母

数字和字母的笔划宽度宜为字高的 1/10。大写字母的字宽宜为字高的 2/3，小写字母的字宽宜为字高的 1/2。

1.1.4　比例

比例是指图样中图形与实物相应线性尺寸之比。比例的大小，是指其比值的大小。比例宜注写在图名的右侧，字的基准线应取平；比例的字高宜比图名的字高小一号或二号，如图 1-2 所示。

绘图过程中，一般应优先用表（表 1-6）中常用比例，特殊情况下也可自选比例。

平面图 1:100　　⑥ 1:20

图 1-2　比例的注写

绘图所用的比例　　　　　　　　　　　　　　　　表 1-6

常用比例	1:1、1:2、1:5、1:10、1:20、1:30、1:50、1:100、1:150、1:200、1:500、1:1000、1:2000
可用比例	1:3、1:4、1:6、1:15、1:25、1:40、1:60、1:80、1:250、1:300、1:400、1:600、1:5000、1:10000、1:20000、1:50000、1:100000、1:200000

注意！无论用哪种比例绘制图形时，图中标注的尺寸都应是实物的实际尺寸。

1.1.5　尺寸标注

1. 基本规则

① 工程图上所有尺寸数字是物体的实际大小，与图形的比例及绘图的准确度无关。

② 在建筑制图中，图上的尺寸单位，除标高及总平面图以米为单位外，其他图上均

以毫米为单位。

③图上尺寸数字之后不必注写单位,但在注解及技术要求中要注明尺寸单位。

2. 尺寸组成

图上标注的尺寸由尺寸界线、尺寸线、尺寸起止符和尺寸数字4部分组成,如图1-3所示。

① 尺寸线

尺寸线用细实线绘制,应与被标注长度平行,且不应超出尺寸界线。任何图线都不能作为尺寸线。相互平行的尺寸线应从被标注的轮廓线由近向远排列,并且小尺寸在内,大尺寸在外。所有平行尺寸线的间距一般在5~15mm。同一张图纸上这种间距应当保持一致。

② 尺寸界线

尺寸界线用细实线绘制,由一对垂直于被标注长度的平行线组成,其间距等于被标注线段的长度;当标注困难时,也可不垂直于被标注长度,但尺寸界线应互相平行。尺寸界线一端应靠近所注图形轮廓线,另一端应超出尺寸线2~3mm。图形轮廓线、中心线也可作为尺寸界线,如图1-4所示。

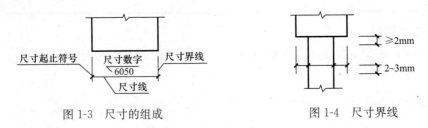

图1-3 尺寸的组成　　　　　图1-4 尺寸界线

③ 尺寸起止符

尺寸起止符号一般用中粗斜短线绘制,其倾斜方向应与尺寸界线成顺时针45°角,长度宜为2~3mm。半径、直径、角度与弧长的尺寸起止符号,宜用箭头表示。

④ 尺寸数字

图上的尺寸,应以尺寸数字为准,不得从图上直接量取。

1.1.6 工程制图的基本规定

1. 定位轴线、附加轴线及编号

定位轴线是用来确定建筑物主要结构及构件位置的尺寸基准线,是房屋施工时砌筑墙身、浇筑柱梁、安装构件等施工定位的重要依据。

定位轴线用细的单点长划线表示,端部画细实线圆,直径8~10mm。定位轴线圆的圆心应在定位轴线的延长线上或延长线的折线上,圆内注明编号。

平面图上定位轴线的编号,宜标注在图样的下方与左侧,如图1-5所示。

横向编号应用阿拉伯数字,从左至右顺序编写,竖向编号应用大写拉丁字母,从下至上顺序编写,但拉丁字母的I、O、Z不得用做轴线编号,以免与阿拉伯数字0、1、2混淆。

组合较复杂的平面图中定位轴线也可采用分区编号,编号的注写形式应为"分区号——

该分区编号"。分区号采用阿拉伯数字或大写拉丁字母表示,如图 1-6 所示。

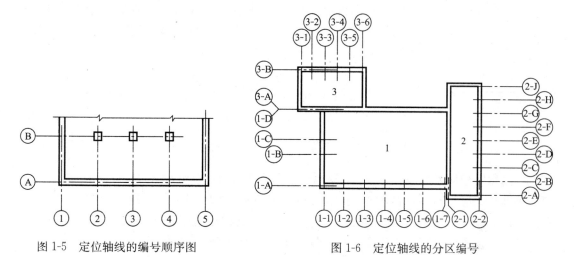

图 1-5　定位轴线的编号顺序图　　　　图 1-6　定位轴线的分区编号

一个详图适用几根轴线时,应同时注明各有关轴线的编号,如图 1-7 所示。

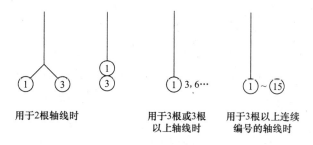

图 1-7　详图的轴线编号

通用详图中的定位轴线,应只画圆,不注写轴线编号。

附加定位轴线的编号采用分数表示,如图 1-8 所示,并应按下列规定编写:

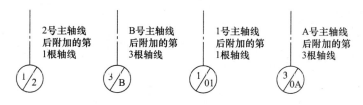

图 1-8　附加轴线的编号

(1) 两根轴线间的附加轴线,应以分母表示前一轴线的编号,分子表示附加轴线的编号,编号宜用阿拉伯数字顺序编写,如分母表示前一轴线的编号,分子表示附加轴线编号。

(2) 1 号轴线或 A 号轴线之前的附加轴线的分母应以 01 或 0A 表示。

2. 标高注法

标高是标注建筑物高度方向的一种尺寸形式,可分为绝对标高和相对标高,均以米为单位。绝对标高是以青岛市黄海平均海平面为基准而引出的标高。相对标高是根据工程需要自行选定基准面，由此引出的标高。

标高符号应以直角等腰三角形表示，如图 1-9 所示。总平面图室外地坪标高符号，宜用涂黑的三角形表示，如图 1-10 所示。标高符号的尖端应指至被注高度的位置。尖端一般应向下，也可向上，如图 1-11 所示。

图 1-9　标高符号　　　图 1-10　总平面图上的室外标高符号　　　图 1-11　标高的指向

标高数字应以米为单位，注写到小数点以后第三位，总平面图中注写到小数点后二位。标高数字应注写在标高符号的左侧或右侧按图形式用细实线绘制，如图 1-12 所示。零点标高应注写成±0.000，正数标高不注"+"，负数标高应注"-"。在图样的同一位置需表示几个不同标高时，标高数字可按图 1-13 所示的形式注写。

图 1-12 标高数字的位置　　　图 1-13 同一位置注写多个标高数字

3. 索引符号和详图符号

索引符号是由直径 10mm 的细实线圆和细实线的水平直径组成，如图 1-14（a）所示。

（1）索引出的详图，如与被索引的详图同在一张图纸内，应在索引符号的上半圆中用阿拉伯数字注明该详图的编号，并在下半圆中间画一段水平细实线，如图 1-14（b）所示。

（2）索引出的详图，如与被索引的详图不在同一张图纸内，应在索引符号的上半圆中用阿拉伯数字注明该详图的编号，在索引符号的下半圆中用阿拉伯数字注明该详图所在图纸的编号，如图 1-14（c）所示。

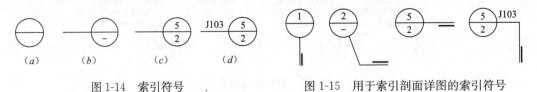

图 1-14　索引符号　　　图 1-15　用于索引剖面详图的索引符号

（3）索引出的详图，如采用标准图，应在索引符号水平直径的延长线上加注该标准图册的编号，如图 1-14（d）所示。

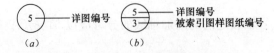

图 1-16　详图符号

(a) 详图与被索引的图样同在一张图纸；(b) 详图与被索引的图样不在同一张纸

索引符号用于索引剖视详图，除符合上述规定外。还应在被剖切的部位绘制剖切位置线，用引出线引出索引符号，引出线所在的一侧为投射方向，如图 1-15 所示。

详图的位置和编号，应以详图符号表示。详图符号的圆应以直径为 14mm 粗实线绘制。

详图与被索引的图样同在一张图纸内时，应在详图符号内用阿拉伯数字注明详图的编号，如图 1-16（a）所示。

详图与被索引的图样不在同一张图纸内，应用细实线在详图符号内画一水平直径，在上半圆中注明详图编号，在下半圆中注明被索引的图纸的编号，如图 1-16（b）所示。

4. 其他符号

（1）指北针

指北针的形状如图 1-17 所示。其圆的直径为 24mm，用细实线绘制；指针尾部的宽度为 3mm，指针头部应注"北"或"N"字。如需用较大直径绘制指北针时，指针尾部宽度宜为直径的 1/8。

（2）对称符号

对称符号由对称线和两端的两对平行线组成。对称线用细点画线绘制，对称符号用两条垂直于对称轴线、平行等长的细实线绘制，其长度为 6~10mm，间距为 2~3mm，画在对称轴线两端，且平行线在对称线两侧长度相等，对称轴线两端的平行线到投影图的距离也应相等。如图 1-18 所示。

（3）连接符号

连接符号应以折断线表示需连接的部位。两部位相距过远时，折断线两端靠图样一侧应标注大写拉丁字母表示连接编号。两个被连接的图样必须用相同的字母编号，如图 1-19 所示。

图 1-17 指北针　　　　图 1-18 对称符号　　　　图 1-19 连接符号

1.2 投影的基本知识

1.2.1 投影法、投射线、投影面、投影图的概念

在日常生活中人们注意到，当太阳光或灯光照射物体时，墙壁上或地面上会出现物体的阴影，这个阴影称为影子。投影法就源自这种自然现象。我们称光源为投影中心，把形成影子的光线称为投射线，把承受投影图的平面称为投影面，在投影面上所得到的图形称为投影图。

投射线、形体和投影面是形成投影的三要素，如图 1-20 所示，三者之间有着密切的关系。

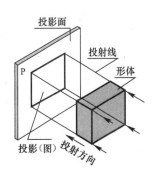

图 1-20 投影三要素

1.2.2 投影的分类

按投射线的不同情况，投影可分为两大类：

(1) 中心投影

所有投射线都从一点（投影中心）引出，称为中心投影，如图 1-21 所示。

(2) 平行投影

所有投射线互相平行则称为平行投影。若投射线与投影面垂直，称为直角投影或正投影（图 1-22（a））。若投射线与投影面斜交，则称为斜角投影或斜投影（图 1-22（b））。

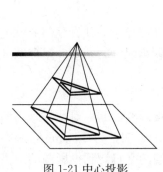

图 1-21 中心投影

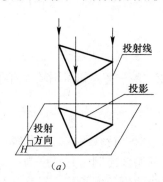 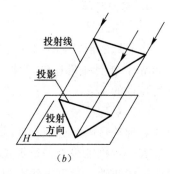

图 1-22 平行投影
(a) 正投影；(b) 斜投影

1.2.3 平行投影的特性

(1) 类似性

① 点的投影仍是点；

② 直线的投影在一般情况下仍为直线，当直线段倾斜于投影面时，其正投影短于实长。

③ 平面的投影在一般情况下仍为平面，当平面倾斜于投影面时，其正投影小于实形。

(2) 从属性

若点在直线上，则点的投影必在直线的同面投影上。

(3) 定比性

直线上一点把该直线分成两段，该两段之比，等于其投影之比。

(4) 实形性

平行于投影面的直线和平面，其投影反应实长和实形。

(5) 积聚性

垂直于投影面的直线，其投影积聚为一点；垂直于投影面的平面，其投影积聚为一条直线。

(6) 平行性

两平行直线的投影仍互相平行，且其投影长度之比等于两平行线段长度之比。

1.2.4 形体的三面投影图

(1) 三面投影体系的建立与名称

以三个相互垂直的平面作为投影面，三个投影面分别命名为水平投影面（又称 H

面）、正立投影面（又称 V 面）和侧立投影面（又称 W 面），如图 1-23 所示。空间立体在三个投影面上的投影分别为水平投影图（简称平面图）、立面投影图（简称立面图）和侧立投影图（简称侧面图），其中水平投影面与正立投影面的交线为 OX 轴；水平投影面与侧立面的交线为 OY 轴；正立投影面与侧立投影面的交线为 OZ 轴；三个轴的交点为原点。

将物体放在三投影面体系内，分别向三个投影面投影，如图 1-24 所示。空间立体在正立投影面上的投影称为主视图；在水平投影面上的投影称为俯视图；在侧立面上的投影图称为左视图。

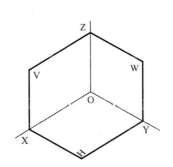 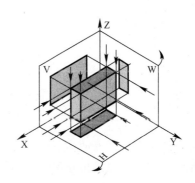

图 1-23　空间的三面投影体系　　图 1-24　三面投影图的形成

为了绘图方便，保持 V 面不动，将 H 面绕 OX 轴向下旋转 90°，W 面绕 OZ 轴向右旋转 90°，使 H 面、V 面与 W 面三个投影面处于同一平面上，如图 1-27（a）所示，这样就得到在同一平面上的三面投影图。

三面投影图的位置关系是：以立面图为准，平面图在立面图的正下方，左侧面图在立面图的正右方。这种配置关系不能随意改变，如图 1-25（b）所示。

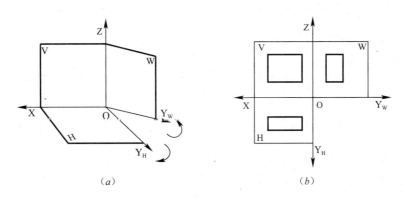

图 1-25　三面投影体系的建立
(a) 三面投影体系的形成；(b) 三面投影体系

(2) 三视图中的相对位置关系

每个形体都有长度、宽度、高度或左右、上下、前后三个方向的形状和大小。形体左右两点之间平行于 OX 轴的距离称为长度；上下两点之间平行于 OZ 轴的距离称为高度；前后两点之间平行于 OY 轴的距离称为宽度。

每个投影图都能反映其中两个方向关系：H 面投影反映形体的长度和宽度，同时也反映左右、前后位置；V 面反映形体的长度和高度，同时也反映左右、上下位置；W 面投影反映形体的高度和宽度，同时也反映上下、前后位置。如图 1-26 所示。

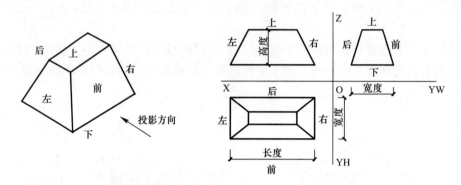

图 1-26　三面投影图的长、宽、高及方位关系

（3）投影的三等关系

三面投影图是在形体安放位置不变的情况下，从三个不同方向投影所得到，根据三面投影图的形成过程可以总结出投影图的投影规律：长对正，高平齐，宽相等。

1.2.5　点的三面投影规律

根据点三面投影的立体图和展开分析，可得出点的三面投影规律：

（1）水平投影和正面投影的连线垂直于 OX 轴（$aax'\perp OX$）；

（2）正面投影和侧面投影的连线垂直于 OZ 轴（$a'az''\perp OZ$）；

（3）水平投影到 OX 轴的距离等于侧面投影到 OZ 轴的距离（$aax=a''az$）。

1.2.6　直线的投影特性

根据直线与投影面的相对位置可分为：

1. 投影面平行线

只平行于一个投影面，而对另外两个投影面倾斜的直线称为投影面平行线。投影面平行线的投影特性：

（1）直线在它所平行的投影面上的投影反映实长，且反映对其他两投影面倾角的实形；

（2）该直线在其他两个投影面上的投影分别平行于相应的投影轴，且小于实长。

2. 投影面垂直线

垂直于一个投影面，平行于另外两个投影面的直线称为投影面垂直线。投影面垂直线的投影特性：

（1）直线在它所垂直的投影面上的投影积聚成一点；

（2）该直线在另两个投影面上的投影分别垂直（同时平行）于相应的投影轴，且都等于该直线的实长。

3. 一般位置直线

直线 AB 与三个投影面都倾斜，它与三个投影面 H、V、W 分别有一倾角，用 α、β、

γ 表示，这种直线称为一般位置直线。一般位置直线的投影特性：
(1) 三个投影都倾斜于投影轴，长度缩短；
(2) 不能直接反映直线与投影面的真实倾角。

1.2.7 平面的投影

根据平面与投影面的相对位置可分为：

1. 投影面垂直面

垂直于一个投影面，而倾斜于另外两个投影面的平面称为投影面垂直面。投影面垂直面的投影特性：
(1) 平面在它所垂直的投影面上的投影积聚为一条斜线，该斜线与投影轴的夹角反映该平面与相应投影面的夹角；
(2) 平面在另外两个投影面上的投影不反映实形，且变小。

2. 投影面平行面

平行于一个投影面，而垂直于另外两个投影面的平面称为投影面平行面。投影面平行面的投影特性：
(1) 平面在它所平行的投影面上的投影为反映实形；
(2) 平面在另外两个投影面上的投影积聚为两条直线，两直线同时垂直于同一轴线（分别平行另两轴线）。

3. 一般位置平面

与三个投影面 H、V、W 都倾斜的平面称为一般位置平面。一般位置平面的三个投影既不反映平面实形，又无积聚性。投影均为原图的类似形，且各投影的图形面积均小于实形。

1.2.8 平面立体的投影

建筑物的形状一般是由柱、锥、台、球、环等基本几何体（简称基本体）所组成的。我们把这些组成建筑形体的最简单但又规则的几何体，叫做基本体。

基本体的尺寸标注
(1) 平面体只要标注出它的长、宽和高的尺寸，就可以确定它的大小。
(2) 尺寸一般注在反映实形的投影上，尽量集中标注在一两个投影的下方和右方，必要时才注在上方和左方。
(3) 一个尺寸只需要标注一次，尽量避免重复。
(4) 正多边形的大小，可标注其外接圆周的直径。

根据表面的组成情况，基本体可分为平面体和曲面体两类。
平面立体是由若干个平面围成的多面体。立体表面上的面与面得交线称为棱线，棱线与棱线的交点称为顶点。平面立体的投影就是作出组成立体表面的各平面和棱线的投影。最常见的平面立体有棱柱、棱锥和棱台。

1.2.9 曲面立体的投影

常见的曲面立体是回转体，回转体的曲面是母线（直线或曲线）绕一轴作回转运动而形成的。曲面上任一位置的母线称为素线，母线上每一个点运动轨迹都是圆，称为纬圆，纬圆平面垂直于回转直线。主要有圆柱体、圆锥体和圆球等。

1.3 组合体的投影及轴测图

工程建筑物的形状虽然很复杂，但一般都是由若干个基本几何体经过叠加、切割或相交等形式组合而成，称为组合体。表达组合体一般情况下是画三面投影图。

1.3.1 形体分析

绘制和阅读组合体的投影图时，可将组合体分解成若干个基本形体或简单形体，分析它们之间的关系，然后逐一解决它们的画图和读图问题。这种把一个物体分解成若干基本形体或简单形体的方法，称为形体分析法。它是画图、读图和标注尺寸的基本方法。

画组合体的投影图。一般先进行形体分析，选择适当的投影图，然后进行画图。

1. 组合体的组合方式

组合体的组合方式可以是叠加、相贯、相切、切割等多种形式。

① 叠加式：把组合体看成由若干个基本形体叠加而成，如图 1-27（a）所示。

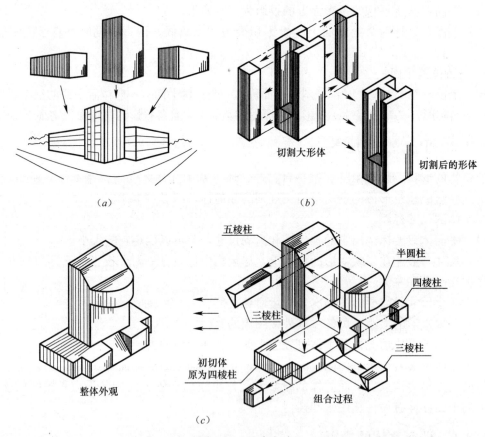

图 1-27 组合方式
(a) 叠加式组合体；(b) 切割式组合体；(c) 混合式组合体

② 切割式：组合体是由一个大的基本形体经过若干次切割而成，如图 1-27（b）所示。

③ 混合式：把组合体看成既有叠加又有切割所组成，如图 1-27（c）所示。

2. 组合体的表面连接

所谓连接关系，就是指基本形体组合成组合体时，各基本形体表面间真实的相互关系。组合体的表面连接关系主要有：两表面相互平齐、相切、相交和不平齐，如图 1-28 所示。

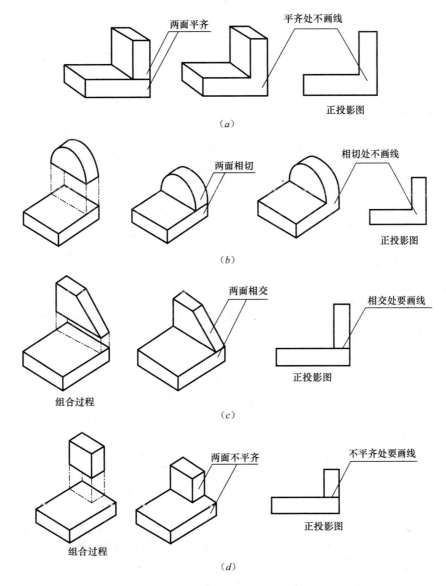

图 1-28　形体表面的几种连接关系
（a）表面平齐；（b）表面相切；（c）表面相交；（d）表面不平齐

1.3.2　组合体的尺寸标注

1. 尺寸的种类

（1）定形尺寸：用于确定组合体中各基本体自身大小的尺寸。

(2) 定位尺寸：用于确定组合体中各基本形体之间相互位置的尺寸。

(3) 总体尺寸：确定组合体总长、总宽、总高的外包尺寸。

在组合体尺寸的标注中应做到：

(1) 组合体尺寸标注前需进行形体分析，弄清反映在投影图上的有哪些基本形体，然后注意这些基本形体的尺寸标注要求，做到简洁合理。

(2) 各基本形体之间的定位尺寸一定要先选好定位基准，再行标注，做到心中有数不遗漏。

(3) 由于组合体形状变化多，定形、定位和总体尺寸有时可以相互兼代。

(4) 组合体各项尺寸一般只标注一次。

2. 尺寸配置

组合体尺寸标注中应注意的问题

(1) 尺寸一般应布置在图形外，以免影响图形清晰。

(2) 尺寸排列要注意大尺寸在外、小尺寸在内，并在不出现尺寸重复的前提下，使尺寸构成封闭的尺寸链。

(3) 反映某一形体的尺寸，最好集中标在反映这一基本形体特征轮廓的投影图上。

(4) 两投影图相关的尺寸，应尽量注在两图之间，以便对照识读。

(5) 尽量不在虚线图形上标注尺寸。

1.3.3　组合体投影图的读图

读图又叫看图、识图、识读等，就是根据物体的投影图想象出物体的空间形状。画图是由物到图，而读图则是由图到物，除了应熟练地运用投影规律进行分析外，还应掌握读图的基本方法。读图的基本方法，可概括为形体分析法、线面分析法和画轴测图等方法。

1. 形体分析法

形体分析法就是在组合体投影图上分析其组合方式、组合体中各基本体的投影特性、表面连接以及相互位置关系，然后综合起来想象组合体空间形状的分析方法。

2. 线面分析法

它是由直线、平面的投影特性，分析投影图中某条线或某个线框的空间意义，从而想象其空间形状，最后联想出组合体整体形状的分析方法。

3. 画轴测图法

就是利用画出正投影图的轴测图，来想象和确定组合体的空间形状的方法。实践证明，此法是初学者容易掌握的辅助识图方法，同时它也是一种常用的图示形式。

4. 读图的要点

1) 联系各个投影想象（图 1-29）

2) 注意找出特征投影（图 1-30）

3) 明确投影图中直线和线框的意义

(1) 投影图中直线的意义

由图 1-31 可知，投影图中的一条直线，一般有三种意义：

① 可表示形体上一条棱线的投影；

② 可表示形体上一个面的积聚投影；

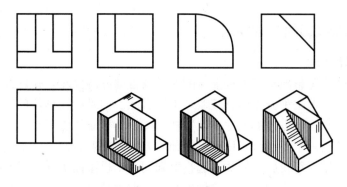

图 1-29 将已知投影图联系起来看

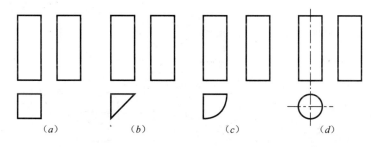

图 1-30 H 面投影均为特征投影
(a) 长方体；(b) 三棱柱体；(c) 1/4 圆柱体；(d) 圆柱体

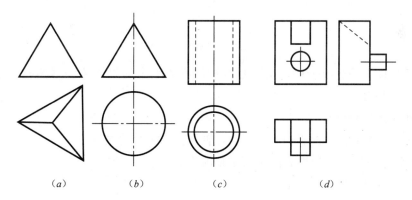

图 1-31 投影图中线和线框的意义
(a) 三棱锥体；(b) 圆锥体；(c) 圆筒体；(d) 带有槽口的长方体

③ 可表示曲面体上一条轮廓素线的投影。

(2) 投影图中线框的意义（图 1-31）

由图 1-31 可知，投影图中的一个线框，一般也有三种意义：

① 可表示形体上一个平面的投影；

② 可表示形体上一个曲面的投影；

③ 可表示形体上孔、洞、槽或叠加体的投影。对于孔、洞、槽，其他投影上必对应有虚线的投影。

1.3.4 轴测投影的基本知识

1. 轴测投影的形成

多面正投影图能完整地确定工程形体的形状及各部分的大小，作图简便，是工程上广泛采用的图示方法。但这种图立体感较差，不易看懂。如果能在形体的一个投影上同时反映形体的长、宽、高三个方向的尺寸，则这样的图就具有立体感了。

为此，可以选用一个不平行于任一坐标面的方向为投射方向，将形体连同确定该形体位置的直角坐标系用平行投影的方法一起投射到同一个投影面 P 上，这样得到的投影就能同时反映出形体的三个方向的尺寸。这种投影方法即为轴测投影法，得到的投影称为轴测投影，也称轴测图，如图 1-32 所示。

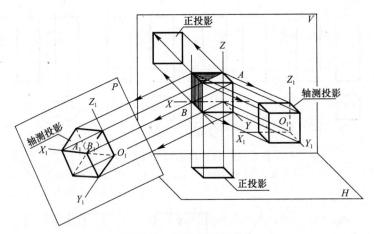

图 1-32 轴测投影的形成

投影面 P 称为轴测投影面，坐标轴在轴测投影面上的投影称为轴测轴，分别标记为 O_1X_1、O_1Y_1、O_1Z_1。

2. 轴测投影的分类

根据投射方向是否垂直于轴测投影面，轴测投影可分为两类：

（1）正轴测投影——投射方向垂直于轴测投影面

如图 1-33（a），将形体斜放，使其三个坐标轴方向都倾斜于一个投影面，然后用正投

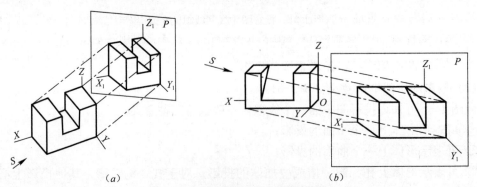

图 1-33 正轴测投影和斜轴测投影
(a) 正轴测投影；(b) 斜轴测投影

影的方法向该投影面投影,称为正轴测投影,由这种方法画出来的图称为正轴测投影图,简称正轴测图。

(2)斜轴测投影——投射方向倾斜于轴测投影面

如图 1-33 (b),采用斜投影的方法向一个投影面投影,称为斜轴测投影,由这种方法画出来的图称为斜轴测投影图,简称斜轴测图。

1.4 计算机辅助制图

1.4.1 计算机辅助设计和 AutoCAD 概述

计算机辅助设计(CAD)作为工程设计领域中的主要技术,在设计、绘图和相互协作方面已经展示了强大的技术实力。利用 AutoCAD 可以迅速而准确地绘制出所需图形。由于其具有易学、使用方便、体系结构开发快的优点,因而深受广大技术人员的喜爱。

计算机辅助设计(Computer Aided Design,CAD)只是一种辅助工具,辅助实现用户的设计意图。因此系统使用人员的创造性思维活动将软件、硬件和人这三者有效地融合在一起,是发挥计算机辅助设计强大功能的前提。

1. 计算机辅助设计的概念

计算机辅助设计是一种将人和计算机的最佳特性结合起来以辅助进行产品设计和分析的技术,是综合了计算机与工程设计方法的最新发展而形成的一门学科。设计人员可以通过人机交互操作的方式进行产品设计的构思和论证,零部件设计和有关零件强度的输出,以及技术文档和有关技术报告的编制等。

计算机绘图是 20 世纪 60 年代发展起来的新型学科,是随着计算机图形学理论的发展而发展的。将数字化的图形信息通过计算机存储、处理,并通过输出设备将图形显示或者打印出来,这个过程即被称为计算机绘图。而研究计算机绘图领域中各种理论与实际问题的学科,则被称为计算机图形学。随着计算机硬件功能的不断提高、系统软件的不断完善,计算机绘图已被广泛应用于多个领域。

但是任何强大的计算机绘图系统都只是一个工具,系统的运行以及思路的提供离不开设计师的思维。因此使用计算机绘图系统的技术人员也属于系统组成的一部分,将软件、硬件以及人这三者有效地融合在一起,才是一个真正的计算机绘图系统。

2. CAD 的优点

CAD 作为信息技术的一个重要组成部分,将计算机高速、海量数据存储及处理与人的综合分析及创造性思维能力结合起来,对加速工程和产品的开发、缩短设计制造周期、提高质量、降低成本、增强企业市场竞争能力与创新能力发挥着重要作用。

与传统的手工绘图相比,计算机绘图不但速度快、精度高,而且便于共享数据、协同工作,此外还可以通过网络快速进行交流。在利用 CAD 进行产品设计时,用户可以边设计边修改,直到设计出满意的结果,再利用绘图设备输出图形即可。因此正是基于这些优点,计算机绘图正在逐步取代手工绘图,在军事、民用、建筑和制造加工等各种领域的应用已非常广泛。

1.4.2 AutoCAD软件简介

AutoCAD作为Autodesk公司开发研制的通用计算机辅助设计软件包,从1982年开发的AutoCAD第一个版本以来,已经发布了20多个版本。早期的版本只是二维绘图的简单工具,绘制图形的过程非常慢。但现在已经是集平面作图、三维造型、数据库管理、渲染着色、互联网通信等功能于一体,并提供了更加丰富的绘图工具。

该软件的每一次升级,在功能上都得到了逐步增强,且日趋完善。也正因为AutoCAD具有强大的辅助绘图功能,彻底改变了传统的手工绘图模式,把工程设计人员从繁重的手工绘图中解放了出来,从而极大地提高了设计效率和工作质量。因此它已成为工程设计领域中应用最为广泛的计算机辅助绘图与设计软件之一。其应用范围遍布机械、建筑、航天、轻工、军事、电子、服装和模具等设计领域。

AutoCAD 2012中文版是该公司于2012年3月发布的最新版本。与以前的版本相比较,新版软件具有更好的绘图界面以及更加形象生动的、简洁快速的设计环境。它在性能和功能方面都有较大的增强,同时又能够保证与低版本完全兼容。

1.5 识读建筑施工图

1.5.1 房屋施工图的产生、分类和特点

建筑施工图是表示房屋的总体布局、内外形状、平面布置、建筑构造及装修做法的图样。它是运用平行正投影原理及有关专业知识绘制的工程图样,是指导施工的主要技术资料。

1. 房屋施工图的产生

(1) 建筑设计的内容

广义的建筑设计包括建筑设计、结构设计、建筑设备设计等。在狭义上是专指建筑的方案设计和施工图设计。

1) 建筑设计:主要包括方案设计和施工图设计两个方面,一般由建筑师完成。方案设计包括总平面设计、平面设计、立面设计、剖面设计,主要是根据拟建建筑基地现状确定建筑定位、根据功能要求进行平面布局、立面造型和空间关系,并进行基地环境设计;施工图设计包括建筑平立剖面施工图和墙身、楼梯、屋顶、门窗、阳台等构件及其细部的构造设计。

2) 结构设计:主要是根据建筑设计选择切实可行的结构方案,进行结构计算及梁、板、柱等结构构件设计,进行结构布置及结构构造设计等。由结构工程师完成。

3) 设备设计:主要包括给水排水、电气照明、通信、采暖、空调通风、动力等方面的设计,由有关的设备工程师配合建筑设计完成。

(2) 建筑设计的过程

建筑的复杂性决定了建筑设计的复杂性。为保证设计方案的合理性,必须遵循逐步深入、循序渐进的原则,按照初步设计、技术设计、施工图设计的程序分三阶段进行。相对简单的工程一般把前两个阶段合并,即分为扩大初步设计和施工图设计两个阶段。具体工

作步骤大致为：

1) 初步设计：

初步设计是建筑设计的第一阶段，它的主要任务是提出设计方案（一般不少于两个），以供建设单位选择，选定的方案经进一步的修改完善，综合成较理想的方案，送有关部门审批。批准的方案是下一阶段设计、施工准备、材料设备订货以及基建拨款等的依据文件。

初步设计的内容包括确定建筑物的组合方式，选定所有建筑材料和结构方案，确定建筑物在基地的位置，说明设计意图，分析设计方案在技术上、经济上的合理性，并提出概算书。

初步设计应当完成的设计文件有：总平面图、建筑的各层平面图、主要剖面图和立面图、建筑的外观效果图或模型、文字说明书、工程概算书等。

2) 技术设计：

技术设计是初步设计细化的阶段。这个阶段的中心任务是在建筑专业的主持下，协调建筑专业与结构专业、设备专业之间的技术关系，及时地发现各专业之间的矛盾并妥善处理。

技术设计的图纸和设计文件：要求在建筑工种的图纸上标明与技术工种有关的详细尺寸，并编制建筑部分的技术说明书；结构工种应有房屋结构布置方案图，并附初步设计计算说明；设备工种也提供相应的设备图纸及说明书。

对于一般中小型建筑，方案设计和技术设计合并为一个阶段设计。

3) 施工图设计：

对建筑方案图的尺寸标注进行调整和完善，进行各个部分及细部的构造设计，进一步解决各工种间的矛盾，编制出完整的、能满足施工的图纸和文件。

2. 房屋施工图的分类

（1）分类

施工图按照其内容、作用的不同，可分为建筑施工图、结构施工图、设备施工图等几种。

1) 建筑施工图

建筑施工图简称建施图，主要反映建筑物的规划位置、形状与内外装修，构造及施工要求等。建筑施工图包括首页（图纸目录、设计总说明等）、总平面图、平面图、立面图、剖面图和详图。

2) 结构施工图

结构施工图简称结施图，主要反映建筑物承重结构置、构件类型、材料、尺寸和构造做法等。结构施工图包括结构设计说明、基础图、结构布置平面图和各种结构构件详图。

3) 设备施工图

设备施工图简称设施图，主要反映建筑物的给水、排水、采暖、通风、电气等各种设备的布置和施工要求等。设备施工图包括设备的平面布置图、系统图和详图。

（2）编排顺序

一套房屋施工图的数量，少则几张、十几张，多则几十张甚至几百张。为方便看图、易于查找，对这些图纸要按一定的顺序进行编排。

整套房屋施工图的编排顺序是：首页图（包括图纸目录、设计总说明、汇总表等）、建筑施工图、结构施工图、设备施工图。

各专业施工图的编排顺序是：基本图在前，详图在后；总体图在前、局部图在后；主要部分在前、次要部分在后；先施工的图在前、后施工的图在后等。

3. 房屋施工图的特点

1）按正投影原理绘制

房屋施工图一般按三面正投影图的形成原理绘制。通常在水平投影面上绘制建筑平面图，在正立投影面上绘制建筑立面图，在侧立投影面上绘制建筑剖面图或侧立面图。在同一张图纸上绘制时要符合正投影的特征和相互间的投影对应关系。

2）绘制房屋施工图采用的比例

建筑施工图一般采用缩小的比例绘制，同一图纸上的图形最好采用相同的比例。绘制构件或局部构造详图时，允许采用与基本图不同的比例，但在图样下文，图名的右侧应注明比例大小，以便对照阅读。

3）房屋施工图图例、符号应严格按照国家标准绘制

由于房屋建筑是由多种建筑材料和繁多的构配件组成，为了作图简便，方便识图，国家制定了《房屋建筑制图统一标准》、《建筑制图标准》等多种标准，在这些标准中规定了一系列图例、符合以表示建筑材料、建筑构配件等。

1.5.2 图纸目录和施工说明

1. 图纸目录

列表说明该工程有哪几个专业的图样，各专业图样的名称、张数并按图样装订顺序依次编号，以便于对整套图有一个概略了解和查找图样。

2. 施工说明、门窗表

建筑施工说明含设计说明和建筑做法说明。设计说明是工程的概貌和总设计要求的说明，内容包括：工程概况、工程设计依据、工程设计标准、主要的施工要求和技术经济指标、建筑用料说明等。建筑做法说明是对工程的细部构造及要求加以说明。内容包括：楼地面、内外墙、散水、台阶等处的构造做法和装修做法。

为了便于装修加工，应列有门窗表，内容包括：编号、尺寸、数量及说明。

1.5.3 总平面图识读

1. 总平面图的形成与作用

建筑总平面图简称总平面图。为了反映新设计的建筑物的位置、朝向及其与周围环境如原有建筑、道路、绿化、地形等的相互关系，在画有等高线或加上坐标的方格网上（对于一些较简单的工程，有时也可不划出等高线和坐标方格网）的地形图上，以图例形式画出新建建筑、原有建筑、预拆除建筑等的外围轮廓线、建筑物周围的道路、绿化区域等的平面图，加上该地区的风向频率玫瑰图，就形成总平面图。

总平面图主要表示原有和新建房屋的位置、标高、道路布置、构筑物、地形、地貌等，作为新建房屋定位、施工放线、土方施工以及施工总平面布置的依据。

2. 总平面图的图例

风向频率玫瑰图简称风玫瑰图。是根据某一地区多年平均统计的各个方向吹风次数的百分数值，并按一定比例绘制，一般用十六个罗盘方位表示。玫瑰图上所表示风的吹向，

是指从外面吹向地区中心。

由于总平面图包括的范围较广,往往采用较小的比例,一般为1:500、1:1000、1:2000。总平面图中常用图例画法以及线型制图标准。

总平面图中标高单位为"米",一般注写到小数后第三位。

总平面图例　　　　　　　　　　　　　　　　　　表 1-7

名　称	图　例	说　明
新设计的建筑物	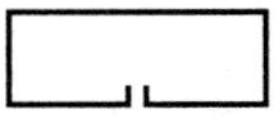	1. 比例小于 1:2000 时,可不画出入口 2. 需要时可在右上角以点数(或数字)表示层数 3. 用粗实线表示
原有的建筑物	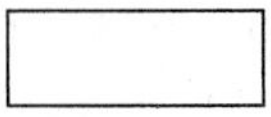	1. 应注明拟利用者 2. 用细实线绘制
计划扩建的预留地或建筑物		用中虚线绘制
拆除的建筑物	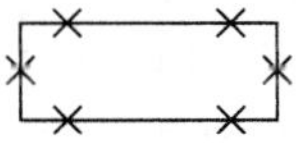	用细实线绘制
围线及大门	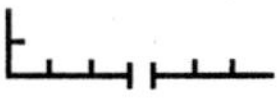 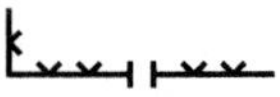	上图表示砖石、混凝土、金属材料围墙 下图表示镀锌铁丝网、篱笆等围墙 如仅表示围墙时不画大门
挡土墙		被挡的土在"突出"的一侧
护坡	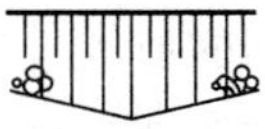	边坡较长时,可在一端或两端局部表示
坐标	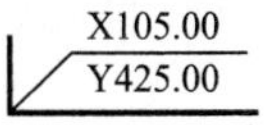 X105.00 Y425.00 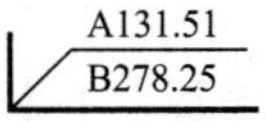 A131.51 B278.25	上图表示测量坐标 下图表示施工坐标
室内标高	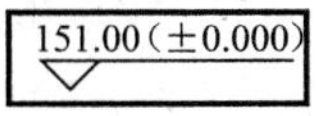 151.00(±0.000)	风向频率玫瑰图 (风玫瑰图)  西安地区风玫瑰图 粗实线范围表示全年风向频率 细虚线范围表示夏季风向频率
室外标高	 ▼143.00	
原有的道路		
计划扩建的道路	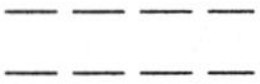	

3. 总平面图的基本内容

总平面的基本内容如下:

(1) 表明新建区的总体布局,如拨地范围、各建筑物及构筑物的位置、道路、管网的布置等。

21

(2) 确定建筑物的平面位置，一般根据原有房屋或道路定位。修建成片住宅、较大的公共建筑物、工厂或地形较复杂时，用坐标确定房屋及道路转折点的位置。

(3) 表明建筑物首层地面的绝对标高，室外地坪、道路的绝对标高，说明土方填挖情况、地面坡度及雨水排除方向。

(4) 用指北针表示房屋的朝向。有时用风向玫瑰图表示常年风向频率和风速。

(5) 根据工程的需要，有时还有水、暖、电等管线总平面图，各种管线综合布置图，竖向设计图，道路纵横剖面图以及绿化布置图等。

4. 总平面图看图要点

(1) 了解工程性质、图纸比例尺，阅读文字说明，熟悉图例。

(2) 了解建设地段的地形，查看拨地范围、建筑物的布置、四周环境、道路布置。

(3) 当地形复杂时，要了解地形概貌。图 1-34 为某厂的总平面图。从等高线可看出：东北部较高，西南部略低，东部有一个山头，西部为四个台地，主要厂房建在中部缓坡上，锅炉房等建在较低地段。

(4) 了解各新建房屋的室内外高差、道路标高、坡度以及地面排水情况

(5) 查看房屋与管线走向的关系，管线引入建筑物的具体位置。

(6) 查找定位依据。

1.5.4 建筑平面图识读

1. 平面图的形成与作用

建筑平面图实际是房屋的一个水平剖面图。是假想用一个水平剖切平面经过门、窗洞口将房屋整个剖开，移去剖切面以上部分，再将余下部分投影成图。这样画出的剖面图即建筑平面图，简称为平面图。需要注意的是屋顶平面图的形成过程没有剖切的过程。

平面图主要表达房屋建筑的平面形状、房间布置、内外交通联系以及墙、柱、门窗等构配件的位置、尺寸、材料、做法等内容。是房屋建造、设备安装、装修以及编制概预算、备料的重要依据。

2. 平面图的内容与图例

建筑平面图由其"底层平面图"、"二层平面图"…等若干个平面图组成。底层平面图应画出该房屋的平面形状、各房间的分隔和组合、出入口、门厅、楼梯等的布置和相互关系、各门窗的位置以及与本栋房屋有关的室外的台阶、散水、花池等的投影。二层平面图除画出房屋二层范围的投影内容之外，还应画出底层平面图无法表达的雨篷、阳台、窗楣等内容，而对于底层平面图上已表达清楚的台阶、花池、散水等内容就不再画出。三层以上的平面图则只需画出本层的投影内容及下一层的窗楣、雨篷等这些下一层无法表达的内容。

由于平面图的比例较小，实际作图中常用 1:100 的比例绘制，所以门、窗等投影难以详尽表示，便采用《国标》规定的图例来表达，而相应的详尽情况则另用较大比例的详图来表达。

在平面图中，凡是被剖切到的断面部分应画出材料图例，但在 1:200 和 1:100 小比例的平面图中，剖到的砖墙一般不画材料图例（或在透明图纸的背面涂红表示），在 1:50 的平面图中小砖墙也可不画图例，但在大于 1:50 时，应该画上材料图例。剖到的钢筋混凝土构件的断面当小于 1:50 的比例时（或断面较窄，不易画出图例线）可涂黑表示。

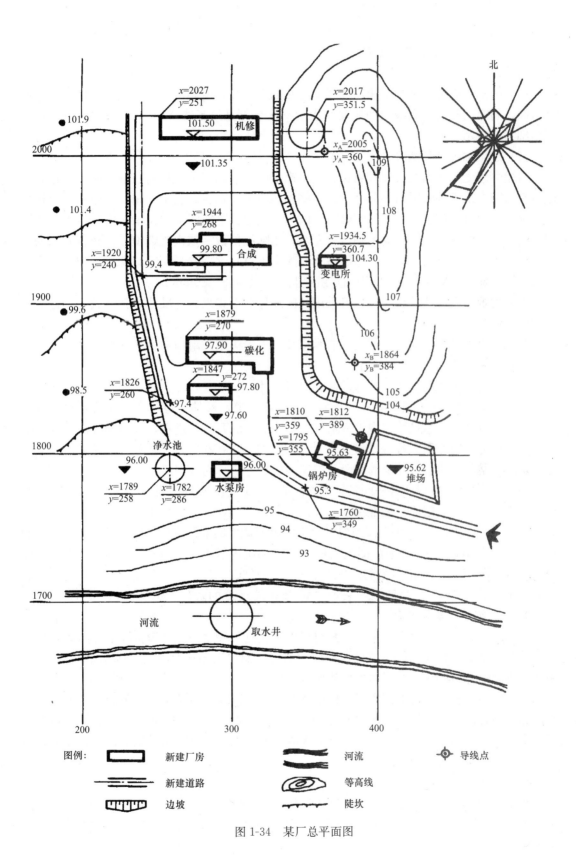

图 1-34 某厂总平面图

3. 平面图的有关规定和要求

(1) 线型

按《国标》规定,建筑平面图的线型画法如下:凡是剖到的墙、柱断面轮廓线,宜画粗实线,门窗的开启示意线用中粗实线表示,其余可见投影线(如窗台、台阶、梯段等)则用细实线表示。

(2) 定位轴线及其编号

房屋中承受重量的墙或柱其数量、类型都很多,为确保工程质量、准确施工定位,在建筑平面图中采用轴线网格划分平面。这些轴线叫定位轴线。它是确定房屋主要承重构件(墙、柱、梁)位置及标注尺寸的基线。《国标》规定:平面图上定位轴线的编号宜标注在图样的下方与左侧。水平方向的轴线自左至右用阿拉伯数字依次连续编号。竖直方向的编号则用大写拉丁字母由下而上顺序编写。并除去 I、O、Z 三个字母,以免与阿拉伯数字中 0、1、2 三个数字混淆。编号圆用细实线绘制,直径为 8~10mm。

如果建筑平面形状较特殊,也可采用分区编号的形式来编注轴线,其方式为"分区号—该区轴线号"。

一般承重墙及外墙编为主轴线,非承重墙、隔墙等编为附加轴线(亦称分轴线)。

(3) 尺寸标注

建筑平面图标注的尺寸有外部尺寸和内部尺寸:

1) 外部尺寸:在水平方向和竖直方向各标注三道,最外一道尺寸标注房屋水平方向的总长、总宽,称为总尺寸;中间一道尺寸标注房屋的开间、进深,称为轴线尺寸(一般情况下两横墙之间的距离称为"开间";两纵墙之间的距离称为"进深")。最里边一道尺寸以轴线定位的标注房屋外墙的墙段及门窗洞口尺寸,称为细部尺寸。

2) 内部尺寸:应标注各房间长、宽方向的净空尺寸,墙厚及轴线的关系、柱子截面、房屋内部门窗洞口、门垛等细部尺寸。

3) 标高、门窗编号:平面图中应标注不同楼层地面高度及室内外地坪等标高。为编制概预算的统计与施工备料,平面图上所用的门窗都应进行编号。门常用"M1"、"M2"或"M—1"、"M—2"等表示,窗常用"C1"、"C2"或"C—1"、"C—2"等表示。有时为了表达的方便常用"C1815"、"M0921"表示"宽 1800 高 1500 的窗"、"宽 900 高 2100 的门"

4. 平面图的数量和图名

一栋房屋究竟应该出多少平面图是要根据房屋复杂程度而。一般情况下,房屋有几层就应画几个平面图并在图的下方标注相应的图名,如"底层平面图"、"顶层平面图"等。图名下方应加一粗实线,图名右方标注比例。

当房屋中间若干层的平面布局、构造情况完全一致时,则可用一个平面图来表达这些相同布局的各层,称之为"标准层平面图"。若中间某些层中有局部改变,也可单独出一局部平面图。另外,对于平屋顶房屋,为表明屋面排水组织及附属设施的设置状况还要绘制一个较小比例的屋顶平面图。

5. 平面图识读示例

某工程的平面图,包括半地下室平面图、一层平面图、标准层平面图、阁楼层平面图、屋顶平面图。这些图按建筑制图标准规定采用 1:100 的比例绘制(因篇幅有限,仅给出图 1-35 一层平面图)。

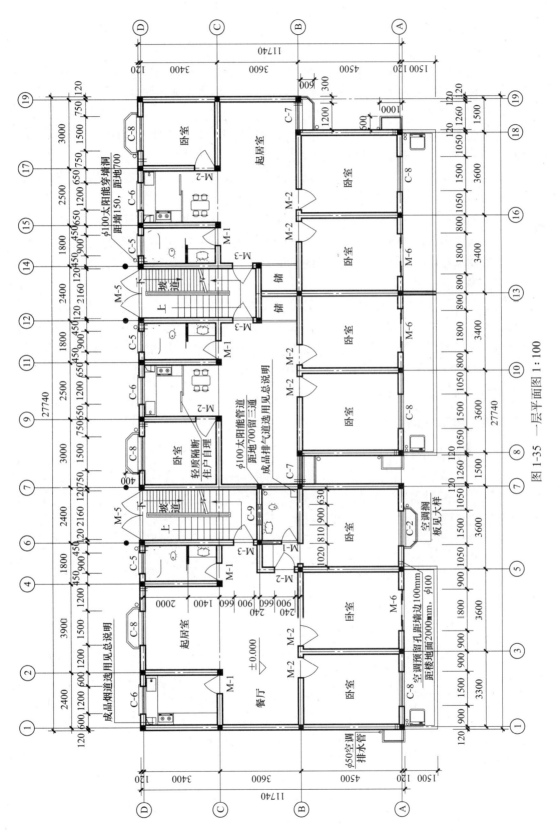

图 1-35 一层平面图 1:100

从一层平面图可看出该住宅平面形状为矩形，一梯两户式加一梯一户式的单元式住宅，总长27.740m，总宽为11.740m。每层共有三户，有两种户型，每户均是三室两厅一卫一厨，即三个卧室、一个客厅和一个餐厅、一个卫生间、一个厨房。从一层平面图可以看出共有5种门，4种窗户。半地下室平面图还表示了室外散水的投影，并表示了Ⅰ—Ⅰ，Ⅱ—Ⅱ两个剖切平面的剖切位置。根据剖切位置可以知道这两个剖面图均采用的是阶梯剖视。底层平面图即这里的半地下室平面图还应画出指北针，以表明房屋的朝向。指北针的圆圈直径为24mm，其尾部宽3mm，线型为细实线。

所示的标准层平面图不表示室外散水、剖切平面的位置，标准层平面图的楼梯间表示方法及标高数据与一层平面图是不同的，其余都与一层平面图一致。

顶层平面图一般除了楼梯间表示方法及标高数与标准层平面图不同外，其余都与其一致，所以，有时也可以单独出一个顶层楼梯间平面图而将标准层扩大到顶层。但这里提供的示例图纸"阁楼层平面图"不是这样的，请注意它与标准层的区别较大，因有部分平屋面的存在。

屋顶平面图是屋顶的水平投影，可见轮廓线的投影均用细实线表示，是用来表达屋顶的形状、女儿墙位置、屋面排水方式、落水管位置等的图形。其常用1∶100或1∶200的比例绘制。从该屋顶平面图可看出，屋面的排水方式为雨水以中间流向两边坡，两坡屋面将雨水排至檐沟（亦称天沟），沟内垫出不小于0.5%的纵向坡度，把雨水引向雨水口经落水管排泄到地面。

1.5.5 建筑立面图识读

1. 建筑立面图的形成与内容

在与建筑立面平行的铅直投影面上所做的正投影图称为建筑立面图，简称立面图，如图1-36所示。一幢建筑物美观与否、是否与周围环境协调，很大程度上取决于立面上的艺术处理，包括建筑造型与尺度、装饰材料的选用、色彩的选用等内容。在施工图中，立面图主要反映房屋的外部造型、房屋各部位的高度、门窗位置及形式、外貌和装修要求、阳台及雨篷等部分的材料和做法等，是建筑外装修的主要依据。

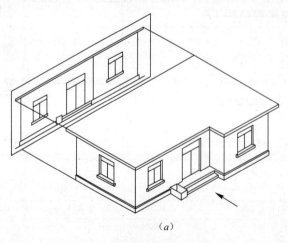

(a)

图1-36 立面图的形成（一）

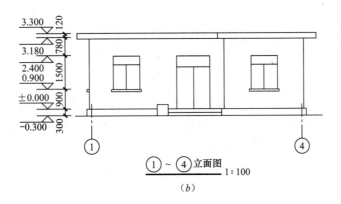

图 1-36 立面图的形成（二）

立面图应根据正投影原理绘出建筑物外轮廓和墙面线脚、构配件、墙面做法及必要的尺寸和标高等。由于比例较小，立面图上的门、窗等构件也用图例表示。相同的门窗、阳台、外檐装修、构造做法等可在局部重点表示，绘出其完整图形，其余部分只画轮廓线。外墙表面分格线在立面图上应表示清楚。用文字说明各部位所用面材及色彩。

2. 立面图的有关规定和要求

（1）比例

立面图的比例一般应与平面图相同。

（2）线型

为使立面图轮廓清晰、层次分明，通常用粗实线表示立面图的最外轮廓线。外形轮廓线以内的体部轮廓，如凸出墙面的雨篷、阳台、柱子、窗台、屋檐的下檐线以及窗洞、门洞等等用中粗线画出。地平线用标准粗度的 1.2～1.4 倍的加粗线画出，并且两端都要伸出外墙轮廓线之外 15--20mm。其余如立面图中的腰线、粉刷线、窗棂线等细部均采用细实线画出。

（3）尺寸标注

立面图中的尺寸不宜过多，否则会影响立面的建筑美感。为确保施工，应给出一些其他投影中还没有反映出的尺寸和进行外粉刷时所需的尺寸。为便于与平面图对照，还需将立面两侧外墙的轴线及编号绘出。

（4）立面图的图名及数量

1）立面图的图名　立面图图名常用以下三种方式命名：

① 以建筑各墙面的朝向来命名：如东立面图、西立面图、南立面图、北立面图。

② 以建筑主要出入口所在的位置命名：主要出入口所在的面称为正立面图（或主立面图）；与其对应的一侧称为背立面图；两侧则为左、右立面图。

③ 以建筑两端定位轴线编号命名：如①—⑬立面图、Ⓐ—Ⓔ立面图等。国标规定：有定位轴线的建筑物，宜根据两端定位轴线号编注立面图的名称。

2）立面图的数量　一个建筑物究竟取几个立面，应视建筑本身复杂程度而定。如果建筑物的各个表面的形式或粉刷做法均不相同时，需一一画出各自立面，否则可以省去某些立面。对于较简单的对称式建筑物或对称的构配件等，在不影响构造处理和施工的情况下，立面图可绘制一半，并在对称轴线处画对称符号。

1.5.6 建筑剖面图识读

1. 建筑剖面图的形成与作用

假想用一个或一个以上垂直于外墙轴线的铅垂剖切平面剖切建筑，得到的剖面图称为建筑剖面图，简称剖面图，如图 1-37 所示。建筑剖面图主要用来表达房屋内部的结构形式、沿高度方向分层情况、门窗洞口高、层高及建筑总高等。

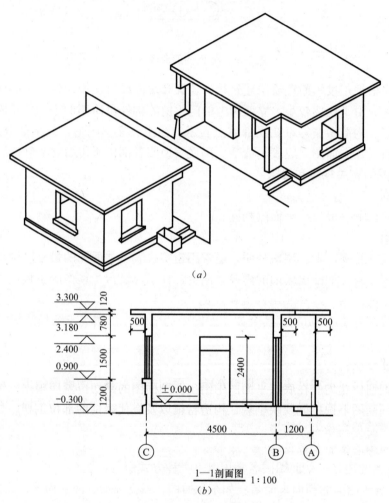

图 1-37 剖面图的形成

房屋的剖面图，就是房屋的垂直剖面。房屋剖面图可以是单一剖面也可以是阶梯剖面。既可以采用横剖面也可以采用纵剖面或其他剖面。民用房屋多采用横剖面。剖面图的图名应与建筑底层平面图的剖切符号一致。剖切符号可用阿拉伯数字、罗马数字或拉丁字母编号。

2. 剖面图的有关规定及要求

（1）比例

剖面图常用的比例为 1∶50、1∶100 和 1∶200。一般应尽量与平面图、立面图的比例相一致但有时也可用较平面图比例稍大的比例。由于比例较小，剖面图中的门、窗等构件也采用国标规定的图例来表示。

(2) 线型

剖面图的线型按国标规定，凡是剖到的墙、板、梁等构件剖切线用粗实线表示，而没有剖到的其他构件的轮廓线，则常用细实线表示。

(3) 剖面符号

为了清楚地表达建筑各部分的材料及构造层次，当剖面图比例大于1：50时，应在剖到的构件断面画出其材料图例，当剖面图比例小于1：50时，则不画具体材料图例。

(4) 尺寸标注

剖面图是说明建筑物竖向布置的主要依据，因此剖面图中有两种尺寸标注的方式：线性尺寸和标高尺寸。

1) 线性尺寸：剖面图中的线性尺寸共有3道：靠近外墙轮廓线的为第一道，称分段尺寸；在分段尺寸之外表示层高和休息平台高度的尺寸为第二道尺寸；第三道尺寸即最外边的一道尺寸，用来表明建筑物总高。此外，室内、室外的一些细部构造的竖向尺寸也应标明。为了便于与平面图对照，剖面图中还把外墙或柱的轴线之间跨度尺寸标出。

2) 标高尺寸：对建筑物中一些重要的表面，在剖面图中还必须以标高的形式表明其高度。如：地面、楼面的高度、休息平台、阳台、窗台以及吊顶、过梁等处的表面的高度均应标明其高度。

(5) 其他标注

1) 注解：对诸如地面、楼面、屋面等处的构造层次较多，又无法具体表明其具体材料及做法时，可用分层注解的方式进行说明。

2) 详图索引：对于剖面图中尚未表示清楚地一些局部或节点，必须用较大比例的图样深入进行说明其构造和做法。哪些地方需要进一步说明就应以索引指明，以便阅读与查找。

(6) 剖面的位置及数量

剖面的剖切位置均应在底层平面图中给出。剖面图的剖切位置应根据图纸的用途或设计深度，在剖面图上选择能反映全貌、构造特征以及有代表性的部位剖切，如楼梯间、阳台等，并应尽量使剖切平面通过门窗洞口。为了能以较少的剖面达到尽可能充分表现房屋的内部结构，剖面一般应选在门厅、楼梯间等构造较复杂的部位进行剖切；另外也应选择那些能反映不同类型房屋的内部结构的具有代表性的部位进行剖切。

1.5.7 建筑详图识读

1. 建筑详图及其作用

建筑平、立、剖面图一般以小比例绘制，许多细部难以表达清楚。因此在建筑图中常用较大比例绘制若干局部性的详图，以满足施工的要求。这种图样称为建筑详图或大样图。

详图的特点是比例大、图示清楚、尺寸标注齐全、文字说明详尽。

详图所用比例视图形本身复杂程度而定，一般采用1：2、1：5、1：10、1：20、1：50等。

详图的数量视需要而定，如外墙身详图只需一个剖面图；楼梯间详图则需要平面图、剖面图、踏步、栏杆（栏板）、节点等详图。详图的剖面区域上应画出材料图例。

建筑详图是平、立、剖面图的深入和补充，也是指导施工的依据。没有足够数量的详图，便达不到施工要求。

为了便于查阅表明节点处的详图，在平、立、剖面图中某些需要绘制详图的地方应注明详图的编号和详图所在图纸的编号，这种符号称为索引符号。索引符号的引出线以细实线绘制，宜采用水平方向的直线或与水平方向成30°、45°、60°、90°角的直线，再转成水平方向的直线。文字说明宜写在水平直线的上方或端部，引出线应对准索引符号的圆心。

在详图中应注明详图的编号和被索引的详图所在图纸的编号，这种符号称为详图符号。将索引符号和详图符号联系起来，就能顺利、方便地查找详图，以便施工。

2. 外墙身详图

外墙身详图即建筑物某一外墙从基础以上一直到屋顶的铅垂剖视图。外墙身详图详尽地表示出外墙身从基础以上到屋顶各节点，如防潮层、勒脚、散水、窗台、门窗过梁、地面、檐口、外墙内外墙面装修等的尺寸、材料和构造做法，是施工的重要依据。

外墙身详图常用比例为1：20，线型与剖面图相同（剖到的粉刷层以细实线表示）。

外墙身详图一般反映的主要内容有：

(1) 墙的轴线编号、墙厚及与轴线的关系。

(2) 各层楼面、地面（包括室内、外地面）、屋面、勒脚、散水等与墙身的关系，详尽的构造层次及各自的标高。

(3) 窗下墙、门窗洞、窗台、窗过梁、女儿墙等的位置及其尺寸。

现在建筑施工图一般不单独画外墙身详图，而采用能剖切到外墙身的建筑剖面图加上建筑施工说明的形式来表达外墙身详图中反映的内容。

3. 楼梯详图

楼梯详图包括平面图、剖面图、踏步和栏板（栏杆）节点详图。

各详图应尽可能画在同一张图纸上，平面图、剖面图比例应一致，一般为1：50；踏步、栏板（栏杆）节点详图比例要大一些，可采用1：10、1：20等。

楼梯详图的线型与相应的平面图和剖面图相同。

现以某教学楼双跑平行楼梯间为例，说明楼梯详图的内容和表达形式。

(1) 楼梯平面图

楼梯平面图实际就是平面图的放大图，它应包括：底层、二层、…、顶层平面图。一般每层都应画出平面图，但三层以上的房屋，若中间层各层的楼梯形式、构造完全相同，则只需画出底层、一个中间层（标准层）和顶层三个平面图即可。但应在标准层的平台面、楼面以括号形式加注中间省略的各层相应部位的标高。

① 底层平面图

见图1-38，可认为假想水平剖切面从第1个梯段的中部切过，然后将剖切平面以上的部分移去，对剩余部分进行投影画出其水平剖面，即是楼梯的底层平面图。为了不使假想的剖切平面与梯段产生的交线同踏步的踢面投影混淆，国标中规定：将假想的截交线画成与被剖切梯段所邻墙面的夹角为45°的"折断线"，并从最后一级踏步的踢面画起，如图1-38所示。

底层平面图中应注明楼梯间的开间（3600）、进深（4500）及轴线编号，且其轴线编

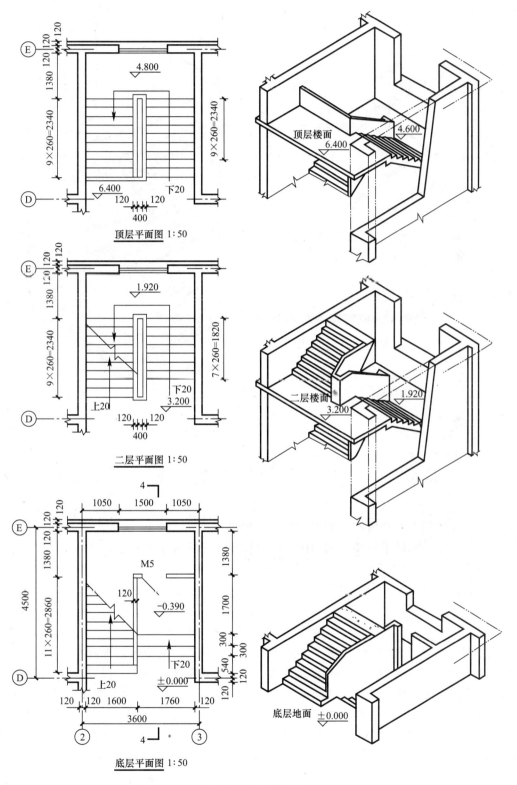

图 1-38 节点详图（一）

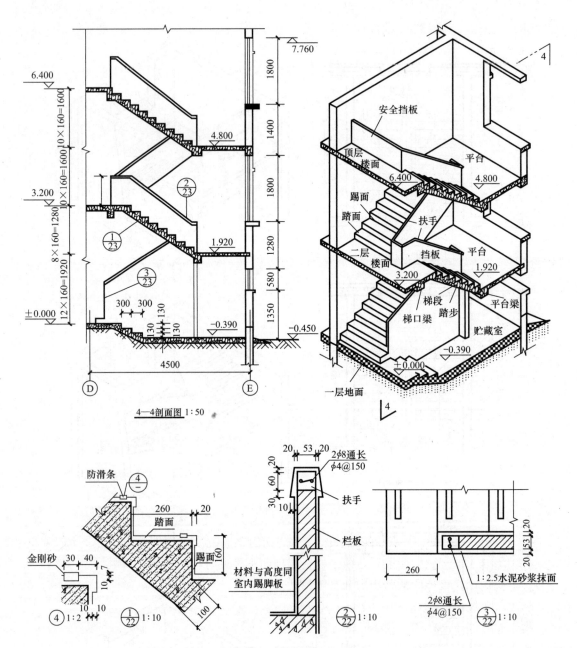

图1-39 节点详图(二)

号应与房屋平面图中的编号相一致,以便互相对照。此外,还应标出梯段水平投影长、梯段宽及每一梯段的踏步数以及一些细部尺寸、标高。在标注梯段水平投影长时,应与其踏面宽度尺寸 b、梯段的踏步数 n 结合起来。即:"(踏步数 $n-1$) × 踏面宽 b = 梯段水平投影长 L"的标注形式。如 $8 × 250 = 2000$。

在底层平面图中还应给出楼梯剖面的剖切位置线和投影方向,并在踏步中间处用长箭头指出行走线的方向,并注明"上"以示上行。

② 中间层平面图

如图1-38,假想水平剖切平面从上行的第1梯段之间切过,然后将剖切平面以上的楼梯等部分移去，对剩余部分进行投影画出其水平剖面，即是楼梯的中间层平面图。并在上行梯段中部画一45°"折断线"，以区分剖到的上行梯段和看到的下一层梯段的投影。还应在折断线两侧、梯段水平投影中部画两条方向相对的长箭头，并以所画楼层为基准在箭尾注写"上"、"下"字样，如图1-38所示。

中间层平面图除了标注梯井宽度尺寸如400；楼层、休息平台面的标高如3.200、(6.400)、；1.920、(4.800)。其余的表达内容和形式、尺寸标注等均与底层平面图相同。

③ 顶层平面图

顶层平面图的形成如图1-38所示。由于顶层平面图的剖切平面位置在安全栏板以上，因此，可看成是整个顶层两梯段的水平投影。

顶层平面图可表现出顶层两个梯段的形式、踏步数、长宽以及梯井、栏杆、安全栏板的设置情况。由于剖切平面没有剖到梯段，因此，不需画出"折断线"，只在踏步中间处画出行走线并以"下"字表明下行。并注意楼梯栏板拐过来要封住楼面（即安全栏板）。顶层平面图的其他表达内容和形式、尺寸标注等也都与中间层相同。如图1-38所示。

(2) 楼梯剖面图

画法：楼梯间剖面图的形成原理与方法同建筑剖面图。用一假想的铅垂剖切平面沿梯段的长度方向、通常通过上行第一梯段和门窗洞口，将楼梯间剖开，向未剖到的梯段方向投影，即得到楼梯间的剖面图，如图1-39所示。

在多层房屋中，若中间各层的楼梯构造完全相同时，可只画出底层、中间层（标准层）和顶层的剖面，中间以折断线断开，但应在中间层的楼面、平台面处以括号形式加注中间各层相应部位的标高。

楼梯间剖面图应表示出被剖切的墙身、窗下墙、窗台、窗过梁；表示出楼梯间地面、平台面、楼面、梯段等的构造及其与墙身的连接以及未剖到梯段、栏板、扶手等。

线型：楼梯剖面图中线型的要求与建筑剖面图相同，剖切轮廓线一律采用标准粗实线b，投影轮廓线一律采用0.35b的细实线。凡剖到的钢筋混凝土构件断面，若比例较小时可涂黑表示；未被剖到的梯段，若由于栏板遮挡而不可见时，其踏步可用虚线表示，也可不画，但仍应标注该梯段的踏步数和高度尺寸。

标注：在楼梯间剖面图中应标注楼梯间的轴线及其编号、轴线间距尺寸、楼面、地面、平台面、门窗洞口的标高和竖向尺寸；梯段高度方向的尺寸以踏步数×踢面高＝梯段高度的方式标注。如图中的12×160＝1920、8×160＝1280等。要标注栏板的高度尺寸900，其高度是指从踏面中部到扶手顶面的垂直高度。

(3) 楼梯节点详图

楼梯节点详图一般包括第一梯段基础做法详图、踏步做法详图、栏杆立面做法及与梯段连接、与扶手连接的详图、扶手断面详图、梯段与平台梁的连接关系详图等等。这些详图为了弥补楼梯间平、剖面图表达上的不足而在其上进一步引出的"详图中的详图"。因此，他们将采用较大的比例如1∶1、1∶2、1∶5、1∶10、1∶20等来绘制。

如图1-39所示节点详图是表明梯梁和梯板搭接处梁板构造，同时还表明了栏板、踏步的具体尺寸和做法。所用比例为1∶20，其断面的材料均用国标规定的符号画出。

1.6 识读结构施工图

1.6.1 结构施工图包括的内容

不同类型的结构,其施工图的具体内容与表达也各有不同,但一般包括下列三个方面的内容:

1. 结构设计说明

本工程结构设计的主要依据;

设计标高所对应的绝对标高值;

建筑结构的安全等级和设计使用年限;

建筑场地的地震基本烈度、场地类别、地基土的液化等级、建筑抗震设防类别、抗震设防烈度和混凝土结构的抗震等级;

所选用结构材料的品种、规格、型号、性能、强度等级、受力钢筋保护层厚度、钢筋的锚固长度、搭接长度及接长方法;

所采用的通用做法的标准图图集;

施工应遵循的施工规范和注意事项。

2. 结构平面布置图

基础平面图,采用桩基础时还应包括桩位平面图,工业建筑还包括设备基础布置图;

楼层结构平面布置图,工业建筑还包括柱网、吊车梁、柱间支撑、连系梁布置等。

屋顶结构布置图,工业建筑还应包括屋面板、天沟板、屋架、天窗架及支撑系统布置等。

3. 构件详图

梁、板、柱及基础结构详图;

楼梯、电梯结构详图;

屋架结构详图;

其他详图,如支撑、预埋件、连接件等的详图。

1.6.2 结构施工图的识读方法

1. 结构施工图的识读方法和总的看图步骤

识读结构施工图也是一个由浅入深、由粗到细的渐进过程,在阅读施工图时,要养成做记录的习惯,准备为以后的工作提供技术资料,要学会纵览全局,这样才能促进自己不断进步。

结构施工图的识读方法可归纳为:"从上往下看,从左往右看,从前往后看,从大到小看,由粗到细看,图样与说明对照看,结施与建施结合看,其他设施图参照看。"

总的看图步骤:先看目录和设计说明,再看建施图,然后再看结构施工图。

结构施工图的识读步骤可表示为:结构设计说明的阅读→基础布置图的识读→结构布置图的识读→结构详图的识读→结构施工图汇总。

（1）结构设计说明的阅读

了解结构的特殊要求、说明中强调的内容；掌握材料、质量以及要采取的技术措施的内容；了解所采用的技术标准和构造、标准图。

（2）基础布置图的识读

基础布置图一般由基础平面图和基础详图组成，阅读时要注意基础的标高和定位轴线的数值，了解基础的形式和区别，注意其他工种在基础上的预埋件和留洞。

① 查阅建筑图，核对所有的轴线是否和基础一一对应，了解是否有的墙下无基础而用基础梁替代，基础的形式有无变化，有无设备基础。

② 对照基础的平面和剖面，了解基底标高和基础顶面标高有无变化，有变化时是如何处理的。如果有设备基础时，还应了解设备基础与设备标高的相对关系，避免因标高有误造成严重的责任事故。

③ 了解基础中预留洞和预埋件的平面位置、标高、数量，必要时应与需要这些预留洞和预埋件的工种进行核对，落实其相互配合的操作方法。

④ 了解基础的形式和做法。

⑤ 了解各个部位的尺寸和配筋。

⑥ 反复以上的过程，解决没有看清楚的问题，对遗留问题整理好记录。

（3）结构布置图的识读

结构布置图，一般由结构平面图和剖面图或标准图组成。

① 了解结构的类型，了解主要构件的平面位置与标高，并与建筑图结合了解各构件的位置和标高的对应情况。因为设计时，结构的布置必须满足建筑上使用功能的要求，所以结构布置图与建筑施工图存在对应的关系，比如，墙上有洞口时就设有过梁，对于非砖混结构，建筑上有墙的部位墙下就设有梁。

② 结合剖面图、标准图和详图对主要构件进行分类，了解它们的相同之处和不同点。

③ 了解各构件节点构造与预埋件的相同之处和不同点。

④ 了解整个平面内，洞口、预埋件的做法与相关专业的连接要求。

⑤ 了解各主要构件的细部要求和做法，反复以上步骤，逐步深入了解，遇到不清楚的地方在记录中标出，进一步详细查找相关的图纸，并结合结构设计说明认定核实。

⑥ 了解其他构件的细部要求和做法，反复以上步骤，消除记录中的疑问，确定存在的问题，整理、汇总、提出图纸中的存在的遗漏和施工中存在的困难，为技术交底或会审图纸提供资料。

在标准层图中，一般情况下框架形式施工图主要是由梁平法施工图、柱平法施工图、板平法施工图构成。而在砌体结构中一般都将梁、柱、板表示在一张图中。

（4）结构详图的识读

① 首先应将构件对号入座，即：核对结构平面上，构件的位置、标高、数量是否与详图相吻合，有无标高、位置和尺寸的矛盾。

② 了解构件与主要构件的连接方法，看能否保证其位置或标高，是否存在与其他构件相抵触的情况。

③ 了解构件中配件或钢筋的细部情况，掌握其主要内容。

④ 结合材料表核实以上内容。

(5) 结构施工图汇总

经过以上几个循环的阅读，基本上已经对结构图有了一定的了解，但还应对记录中发生的疑问，有针对性地，从设计说明到结构平面至构件详图相互对应，尤其是对结构说明和结构平面以及构件详图同时提到的内容，要逐一核对，察看其是否相互一致，最后还应和各个工种有关人员核对与其相关部分，如洞口、预埋件的位置、标高、数量以及规格，并协调配合的方法。

2. 阅读结构施工图的顺序

按结构设计说明、基础图、柱及剪力墙施工图、楼屋面结构平面图及详图、楼梯电梯施工图的顺序读图，并将结构平面图与详图，结构施工图与建筑施工图对照起来看，遇到问题时，应一一记录并整理汇总，待图纸会审时提交加以解决。

图纸中的文字说明是施工图的重要组成部分，应认真仔细逐条阅读，并与图样对照看，便于完整理解图纸。

在阅读结构施工图时，遇到采用标准图集的情况，应仔细阅读规定的标准图集。

1.6.3 柱平法施工图识读

平法是平面整体表示法的简称。平法的表达形式，概括来讲，是把结构构件的尺寸和配筋等，按照平面整体表示方法制图规则，整体直接表达在各类构件的结构平面布置图上，再与标准构造详图相配合，即构成一套新型完整的结构设计。平法系列图集包括：11G101-1《混凝土结构施工图平面整体表示方法制图规则和构造详图（现浇混凝土框架、梁、板）》；11G101-2《混凝土结构施工图平面整体表示方法制图规则和构造详图（现浇混凝土板式楼梯）》；11G101-3《混凝土结构施工图平面整体表示方法制图规则和构造详图（独立基础、条形基础、筏形基础及桩基承台）》。平法的优点是图面简洁、清楚、直观性强，图纸数量少，设计和施工人员都很欢迎。

柱平法施工图是在柱平面布置图上采用截面注写方式或列表注写方式来表达的施工图。

1. 截面注写方式

截面注写方式是在分标准层绘制的柱（包括框架柱、框支柱、梁上柱、剪力墙上柱）平面布置图的柱截面上，分别在同一编号的柱中选择一个截面，以直接注写截面尺寸和配筋具体数值的方式来表达柱平面整体配筋。如图1-40所示。

(1) 编号——柱编号由代号和序号组成，柱编号的代号应符合表1-8。然后从相同编号的柱中选择一个截面，按另一种比例原位放大绘制柱截面配筋图，并在各配筋图上继其编号后再注写截面尺寸 $b×h$（对于圆柱改为圆柱的直径 d）、角筋或全部纵筋（当纵筋采用同一种直径且能够图示清楚时）、箍筋的具体数值。在柱截面配筋图上标注截面与轴线关系 b_1、b_2、h_1、h_2 的具体数值。当纵筋采用两种直径时，须再注写截面各边中部纵筋的具体数值（对于采用对称配筋的矩形截面柱，可仅在一侧注写中部纵筋，对称边省略不注）。

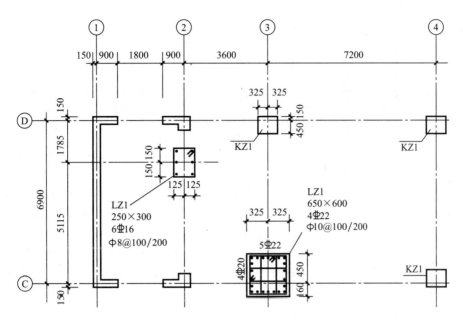

图 1-40 柱平法施工图截面注写方式

柱编号 表 1-8

柱类型	代 号	序 号
框架柱	KZ	××
框支柱	KZZ	××
芯柱	XZ	××
梁上柱	LZ	××
剪力墙上柱	QZ	××

（2）注写箍筋——应包括钢筋种类代号、直径与间距。

（3）同一编号——截面注写方式中，如柱的分段截面尺寸和配筋均相同，仅分段截面与轴线关系不同时，可将其编为同一柱号。但此时应在未画配筋的柱截面上注写该柱截面与轴线关系的具体尺寸。

（4）不同标准层——当采用截面注写方式时，可以根据具体情况，在一个柱平面布置图上加小括号"（ ）"和尖括号"〈 〉"来区分和表达不同标准层的注写数值，但与柱标高要一一对应。

（5）起止标高——采用截面注写方式绘制的柱施工图中，图名应注写各段柱的起止标高，至柱根部往上以变截面位置或截面未变但配筋改变处分段注写。框架柱的根部标高为基础顶面标高。

2. 列表注写方式

列表注写方式，就是在柱平面布置图上，先对柱进行编号，然后分别在同一编号的柱中选择一个（当柱截面与轴线关系不同时，需选几个）截面注写几何参数代号（b_1、b_2；h_1、h_2）；在柱表中注写柱号、柱起止标高、几何尺寸（含柱截面对轴线的情况）与配筋的具体数值，并配以各种柱截面形状及其箍筋类型图的方式，来表达柱平面整体配筋。如

37

图 1-41 所示。

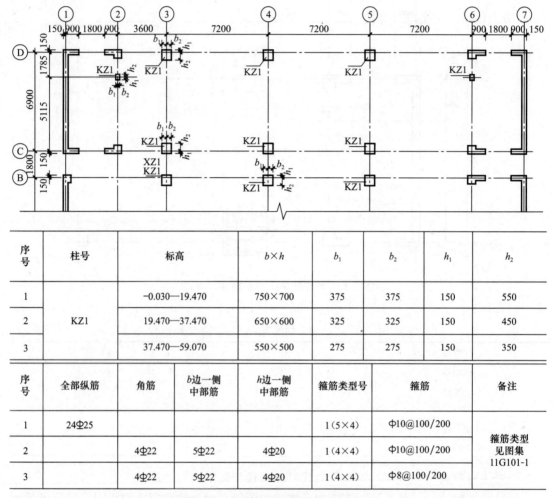

图 1-41 柱平法施工图列表注写方式

序号	柱号	标高	b×h	b_1	b_2	h_1	h_2
1		−0.030—19.470	750×700	375	375	150	550
2	KZ1	19.470—37.470	650×600	325	325	150	450
3		37.470—59.070	550×500	275	275	150	350

序号	全部纵筋	角筋	b边一侧中部筋	h边一侧中部筋	箍筋类型号	箍筋	备注
1	24Φ25				1(5×4)	Φ10@100/200	箍筋类型见图集 11G101-1
2		4Φ22	5Φ22	4Φ20	1(4×4)	Φ10@100/200	
3		4Φ22	5Φ22	4Φ20	1(4×4)	Φ8@100/200	

柱表应注写下列规定内容：

（1）柱的编号。

（2）起止标高。

（3）截面尺寸——对于矩形柱注写柱截面尺寸 $b×h$ 及与轴线关系的几何参数代号 b_1、b_2 和 h_1、h_2 的具体数值，须对应于各段柱分别注写。其中 $b=b_1+b_2$，$h=h_1+h_2$。对于圆柱改为圆柱的直径 d。

（4）纵筋——当柱的纵筋直径相同，各边根数也相同（包括矩形柱、圆柱），将纵筋注写在"全部纵筋"一栏中；除此之外，柱纵筋分为角筋、截面 b 边中部筋和 h 边中部筋三项分别注写（对于采用对称配筋的矩形柱，可仅注一侧中部筋）。

（5）箍筋类型——在表中箍筋类型栏内注写箍筋类型和及箍筋肢数。各种箍筋类型图以及箍筋复合的具体方式，根据具体工程由设计人员画在表的上部或图中的适当位置，并在其上标注与表中相应的 b、h 和型号。

（6）箍筋直径和间距——在表中箍筋栏内注写箍筋，包括钢筋种类、直径和间距（间距表示方法及纵筋搭接时加密的表达同截面注写方式)。

1.6.4 梁平法施工图识读

梁平法施工图同样有断面注写和平面注写两种方式。当梁为异型截面时，可用断面注写方式，否则宜用平面注写方式。

梁平面布置图应分标准层按适当比例绘制，其中包括全部梁和与其相关的柱、墙、板。对于轴线未居中的梁，应标注其定位尺寸（贴柱边的梁除外）。当局部梁的布置过密时，可将过密区用虚线框出，适当放大比例后再表示，或者将纵横梁分开画在两张图上。

同样，在梁平法施工图中，应采用表格或其他方式注明各结构层的顶面标高及相应的结构层号。

1. 断面注写方式

截面注写方式，系在分标准层绘制的梁平面布置图上，分别在不同编号的梁中各选择一根梁用剖面号引出配筋图，并在其上注写截面尺寸和配筋具体数值的方式来表达梁平法施工图。

对所有梁进行编号，从相同编号的梁中选择一根梁，先将"单边截面号"画在该梁上，再将截面配筋详图画在本图或其他图上。

断面注写方式既可单独使用，也可与平面注写方式结合使用。

2. 平面注写方式

在图 1-42 平面注写方式示例图中，上图表示平面注写方式，下图表示对应的截面配筋。

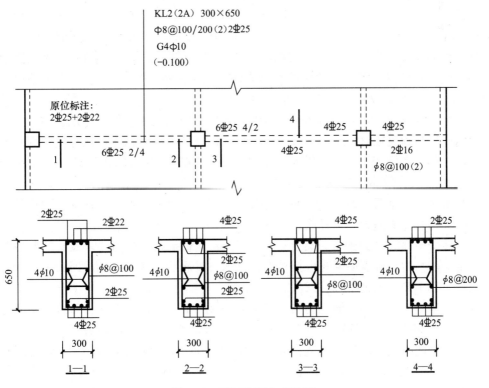

图 1-42 平面注写方式示例

在梁的平面布置图上，分别在不同编号的梁中各选一根梁，在其上注写截面尺寸和配筋具体数值的方式来表达梁平法施工图。

平面注写包括集中标注与原位标注。集中标注的梁编号及截面尺寸、配筋等代表许多跨，原位标注的要素仅代表本跨。具体表示方法如下：

（1）梁编号及多跨通用的梁截面尺寸、箍筋、跨中面筋基本值采用集中标注，可从该梁任意一跨引出注写；梁底筋和支座面筋均采用原位标注。对与集中标注不同的某跨梁截面尺寸、箍筋、跨中面筋、腰筋等，可将其值原位标注。

（2）梁编号由梁类型代号、序号、跨数及有无悬挑代号几项组成，应符合表1-9的规定。

梁编号 表1-9

梁类型	代号	序号	跨数及是否带有悬挑
楼层框架梁	KL	××	（××）或（××A）或（××B）
屋面框架梁	WKL	××	（××）或（××A）或（××B）
框支架	KZL	××	（××）或（××A）或（××B）
非框架梁	L	××	（××）或（××A）或（××B）
悬挑梁	XL	××	

注：（××A）为一端有悬挑，（××B）为两端有悬挑，悬挑不计入跨数。
例：KL7（5A）表示第7号框架梁，5跨，一端有悬挑。

（3）等截面梁的截面尺寸用 $b×h$ 表示；竖向加腋梁用 $b×h\ GYc1×c2$ 表示，其中 $c1$ 为腋长，$c2$ 为腋高；悬挑梁根部和端部的高度不同时，用斜线"/"分隔根部与端部的高度值。例：300×700 GY500×250 表示竖向加腋梁跨中截面为300×700，腋长为500，腋高为250；200×500/300 表示悬挑梁的宽度为200，根部高度为500，端部高度为300。

（4）箍筋加密区与非加密区的间距用斜线"/"分开，当梁箍筋为同一种间距时，则不需用斜线；箍筋肢数用括号括住的数字表示。例：ϕ8@100/200（4）表示箍筋加密区间距为100，非加密区间距为200，均为四肢箍。

（5）梁上部或下部纵向钢筋多于一排时，各排筋按从上往下的顺序用斜线"/"分开；同一排纵筋有两种直径时，则用加号"+"将两种直径的纵筋相连，注写时角部纵筋写在前面。例：6ϕ25 4/2 表示上一排纵筋为4ϕ25，下一排纵筋为2ϕ25；2ϕ25+2ϕ22 表示有四根纵筋，2ϕ25 放在角部，2φ22 放在中部。

（6）梁中间支座两边的上部纵筋不同时，须在支座两边分别标注；支座两边的上部纵筋相同时，可仅在支座的一边标注。

（7）梁跨中面筋（贯通筋、架立筋）的根数，应根据结构受力要求及箍筋肢数等构造要求而定，注写时，架立筋须写入括号内，以示与贯通筋的区别。例：2ϕ22+（2ϕ12）用于四肢箍，其中2ϕ22 为贯通筋，2ϕ12 为架立筋。

（8）当梁的上、下部纵筋均为贯通筋时，可用"；"号将上部与下部的配筋值分隔开来标注。例：3ϕ22；3ϕ20 表示梁采用贯通筋，上部为3ϕ22，下部为3ϕ20。

（9）梁侧面纵向构造钢筋或受扭钢筋配置。G4Φ12，表示梁的两个侧面共配置4Φ12的纵向构造钢筋，每侧各配置2Φ12。N6ϕ22，表示表示梁的两个侧面共配置6ϕ22的受扭纵向钢筋，每侧各配置3ϕ22。

（10）附加箍筋（密箍）或吊筋直接画在平面图中的主梁上，配筋值原位标注。

（11）多数梁的顶面标高相同时，可在图面统一注明，个别特殊的标高可在原位加注。

1.7 识读钢结构施工图

1.7.1 概述

钢结构是由各种型钢或板材通过一定的连接方法而组成的。钢结构施工图编制分两个阶段，一是设计图阶段，二是施工详图阶段。设计图由设计单位负责编制，施工详图则由制造厂根据设计单位提供的设计图和技术要求编制。当制造厂技术力量不足无法承担编制工作时，也可委托设计单位进行。

设计图阶段是根据已批准的初步设计进行编制，内容以图纸为主，应包括：封面、图纸目录、设计说明、图纸、工程预算书等。施工图设计文件一般以子项为编排单位，各专业的工程计算书（包括计算机辅助设计的计算资料）应经校审、签字后，整理归档。

施工图设计文件的深度应满足能据以编制施工图预算、能据以安排材料、设备订货和非标准设备的制作、能据以进行施工和安装、能据以进行工程验收的要求。

钢结构工程施工设计图通常有：图纸目录、设计说明、基础图、结构布置图、构件图、节点详图以及其他次构件、钢材订货表等。

1. 图纸目录

通常注有：设计单位名称、工程名称、工程编号、项目、出图日期、图纸名称、图别、图号、图幅以及校对、制表人等。

2. 设计说明

通常包含：

① 设计依据：主要有国家现行有关规范和甲方的有关要求。

② 设计条件：主要指永久荷载、可变荷载、风荷载、雪荷载、抗震设防烈度及工程主体结构使用年限和结构重要等级等。

③ 工程概况：主要指结构形式和结构规模等。

④ 设计控制参数：主要指有关的变形控制条件。

⑤ 材料：主要指所选用的材料要符合有关规范及所选用材料的强度等级等。

⑥ 钢构件制作和加工：主要指焊接和螺栓等方面的有关要求及其验收的标准。

⑦ 钢结构运输和安装：主要包含运输和安装过程中要注意的事项和应满足的有关要求。

⑧ 钢结构涂装：主要包含构件的防锈处理方法和防锈等级及漆膜厚度等。

⑨ 钢结构防火：主要包含结构防火等级及构件的耐火极限等方面的要求。

⑩ 钢结构的维护及其他需说明的事项内容。

3. 基础图

包括基础平面布置图和基础详图基础平面布置图主要表示基础的平面位置（即基础与轴线的关系），以及基础梁、基础其他构件与基础之间的关系；标注基础、钢筋混凝土柱、基础梁等有关构件的编号，表明地基持力层、地耐力、基础混凝土和钢材强度等级等有关方面的要求。基础详图主要表示基础的细部尺寸，如基底平面尺寸、基础高度、底板配筋、基底标高和基础所在的轴线号等；基础梁详图主要表示梁的断面尺寸、配筋和标高。

4. 柱脚平面布置图

主要表示柱脚的轴线位置与和柱脚详图的编号。柱脚详图表示柱脚的细部尺寸、锚栓位置及柱脚二次灌浆的位置和要求等。

5. 结构平面布置图

表示结构构件在平面的相互关系和编号，如刚架、框架或主次梁、楼板的编号以及它们与轴线的关系。

6. 墙面结构布置图

可以是墙面檩条布置图、柱间支撑布置图。墙面檩条布置图表示墙面檩条的位置、间距及檩条的型号；柱间支撑布置图表示柱间支撑的位置和支撑杆件的型号；墙面檩条布置图同时也表示隅撑、拉条、撑杆的布置位置和所选用的钢材型号，以及墙面其他构件的相互关系，如门窗位置、轴线编号、墙面标高等。

7. 屋盖支撑布置图

表示屋盖支撑系统的布置情况。屋面的水平横向支撑通常由交叉圆杆组成，设置在与柱间支撑相同的柱间；屋面的两端和屋脊处设有刚性系杆，刚性系杆通常是圆钢管或角钢，其他为柔性系杆可用圆钢。

8. 屋面檩条布置图

表示屋面檩条的位置、间距和型号以及拉条、撑杆、隅撑的布置位置和所选用的型号。

9. 构件图

可以是框架图、刚架图，也可以是单根构件图。如刚架图主要表示刚架的细部尺寸、梁和柱变截面位置，刚架与屋面檩条、墙面檩条的关系；刚架轴线尺寸、编号及刚架纵向高度、标高；刚架梁、柱编号、尺寸以及刚架节点详图索引编号等。

10. 节点详图

是表示某些复杂节点的细部构造。如刚架端部和屋脊的节点，它表示连接节点的螺栓个数、螺栓直径、螺栓等级、螺栓位置、螺栓孔直径；节点板尺寸、加劲肋位置、加劲肋尺寸以及连接焊缝尺寸等细部构造情况。

11. 次构件详图

包括隅撑、拉条、撑杆、系杆及其他连接构件的细部构造情况。

12. 材料表

包括构件的编号、零件号、截面代号、截面尺寸、构件长度、构件数量及重量等。

1.7.2 单层门式钢结构厂房施工设计图实例

门式刚架结构是梁、柱单元构件组成的平面组合体，其形式多种多样。在单层工业与民用钢结构建筑中应用较多的为单跨、双跨或多跨的单、双坡门式刚架。门式刚架结构房屋主要由屋盖系统、柱子系统、吊车梁系统、墙架系统、支撑系统等部分组成。门式刚架结构的特点是重量轻；工业化程度高、施工周期短；柱网布置灵活；综合经济效益高。

1. 结构形式

门式刚架的结构形式按构件的体系分，可分为实腹式与格构式，实腹式刚架的截面一般为工字型，格构式刚架的截面一般为矩形或三角形；按构件截面形式分可分为等截面和变截面，变截面构件可适应弯矩变化的要求节约材料，但在构造连接及加工制造方面不如等截面方便，因此当刚架跨度较大或房屋较高时才设计成变截面构件；按结构选材分可分为普通型钢、薄壁型钢和钢管等。

横梁与柱为刚接，柱脚与基础宜采用铰接，当水平荷载较大、有5t以上桥式吊车、檐口标高较大时，柱与基础应采用刚接。

2. 建筑尺寸

（1）门式刚架的跨度应取横向刚架轴线间的距离。刚架的高度，应取地坪至柱轴线与横梁轴线交点的高度，此高度应根据使用要求的室内净高确定，有吊车的厂房应根据轨顶标高和吊车净空要求确定。柱轴线取柱下端的截面型心线，工业建筑边柱的定位轴线取柱外皮，横梁的轴线取通过变截面梁段最小端的中心与横梁上表面平行的轴线。

（2）厂房常用跨度 9m～36m，一般以 3m 为模数，必要时可根据具体情况取非 3m 的模数跨度。当边柱截面宽度不等时其外侧应对齐；柱网轴线间的纵向距离通常取 6m，亦可取 7.5m 或 9m，最大可取 12m，跨度较小时也可取 4.5m；门式刚架的柱高通常采用 4.5m～9.0m，当厂房有桥式吊车时不宜大于 12m；

（3）门式刚架房屋的檐口高度，应取地坪至房屋外侧檩条上缘的高度，最大高度应取地坪至屋盖顶部檩条上缘的高度；门式刚架房屋的宽度，应取外侧墙墙梁外皮之间的距离，长度应取房屋两端山墙墙梁外皮之间的距离。屋面坡度宜取 1/81～1/20，在雨水较多的区域取较大值。挑檐长度可根据使用要求确定，宜取 0.5～1.2m，挑檐上翼缘的坡度应与刚架横梁的坡度相同。

3. 单层门式钢结构厂房结构施工图

表 1-10 为一套单层门式钢结构厂房的结构施工图清单。

钢结构图纸清单　　　　　　　　　　　　　　　表 1-10

图纸目录					
×××建筑设计院 建设部甲级××号		工程名称	厂房	工程编号	
		项　目		日　期	
序　号	图纸编号		图号	图幅	备　注
1	图纸目录			A4	
2	钢结构设计说明（一）		结施01	A3	
3	钢结构设计说明（二）		结施02	A3	
4	钢结构设计说明（三）		结施03	A3	
5	基础平面布置图		结施04	A2	
6	基础详图（一）		结施05	A3	
7	基础详图（二）		结施06	A3	
8	钢柱平面布置图		结施07	A2	
9	柱脚和锚栓详图		结施08	A3	
10	（A）轴墙面檩条布置图		结施09	A2	

续表

图纸目录					
×××建筑设计院 建设部甲级××号	工程名称		厂房	工程编号	
^	项目			日 期	
序 号	图纸编号		图号	图幅	备 注
11	（E）轴墙面檩条布置图		结施10	A2	
12	（1）（15）轴墙面檩条布置图		结施11	A3	
13	屋面支撑布置图		结施12	A2	
14	屋面檩条布置图		结施13	A2	
15	GJ-1刚架详图		结施14	A3	
16	GJ-2刚架详图		结施15	A3	
17	刚架节点详图		结施16	A3	
18	次构件详图		结施17	A3	

第 2 章 房屋构造

2.1 概　述

2.1.1 建筑的概念

在日常生活和本课程中常提到"建筑"这个概念，那么什么是建筑呢？"建筑"从广义上讲，既表示建筑工程的建造过程，又表示这种活动的成果——建筑物。它既是动词又是名词。"建筑"这个词有可能是"建造"、"建筑物"、"建筑工程"、"建筑专业"的简称，具体指什么要根据语境来体会。

"建筑"通常认为是建筑物和构筑物的统称。凡供人们在其内部进行生产、生活或其他活动的房屋或场所叫做"建筑物"，如学校、医院、办公楼、住宅、厂房等；而人们不能直接在其内部进行生产、生活的工程设施叫做"构筑物"，如：桥梁、烟筒、水塔、水坝等。从本质上讲，建筑是一种人工创造的空间环境，是人们劳动创造的财富。建筑具有实用性，属于社会产品；建筑又具有艺术性，反映特定的社会思想意识，因此建筑又是一种精神产品。

2.1.2 建筑的构成要素

"适用、安全、经济、美观"是我国的建筑方针，这就构成建筑的三大基本要素——建筑功能、建筑技术和建筑形象。

建筑功能，就是建造房屋的目的，是指建筑物在物质和精神方面必须满足的使用要求。不同类别的建筑物在生产和生活中的具体使用要求不同。

建筑技术是建造房屋的手段，包括建筑材料与制品技术、结构技术、施工技术、设备技术等。

构成建筑形象的因素有建筑的体型、内外部空间的组合、立面构图、细部与重点装饰处理、材料的质感与色彩、光影变化等。

建筑功能、建筑技术、建筑形象，建筑的这三个基本构成要素中，建筑功能处于主导地位；建筑技术是实现建筑目的的必要手段，技术对功能又有约束和促进作用；建筑形象则是建筑功能、技术的外在表现，常常具有主观性。因而，同样的设计要求、相同的建筑材料和结构体系，也可创造完全不同的建筑形象，产生不同的美学效果。而优秀的建筑作品是三者的辩证统一。

2.1.3 建筑分类和分级

1. 按照建筑使用性质分类

建筑物按照建筑使用性质通常分为民用建筑、工业建筑、农业建筑。

（1）民用建筑包括居住建筑和公共建筑。

居住建筑，供人们居住使用的建筑，如公寓、宿舍、住宅等；

公共建筑，供人们进行各种公共活动的建筑，如办公楼、教学楼、门诊楼、影剧院、体育馆、疗养院、养老院、宾馆、酒店、招待所、旅馆等。

（2）工业建筑包括工业厂房、锅炉房、配电站等。

（3）农业建筑包括温室、粮仓、饲养场等。

2. 按照民用建筑的规模大小分类

民用建筑按照规模大小分为大量性建筑和大型性建筑。大量性建筑指建造数理多、相似性大的建筑，如住宅、中小学校等。大型性建筑指建筑数量少、单体面积大、个性强的建筑，如南京高铁南站、江宁体育馆等。

3. 按照民用建筑的层数分类

（1）低层建筑：一般指 1～3 层的建筑。

（2）多层建筑：一般指 4～6 层的建筑。

（3）中高层建筑：一般指 7～9 层的建筑。

（4）高层建筑：一般指 10 层及 10 层以上的居住建筑以及建筑高度超过 24m 的其他非单层公共建筑。建筑高度是一个严密准确的概念，是指自室外设计地面至建筑主体檐口上部的垂直距离，突出屋面的楼梯间和电梯机房一般不计入建筑高度。需要注意不同国家的规范、同一国家的不同规范对高层建筑定义不同。另外日常生活中还有小高层的说法。

（5）超高层建筑：建筑高度超过 100m 的民用建筑。

4. 按承重结构的材料分类

（1）砖混结构建筑：指用砖（石）砌墙体，钢筋混凝土作楼板和屋顶的建筑。

（2）钢筋混凝土结构建筑：指用钢筋混凝土作柱、梁、板承重的建筑。

（3）钢结构建筑：指用钢柱、钢梁承重的建筑。

（4）其他结构建筑：如木结构建筑、生土、膜建筑等。

5. 按建筑结构形式分类

按建筑结构形式分类：墙承重、骨架承重、内骨架承重、空间结构承重体系。墙承重体系是由墙体承受建筑的全部荷载。骨架承重体系由梁柱体系承重、而墙体只起围护和分隔作用。内骨架承重体系的内部由梁柱体系承重、而四周由外墙承重。空间结构如网架、悬索和壳体等。

6. 按耐久年限分

《民用建筑设计通则》规定，以主体结构确定的建筑耐久年限分下列四级：

（1）一级建筑：耐久年限为 100 年以上，适用于重要的建筑和高层建筑。

（2）二级建筑：耐久年限为 50～100 年，适用于一般性建筑。

（3）三级建筑：耐久年限为 25～50 年，适用于次要的建筑。

（4）四级建筑：耐久年限为 15 年以下，适用于临时性建筑。

我国现阶段城市建筑的主体为二级建筑。

7. 按耐火等级分

根据《建筑设计防火规范》规定，多层建筑物的耐火等级分为四级；根据《高层民用建筑设计防火规范》，高层建筑的耐火等级应分为一、二两级。

建筑物的耐火等级是按组成建筑物构件的燃烧性能和耐火极限来确定。

构件的耐火极限是指对任一建筑构件按时间——温度标准曲线进行耐火试验，从受到火的作用时起，到失去支持能力或完整性被破坏或失去隔火作用时为止的这段时间，用小时来表示。

构件的燃烧性能可分为三类，即非燃烧体、难燃烧体、燃烧体。

非燃烧体：用非燃烧材料做成的构件。非燃烧材料是指在空气中受到火烧或高温作用时不起火、不微燃、不炭化的材料，如金属材料和无机矿物材料。

难燃烧体：用难燃烧材料做成的构件，或用燃烧材料做成而用非燃烧材料作保护层的构件。难燃烧材料系指在空气中受到火烧或高温作用时难起火、难微燃、难炭化，当火源移走后燃烧或微燃立即停止的材料。如沥青混凝土，经过防火处理的木材等。

燃烧体：用燃烧材料做成的构件。燃烧材料系指在空气中受到火烧或高温作用时立即起火或微燃，且火源移走后仍继续燃烧或微燃的材料，如木材。

建筑构件的燃烧性能和耐火等级见表 2-1。

建筑构件的燃烧性能和的耐火等级　　　　表 2-1

	一级	二级	三级	四级
承重墙和楼梯间的墙	非燃烧体 3.00	非燃烧体 2.50	非燃烧体 2.50	不燃烧体 0.50
支承多层的柱	非燃烧体 3.00	非燃烧体 2.50	非燃烧体 2.50	不燃烧体 0.50
支承单层的柱	非燃烧体 2.50	非燃烧体 2.00	非燃烧体 2.00	燃烧体
梁	非燃烧体 2.00	非燃烧体 1.50	非燃烧体 1.50	难燃烧体 0.50
楼板	非燃烧体 1.50	非燃烧体 1.00	非燃烧体 0.50	难燃烧体 0.25
吊顶（包括吊顶搁栅）	非燃烧体 0.25	非燃烧体 0.25	难燃烧体 0.15	燃烧体
屋顶的承重构件	非燃烧体 1.50	非燃烧体 0.50	燃烧体	燃烧体
疏散楼梯	非燃烧体 1.50	非燃烧体 1.00	非燃烧体 1.00	燃烧体
框架填充墙	非燃烧体 1.00	非燃烧体 0.50	非燃烧体 0.50	难燃烧体 0.25
隔墙	非燃烧体 1.00	非燃烧体 0.50	非燃烧体 0.50	难燃烧体 0.25
防火墙	非燃烧体 4.00	非燃烧体 4.00	非燃烧体 4.00	非燃烧体 4.00

2.1.4 建筑模数

建筑模数是选定的标准尺寸单位，作为建筑物、建筑构配件、建筑制品以及有关设备相互间协调的基础。

1. 基本模数：我国现行的《建筑模数协调统一标准》（GBJ2—86）规定基本模数的数值为 100mm，用 M 表示。即 1M＝100mm。

2. 扩大模数：基本模数的整倍数。扩大模数的基数应符合下列规定：（1）水平扩大模数基数为 3M，6M，12M，15M，30M，60M，相应尺寸分别为 300、600、1200、1500、3000、6000mm；（2）竖向扩大模数基数为 3M 和 6M，相应尺寸分别为 300mm 和 600mm。

3. 分模数：整数除基本模数的数值。分模数的基数为 1M/10，1M/5，1M/2，相应尺寸分别为 10、20、50mm。

4. 模数系列：以基本模数、扩大模数、分模数为基础扩展形成不同模数尺寸系列，称为模数系列。

模数数列的幅度和适用范围分别为：

（1）水平基本模数为 1M，其幅度为 1M～20M。主要用于门窗洞口和构配件断面尺寸。

（2）竖向基本模数为 1M，其幅度为 1M～36M。主要用于建筑物的层高、门窗洞口、构配件等尺寸。

（3）水平扩大模数，主要用于建筑物的开间或柱距、进深或跨度、构配件尺寸和门窗洞口尺寸。

（4）竖向扩大模数，主要用于建筑物的高度、层高、门窗洞口尺寸。

（5）分模数数列，主要用于缝隙、构造节点、构配件断面尺寸。

为了保证建筑物配件的安装与有关尺寸的相互协调，我国在建筑模数协调中把尺寸分为三种尺寸，分别是标志尺寸、构造尺寸、实际尺寸。

标志尺寸，是工程图纸上建筑尺度的控制尺寸，它应符合模数数列的规定。主要用以表示跨度、间距和层高等构件界限之间的距离。标志尺寸不考虑构件的接缝大小以及制造、安装过程产生的误差，它是选择建筑、结构方案的依据。

构造尺寸即生产尺寸，是建筑构配件、建筑制品等的量化生产依据，是设计构件或施工详图标注的尺寸。一般情况下，标志尺寸减去构件之间的缝隙即为构造尺寸。但当带有牛腿的柱或花篮梁时，其梁或板的构造尺寸要考虑分隔构件的尺寸。三角形屋架等构件的构造尺寸是大于标志尺寸的。

实际尺寸就是竣工尺寸，是建筑物、建筑制品和构配件完成后的实际尺寸。实际尺寸与标志尺寸的差值应符合公偏差数规定。

2.1.5 建筑六大组成部分

就常见的民用建筑而言，其功能不尽相同，形体也多种多样，但在一般基本组成上是有共同之处的。大致都有基础、墙或柱、楼地层、楼梯、屋顶、门窗六个基本组成部分。除此之外还有通风道、垃圾道、烟道、壁橱等建筑配件及设施，可根据建筑物的功能要求设置。

现就各部分的作用和构造要求分述如下。

1. 基础：基础位于建筑物的最下部，埋于自然地坪之下，承受上部传来的所有荷载，并把这些荷载传给下面的土层（该土层称为地基）。基础是房屋的主要受力构件，其构造要求是坚固、稳定、耐久，能经受冰冻、地下水及所含化学物质的侵蚀，保持足够的使用年限。

2. 墙或柱：建筑物的竖向承重构件，而墙既是承重构件又是围护构件。

3. 楼地层：楼层是多层建筑中的水平承重构件和竖向分隔构件，它将整个建筑物在垂直方向上分成若干层。

4. 楼梯：建筑中楼层间的垂直交通设施，供人们上下楼层和紧急疏散之用。

5. 屋顶：建筑物顶部的覆盖构件，与外墙共同形成建筑物的外壳。屋顶既是承重构件又是围护构件。

6. 门窗：属于非承重构件，门主要用作室内外交通联系及分隔房间，窗主要用作采光和通风。

2.2 基础与地下室构造

2.2.1 地基基础构造

1. 地基、基础、埋深

基础：建筑物上部承重结构向下的延伸和扩大，它承受建筑物的全部荷载，并把这些荷载连同本身的重量一起传到地基上。

地基：承受由基础传来荷载的土层，不是建筑物的组成部分。其中：持力层：具有一定的地耐力，直接承受建筑荷载，并需进行力学计算的土层。下卧层：持力层以下的土层。

地基按土层性质不同，分为天然地基和人工地基两大类。天然地基：凡天然土层具有足够的承载力，不需经人工加固或改良便可作为建筑物地基。人工地基：当建筑物上部的荷载较大或地基的承载力较弱，须预先对土壤进行人工加固或改良后才能作为建筑物地基。

由室外设计地面到基础底面的距离，称为基础的埋置深度，简称基础的埋深。埋深大于等于5m为深基础，小于5m为浅基础。

2. 影响基础埋深的因素

基础埋深的大小关系到地基是否可靠、造价的高低和施工的难易程度。影响基础埋深的因素很多，主要有以下几点：

（1）建筑物使用要求、上部荷载的大小和性质
（2）工程地质条件
（3）水文地质条件
（4）地基土冻胀深度
（5）相邻建筑物基础的影响

新建建筑物基础埋深不宜大于相邻原有建筑基础埋深，但新建建筑基础埋深大于原有建筑物基础埋深时，两基础间的净距一般为相邻基础底面高差的1～2倍。

3. 按按材料及受力特点分类

按材料分：砖基础、毛石基础、混凝土基础、毛石混凝土基础、灰土基础和钢筋混凝土基础。按受力特点，可分为刚性基础和柔性基础。

刚性基础是指由砖、毛石、素混凝土、灰土等刚性材料制作的基础（图2-1）。这类基础抗压强度高而抗拉、抗剪强度低。为满足地基容许承载力的要求，需要加大基底面积，基底宽 B 一般大于上部墙宽，当基础 B 很宽时，挑出部分 b 很长，而基础又没有足够的高度 H，又因为刚性材料的抗拉、抗剪强度低，基础就会因受弯曲或剪切而破坏。为了保证基础不被拉力、剪力而破坏，基础底面尺寸的放大应根据材料的刚性角决定。刚性角是指基础放宽的引线与墙体垂直线之间的夹角，用 α 表示，如图2-2所示。

一般在设计中为使用方便，将刚性角换算成该角度的正切值 b/h，即宽高比。

当建筑物的荷载较大而地基承载能力较小时，基础底面积必须加宽，如果仍采用刚性材料做基础，势必加大基础的深度，这样，既增加了挖土工作量，又使材料的用量增加，对工期和造价都十分不利。如果在混凝土基础的底部配以钢筋，由钢筋来承受拉应力，使基础底部能够承受较大的弯矩，这时，基础底面宽度的加大不受刚性角的限制，因此称钢

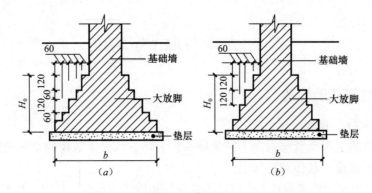

图 2-1 砖基础
(a) 间隔式；(b) 等高式

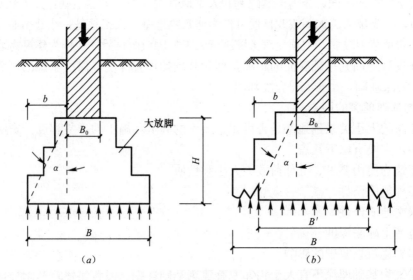

图 2-2 刚性基础的受力、传力特点

筋混凝土基础为非刚性基础或柔性基础（图 2-3）。

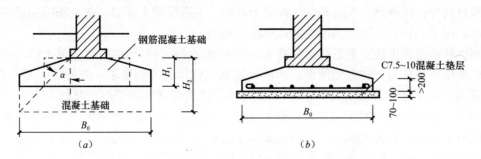

图 2-3 钢筋混凝土基础
(a) 混凝土基础与钢筋混凝土基础比较；(b) 基础配筋情况

4. 按构造形式分类

基础构造的形式随建筑物上部结构形式、荷载大小及地基土壤性质的变化而不同。按构造形式分：条形基础、独立基础、井格基础、筏式基础、箱形基础和桩基础等。

(1) 单独基础　当建筑物上部结构采用框架结构或单层排架结构承重时，基础常采用方形或矩形的单独基础，这类基础称为单独基础或独立式基础。单独基础是柱下基础的基本形式。

单独基础常用的断面形式有阶梯形、锥形和杯形。材料通常采用钢筋混凝土或素混凝土等。当采用预制柱时，将基础做成杯口形，然后将柱子插入并嵌固在杯口内，故称杯形基础。

(2) 条形基础　条形基础是连续带形，也称带形基础。可分为墙下条形基础和柱下条形基础。

1) 墙下条形基础。当建筑物上部结构采用墙承重时，基础沿墙身设置，这类基础称为墙下条形基础，是墙承式建筑基础的基本形式。条形基础一般用于多层混合结构建筑，低层或小型建筑常用砖、混凝土等刚性条形基础，如上部结构为钢筋混凝土墙，或地基较差、荷载较大时，可采用钢筋混凝土条形基础。

2) 柱下条形基础。当上部结构采用框架或排架结构，并且荷载较大或荷载分布不均匀、地基承载力较低时，可以将每列柱下单独基础用基础梁相互连接形成柱下条形基础，能有效增加基础承载力和整体性，减少不均匀沉降。

(3) 井格式基础　当地基条件较差，为了提高建筑物的整体性，防止柱子之间产生不均匀沉降，常将柱下基础沿纵横两个方向扩展连接起来，做成十字交叉的井格基础。

(4) 片筏式基础　当建筑物上部荷载大，而地基又较弱，这时采用简单的条形基础或井格基础已不能适应地基变形的需要，通常将墙或柱下基础连成一片钢筋混凝土板，使建筑物的荷载承受在一块整板上称为片筏基础。片筏基础的整体性好，常用于地基软弱的多层砌体结构、框架结构、剪力墙结构等，以及上部结构荷载较大且不均匀的情况。

片筏基础有平板式和梁板式两种，平板式片筏基础为柱直接支承在钢筋混凝土底板上；如在钢筋混凝土底板上设基础梁，将柱支承在梁上的为梁板式片筏基础。

(5) 箱形基础　对于上部结构荷载大、对地基不均匀沉降要求严格的高层建筑、重型建筑或软土地基上的多层建筑，为增加基础刚度，常将基础做成箱形基础。

箱形基础是由钢筋混凝土底板、顶板和若干纵横隔墙组成的整体结构，基础的中空部分可用作地下室或地下停车库。箱形基础埋深较大，空间刚度大，整体性强，能抵抗地基的不均匀沉降，较适用于高层建筑或在软弱地基上建造的重型建筑物。

(6) 桩基础　当浅层地基不能满足建筑物对地基承载力和变形的要求，而由于某些原因，其他地基处理措施又不适用时，可以考虑采用桩基础，以地基下较深处坚实土层或岩层作为持力层。

桩基础由桩和承接上部结构的承台（梁或板）组成，桩基是按设计的点位将桩柱置于土中，桩的上端浇注钢筋混凝土承台梁或承台板，承台上接柱或墙体，以便使建筑荷载均匀地传递给桩基。

2.2.2　地下室防潮防水构造

1. 地下室类型

建筑物首层下面的地下使用空间称为地下室。地下室一般由墙身、底板、顶板、门窗、楼梯等部分组成。地下室可以用作设备间、储藏房间、车库、商场以及战备人防工程等。高层建筑常利用深基础，建造一层或多层地下室，既可节约建设用地，增加使用面积又节省填土费用。

(1) 按埋入地下深度分类

地下室按埋入地下深度的不同可分为：全地下室和半地下室。全地下室是指地下室地面低于室外地坪的高度超过该房间净高的1/2；半地下室是指地下室地面低于室外地坪的高度为该房间净高的1/3~1/2。

(2) 按使用功能分类

按地下室使用功能不同可分为：普通地下室和人防地下室。普通地下室一般用作高层建筑的地下停车库、设备用房；根据用途及结构需要可做成一层或二、三层、多层地下室。人防地下室是结合人防要求设置的地下空间，用以应付战时情况下人员的隐蔽和疏散，并有具备保障人身安全的各项技术措施。

2. 地下室防潮构造

地下室外墙和底板都埋于地下，地下水通过地下室围护结构渗入室内，不仅影响使用，如果水中含有酸、碱等腐蚀性物质时还会影响结构的耐久性。因此，防潮、防水是地下室构造处理的关键问题。

当地下水的常年水位和最高水位均在地下室地坪标高以下时，地下水不可能浸入地下室内部，地下室外墙底板和外墙可只做防潮层，地下室防潮只适用于防无压水。

地下室外墙外面设垂直防潮层。其做法是：在墙体外表面先抹一层20mm厚的1：2.5水泥砂浆找平，再涂一道冷底子油和两道热沥青；然后在外侧回填低渗透性土壤，并逐层夯实，土层宽度为500mm左右，以防地面雨水或其他地表水的影响。

地下室的所有墙体都应设两道水平防潮层，一道设在地下室地坪附近，另一道设在室外地坪以上150~200mm处（如图2-4所示），使整个地下室防潮层连成整体，以防地潮沿地下墙身或勒脚处进入室内。

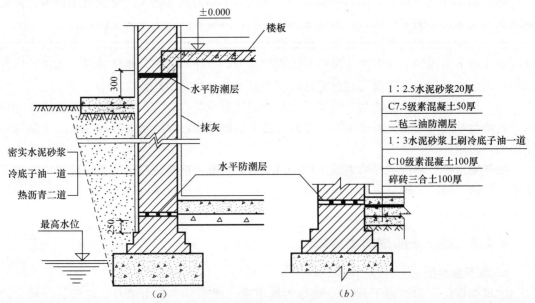

图2-4 地下室的防潮处理
(a) 墙身防潮；(b) 地坪防潮

3. 地下室防水构造

当设计最高水位高于地下室地坪时，地下室的外墙和底板都浸泡在水中，应考虑进行防水处理。常采用的防水措施有构件自防水和材料防水两类。

（1）构件自防水。所谓自防水是指当地下室地坪和墙体均为钢筋混凝土结构时，可采用抗渗性能好的防水混凝土材料，使承重、围护、防水功能三合一。

（2）材料防水。材料防水是指在外墙和地坪表面敷设防水材料，如卷材、涂料或防水水泥砂浆等，阻止地下水渗入。其中，卷材防水是常用的一种防水材料。地下室采用卷材防水层时，防水卷材的层数应按地下水的最大水头选用。卷材防水按防水层铺贴位置的不同，分外防水和内防水两种。

1）外防水　外防水是将防水层贴在地下室外墙的外表面（即迎水面），这种方法防水效果好，但维修困难。

外防水构造要点是：先在混凝土垫层上将油毡满铺整个地下室，然后浇筑细石混凝土或水泥砂浆保护层，以便浇筑钢筋混凝土底板。底层防水油毡须留出足够的长度，以便与墙面垂直防水油毡搭接。墙体防水层是先在外墙外侧抹20mm厚1:2.5水泥砂浆找平层，涂刷冷底子油一道，选定油毡层数，按一层油毡一层沥青胶顺序粘贴防水层。防水卷材须高出最高地下水位500～1000mm为宜。油毡防水层以上的地下室侧墙应抹水泥砂浆涂两道热沥青，直至室外散水处。垂直防水层外侧砌半砖厚的保护墙一道，以保护防水层并使防水层均匀受压，在保护墙与防水层之间缝隙中灌以水泥砂浆。

2）内防水　内防水是将防水层贴在地下室外墙的内表面，这样施工方便，容易维修，但不利于防水，常用于修缮工程。内防水的具体做法是：地下室地坪的防水构造是先浇厚约100mm的混凝土垫层；再以选定的油毡层数在地坪垫层上作防水层，并在防水层上抹20～30mm厚的水泥砂浆保护层，以便于上面浇筑钢筋混凝土。地坪防水层必须留出足够的长度包向垂直墙面并转接。同时要做好转折处油毡的保护工作，以免因转折交接处的油毡断裂而影响地下室的防水。

2.3　墙体与门窗构造

2.3.1　墙体概述

1. 墙体的类型

根据墙体在建筑物中的位置、受力情况、材料选用、构造及施工方法的不同，可将墙体分为不同类型。

（1）按墙体所在位置分类

1）按墙体在平面上所处位置不同，可分为：

外墙：位于建筑物四周与室外接触的墙。

内墙：位于建筑物内部的墙。

2）按墙体布置方向可分为：

纵墙：沿建筑物长轴方向布置的墙。

横墙：沿建筑物短轴方向布置的墙。外横墙又称山墙。

3）按墙体在立面上所处位置不同，可分为：窗与窗、窗与门之间的墙称为窗间墙，窗台下面的墙称为窗下墙，屋顶上部的墙称为女儿墙（如图 2-5 所示）。

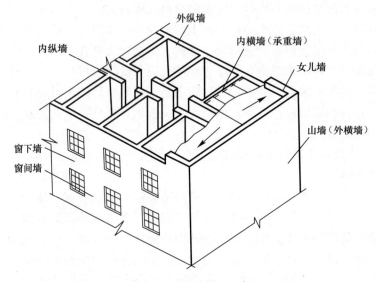

图 2-5 墙体各部分名称

（2）按墙体受力情况分类

在混合结构建筑中，按墙体受力方式分为两种：

1）承重墙：凡直接承受楼板、屋顶、梁等传来荷载的墙称为承重墙；

2）非承重墙：凡不承受这些外来荷载的墙称为非承重墙。

非承重墙又可分为以下几种：

① 自承重墙：不承受外来荷载，仅承受自身重量并将其传至基础的墙。

② 隔墙：仅起分隔房间的作用，不承受外来荷载，并把自身重量传给墙梁或楼板。

③ 填充墙：在框架结构中，填充在柱子之间的墙。内填充墙是隔墙的一种。

④ 幕墙：悬挂在建筑物外部的轻质墙称为幕墙，如金属幕墙、玻璃幕等。

（3）墙体还有其他分类方法，如构造方式可分为实体墙、空体墙、组合墙等；按墙体施工方法分类块材墙、板筑墙、板材墙等；按墙体所用材料的不同，墙体有砖和砂浆砌筑的砖墙、利用工业废料制作的各种砌块砌筑的砌块墙、现浇或预制的钢筋混凝土墙、石块和砂浆砌筑的石墙等。

2. 墙体的承重方案

砌体结构建筑依照墙体与上部水平承重构件（包括楼板、屋面板、梁）的传力关系，会产生不同的承重方案，主要有四种：横墙承重、纵墙承重、纵横墙混合承重、墙与柱混合承重。

横墙承重是将楼板及屋面板等水平承重构件搁置在横墙上，楼面及屋面荷载依次通过楼板、横墙、基础传递给地基。

纵墙承重是将楼板及屋面板等水平承重构件均搁置在纵墙上，横墙只起分隔空间和连接纵墙的作用。楼面及屋面荷载依次通过楼板、纵墙、基础传递给地基。

纵横墙混合承重建筑的横墙和纵墙都是承重墙，简称混合承重。

墙与柱混合承重建筑的水平承构件的一端搁置在墙体上，另一端搁置在柱子上，由墙体和柱子共同承担水平承构件传来的荷载，又称内框架结构。

2.3.2 砖墙

砌体墙是以砂浆为胶结材料，按一定规律将砖和砌块进行砌筑的墙体。常用的砌体墙有砖墙、砌块墙两类。

1. 砖墙材料

砖墙是用砂浆将一块块砖按一定技术要求砌筑而成的砌体，其材料主要有砖和砂浆。

（1）砖

黏土砖强度等级有 MU30、MU25、MU20、MU15、MU10、MU7.5 六个级别。其中实心黏土砖常用的等级是 MU7.5 和 MU10，黏土多孔砖常用的等级是 MU20、MU15、MU10。

（2）砂浆

砂浆是砌块的胶结材料。常用的砂浆有水泥砂浆、混合砂浆、石灰砂浆和黏土砂浆。

其中水泥砂浆由水泥、砂加水拌和而成，属水硬性材料，强度高，和易性差，适合砌筑潮湿环境下的砌体，如地下室、砖基础等。石灰砂浆由石灰膏、砂加水拌和而成，属于气硬性材料，遇水强度即降低，可塑性好，强度较低，适宜砌筑次要的民用建筑的地上砌体。混合砂浆由水泥、石灰膏、砂加水拌和而成，既有较高的强度，又有良好的可塑性和保水性，在民用建筑地上砌体中被广泛采用。黏土砂浆是由黏土加砂加水拌和而成，强度很低，仅适于土坯墙的砌筑，多用于乡村民居。它们的配合比取决于结构要求的强度。

砂浆强度等级有 M30、M25、M20、M15、M10、M7.5、M5 等 7 个级别。其中墙常用的砂浆是 M5、M2.5。

2. 砖墙的构造

（1）砖墙的尺度

1）砖墙的厚度

砖墙的厚度应根据其在建筑物中所起的作用不同而有所不同，同时还应考虑与砖的规格相适应。

实心黏土砖的规格为 240mm×115mm×53mm，砖长：宽：厚＝4：2：1（包括 10mm 宽灰缝）。实心黏土砖墙的厚度习惯上以砖长为基数来称呼，如半砖墙、一砖墙、一砖半墙等。工程上以它们的标志尺寸来称呼，如 12 墙、24 墙、37 墙等。

黏土多孔砖有模数多孔砖（DM 型）、普通多孔砖（KP_1 型）等类型。其砖型尺寸有 190×240×90（mm）、190×190×90（mm）、190×90×90（mm）、240×115×90（mm）等。DM 型多孔砖墙厚采用 1/2（按 50mm 进级）制，其墙厚有 100、150、200、250、300、350、400mm 等（由 DM 型多孔砖与配砖组合而成）。KP_1 型多孔砖的基本砖型为 240×115×90（mm），与普通黏土砖非常相似，其墙厚采用 2.5M 制，如 120、240、370、405mm 等（由 KP_1 型多孔砖与普通实心砖或 178×1150×90（mm）多孔砖组合而成）。黏土多孔砖孔洞的形式有圆形和方形通孔等。

2）墙段长度和洞口尺寸

实心黏土砖的模数为 125mm，符合砖模数的墙段长度系列为 115.240、365.490、

615.740、865.990、1115.1240、1365.1490mm 等；符合砖模数的洞口宽度系列为 135.260、385.510.635.760、885.1010mm 等。多孔黏土砖墙的厚度是按 50mm（1/2M）进级，而我国现行《建筑模数协调统一标准》中规定房间的开间、进深、门窗洞口尺寸为 3M（300mm）的整倍数。这样一来，在一幢房屋中采用两种模数必然会给设计和施工带来麻烦，在实际工程中，可通过调整灰缝大小（施工规范允许竖缝宽度为 8～12mm）来解决这个问题。当墙段长度超过 1M 时可不考虑砖模数，当墙段长度小于 1M 时，应使墙段长度符合砖模数。在抗震设防地区，墙段长度应符合现行《建筑抗震设计规范》。

3）砖墙高度

按砖模数要求，砖墙的高度应为 53+10＝63 的整倍数。但现行统一模数协调系列多为 3M，如 2700、3000、3300mm 等，住宅建筑中层高尺寸则按 1M 递增，如 2700、2800、2900mm 等，均无法与砖墙皮数相适应。为此，砌筑前必须事先按设计尺寸反复推敲砌筑皮数，适当调整灰缝厚度，并制作若干根皮数杆以作为砌筑的依据。

（2）砖墙的组砌方式

砖墙的组砌方式是指砖在砖墙中的排列方式。为了保证墙体的强度，稳定性等要求，砌筑时应保证砖缝横平竖直、上下错缝、内外搭接、避免形成竖向通缝，砂浆应饱满，厚薄均匀。

在砖墙的组砌中，长边平行于墙面砌筑的砖称为顺砖，垂直于墙面砌筑的砖称为丁砖。实体砖墙通常采用全顺式、一顺一丁，多顺一丁，十字式（也称梅花丁）等砌筑方式（如图 2-6 所示）。

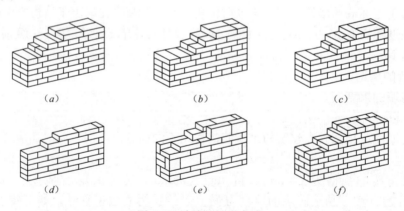

图 2-6 砖墙的组砌方式
(a) 240砖墙一顺一丁；(b) 240砖墙多顺一丁；(c) 240砖墙十字式
(d) 120砖墙全顺式；(e) 180砖墙；(f) 370砖墙

为了改善普通墙的热工性能，常采用复合墙，即用砖和其他保温材料组合成的墙。复合墙体的做法有三种：一是在墙体的一侧附加保温材料，二是在砖墙体的中间填充保温材料，三是在砖墙体的中间留置空气间层（此法现在用的较少）。常用的保温材料有矿棉、矿棉毡、聚苯乙烯泡沫塑料、加气混凝土等。

3. 砖墙的细部构造

墙体的细部构造包括勒脚、散水、明沟、构造柱、圈梁、防火墙、门窗过梁、窗台和变形缝等。

(1) 勒脚

勒脚一般是指位于室外地面与室内地面之间的这段外墙体。勒脚的作用：一是防止外界机械性碰撞对墙体的损坏；二是防止屋檐滴下的雨、雪水及地表水对墙的侵蚀；三是美化建筑外观。一般采用以下几种构造做法（如图2-7所示）。

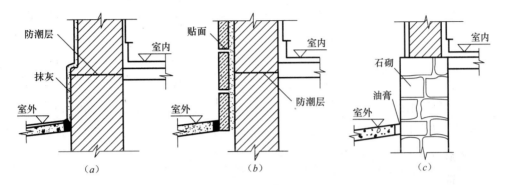

图 2-7 勒脚的构造做法
(a) 抹灰；(b) 贴面；(c) 石材砌筑

① 采用20～30mm厚1：3水泥砂浆抹面，或用水刷石、斩假石抹面；
② 标准较高的建筑，可用天然石材或人工石材贴面，如花岗石板、水磨石板、面砖等；
③ 采用强度高，耐久性和防水性好的材料砌筑，如条石、混凝土等。

(2) 墙身防潮层

墙身防潮层的作用是防止地下土壤中的水分沿基础墙上升和地表水对墙体的侵蚀，提高墙体的坚固性和耐久性，保证室内干燥、卫生。

防潮层按构造形式可分为水平防潮层和垂直防潮层。

1) 水平防潮层

水平防潮层一般在室内地面不透水垫层（如混凝土）范围以内。通常在－0.060m设置，而且至少要高于室外地坪150mm，以防雨水溅湿墙身。防潮层的做法有：

① 油毡防潮层：在防潮层部位先抹20mm厚的水泥砂浆找平层，然后干铺油毡一层或做一毡二油（先浇热沥青，再铺油毡，最后再浇热沥青）。这种做法防水效果好，但有油毡隔离，削弱了砖墙的整体性，不应在刚度要求高或地震区采用（如图2-8（a）所示）。

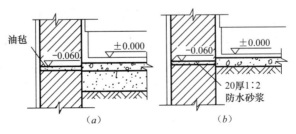

图 2-8 水平防潮层的做法（一）
(a) 油毡防潮层；(b) 防水砂浆防潮层

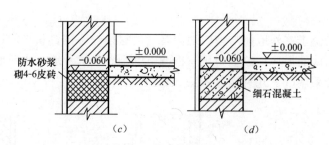

图 2-8 水平防潮层的做法（二）
（c）防水砂浆砌砖；（d）细石混凝土防潮层

② 防水砂浆防潮层：在防潮层位置抹一层 20mm 或 30mm 厚 1∶2 防水砂浆（防水砂浆是在水泥砂浆中掺入 5% 的防水剂配制成的），这种做法适用于抗震地区、独立砖柱和振动较大的砖砌体中，但砂浆易开裂影响防潮效果（如图 2-8（b）所示）。

③ 防水砂浆砌砖：在防潮层位置用防水砂浆砌筑 4～6 皮砖（如图 2-8（c）所示）。

④ 细石混凝土防潮层：在防潮层位置浇筑 60mm 厚与墙体等宽的 C15 或 C20 细石混凝土，内配 3φ6 或 3φ8 钢筋。这种做法抗裂性好，并与砌体结合紧密，故适用于整体刚度要求较高的建筑中（如图 2-8（d）所示）。

2）垂直防潮层：当相邻两房间之间室内地面有高差或室内地坪低于室外地面时，应在墙身内设置高低两道水平防潮层，并在靠土壤一侧设置垂直防潮层，以避免回填土中的潮气侵入墙身，在需设垂直防潮层的墙面（靠回填土一侧）先用水泥砂浆抹面，刷上冷底子油一道，再刷热沥青两道；也可以采用掺有防水剂的砂浆抹面的作法。

(3) 散水与明沟

为了防止室外地面水、墙面水及屋檐水对墙基的侵蚀必须沿外墙四周设置散水与明沟，将建筑物附近的积水及时排离。

散水是沿建筑物外墙四周地面作倾斜坡面，其坡度一般为 3%～5%。其宽度一般为 600～1000mm，当屋面为自由落水时，其宽度应比屋檐挑出宽度大 150～200mm。散水可用水泥砂浆、混凝土、砖、块石等材料做面层（如图 2-9（a）所示）。

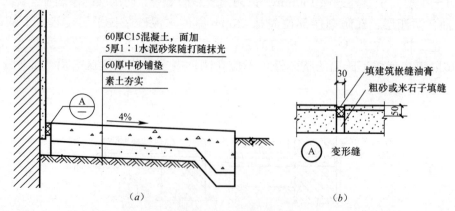

图 2-9 散水构造做法
（a）混凝土散水构造做法；（b）勒脚与散水交接处处理

由于建筑物的沉降，勒脚与散水施工时间的差异，在勒脚与散水交接处不应简单的连接成整体，而应留有缝隙（变形缝），用粗砂或米石子填缝，沥青胶盖缝，以防渗水。散水整体面层纵向距离每隔6～12m做一道伸缩缝，缝内处理同勒脚与散水相交处（如图2-9（b）所示）。

明沟是在散水外沿或直接在外墙根部设置的排水沟。它可将水有组织地导向集水井，然后流入排水系统。明沟一般用素混凝土浇筑，或用砖石铺砌成沟槽，然后用水泥砂浆抹面。为保证排水通畅，沟底应有不小于1%的坡度。

(4) 门窗过梁

过梁是指设置在门窗洞口上部的横梁。其作用是承受洞口上部墙体和楼板传来的荷载，并把这些荷载传递给洞口两侧的墙体。

过梁的形式有砖拱过梁、钢筋砖过梁和钢筋混凝土过梁三种。

1) 砖拱过梁　砖拱过梁分为平拱和弧拱；工程中常用的是平拱砖过梁，由砖竖砌和侧砌形成。砖砌平拱过梁的高度多为一砖长，一般将砂浆灰缝做成上宽下窄，上宽不大于20mm，下宽不小于5mm，中部起拱高度为洞口跨度的1/50。砖砌平拱过梁净跨宜小于等于1.2m，不应超过1.8m。砌筑用的砖强度不低于MU7.5，砂浆强度不能低于M2.5。

2) 钢筋砖过梁　钢筋砖过梁是指配置了钢筋的平砌砖过梁。一般是在钢筋砖过梁底部厚度不小于30mm的水泥砂浆层内设间距小于120mm的φ6钢筋，钢筋伸入洞口两侧墙内的长度不应小于240mm，并设90°直弯钩，伸入在墙体的竖缝内。钢筋砖过梁的高度经计算确定，一般不应小于5皮砖，砌筑用的砂浆强度不低于M2.5。

钢筋砖过梁适用于净跨小于等于1.5m，且不应超过2m的上部无集中荷载的洞口。

3) 钢筋混凝土过梁

当门窗洞口跨度超过2m或上部有集中荷载时需采用钢筋混凝土过梁。钢筋混凝土过梁有现浇和预制两种，梁高及配筋由计算确定。为了施工方便，梁高应与砖的皮数相适应，以方便墙体连续砌筑，故常见梁高为60mm、120mm、180mm、240mm，即60mm的整倍数。梁宽一般同墙厚，梁两端支承在墙上的长度不少于240mm，以保证有足够的承压面积。

钢筋混凝土过梁的断面形式有矩形和L形。矩形多用于内墙和混水墙，L形多用于外墙和清水墙。为简化构造，节约材料，可将过梁与圈梁、悬挑雨篷、窗楣板或遮阳板等结合起来设计。

(5) 窗台。

窗台是窗洞下部的构造，用来排除窗外侧流下的雨水和内侧的冷凝水，且具有装饰作用。按其构造做法分为外窗台和内窗台。

位于窗外的窗台叫外窗台。外窗台应设置排水构造：采用不透水的面层，并向外形成不小于20%的坡度，窗台面应低于内窗台面。外窗台有悬挑窗台和不悬挑窗台两种。悬挑窗台常采用顶砌一皮砖出挑60mm或将一砖侧砌并出挑60mm，也可采用钢筋混凝土窗台，窗台表面的坡度可由斜砌的砖形成，也可用1:2.5水泥砂浆抹出（如图2-10所示）。并在挑窗台底部边缘处抹灰时做滴水线或滴水槽（宽度和深度均不小于10mm）。如外墙饰面材料为面砖、石材等易冲洗的材料时，可不设悬挑窗台。

位于室内的窗台叫内窗台。因其不受雨水冲刷，一般为水平放置，通常结合室内装修选择水泥砂浆抹灰、木板或贴面砖等多种饰面形式。北方地区室内采暖，常在窗台下设置暖气槽。此时应采用预制水磨石板或预制钢筋混凝土窗台板形成内窗台（如图 2-11 所示）。

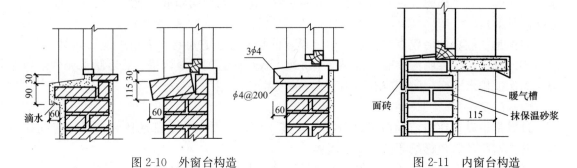

图 2-10　外窗台构造　　　　　　　　图 2-11　内窗台构造

4. 墙身加固措施

由于墙体可能承受上部集中荷载、开设门窗洞口、遭受地震等因素，使墙体的强度及稳定性有所降低，因而应对墙身采取加固措施：增加壁柱和门垛、设置圈梁和构造柱等。

(1) 圈梁

圈梁是沿建筑物外墙四周、内纵墙、部分内横墙设置的连续闭合的梁。它的作用是提高建筑物的空间刚度及整体性，减少由于地基不均匀沉降而引起的墙身开裂。对于抗震设防地区，利用圈梁加固墙身更加必要。

1) 圈梁的设置要求

圈梁设置的位置与其数量有一定关系，当只设一道圈梁时，应设在屋盖处，当多道设置时应设在相应的楼盖处或门窗洞口上方。圈梁一般设在屋盖或楼盖结构层的下方，对空间较大房间和地震烈度 8 度以上地区的建筑，外墙圈梁外侧应加高，以防楼板受力作用发生水平移动。

2) 圈梁的构造

钢筋混凝土圈梁的高度不小于 120mm，宽度与墙厚相同，当墙厚大于 240mm 时，其宽度可适当减小，但不宜小于墙厚的 2/3。

当圈梁被门窗洞口截断时，应在洞口上部增设相同截面的附加圈梁（如图 2-12），其配筋和混凝土强度等级均不小于圈梁的配筋和混凝土强度等级。

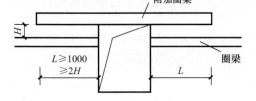

图 2-12　附加圈梁构造

(2) 构造柱

构造柱是从构造角度考虑设置的，其作用是从竖向加强层间墙体的连接，与圈梁形成空间骨架，加强建筑物的整体刚度，提高墙体抗变形的能力。

构造柱一般设在外墙四角、内外墙交接处、较大洞口两侧、楼梯及电梯间四角。构造柱最小截面为 180mm×240mm，最小配筋量是：纵向钢筋 4ϕ12，箍筋 ϕ6，间距不大于 250mm，且在柱上下端宜适当加密。构造柱施工时应先放置构造柱钢筋骨架，后砌墙，随着墙体的升高而逐段现浇混凝土构造柱身。构造柱与墙体连接处宜砌成五进五出的大马牙槎，并应沿墙高每 500mm 设 2ϕ6 拉结筋，每边伸入墙内不少于 1m（如图 2-15 所示）。

构造柱可不单独设基础，但应伸入室外地坪下 500mm，或锚入浅于 500mm 的基础梁

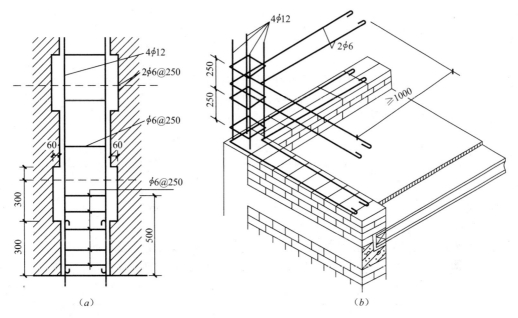

图 2-13 构造柱的构造
(a) 平直墙面构造柱；(b) 转角处的构造柱

内。构造柱与圈梁连接处，构造柱的纵筋应穿过圈梁，保证构造柱纵筋上下贯通。

2.3.3 砌块墙

砌块墙是将预制块材（砌块）按一定技术要求砌筑而成的墙体。砌块可利用工业废料和地方材料制成，与普通黏土砖相比具有生产投资少、不占耕地、节约能源、保护环境等优点。采用砌块墙是我国墙体改革的主要途径之一。

1. 砌块的类型与规格

砌块的类型很多，按材料砌块分有普通混凝土砌块、加气混凝土砌块、轻骨料混凝土砌块及利用各种工业废料制成的砌块。按砌块在组砌中的作用与位置可分为主砌块和辅助砌块；砌块按构造形式可分为实心砌块、空心砌块；砌块按单块重量和幅面大小分为小型砌块、中型砌块和大型砌块。小型砌块每块重量不超过20kg，主砌块高度为115～380mm之间，常用的外形尺寸有390×290×190、290×240×190等，辅助砌块有90×190×190等尺寸系列，适合人工搬运和砌筑。中型砌块每块重量在20～350kg之间，主砌块高度在380～980mm之间，常用的外形尺寸有240×380×280、180×845×630等系列，需要用轻便机具搬运和砌筑。大型砌块每块重量超过350kg，主砌块高度大于980mm，由于大型砌块体积质量较大，人工搬运困难，须用大型机具搬运和施工。

2. 砌块墙的排列与组合

由于砌块的尺寸较大、砌筑不够灵活，因而在砌筑前必须进行砌块的排列设计，尽量提高主要砌块的使用率，减少局部补填砖的数量。砌块排列组合图一般有各层平面、内外墙立面分块图。在进行砌块的排列组合时，应按门窗和墙面尺寸布置，对墙面进行合理的分块，正确选择砌块的规格尺寸，尽量减少砌块的规格类型，优先采用大规格的砌块做主要砌块。

2.3.4 隔墙

隔墙是指用于分隔建筑物内部空间的非承重构件，其本身重量由楼板或梁来承担。隔墙按构造方式分为块材隔墙、轻骨架隔墙和板材隔墙三大类。

1. 块材隔墙

块材隔墙是指用普通砖、空心砖、加气混凝土砌块等块材砌筑的墙。块材隔墙坚固耐久、隔声性能较好，但自重大，湿作业量大，不易拆装。常用的有普通砖隔墙和砌块隔墙。

（1）普通砖隔墙

普通砖隔墙一般采用半砖隔墙。

半砖隔墙用普通黏土砖采用全顺式砌筑而成（砌筑砂浆强度等级不低于M5）。由于墙体轻而薄，稳定性较差，因此构造上要求隔墙与承重墙或柱之间连接牢固，一般要求隔墙两端的承重墙须留出马牙槎，并沿墙高度每隔500mm砌入2ϕ6的拉结钢筋，深入隔墙不小于500mm。还应沿隔墙高度每隔1200mm设一道30mm厚水泥砂浆层，内放2ϕ6钢筋。为了保证隔墙不承重，在隔墙顶部与楼板相接处，应将砖斜砌一皮，或留约30mm的空隙塞木楔打紧，然后用砂浆填缝。隔墙上有门窗时，需预埋防腐木砖、铁件或将带有木楔的混凝土预制块砌入隔墙中，以便固定门框。

（2）砌块隔墙

为减轻隔墙自重，可采用轻质砌块。砌块隔墙墙厚一般为90～120mm。加固构造措施同普通砖隔墙，砌块不够整块时宜用普通黏土砖填补。因砌块孔隙率大、吸水量大，故在砌筑时先在墙下部实砌3～5皮实心黏土砖再砌砌块。

2. 轻骨架隔墙

轻骨架隔墙由骨架和面层两部分组成，由于先立墙筋（骨架）后做面层，故又称立筋式隔墙。骨架有木骨架和金属骨架，面板有板条抹灰、钢丝网板条抹灰、胶合板、纤维板、石膏板等。这类隔墙自重轻，一般可直接放置在楼板上，隔声效果较好，因而应用较广。

现以木骨架隔墙和轻钢龙骨隔墙介绍轻骨架隔墙的构造。

（1）木骨架隔墙

骨架由上槛、下槛、墙筋、横撑或斜撑组成。面层目前普遍做法是在木骨架上钉各种成品板材，如纤维板、胶合板、石膏板等，并在骨架、木基层板背面刷两遍防火涂料，以提高其防火性能。

（2）轻钢龙骨隔墙

用轻钢龙骨作骨架，纸面石膏板、纤维水泥加压板、纤维石膏板、粉石英硅酸钙板等作面层。轻钢龙骨它一般由沿顶龙骨、沿地龙骨、竖向龙骨、横撑龙骨、加强龙骨等组成，是以镀锌钢板为原料，采用冷弯工艺生产的薄壁型钢。安装时先将板材用自攻螺钉钉在龙骨上，然后用玻璃纤维带粘贴板缝，再做饰面处理。

3. 板材隔墙

板材隔墙是指单块轻质板材的高度相当于房间净高，不依赖骨架，直接装配而成。目前多采用条板，如轻混凝土条板、石膏条板、水泥条板、石膏珍珠岩板以及各种复合板。条板厚度一般为60～100mm，宽度为600～1000mm，长度略小于房间净高。安装时，条板下部先用木楔顶紧，然后用细石混凝土堵严，板缝用粘结剂进行粘结，并用胶泥刮缝，平整后再做表面装修。由于板材隔墙是用轻质材料制成的大型板材，施工中直接拼装而不依赖骨架，因此它具有自重轻，安装方便，施工速度快，工业化程度高的特点。

2.3.5 门的种类与构造

1. 门的分类及特点

（1）按门的使用材料分：木门、铝合金门、塑钢门、彩板门、玻璃钢门、钢门等。木门自重轻、开启方便、加工方便，所以在民用建筑中应用广泛。

（2）按门在建筑物中所处的位置分：内门和外门。内门位于内墙上，起分隔作用，如隔音阻挡视线等；外门位于外墙上，起围护作用。

（3）按门的使用功能分：一般门和特殊门。一般门是满足人们最基本要求的门，而特殊门除了满足人们基本要求外，还必须有特殊功能，如保温门、隔声门、防火门、防护门等。

（4）按门的构造分：镶板门、拼板门、夹板门、百页门等。

（5）按门扇的开启方式分：平开门、推拉门、弹簧门、折叠门、转门、卷帘门等。

2. 门的组成

门一般由门框、门扇、五金零件及附件组成。门框是门与墙体的连接部分，由上框、边框、中横框和中竖框组成。门扇一般由上、中、下冒头和边梃组成骨架，中间固定门芯板。五金零件包括铰链、插销、门锁、拉手等。附件有贴脸板、筒子板等。

3. 门的尺度

门的尺度指门洞的高宽尺寸，应满足人流疏散，搬运家具、设备的要求，并应符合《建筑模数协调经一标准》的规定。

一般情况下，公共建筑的门单扇门为950～1000宽，双扇门1500～1800宽，高度2.1～2.3m；居住建筑的门可略小些，外门约900～1000宽，房间门900宽，厨房门800宽，厕所门700宽，高度统一为2.1m。供人日常生活活动进出的门，门扇高度常在1900～2100mm左右，宽度单扇门为800～1000mm，辅助房间如浴厕、贮藏室的门600～800mm，腰头窗高度一般为300～900mm。工业建筑的门可按需要适当提高。

4. 铝合金门的构造

铝合金门多为半截玻璃门，有推拉和平开两种开启方式。推拉铝合金门有70系列和90系列两种，基本门洞高度有2100、2400、2700、3000mm，基本门洞宽度有1500、1800、2100、2700、3000、3300、3600mm。

当采用平开的开启方式时，门扇边梃的上下端要用地弹簧连接。铝合金地弹簧门有70系列、100系列。基本门洞高度有2100、2400、2700、3000、3300mm，基本门洞宽度有900、1000、1500、1800、2400、3000、3300、3600mm。

2.3.6 窗的种类与构造

1. 窗的分类与特点

（1）按窗的使用材料分：铝合金窗、塑钢窗、彩板窗、木窗、钢窗等。铝合金窗和塑钢窗材质好、坚固、耐久、密封性好，所以在建筑工程中应用广泛，而木窗由于耐久性差、易变形，不利于节能，国家已限制使用。

（2）按窗的层数分：单层窗和双层窗。单层窗构造简单造价低，适用于一般建筑；双层窗保温隔热效果好，适用于对建筑要求高的建筑。

（3）按窗扇的开启方式分：固定窗、平开窗、悬窗、立转窗、推拉窗、百页窗等。

2. 窗的组成

窗主要由窗框和窗扇组成。窗扇有玻璃窗扇、纱窗扇、板窗扇和百页窗扇等。还有各种铰链、风钩、插销、拉手以及导轨、转轴、滑轮等五金零件，有时要加设窗台、贴脸、窗帘盒等。

窗框：由上槛、中槛、下槛、边框用合角全榫拼接成框。它的安装方法有两种：

（1）立口：施工时先将窗樘好后砌窗间墙。上下档各伸出约半砖长的木段（羊角或走头），在边框外侧每500～700mm设一木拉砖（木鞘）或铁脚砌入墙身。特点是窗框与墙的连接紧密，但施工不便，窗樘及其临时支撑易被碰撞，较少采用。

（2）塞口：在砌墙时先留出窗洞，以后再安装窗框。为了加强窗樘与墙的联系，窗洞两侧每隔500～700mm砌入一块半砖大小的防腐木砖（窗洞每侧应不少于两块），安装窗樘时用长钉或螺钉将窗樘钉在木砖上，也可在樘子上钉铁脚，再用膨胀螺钉在墙上或用膨胀螺丝直接把樘子钉于墙上。

3. 窗的尺度

窗的尺度一般根据采光通风要求、结构构造要求和建筑造型等因素决定，同时应符合模数制要求。

一般平开窗的窗扇宽度为400～600mm，高度为800～1500mm，亮子高300～600mm，固定窗和推拉窗尺寸可大些。

4. 铝合金窗的构造

铝合金窗多采用水平推拉式的开启方式，窗扇在窗框的轨道上滑动开启。窗扇与窗框之间用尼龙密封条进行密封，以避免金属材料之间相互摩擦。玻璃卡在铝合金窗框料的凹槽内，并用橡胶压条固定。

铝合金窗一般采用塞口的方法安装，固定时，窗框与墙体之间采用预埋铁件、燕尾铁脚、膨胀螺栓、射钉固定等方式连接。

5. 塑钢窗的构造

塑钢窗是以PVC为主要原料制成空腹多腔异型材，中间设置薄壁加强型钢，经加热焊接而成窗框料，它具有导热系数低，耐弱酸碱，无需油漆并具有良好的气密性、水密性、隔声性等优点。

塑钢窗的开启方式及安装构造与铝合金窗基本相同。

2.4 楼板与地面构造

楼地层包括楼板层和地坪层，楼板层是分隔建筑空间的水平承重构件。楼板层和地坪层均供人们在上面活动使用，因此具有形同的面层类型。但是，由于它们所处位置不同，受力情况也不尽相同。

根据承重结构所用材料不同,楼板可分为木楼板、钢筋混凝土楼板和钢衬板组合楼板等多种类型。

因为其造价低廉、容易成型、耐久、防火等性能,钢筋混凝土楼板是目前最常用的楼板类型。根据施工方法不同,钢筋混凝土楼板可分为现浇式、装配式和装配整体式三种。由于装配整体式钢筋混凝土楼板施工复杂、费工费料,目前较少使用。

2.4.1 楼地层的组成

1. 楼板层的组成

楼板由面层、结构层、顶棚层三个基本层次组成。

(1) 面层　面层是人们日常活动,家具设备等直接接触的部位,楼板面层还保护结构层免受腐蚀和磨损。同时还对室内起美化装饰作用,增强了使用者的舒适感。因此,楼板面层应满足坚固耐磨、不易起尘、舒适美观的要求。

(2) 结构层　楼板的结构层,是承重构件,通常由梁板组成。主要功能在于承受楼板层上的全部荷载并将这些荷载传给墙或柱;同时还对墙身起水平支撑作用,以加强建筑物的整体刚度。结构层应坚固耐久,满足楼板层的强度和刚度要求。

(3) 顶棚层　为了使室内的观感良好,楼板下需要做顶棚。顶棚既可以保护楼板、安装灯具、遮挡各种水平管线,又可以改善室内光照条件,装饰美化室内空间。

(4) 附加层　在实际工程中,以上三个基本层次往往不能满足使用上或构造上的要求,这就需要添加一些其他层次。附加层又称功能层,根据楼板层的具体要求而设置,主要作用是隔声、隔热、保温、防水、防潮、防腐蚀、防静电等。

2. 地坪层的组成

地坪的基本组成部分有面层、垫层和基层,对于有特殊要求的地坪,常在面层和垫层之间增设一些附加层(如图 2-14)。

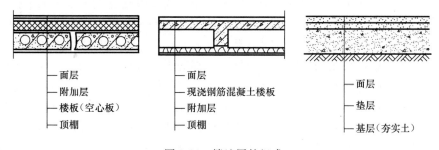

图 2-14　楼地层的组成

(1) 面层　地坪的面层又称地面,和楼面一样,直接承受人、家具、设备等各种物理和化学作用,起着保护结构层和美化室内的作用,和楼面作法相同。

(2) 垫层　垫层作用是承受地面上的荷载并将荷载传递给基层。按照垫层材料不同,可以分为刚性垫层和非刚性垫层两大类:刚性垫层一般为 50～100mm 混凝土有足够的整体刚度,受力后不产生塑性变形。非刚性垫层材料为灰土、砂和碎石、炉渣等松散材料,受力后产生塑性变形。当地面面层为整体性面层时,常采用刚性面层,如水泥地面、水磨石地面等;当地面面层整浇性较差时,如块料地面,常采用非刚性垫层。

(3) 基层　基层即垫层下的土，又称地基，一般为原土层或填土分层夯实。

2.4.2　现浇钢筋混凝土楼板

现浇钢筋混凝土楼板是在施工现场支模、扎钢筋、浇筑混凝土而成型的楼板。它的优点是整体性好，特别适用于抗震设防要求较高的建筑中，对有管道穿过的房间、平面形状不规整的房间或防水要求较高的房间，都适合采用现浇钢筋混凝土楼板。但是现浇钢筋混凝土楼板有施工工期较长，现场湿作业多，需要消耗大量模板等缺点。近年来由于工具式模板的采用，现场机械化程度的提高，使得现浇钢筋混凝土楼板在高层建筑中得到较普遍应用。

1. 平板式楼板

楼板内不设梁，将板直接搁置在承重墙上，楼面荷载可直接通过楼板传给墙体，这种厚度一致的楼板称为平板式楼板。

楼板根据受力特点和支承情况，分为单向板和双向板。当板的长边与短边之比大于2时，板基本上沿短边方向传递荷载，这种板称为单向板。双向板的长边与短边之比不大于2，荷载沿长边和短边两个方向传递

板式楼板板底平整、美观、施工方便，适用于墙体承重的小跨度房间，如厨房、卫生间、走廊等。

2. 肋梁楼板

当房间很大时，除板外还有次梁和主梁等构件，通常称为肋梁楼板。当板为单向板时称为单向板肋梁楼板，单向板肋梁楼板由板、次梁和主梁组成。当板为双向板时称为双向板肋梁楼板，双向板肋梁楼板常无主次梁之分，由板和梁组成。

肋梁楼板的结构布置，应依据房间尺寸大小，柱和承重墙的位置等因素进行，梁格的布置应整齐、合理、经济。

井式楼板可与墙体正交放置或斜交放置。由于井式楼板可以用于较大的无柱空间，而且楼板底部的井格整齐划一，很有韵律，稍加处理就可形成艺术效果很好的顶棚，所以常用在门厅、大厅、会议室、小型礼堂、歌舞厅等处。也有的将井式楼板中的板去掉，将井格设在中庭的顶棚上，采光和通风效果很好，也很美观。

3. 无梁楼板

无梁楼板是将楼板直接支承在柱上，不设主梁和次梁。无梁楼板分为有柱帽和无柱帽两种。当楼面荷载比较小时，可采用无柱帽楼板；当楼面荷载较大时，为提高楼板的承载能力、刚度和抗冲切能力，必须在柱顶加设柱帽。无梁楼板具有净空高度大，顶棚平整，采光通风及卫生条件均较好，施工简便等优点。适用于活荷载较大的商店、书库、仓库等建筑。

4. 压型钢板组合楼板

压型钢板组合楼板是以截面为凹凸相间的压型钢板做衬板与现浇混凝土面层浇筑在一起构成的整体性很强的一种楼板。

钢衬板组合楼板主要由楼面层、组合板和钢梁三部分所构成，组合板包括现浇混凝土和钢衬板。由于混凝土承受剪力与压力，钢衬板承受下部的压弯应力，因此，压型钢衬板起着模板和受拉钢筋的双重作用。这样组合楼板受正弯矩部分只需配置部分构造钢筋即

可。此外，还可利用压型钢板肋间的空隙敷设室内电力管线从而充分利用了楼板结构中的空间。在国外高层建筑中得到广泛的应用。

2.4.3 装配式钢筋混凝土楼板

装配式钢筋混凝土楼板系指在构件预制加工厂或施工现场外预先制作，然后运到工地现场进行安装的钢筋混凝土楼板。这种楼板可以节省模板，加快施工速度，缩短工期，但楼板的整体性差。

预制楼板可分为预应力和非预应力两种。根据预制板的截面形式，预制钢筋混凝土楼板常用类型有：实心平板、槽形板、空心板三种。下面讲述这三种中用得相对较多的空心板的一些构造。

预制板直接搁置在墙上或梁上时，均应有足够的搁置长度。支承于梁上时其搁置长度应不小于80mm；支承于内墙上时其搁置长度应不小于100mm；支承于外墙上时其搁置长度应不小于120mm。一般要求板的规格、类型愈少愈好。因为板的规格过多，不仅给板的制作增加麻烦，而且施工也较复杂。

在空心板安装前，应在板端的圆孔内填塞C15混凝土短圆柱（即堵头）以避免安装过程中板端被压坏。铺板前，先在墙或梁上用10～20mm厚M5水泥砂浆找平（即座浆），然后再铺板，使板与墙或梁有较好的联结，同时也使墙体受力均匀。

当缝隙小于60mm时，可调节板缝；当缝隙在小于120mm时，可平行于墙挑砖，注意挑砖的上下表面与板面平齐；当缝隙在小于200mm时，设现浇钢筋混凝土板带，且将板带设在墙边或有穿管的部位；当缝隙大于200mm时，调整板的规格。

为了加强预制楼板的整体刚度，抵抗地震的水平荷载，在两块预制板之间、板与纵墙、板与山墙等处均应增加钢筋锚固，然后在缝内填上细石混凝土。或者在板上铺设钢筋网，然后在上面浇筑一层厚30～40mm的细石混凝土作为整浇层（如图2-15）。

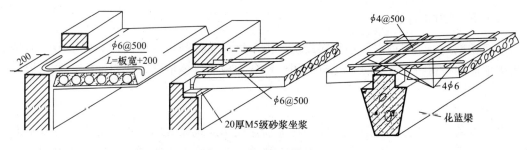

图2-15　锚固钢筋的配置

2.4.4 顶棚构造

顶棚是楼板层下面的装修层，古建筑称天花板，是建筑物室内主要饰面之一。对顶棚的要求是表面光洁，美观，能反射光线，改善室内照度以提高室内装饰效果；对某些有特殊要求的房间，还要求顶棚具有隔声吸声或反射声音、保温、隔热、管道敷设等方面的功能，以满足使用要求。

顶棚的构造形式有两种，直接式顶棚和悬吊式顶棚。设计时应根据建筑物的使用功能、装修标准和经济条件来选择适宜的顶棚形式。

1. 直接式顶棚

直接式顶棚是指直接在钢筋混凝土屋面板或楼板下表面直接做饰面层形成顶棚的方法。当板底平整时，可直接喷、刷大白浆或106涂料；当楼板结构层为钢筋混凝土预制板时，可用1∶3水泥砂浆填缝刮平，再喷刷涂料。这类顶棚构造简单，施工方便，造价较低，常用于装饰要求不高的一般建筑，如办公室、住宅、教学楼等。

此外，有的是将屋盖结构暴露在外，不另做顶棚，称为"结构顶棚"。例如网架结构，构成网架的杆件本身很有规律，有结构自身的艺术表现力。又如拱结构屋盖，可以形成富有韵律的拱面顶棚。结构顶棚广泛用于体育建筑及展览大厅等公共建筑。

2. 悬吊式顶棚

悬吊式顶棚又称"吊顶"，它通过悬挂构件与主体结构相连，悬挂在屋顶或楼板下面。这类顶棚在使用功能和美观上都有一定作用。在使用功能上，吊顶可以提高楼板的隔声能力，或利用吊顶安装管道设施；在观感方面，吊顶的色彩、材质及图案，都可提高室内的装饰效果。

吊顶一般由龙骨与面层两部分组成。吊顶龙骨分为主龙骨与次龙骨，主龙骨为吊顶的承重结构，次龙骨则是吊顶的基层。主龙骨通过吊筋或吊件固定在屋顶（或楼板）结构上，次龙骨固定在主龙骨上。

龙骨可用木材、轻钢、铝合金等材料制作，其断面大小根据材料、荷载和面层构造做法等因素而定。主龙骨断面比次龙骨大，间距约为2m。悬吊主龙骨的吊筋为$\phi 8 \sim \phi 10$钢筋，间距也是不超过2m。次龙骨间距视面层材料而定，间距一般不超过600mm。

吊顶面层分为抹灰面层和板材面层两大类。抹灰面层为湿作业施工，费工费时，目前板材面层应用较广，既可加快施工速度，又容易保证施工质量。板材吊顶有植物板材、矿物板材和金属板材等。

2.4.5 地面构造

地面类型是经常以面层所用材料命名，由于材料品种繁多，地面种类也很多。但是如果根据地面的构造特点，则分类比较简明，可分为现浇整体地面、块材地面、木地板和卷材地面等。

1. 现浇整体地面

是指以砂浆、混凝土或其他材料的拌合物在现场浇筑而成的地面。常用的有以水泥为胶凝材料的水泥地面、水磨石地面、混凝土地面；有以沥青为胶凝材料的沥青地面；以树脂（如聚醋酸乙烯乳液、丙烯酸树脂乳液、环氧树脂等）为胶凝材料的现浇塑料地面。其中水泥类现浇整体地面以其坚固、耐磨、防火防水、易清洁等优点应用最广泛，如水泥砂浆地面，水磨石地面。

（1）水泥砂浆地面　是在混凝土垫层或结构层上抹1∶2或1∶2.5的水泥砂浆作为面层，厚度一般为15～20mm。水泥砂浆面层必须做在刚性垫层上，通常是在夯实的素土上做60～80mm厚的混凝土。水泥砂浆地面构造简单，坚固耐磨、防水防潮，造价低廉，但导热系数大，冬天感觉阴冷，是一种广为采用的低档地面。如图2-16所示。

近几年，彩色水泥地面在建筑工程中应用增多。它是用水泥、108胶、木质素磺酸

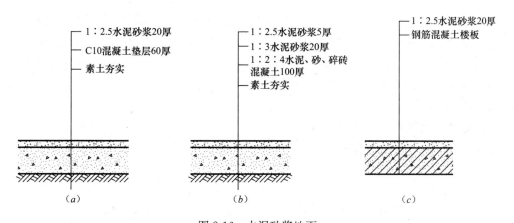

图 2-16 水泥砂浆地面
(a) 底层地面单层做法；(b) 底层地面双层做法；(c) 楼层地面

钙、矿物颜料按一定比例拌合成厚质涂料，在地面垫层上刮三至四遍，砂纸打平后用氯乙烯—偏氯乙烯二烷乳液罩面，最后打一层地板蜡。这种地面具有涂层干燥快、施工简便、光洁美观、经久耐用等优点。由于这种地面无毒、不燃、安全经济，常用于公共建筑及一般实验室。

为改善水泥地面的使用质量，增加其美观性，可面层上涂刷地面涂料，如聚氨基甲酸酯地板漆、过氯乙烯涂料、苯乙烯焦油涂料、聚乙烯醇缩丁醛涂料等。

(2) 水磨石地面　水磨石地面通常分两层制作，底层为 1∶3 水泥砂浆 18mm 厚找平，面层为 (1∶1.5)～(1∶2) 水泥石碴 12mm 厚，石碴粒径为 8～10mm。为防止地面开裂，施工中先将找平层做好，在找平层上按设计为 1m×1m 方格的图案嵌固玻璃塑料分格条（或铜条、铝条），用 1∶1 水泥砂浆固定，将拌和好的水泥石屑铺入压实，经浇水养护达到适当强度后，用磨石机加水研磨二、三次，修补掉石、气眼等缺陷，最后用草酸水溶液擦洗、打蜡抛光。

普通水磨石地面采用普通水泥掺白石子，玻璃条分格；美术水磨石可用白水泥加各种颜料和各色石子，用铜条分格，可形成各种优美的图案，但造价比普通水磨石高。

水磨石地面质地美观，表面光洁，不起尘，易清洁，具有很好的耐久性、耐油耐碱、防火防水，通常用于公共建筑门厅、走道、主要房间地面。

2. 块材类地面

用各种预制的铺地用砖、或板材所做的地面，如缸砖、黏土砖、陶瓷锦砖、水泥花砖、大理石板、花岗石板、塑料板等。这类地面的垫层可以是刚性的也可能是非刚性的，主要依据面层材料而定。为使面层铺得平整，粘结牢固，垫层与面层之间需要做结合层，大多数面层可以用水泥砂浆做结合层；对于混凝土板、黏土砖等厚重面层，也可以用砂或细炉渣做结合层；塑料板则需用粘合剂。

(1) 石板地面　石板包括天然石板和人造石板。常用的天然石板指大理石和花岗石板，它们质地坚硬，色泽丰富艳丽，属高档地面装饰材料但造价昂贵。人造石板有预制水磨石板、人造大理石板等。石板地面一般多用于高级宾馆、会堂、公共建筑的大厅等处。做法是在基层上刷素水泥浆一道，30mm 厚 1∶3 干硬性水泥砂浆找平，面上撒 2mm 厚素水泥（洒适量清水），粘贴石板，素水泥浆擦缝。

(2) 塑料板地面　由于石化工业的发展，塑料地面的应用日益广泛，其中以聚氯乙烯地面应用最多。聚氯乙烯塑料地面品种繁多，按外形可分为卷材和板材。聚氯乙烯板尺寸多样，可从 100mm×100mm 到 500mm×500mm，厚度约 1.5~2mm。铺贴在干燥清洁的水泥砂浆找平层上，并用塑料黏结剂粘牢。

3. 木地面

木地板的主要特点是有弹性、保温性好、不起尘易清洁，但耗费木料较多、造价高，常用于高级住宅、体育馆、健身房、剧院舞台等建筑中。木地面按构造方式分为空铺、实铺两种。

4. 卷材地面

常用的卷材包括聚氯乙烯塑料地毡、橡胶地毡以及地毯。聚氯乙烯塑料地毡（又称地板胶），目前市面上出售的地毡宽度多为 700~2000mm 左右，厚度 1~6mm。橡胶地毡是以橡胶粉为基料，掺入填充料、防老化剂、硫化剂等制成的卷材，橡胶毡耐磨、防滑、吸声、绝缘，可直接干铺在地面上，也可用聚氨酯等胶粘剂粘贴。地毯类型较多，有化纤地毯、羊毛地毯、棉织地毯等。地毯柔软舒适、吸声、保温、美观，且施工简单，是理想的地面装修材料，但价格较高。

2.5 屋 顶 构 造

2.5.1 屋顶概述

1. 屋顶的组成

屋顶是房屋最上层的水平围护结构，也是房屋的重要组成部分。屋顶由屋面、承重结构、保温（隔热）层和顶棚等部分组成。

2. 屋顶的形式

(1) 根据屋顶的外形和坡度划分，屋顶可分为平屋顶、坡屋顶、曲面屋顶。

1) 平屋顶。平屋顶的屋面应采用防水性能好的材料，但为了排水也要设置坡度，平屋顶的屋面坡度小于 10%，常用的坡度范围为 2%~5%。

2) 坡屋顶。坡屋顶是常用的屋顶类型，屋面坡度大于 10%，有单坡、双坡、四坡和歇山等多种形式。

(2) 根据屋面防水材料划分，屋面可分为柔性防水屋面、刚性防水屋面、瓦屋面、波形瓦屋面、金属薄板屋面、粉剂防水屋面等。

1) 柔性防水屋面。柔性防水屋面是用防水卷材或制品做防水层，如沥青油毡、橡胶卷材、合成高分子防水卷材等，这种屋面有一定的柔韧性。

2) 刚性防水屋面。刚性防水屋面是用细石混凝土等刚性材料做防水层，构造简单，施工方便，造价低，但这种做法韧性差，屋面易产生裂缝而渗漏水，在寒冷地区应慎用。

3. 屋顶的作用和设计要求

(1) 屋顶的作用

屋顶能抵御自然界的风霜雨雪、太阳辐射、昼夜气温变化和各种外界不利因素对建筑物的影响；屋顶承受作用于屋顶上部荷载，包括风、雪荷载和屋顶自重，将它们通过墙、柱传递到基础；另外，屋顶的形式对建筑造型有重要影响，可以使房屋形体美观、造型协调。

(2) 屋顶的设计要求

1) 防水可靠、排水迅速是屋顶首先应当具备的功能。

2) 强度和刚度的要求。

3) 保温隔热的要求。

4) 美观的要求。

4. 屋顶的坡度

(1) 影响坡度的因素

为了预防屋顶渗漏水，常将屋面做成一定坡度，以排雨水。屋顶的坡度首先取决于建筑物所在地区的降水量大小。利用屋顶的坡度，以最短而直接的途径排除屋面的雨水，减少渗漏的可能。

(2) 坡度的表示方法

屋顶坡度的常用表示方法有斜率法、百分比法和角度法三种。斜率法是以屋顶高度与坡面的水平投影长度之比表示，可用于平屋顶或坡屋顶，如：1∶2，1∶4，1∶50等。百分比法是以屋顶高度与坡面的水平投影长度的百分比表示，多用于平屋顶，如 $i=1\%$，$i=2\%\sim3\%$。角度法是以倾斜屋面与水平面的夹角表示，多用于有较大坡度的坡屋面，如 15°，30°，45°等，目前在工程中较少采用。

(3) 坡度形成的方法

屋顶的坡度形成有结构找坡和材料找坡两种方法。

1) 结构找坡。结构找坡是指屋顶结构自身有排水坡度，一般采用上表面呈倾斜的屋面面梁或屋架上安装屋面板，也可采用在顶面倾斜的山墙上搁置屋面板，使结构表面形成坡面，这种做法不需另加找坡材料，构造简单，不增加荷载，其缺点是室内的天棚是倾斜的，空间不够规整，有时需加设吊顶，某些坡屋顶，曲面屋顶常用结构找坡。

2) 材料找坡。材料找坡是指屋顶坡度由垫坡材料形成，一般用于坡度较小的屋面，通常选用炉渣等，找坡保温屋面也可根据情况直接采用保温材料找坡。

5. 屋面的排水方式

平屋顶坡度较小，排水较困难，为把雨水尽快排除出去，减少积留时间，需组织好屋面的排水系统，而屋面的排水系统又与排水方式及檐口做法有关，需统一考虑。屋面排水方式有无组织排水和有组织排水两大类。

(1) 无组织排水。无组织排水是当平屋顶采用无组织排水时，需把屋顶在外墙四周挑出，形成挑檐，屋面雨水经挑檐自由下落至室外地坪，这种排水方式称为无组织排水。无组织排水不需在屋顶上设置排水装置，构造简单，造价低，但沿檐口下落的雨水会溅湿墙脚，有风时雨水还会污染墙面。所以，无组织排水一般适用于低层或次要建筑及降雨量较小地区的建筑。

(2) 有组织排水。有组织排水是在屋顶设置与屋面排水方向垂直的纵向天沟，汇集雨水后，将雨水由雨水口、雨水管有组织地排到室外地面或室内地下排水系统，这种排水方式称有组织排水。有组织排水的屋顶构造复杂，造价高，但避免了雨水自由下落对墙面和地面的冲刷和污染。按照雨水管的位置，有组织排水可分为外排水和内排水。

1) 外排水。外排水是屋顶雨水由室外雨水管排到室外的排水方式。这种排水方式构造简单,造价较低,应用最广。按照檐沟在屋顶的位置,外排水的屋顶形式有:沿屋顶四周设檐沟、沿纵墙设檐沟、女儿墙外设檐沟、女儿墙内设檐沟等。

2) 内排水。内排水是屋顶雨水由设在室内的雨水管排到地下排水系统的排水方式。这种排水方式构造复杂,造价及维修费用高,而且雨水管占室内空间,一般适用于大跨度建筑、高层建筑、严寒地区及对建筑立面有特殊要求的建筑。

6. 屋面的排水设计

屋面排水设计的主要任务是:首先将屋面划分为若干个排水区,然后通过适宜的排水坡和排水沟,分别将雨水引向各自的落水管再排至地面。屋面排水的设计原则是排水通畅、简捷,雨水口负荷均匀。具体步骤是:(1)确定屋面坡度的形成方法和坡度大小;(2)选择排水方式,划分排水区域;(3)确定天沟的断面形式及尺寸;(4)确定落水管所用材料和大小及间距,绘制屋顶排水平面图。单坡排水的屋面宽度不宜超过12m,矩形天沟净宽不宜小于200mm,天沟纵坡最高处离天沟上口的距离不小于120mm。落水管的内径不宜小于75mm,落水管间距一般在18m~24m之间,每根落水管可排除约200m^{2}的屋面雨水(见图2-17)。

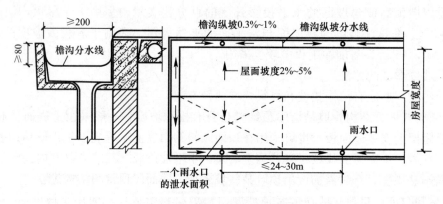

图 2-17 屋面排水组织设计

2.5.2 平屋顶的构造

1. 平屋顶的组成

平屋顶设计中主要解决防水、排水、保温、隔热和结构承载等问题,一般做法是结构层在下,防水层在上,其他层次位置视具体情况而定。

(1) 承重结构层 平屋顶的承重结构层,一般采用钢筋混凝土梁板。要求具有足够的承载力,刚度,减少板的挠度和形变,可以在现场浇筑,也可以采用预制装配结构。因屋面防水和防渗漏要求需接缝少,故采用现浇式屋面板为佳。

(2) 找坡层 平屋面的排水坡度分结构找坡和材料找坡,结构找坡要求屋面结构按屋面坡度设置,材料找坡常利用屋面保温铺设厚度的变化完成,如1:6水泥焦渣或1:8水泥膨胀珍珠岩。

(3) 隔汽层 为了防止室内的水蒸气渗透,进入保温层内,降低保温效果,采暖地区湿度大于75%~80%,屋面应设置隔汽层。

（4）保温（隔热）层　保温层或隔热层应设在屋顶的承重结构层与面层之间，一般采用松散材料、板（块）状材料或现场整浇三种，如膨胀珍珠岩、加气混凝土块、硬质聚氨酯泡沫塑料等，纤维材料容易产生压缩变形，采用较少。选用时应综合考虑材料来源、性能、经济等因素。

（5）找平层　找平层是为了使平屋面的基层平整，以保证防水层平整，使排水顺畅，无积水。找平层的材料有水泥砂浆、细石混凝土或沥青砂浆。找平层宜设分格缝，并嵌填密封材料。分格缝其纵横缝的最大间距：水泥砂浆或细石混凝土找平层，不宜大于6m；沥青砂浆找平层，不宜大于4m。

（6）结合层　基层处理剂是在找平层与防水层之间涂刷的一层粘结材料，以保证防水层与基层更好地结合，故又称结合层。增加基层与防水层之间的粘结力并堵塞基层的毛孔，以减少室内潮气渗透，避免防水层出现鼓泡。

（7）防水层　屋顶通过面层材料的防水性能达到防水的目的。

1）柔性防水层。柔性防水层指采用有一定韧性的防水材料隔绝雨水，防止雨水渗漏到屋面下层。由于柔性材料允许有一定变形，所以在屋面基层结构变形不大的条件下可以使用。柔性防水层的材料主要有防水卷材和防水涂料两类。

2）刚性防水层。刚性防水层是采用密实混凝土现浇而成的防水层。刚性防水层的材料有：普通细石混凝土防水层、补偿收缩防水混凝土防水层、块体刚性防水层和配筋钢纤维刚性防水层。

（8）保护层　当柔性防水层置于最上层时，防止阳光的照射使防水材料日久老化，或上人屋面应在防水层上加保护层。

2. 平屋顶柔性防水屋面

柔性防水屋面：用具有良好的延伸性、能较好地适应结构变形和温度变化的材料做防水层的屋面称为柔性防水屋面，包括卷材防水屋面和涂料水屋面。

卷材防水屋面：用柔性的防水卷材相互搭接用胶结料粘贴在屋面基层上形成防水能力的屋面。

（1）卷材防水屋面的基本构造　卷材防水屋面由结构层、找平层、防水层和保护层组成，它适用于防水等级为Ⅰ～Ⅳ级的屋面防水。

1）结构层。结构层为装配式钢筋混凝土板时，应采用细石混凝土灌缝，其强度等级不应小于C20。

2）找平层。找平层表面应压实平整，一般用1:3的水泥砂浆或细石混凝土做，厚度为20～30mm，排水坡度一般为2%～3%，檐沟处1%。构造上需设间距不大于6m的分格缝。

3）防水层。防水层主要采用沥青类卷材、高聚物改性沥青防水卷材和合成高分子防水卷材三类。

4）保护层。保护层分为不上人屋面保护层和上人屋面保护层。

（2）卷材防水层的铺贴方法　卷材防水层的铺贴方法包括冷粘法、自粘法、热熔法等常用铺贴方法。

1）冷粘法。冷粘法铺贴卷材是在基层涂刷基层处理剂后，将胶粘剂涂刷在基层上，然后再把卷材铺贴上去。

2) 自粘法。自粘法铺贴卷材是在基层涂刷基层处理剂的同时,撕去卷材的隔离纸,立即铺贴卷材,并在搭接部位用热风加热,以保证接缝部位的粘结性能。

3) 热熔法。热熔法铺贴卷材是在卷材宽幅内用火焰加热器喷火均匀加热,直到卷材表面有光亮黑色即可粘合,并压粘牢,厚度小于3mm的高聚物改性沥青卷材禁止使用。当卷材贴好后还应在接缝口处用10mm宽的密封材料封严。

以上粘贴卷材的方法主要用于高聚物改性沥青防水卷材和合成高分子防水卷材防水屋面,在构造上一般是采用单层铺贴及少采用双层铺贴。

(3) 卷材防水屋面的节点构造 卷材防水屋面在檐口、屋面与突出构件之间,变形缝,上人孔等处特别容易产生渗漏,所以应加强这些部位的防水处理。

1) 泛水。泛水是指屋面防水层与突出构件之间的防水构造。一般在屋面防水层与女儿墙,上人屋面的楼梯间,突出屋面的电梯机房,水箱间,高低屋面交接处等都需做泛水。泛水高度不应小于250mm,转角处应将找平层做成半径不小于20mm的圆弧或45°斜面,使防水卷材紧贴其上,贴在墙上的卷材上口易脱离墙面或张口,导致漏水,因此上口要做收口和挡水处理,收口一般采用钉木条、压铁皮、嵌砂浆、嵌配套油膏和盖镀锌铁皮等处理方法。对砖女儿墙,防水卷材收头可直接铺压在女儿墙压顶下,压顶应做防水处理,也可在墙上留凹槽,卷材收头压入凹槽内固定密封,凹槽上部的墙体亦应做防水处理,对混凝土墙,防水卷材的收头可采用金属压条钉压,并用密封材料封固(见图2-18)。进出屋面的门下踏步亦应做泛水收头处理,一般将屋面防水层沿墙向上翻起至门槛踏步下,并覆以踏步盖板,踏步盖板伸出墙外约60mm。

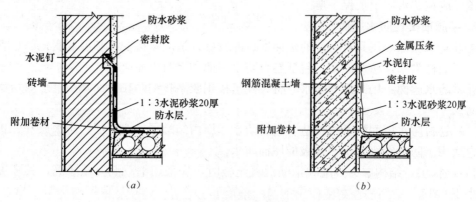

图 2-18 泛水的做法
(a) 墙体为砖墙;(b) 墙体为钢筋混凝土墙

2) 檐口。檐口是屋面防水层的收头处,此外的构造处理方法与檐口的形式有关,檐口的形式由屋面的排水方式和建筑物的立面造型要求来确定,一般有无组织排水檐口、挑檐沟檐口、女儿墙檐口和斜板挑檐檐口等。

① 无组织排水檐口是当檐口出挑较大时,常采用预制钢筋混凝土挑檐板,与屋面板焊接,或伸入屋面一定长度,以平衡出挑部分的重量。亦可由屋面板直接出挑,但出挑长度不宜过大,檐口处做滴水线。预制挑檐板与屋面板的接缝要做好嵌缝处理,以防渗漏。目前常用做法是现浇圈梁挑檐。

② 有组织排水檐口是将聚集在檐沟中的雨水分别由雨水口经水斗、雨水管(又称水

落管）等装置导至室外明沟内。在有组织的排水中，通常可有两种情况：檐沟排水和女儿墙排水。檐沟可采用钢筋混凝土制作，挑出墙外，挑出长度大时可用挑梁支承檐沟。檐沟内的水经雨水口流入雨水管。在女儿墙的檐口，檐沟也可设于外墙内侧，并在女儿墙上每隔一段距离设雨水口，檐沟内的水经雨水口流入雨水管中。亦有不设檐沟，雨水顺屋面坡度直通至雨水口排出女儿墙外，或借弯头直接通至雨水管中。

有组织排水宜优先采用外排水，高层建筑、多跨及集水面较大的屋面应采用内排水。北方为防止排水管被冻结也常做内排水处理。外排水系根据屋面大小做成四坡、双坡或单坡排水。内排水也将屋面做成坡度。使雨水经埋置于建筑物内部的雨水管排到室外。

3）雨水口。雨水口是屋面雨水排至落水管的连接构件，通常为定型产品，多用铸铁、钢板制作。雨水口分直管式和弯管式两大类。直管式用于内排水中间天沟，外排水挑檐等，弯管式只适用女儿墙外排水天沟。

3. 平屋顶刚性防水屋面

刚性防水屋面是用刚性防水材料，如防水砂浆、细石混凝土、配筋的细石混凝土等做防水层的屋面，屋面坡度宜为2%～3%，并应采用结构找坡。这种屋面构造简单，施工方便，造价低廉，但对湿度变化和结构变形较敏感，容易产生裂缝而渗漏。故刚性防水屋面不宜用于湿度变化大，有振动荷载和基础有较大不均匀沉降的建筑。一般用于南方地区的建筑。

（1）刚性防水屋面的基本构造

刚性防水屋面是由结构层、找平层、隔离层和防水层组成。

1）结构层。刚性防水屋面的结构层必须具有足够的强度和刚度，故通常采用现浇或预制的钢筋混凝土屋面板。刚性防水屋面一般为结构找坡。屋面板选型时应考虑施工荷载，且排列方向一致，以平行屋脊为宜。为了适应刚性防水屋面的变形，屋面板的支承处应做成滑动支座，其做法一般为在墙或梁顶上用水泥砂浆找平，再干铺两层中间夹有滑石粉的油毡，然后搁置预制屋面板，并且在屋面板端缝处和屋面板与女儿墙的交接处都要用弹性物嵌填，如屋面为现浇板，也可在支承处做滑动支座。屋面板下如有非承重墙，应在板底脱开20mm，并在缝内填塞松软材料。

2）找平层。为了保证防水层厚薄均匀，通常应在预制钢筋混凝土屋面板上先做一层找平层，找平层的做法一般为20mm厚1∶3水泥砂浆，若屋面板为现浇时可不设此层。

3）隔离层。结构层在荷载作用下产生挠曲变形，在温度变化时产生胀缩变形，结构层较防水层厚，其刚度相应比防水层大，当结构产生变形时必然会将防水层拉裂，所以在结构层和防水层之间设置隔离层，以使防水层和结构层之间有相对的变形，防止防水层开裂。隔离层常采用纸筋灰、低强度等级砂浆、干铺一层油毡或沥青玛𤫩脂等做法。若防水层中加膨胀剂，其抗裂性能有所改善，也可不做隔离层。

4）防水层。防水层是指用防水砂浆抹面防水层。普通细石混凝土防水层、补偿收缩混凝土防水层、块体刚性防水层等铺设的屋面。

（2）刚性防水屋面的节点构造

刚性防水屋面的节点构造包括分格缝、泛水构造、檐口和雨水口构造。

1）分格缝。分格缝是为了避免刚性防水层因结构变形、温度变化和混凝土干缩等产生裂缝，所设置的"变形缝"。分格缝的间距应控制在刚性防水层受温度影响产生变形的许可范围内，一般不宜大于 6m，并应位于结构变形的敏感部位，如预制板的支承端，不同屋面板的交接处，屋面与女儿墙的交接处等，并与板缝上下对齐。分格缝的宽度为 20～40mm 左右，有平缝和凸缝两种构造形式。

2）泛水构造。刚性防水屋面泛水构造与柔性防水屋面原理基本相同，一般做法是将细石混凝土防水层直接引伸到墙面上，细石混凝土内的钢筋网片也同时上弯。泛水应有足够的高度，转角外做成圆弧或 45°斜面，与屋面防水层应一次浇成，不留施工缝，上端应有挡雨措施，一般做法是将砖墙挑出 1/4 砖，抹水泥砂浆滴水线。刚性屋面泛水与墙之间必须设分格缝，以免两者变形不一致，使泛水开裂漏水，缝内用弹性材料充填，缝口应用油膏嵌缝或铁皮盖缝。

3）檐口。刚性防水屋面的檐口形式分为无组织排水檐口和有组织排水檐口。无组织排水檐口通常直接由刚性防水层挑出形成，挑出尺寸一般不大于 450mm，也可设置挑檐板，刚性防水层伸到挑檐板之外；有组织排水檐口有挑檐沟檐口、女儿墙檐口和斜板挑檐檐口等做法。挑檐沟檐口的檐沟底部应用找坡材料垫置形成纵向排水坡度，铺好隔离层后再做防水层，防水层一般采用 1:2 的防水砂浆；女儿墙檐口和斜板挑檐檐口与刚性防水层之间按泛水处理，其形式与卷材防水屋面的相同。

4）雨水口。刚性防水屋面雨水口的规格和类型与柔性防水屋面所用雨水口相同。安装直管式雨水口为防止雨水从套管与沟底接缝处渗漏，应在雨水口四周加铺柔性卷材，卷材应铺入套管的内壁。檐口内浇筑的混凝土防水层应盖在附加的卷材上，防水层与雨水口相接处用油膏嵌封。安装弯式雨水口前，下面应铺一层柔性卷材，然后再浇筑屋面防水层，防水层与弯头交接处用油膏嵌封。

4. 屋顶的保温与隔热

(1) 平屋顶的保温材料

在实际工程中，应根据工程实际来选择保温材料的类型，通过热工计算确定保温层的厚度。屋面保温材料应具有吸水率低、表观密度和导热系数较小、并有一定强度的性能。保温材料按物理特性可分为三大类：

一是散料类保温材料，如膨胀珍珠岩、膨胀蛭石、炉渣、矿渣等。如果在散料类保温层上做卷材防水层，必须先在散状材料上抹一层水泥砂浆找平层，然后再铺卷材防水层。

二是整浇类保温材料，一般是以散料类保温材料为骨料，掺入一定量的胶结材料，现场浇筑而形成的整体保温层，如水泥炉渣、水泥膨胀珍珠岩及沥青蛭石、沥青膨胀珍珠岩等。同散料类保温材料相同，也应先做水泥砂浆找平层，再做卷材防水层。以上两种类型的保温材料都可兼作找坡材料。

三是板块类保温材料，一般现场浇筑的整体类保温材料都可由工厂预先制作成板块类保温材料，如预制加气混凝土、泡沫混凝土、膨胀珍珠岩混凝土、膨胀蛭石混凝土等块材或板材，或采用聚苯乙烯泡沫塑料保温板。板材的尺寸与厚度有关，一般不宜过大。上面也应先做找平层，再铺卷材防水层。屋面排水可用结构找坡，也可在保温层下面用轻混凝土作找坡层。刚性防水屋面的保温材料的选择原则同上，只要将找平层以上各层改为刚性防水层即可。

(2) 平屋顶的保温层的设置

平屋顶的保温构造主要有保温层位于结构层与防水层之间，保温层位于防水层之上和保温层与结构层结合三种形式。

1）正铺保温层。保温层位于结构层与防水层之间这种做法符合热工学原理，保温层位于低温一侧，也符合保温层搁置在结构层上的力学要求，同时上面的防水层避免了雨水向保温层渗透，有利于维持保温层的保温效果，同时，构造简单、施工方便。所以，在工程中应用最为广泛。

在正铺法保温卷材屋面中，常常由于室内水蒸气会上升而进入保温层，致使保温材料受潮，降低保温效果，所以通常要在保温层之下先做一道隔汽层。隔汽层的作法一般是在结构层上做找平层，然后根据不同需要可涂一层沥青，也可铺一毡两油或二毡三油。

由于在保温层与找平层的施工中会残留一些水分，而找平层其上的隔汽层及保温层其上的防水层会使得保温层与找平层处于封闭状态，在太阳的辐射下，水分子受热、体积膨胀却无法排出去，会造成防水层鼓包破裂；另外，隔汽层也会导致室内湿汽排不出去，使结构层产生凝结现象。为避免这些情况的发生，通常采用的排汽措施有以下两种：一是在隔汽层下设透气层；二是在保温层设透气层。

2）倒铺保温层。保温层位于防水层之上的做法与传统保温层的铺设顺序相反，所以又称为倒铺保温层。倒铺保温层时，保温材料须选择不吸水、耐气候性强的材料，如聚氨酯或聚苯乙烯泡沫塑料保温板等有机保温材料。有机保温材料质量轻，直接铺在屋顶最上部时，容易受雨水冲刷，被风吹起，所以，有机保温材料上部应用混凝土、卵石、砖等较重的覆盖层压住。倒铺保温层屋顶的防水层不受外界影响，保证了防水层的耐久性，但保温材料受限制。

3）保温层与结构层结合的做法有三种：一种是保温层设在槽形板的下面，这种做法，室内的水汽会进入保温层中降低保温效果；一种是保温层放在槽形板朝上的槽口内；另一种是将保温层与结构层融为一体，如配筋的加气混凝土屋面板，这种构件既能承重，又有保温效果，简化了屋顶构造层次，施工方便，但屋面板的强度低，耐久性差。

（3）平屋顶的隔热

平屋顶的隔热构造可采用通风隔热、蓄水隔热、植被隔热、反射隔热等方式。

2.5.3 坡屋顶构造

1. 坡屋顶的形式

（1）单坡屋顶 单坡屋顶，房屋宽度很小或临街时采用，从造型美观、构造功能齐全等方面考虑，目前已很少采用这种屋顶形式。

（2）双坡屋顶 双坡屋顶，房屋宽度较大时采用，可分为悬山屋顶，硬山屋顶。硬山是指两端山墙高出屋面的屋顶形式；悬山是指屋顶两端挑出山墙外的屋顶形式。双坡屋顶的结构易于布置，构造容易处理，所以是采用较多的一类。

（3）四坡屋顶 也叫四坡落水屋顶。四坡屋顶在其两端三面相交处的结构与构造的处理都比较复杂，古代宫殿庙宇常用的殿顶和歇山顶都属于四坡屋顶。

2. 坡屋顶的支承结构

不同材料和结构可以设计出各种形式的屋顶，同一种形式的屋顶也可采用不同的结构方式。为了满足功能、经济、美观的要求，必须合理地选择支承结构。在坡屋顶中常采用的支承结构有屋架承重和横墙承重、梁架承重等类型。在低层住宅、宿舍等建筑中，由于房间开间较小，常用山墙承重结构。在食堂、学校、俱乐部等建筑中，开间较大的房间可根据具体情况用横墙和屋架承重。

3. 坡屋顶屋面的细部构造

（1）山墙构造

两坡屋顶尽端山墙常做成悬山或硬山两种形式。悬山是两坡屋顶尽端屋面出挑在山墙处，一般常用檩条出挑，有挂瓦板屋面则用挂瓦板出挑的形式。硬山是山墙与屋面砌平或高出屋面的形式。一般山墙砌至屋面高度时，顺屋面铺瓦的斜坡方向砌筑。

（2）檐口构造

建筑物屋顶在檐墙的顶部称檐口，它对墙身起保护作用，也是建筑物中主要装饰部分。坡屋顶的檐口常做成包檐（北方称为封护檐），与挑檐两种不同形式。前者将檐口与墙齐平或用女儿墙将檐口封住；后者是将檐口挑出在墙外，做成露檐头或封檐头等形式。

第 3 章 建 筑 测 量

3.1 施工测量概述

3.1.1 施工测量概述

在施工阶段所进行的测量工作称为施工测量。施工测量的目的是把图纸上设计的建（构）筑物的平面位置和高程，按设计和施工的要求放样（测设）到相应的地点，作为施工的依据。并在施工过程中进行一系列的测量工作，以指导和衔接各施工阶段和工种间的施工。

施工测量贯穿于整个施工过程中。

其主要内容有：

（1）施工前建立与工程相适应的施工控制网。

（2）建（构）筑物的放样及构件与设备安装的测量工作。以确保施工质量符合设计要求。

（3）检查和验收工作。每道工序完成后，都要通过测量检查工程各部位的实际位置和高程是否符合要求，根据实测验收的记录，编绘竣工图和资料，作为验收时鉴定工程质量和工程交付后管理、维修、扩建、改建的依据。

（4）变形观测工作。随着施工的进展，测定建（构）筑物的位移和沉降，作为鉴定工程质量和验证工程设计、施工是否合理的依据。

3.1.2 施工测量的特点

1. 施工测量是直接为工程施工服务的，因此它必须与施工组织计划相协调。测量人员必须了解设计的内容、性质及其对测量工作的精度要求，随时掌握工程进度及现场变动，使测设精度和速度满足施工的需要。

2. 施工测量的精度主要取决于建（构）筑物的大小、性质、用途、材料、施工方法等因素。一般高层建筑施工测量精度应高于低层建筑，装配式建筑施工测量精度应高于非装配式，钢结构建筑施工测量精度应高于钢筋混凝土结构建筑。往往局部精度高于整体定位精度。

3. 由于施工现场各工序交叉作业、材料堆放、运输频繁、场地变动及施工机械的震动，使测量标志易遭破坏，因此，测量标志从形式、选点到埋设均应考虑便于使用、保管和检查，如有破坏，应及时恢复。

3.1.3 施工测量的原则

由于施工现场有各种建（构）筑物，且分布面广，开工兴建时间不一。为了保证各个建（构）筑物的平面位置和高程都符合设计要求，施工测量也应遵循"从整体到局部，先控制后碎部"的原则。即在施工现场先建立统一的平面控制网和高程控制网，然后，根据控制点的点位，测设各个建（构）筑物的位置。

此外，施工测量的检核工作也很重要，因此，必须加强外业和内业的检核工作。

3.2 施工测量仪器与工具

3.2.1 常见的测量仪器

随着电子技术的迅速发展和计算机技术的广泛应用，测绘技术和测绘仪器都得到了迅速发展，试对常见的测量工作即高程测量、角度测量、距离测量、点位测量涉及的测量仪器作一介绍。

1. 高程测量

为实现水准仪读数的自动化和数字化，科研人员经过近30年的努力，终于在1990年由瑞士威特（WILD）首先研制出电子数字水准仪。电子水准仪较传统的光学水准仪具有无可比拟的优越性，它是集电子光学、图像处理、计算机技术于一体的当代最先进的水准测量仪器，它具有测量速度、精度高、使用方便、作业劳动强度轻、便于用电子手簿记录、实现内外业一体化等优点。电子水准仪有广阔的应用前景大体上应用在以下几个方面：

一是快速的精密水准测量，其读数快且精度高，较传统的精密水准测量提高30%—50%的工作效率，用于建筑物的变形沉降观测和工业设备的精密安装测量。二是电子数字水准仪与计算机相连接，可以实现实时、自动的连续高程测量，在应用软件的支持下可实现内外业信息的一体化。三是在标准测量、地形测量、线路测量及施工测量等领域有着更为广泛的应用。

在高程测量的另外一个方面，最显著的发展应为液体静力水准测量系统，这种系统通过各种类型的传感器测量容器的液面高度，可同时获取数十个乃至数百个监测点的高程，具有高精度、遥测、自动化、可移动和可持续测量等特点。两容器间的距离可达数十公里，如用于跨河与跨海峡的水准测量，通过一种压力传感器，允许两容器之间的高差从过去的数厘米达到数米。

2. 角度测量

角度测量的仪器主要指经纬仪。经纬仪的发展大体可分为三个阶段，即游标经纬仪、光学经纬仪、电子经纬仪。电子经纬仪虽然在外观上和光学经纬仪相类似，但是它是用微机控制和电子测角系统代替光学的读数系统。和光学经纬仪相比它有其明显的优越性，主要有：电子经纬仪使用电子测角系统，能自动显示测量成果，实现读数的自动化和数字化；采用积木式结构，较为方便地与测距仪和数字记录器组合成全站型电子速测仪，若配以适当的接口，可把野外采集的数据直接输入计算机进行计算和绘图；电子经纬仪的测角精度高，使用方便且人为误差少。

3. 距离测量

在距离测量方面，测绘技术发展也比较快，目前对中长距离（数十米至数公里）、短距离（数米至数十米）和微距离（毫米至微米）以及变化量的精密测量的测量精度都很高，以 ME5000 为代表的精密激光测距仪和双频激光测距仪，中长距离测量精度可达亚毫米级。

许多短距离、微距离测量都实现了测量数据采集的自动化，其中最典型的代表是铟瓦线尺测距仪、应变仪、石英伸缩仪、各种光学应变计、位移与振动激光快速遥测仪等。采用多普勒效应的双频激光干涉仪，能在数十米范围内达到 $0.01\mu m$ 的计量精度，成为重要的长度检校和精密测量设备；采用 CCD 线列传感器测量微距离可达到百分之几微米的精度，它们使距离测量精度从毫米、微米级进入到纳米级世界。

4. 点位测量

点位测量主要指点的三维坐标测量。对点的三维坐标测量测绘仪器有了新的进展，电脑型全站仪配合丰富的软件，向全能型和智能化方向发展。带电动马达驱动和程序控制的全站仪结合激光、通讯及 CCD 技术，可实现测量的全自动化，被称作测量机器人。测量机器人可自动寻找并精确照准目标，在 1s 内完成一目标点的观测，像机器人一样对成百上千个目标作持续和重复观测，可广泛用于变形监测和施工测量。

GPS 接收机已逐渐成为一种通用的定位仪器在工程测量中得到广泛应用，将 GPS 接收机与电子全站仪或测量机器人连接在一起，称超全站仪或超测量机器人，它将 GPS 的实时动态定位技术与全站仪灵活的三维坐标测量技术完美结合，可实现无控制网的各种工程测量。

3.2.2 常规测量仪器使用和维护

1. 携带仪器时，检查仪器箱是否锁好，提手和背带是否牢靠。

2. 开箱时将箱子置于平稳处；开箱后注意观察仪器在箱内安放的位置，以便用完按原样放回，避免因放错位置而盖不上箱盖。

3. 拿取仪器前，应将所有制动螺旋松开；拿仪器时，对水准仪应握住基座部分，对经纬仪应握住支架部分，严禁握住望远镜拿取仪器。

4. 安置仪器三脚架之前，应将架高调节适中，拧紧架腿螺丝；安置时，先使架头大致水平，然后一手握住仪器，一手拧连接螺旋。

5. 野外作业时，必须做到：

（1）人不离仪器，严防无人看管仪器；切勿将仪器靠在树上或墙上；严禁小孩摆弄仪器；严禁在仪器旁打闹。

（2）在阳光下或雨天作业时必须撑伞遮阳，以防日晒和雨淋。

（3）透镜表面有尘土或污物时应先用专用毛刷清除，再用镜头纸擦拭，严禁用手绢、粗布等物清擦。

（4）各制动螺旋切勿拧得过紧，以免损伤；各微动螺旋切忌旋至尽头，以免失灵。

（5）转动仪器时，应先松开制动螺旋，动作力求准确、轻捷，用力要均匀。

（6）使用仪器时，对其性能不了解的部件，不得擅自使用。

（7）仪器装箱时，须将各制动螺旋旋开；装入箱后，小心试关一次箱盖，确认安放稳妥之后再制动各螺旋，最后关箱上锁。

（8）仪器远距离搬站时，应装箱搬运。其余情况下一手握住仪器，另一手抱拢脚架竖直地搬移，切忌扛在肩上搬站。罗盘仪搬站时，应将磁针固定，使用时再松开。

3.2.3 测量工具使用和维护

1. 钢尺须防压（穿过马路量距时应特别注意车辆）、防扭、防潮，用毕应擦净上油后再卷入盒内。
2. 皮尺应防潮湿，一旦潮湿，须晾干后卷入盒内。
3. 水准尺、花杆禁止横向受力，以防弯曲变形；作业时，应由专人认真扶持，不用时安放稳妥，不得垫坐，不准斜靠在树上、墙上等以防倒下摔坏，要平放在地面或可靠的墙角处。
4. 不准拿测量工具进行玩耍。

3.3 建筑物的定位放线

3.3.1 概述

由于在勘探设计阶段所建立的控制网，是为测图而建立的，有时并未考虑施工的需要，所以控制点的分布、密度和精度，都难以满足施工测量的要求；另外，在平整场地时，大多控制点被破坏。因此施工之前，在建筑场地应重新建立专门的施工控制网。

1. 施工控制网的分类

施工控制网分为平面控制网和高程控制网两种。

（1）施工平面控制网　施工平面控制网可以布设成三角网、导线网、建筑方格网和建筑基线四种形式，至于采用哪种形式的平面控制网，应根据总平面图和施工场地的地形条件来确定。

① 三角网　对于地势起伏较大，通视条件较好的施工场地，可采用三角网。

② 导线网　对于地势平坦，通视又比较困难的施工场地，可采用导线网。

③ 建筑方格网　对于建筑物多为矩形且布置比较规则和密集的施工场地，可采用建筑方格网。

④ 建筑基线　对于地势平坦且又简单的小型施工场地，可采用建筑基线。

（2）施工高程控制网　施工高程控制网采用水准网。

2. 施工控制网的特点

与测图控制网相比，施工控制网具有控制范围小、控制点密度大、精度要求高及使用频繁等特点。

3.3.2 施工场地的平面控制测量

1. 建筑基线

建筑基线是建筑场地的施工控制基准线，即在建筑场地布置一条或几条轴线。它适用于建筑设计总平面图布置比较简单的小型建筑场地。

（1）建筑基线的布设形式　建筑基线的布设形式，应根据建筑物的分布、施工场地地形等因素来确定。常用的布设形式有"一"字形、"L"形、"十"字形和"T"形，如

图 3-1 所示。

（2）建筑基线的布设要求　建筑基线的布设有以下几点要求：

1) 建筑基线应尽可能靠近拟建的主要建筑物，并与其主要轴线平行，以便使用比较简单的直角坐标法进行建筑物的定位。

2) 建筑基线上的基线点应不少于三个，以便相互检核。

3) 建筑基线应尽可能与施工场地的建筑红线相连系。

4) 基线点位应选在通视良好和不易被破坏的地方，为能长期保存，要埋设永久性的混凝土桩。

（3）建筑基线的测设方法　根据施工场地的条件不同，建筑基线的测设方法有以下两种：

1) 根据建筑红线测设建筑基线　由城市测绘部门测定的建筑用地界定基准线，称为建筑红线。在城市建设区，建筑红线可用作建筑基线测设的依据。如图 3-2 所示，AB、AC 为建筑红线，1、2、3 为建筑基线点，利用建筑红线测设建筑基线的方法如下：

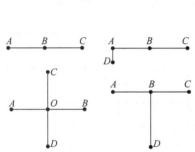

图 3-1　建筑基线的布设形式

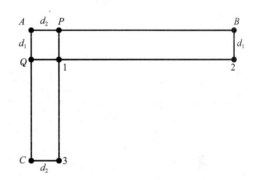

图 3-2　根据建筑红线测设建筑基线

首先，从 A 点沿 AB 方向量取 d_2 定出 P 点，沿 AC 方向量取 d_1 定出 Q 点。

然后，过 B 点作 AB 的垂线，沿垂线量取 d_1 定出 2 点，作出标志；过 C 点作 AC 的垂线，沿垂线量取 d_2 定出 3 点，作出标志；用细线拉出直线 $P3$ 和 $Q2$，两条直线的交点即为 1 点，作出标志。

最后，在 1 点安置经纬仪，精确观测∠213，其与 90°的差值应小于±20″。

2) 根据附近已有控制点测设建筑基线　在新建筑区，可以利用建筑基线的设计坐标和附近已有控制点的坐标，用极坐标法测设建筑基线。如图 3-3 所示，A、B 为附近已有控制点，1、2、3 为选定的建筑基线点。测设方法如下：

首先，根据已知控制点和建筑基线点的坐标，计算出测设数据 β_1、D_1、β_2、D_2、β_3、D_3。然后，用极坐标法测设 1、2、3 点。

由于存在测量误差，测设的基线点往往不在同一直线上，且点与点之间的距离与设计值也不完全相符，因此，需要精确测出已测设直线的折角 β' 和距离 D'，并与设计值相比较。如图 3-5 所示，如果 $\Delta\beta=\beta'-180°$ 超过 ±15″，则

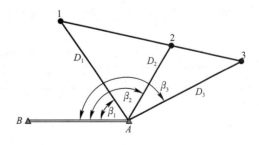

图 3-3　根据控制点测设建筑基线

应对 1′、2′、3′点在与基线垂直的方向上进行等量调整，调整量按下式计算：

$$\delta = \frac{ab}{a+b} \times \frac{\Delta\beta}{2\rho} \tag{3-1}$$

式中　δ——各点的调整值（m）；

　　　a、b——分别为12、23的长度（m）。

如果测设距离超限，如 $\frac{\Delta D}{D} = \frac{D'-D}{D} > \frac{1}{10000}$，则以 2 点为准，按设计长度沿基线方向调整 1′、3′点。

2. 建筑方格网

由正方形或矩形组成的施工平面控制网，称为建筑方格网，或称矩形网，如图 3-5 所示。建筑方格网适用于按矩形布置的建筑群或大型建筑场地。

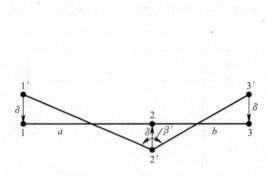

图 3-4　基线点的调整

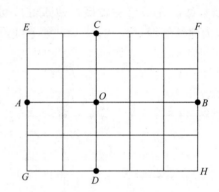

图 3-5　建筑方格网

（1）建筑方格网的布设　布设建筑方格网时，应根据总平面图上各建（构）筑物、道路及各种管线的布置，结合现场的地形条件来确定。如图 3-5 所示，先确定方格网的主轴线 AOB 和 COD，然后再布设方格网。方格网的主轴线应布设在建筑区的中部，与主要建筑物轴线平行或垂直。

（2）建筑方格网的测设

测设方法如下：

1）主轴线测设　主轴线测设与建筑基线测设方法相似。首先，准备测设数据。然后，测设两条互相垂直的主轴线 AOB 和 COD，如图 3-5 所示。主轴线实质上是由 5 个主点 A、B、O、C 和 D 组成。最后，精确检测主轴线点的相对位置关系，并与设计值相比较，如果超限，则应进行调整。建筑方格网的主要技术要求如表 3-1 所示。

建筑方格网的主要技术要求　　　　表 3-1

等级	边长/m	测角中误差	边长相对中误差	测角检测限差	边长检测限差
Ⅰ级	100～300	5″	1/30000	10″	1/15000
Ⅱ级	100～300	8″	1/20000	16″	1/10000

2）方格网点测设　如图 3-5 所示，主轴线测设后，分别在主点 A、B 和 C、D 安置经

纬仪，后视主点 O，向左右测设 90°水平角，即可交会出田字形方格网点。随后再作检核，测量相邻两点间的距离，看是否与设计值相等，测量其角度是否为 90°，误差均应在允许范围内，并埋设永久性标志。

建筑方格网轴线与建筑物轴线平行或垂直，因此，可用直角坐标法进行建筑物的定位，计算简单，测设比较方便，而且精度较高。其缺点是必须按照总平面图布置，其点位易被破坏，而且测设工作量也较大。

由于建筑方格网的测设工作量大，测设精度要求高，因此可委托专业测量单位进行。

3.3.3 施工场地的高程控制测量

1. 施工场地高程控制网的建立

建筑施工场地的高程控制测量一般采用水准测量方法，应根据施工场地附近的国家或城市已知水准点，测定施工场地水准点的高程，以便纳入统一的高程系统。

在施工场地上，水准点的密度，应尽可能满足安置一次仪器即可测设出所需的高程。而测图时敷设的水准点往往是不够的，因此，还需增设一些水准点。在一般情况下，建筑基线点、建筑方格网点以及导线点也可兼作高程控制点。只要在平面控制点桩面上中心点旁边，设置一个突出的半球状标志即可。

为了便于检核和提高测量精度，施工场地高程控制网应布设成闭合或附合路线。高程控制网可分为首级网和加密网，相应的水准点称为基本水准点和施工水准点。

2. 基本水准点

基本水准点应布设在土质坚实、不受施工影响、无震动和便于实测，并埋设永久性标志。一般情况下，按四等水准测量的方法测定其高程，而对于为连续性生产车间或地下管道测设所建立的基本水准点，则需按三等水准测量的方法测定其高程。

3. 施工水准点

施工水准点是用来直接测设建筑物高程的。为了测设方便和减少误差，施工水准点应靠近建筑物。

此外，由于设计建筑物常以底层室内地坪高±0 标高为高程起算面，为了施工引测设方便，常在建筑物内部或附近测设±0 水准点。±0 水准点的位置，一般选在稳定的建筑物墙、柱的侧面，用红漆绘成顶为水平线的"▼"形，其顶端表示±0 位置。

3.4 民用建筑的施工测量

民用建筑是指住宅、办公楼、食堂、俱乐部、医院和学校等建筑物。民用建筑施工测量的主要任务是建筑物的定位和放线、基础工程施工测量、墙体工程施工测量及高层建筑施工测量等。

3.4.1 施工测量前的准备工作

（1）熟悉设计图纸　设计图纸是施工测量的主要依据，在测设前，应熟悉建筑物的设计图纸，了解施工建筑物与相邻地物的相互关系，以及建筑物的尺寸和施工的要求等，并仔细核对各设计图纸的有关尺寸。测设时必须具备下列图纸资料：

1) 总平面图 如图 3-6 所示，从总平面图上，可以查取或计算设计建筑物与原有建筑物或测量控制点之间的平面尺寸和高差，作为测设建筑物总体位置的依据。

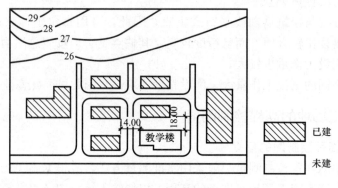

图 3-6 总平面图

2) 建筑平面图 如图 3-7 所示，从建筑平面图中，可以查取建筑物的总尺寸，以及内部各定位轴线之间的关系尺寸，这是施工测设的基本资料。

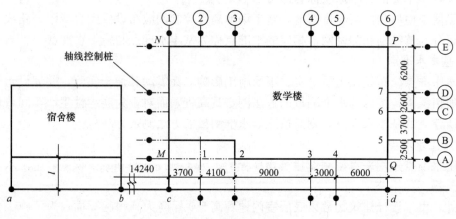

图 3-7 建筑平面图

3) 基础平面图 从基础平面图上，可以查取基础边线与定位轴线的平面尺寸，这是测设基础轴线的必要数据。

4) 基础详图 从基础详图中，可以查取基础立面尺寸和设计标高，这是基础高程测设的依据。

5) 建筑物的立面图和剖面图 从建筑物的立面图和剖面图中，可以查取基础、地坪、门窗、楼板、屋架和屋面等设计高程，这是高程测设的主要依据。

(2) 现场踏勘 全面了解现场情况，对施工场地上的平面控制点和水准点进行检核。

(3) 施工场地整理 平整和清理施工场地，以便进行测设工作。

(4) 制定测设方案 根据设计要求、定位条件、现场地形和施工方案等因素，制定测设方案，包括测设方法、测设数据计算和绘制测设略图，如图 3-8 所示。

(5) 仪器和工具 对测设所使用的仪器和工具进行检核。

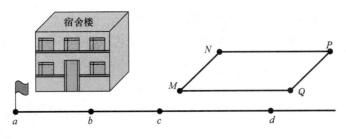

图 3-8 建筑物的定位和放线

3.4.2 定位和放线

1. 建筑物的定位

建筑物的定位,就是将建筑物外廓各轴线交点(简称角桩,即图 3-8 中的 M、N、P 和 Q)测设在地面上,作为基础放样和细部放样的依据。

由于定位条件不同,定位方法也不同,下面介绍根据已有建筑物测设拟建建筑物的方法。

(1) 如图 3-8 所示,用钢尺沿宿舍楼的东、西墙,延长出一小段距离 l 得 a、b 两点,作出标志。

(2) 在 a 点安置经纬仪,瞄准 b 点,并从 b 沿 ab 方向量取 14.240m(因为教学楼的外墙厚 370mm,轴线偏里,离外墙皮 240mm),定出 c 点,作出标志,再继续沿 ab 方向从 c 点起量取 25.800m,定出 d 点,作出标志,cd 线就是测设教学楼平面位置的建筑基线。

(3) 分别在 c、d 两点安置经纬仪,瞄准 a 点,顺时针方向测设 90°,沿此视线方向量取距离 l+0.240m,定出 M、Q 两点,作出标志,再继续量取 15.000m,定出 N、P 两点,作出标志。M、N、P、Q 四点即为教学楼外廓定位轴线的交点。

(4) 检查 NP 的距离是否等于 25.800m,∠N 和 ∠P 是否等于 90°,其误差应在允许范围内。

如施工场地已有建筑方格网或建筑基线时,可直接采用直角坐标法进行定位。

2. 建筑物的放线

建筑物的放线,是指根据已定位的外墙轴线交点桩(角桩),详细测设出建筑物各轴线的交点桩(或称中心桩),然后,根据交点桩用白灰撒出基槽开挖边界线。放线方法如下:

(1) 在外墙轴线周边上测设中心桩位置 如图 3-9 所示,在 M 点安置经纬仪,瞄准 Q 点,用钢尺沿 MQ 方向量出相邻两轴线间的距离,定出 1、2、3、…各点,同理可定出 5、6、7 各点。量距精度应达到设计精度要求。量出各轴线之间距离时,钢尺零点要始终对在同一点上。

(2) 恢复轴线位置的方法 由于在开挖基槽时,角桩和中心桩要被挖掉,为了便于在施工中,恢复各轴线位置,应把各轴线延长到基槽外安全地点,并做好标志。其方法有设置轴线控制桩和龙门板两种形式。

1) 设置轴线控制桩 轴线控制桩设置在基槽外,基础轴线的延长线上,作为开槽后,各施工阶段恢复轴线的依据,如图 3-9 所示。轴线控制桩一般设置在基槽外 2~4m 处,打下木桩，桩顶钉上小钉，准确标出轴线位置，并用混凝土包裹木桩，如图 3-10 所示。如附近有建筑物，亦可把轴线投测到建筑物上，用红漆作出标志，以代替轴线控制桩。

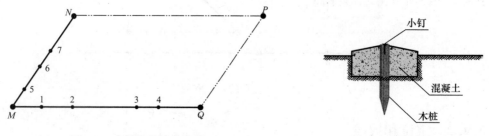

图 3-9　建筑物的轴线放线　　　　　图 3-10　轴线控制桩

2) 设置龙门板　在小型民用建筑施工中，常将各轴线引测到基槽外的水平木板上。水平木板称为龙门板，固定龙门板的木桩称为龙门桩，如图 3-11 所示。设置龙门板的步骤如下：

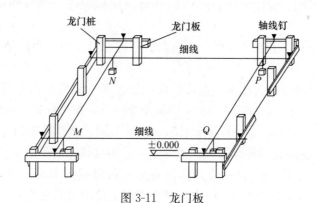

图 3-11　龙门板

在建筑物四角与隔墙两端，基槽开挖边界线以外 1.5～2m 处，设置龙门桩。龙门桩要钉得竖直、牢固，龙门桩的外侧面应与基槽平行。

根据施工场地的水准点，用水准仪在每个龙门桩外侧，测设出该建筑物室内地坪设计高程线（即±0 标高线），并作出标志。

沿龙门桩上±0 标高线钉设龙门板，这样龙门板顶面的高程就同在±0 的水平面上。然后，用水准仪校核龙门板的高程，如有差错应及时纠正，其允许误差为±5mm。

在 N 点安置经纬仪，瞄准 P 点，沿视线方向在龙门板上定出一点，用小钉作标志，纵转望远镜在 N 点的龙门板上也钉一个小钉。用同样的方法，将各轴线引测到龙门板上，所钉之小钉称为轴线钉。轴线钉定位误差应小于±5mm。

最后，用钢尺沿龙门板的顶面，检查轴线钉的间距，其误差不超过 1：2000。检查合格后，以轴线钉为准，将墙边线、基础边线、基础开挖边线等标定在龙门板上。

3.4.3　基础工程施工测量

1. 基槽抄平

建筑施工中的高程测设，又称抄平。

(1) 设置水平桩　为了控制基槽的开挖深度,当快挖到槽底设计标高时,应用水准仪根据地面上±0.000m点,在槽壁上测设一些水平小木桩(称为水平桩),如图3-12所示,使木桩的上表面离槽底的设计标高为一固定值(如0.500m)。

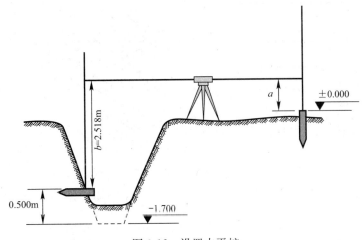

图3-12　设置水平桩

为了施工时使用方便,一般在槽壁各拐角处、深度变化处和基槽壁上每隔3~4m测设一水平桩。

水平桩可作为挖槽深度、修平槽底和打基础垫层的依据。

(2) 水平桩的测设方法　如图3-12所示,槽底设计标高为−1.700m,欲测设比槽底设计标高高0.500m的水平桩,测设方法如下:

1) 在地面适当地方安置水准仪,在±0标高线位置上立水准尺,读取后视读数为1.318m。

2) 计算测设水平桩的应读前视读数b应为:
$$b = a - h = 1.318 - (-1.700 + 0.500) = 2.518\text{m}$$

3) 在槽内一侧立水准尺,并上下移动,直至水准仪视线读数为2.518m时,沿水准尺尺底在槽壁打入一小木桩。

2. 垫层中线的投测

基础垫层打好后,根据轴线控制桩或龙门板上的轴线钉,用经纬仪或用拉绳挂锤球的方法,把轴线投测到垫层上,如图3-13所示,并用墨线弹出墙中心线和基础边线,作为砌筑基础的依据。

由于整个墙身砌筑均以此线为准,这是确定建筑物位置的关键环节,所以要严格校核后方可进行砌筑施工。

3. 基础墙标高的控制

房屋基础墙是指±0.000m以下的砖墙,它的高度是用基础皮数杆来控制的。

(1) 基础皮数杆是一根木制的杆子,如图3-14所示,在杆上事先按照设计尺寸,将砖、灰缝厚度画出线条,并标明±0.000m和防潮层的标高位置。

(2) 立皮数杆时,先在立杆处打一木桩,用水准仪在木桩侧面定出一条高于垫层某一数值(如100mm)的水平线,然后将皮数杆上标高相同的一条线与木桩上的水平线对齐,

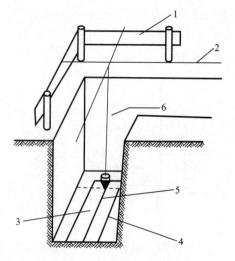
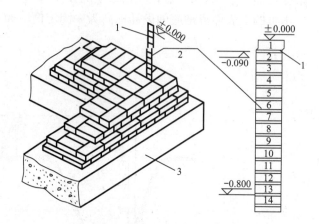

图 3-13 垫层中线的投测
1—龙门板；2—细线；3—垫层；
4—基础边线；5—墙中线；6—锤球

图 3-14 基础墙标高的控制
1—防潮层；2—皮数杆；3—垫层

并用大铁钉把皮数杆与木桩钉在一起，作为基础墙的标高依据。

4. 基础面标高的检查

基础施工结束后，应检查基础面的标高是否符合设计要求（也可检查防潮层）。可用水准仪测出基础面上若干点的高程和设计高程比较，允许误差为±10mm。

3.4.4 墙体施工测量

1. 墙体定位

（1）利用轴线控制桩或龙门板上的轴线和墙边线标志，用经纬仪或拉细绳挂锤球的方法将轴线投测到基础面上或防潮层上。

（2）用墨线弹出墙中线和墙边线。

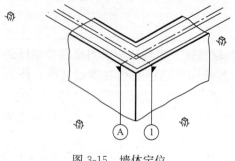

图 3-15 墙体定位

（3）检查外墙轴线交角是否等于90°。

（4）把墙轴线延伸并画在外墙基础上，如图3-15所示，作为向上投测轴线的依据。

（5）把门、窗和其他洞口的边线，也在外墙基础上标定出来。

2. 墙体各部位标高控制

在墙体施工中，墙身各部位标高通常也是用皮数杆控制。

（1）在墙身皮数杆上，根据设计尺寸，按砖、灰缝的厚度画出线条，并标明 0.000m、门、窗、楼板等的标高位置，如图3-16所示。

（2）墙身皮数杆的设立与基础皮数杆相同，使皮数杆上的 0.000m 标高与房屋的室内地坪标高相吻合。在墙的转角处，每隔 10～15m 设置一根皮数杆。

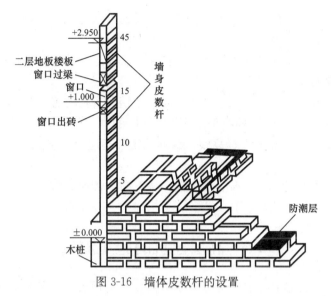

图 3-16 墙体皮数杆的设置

（3）在墙身砌起 1m 以后，就在室内墙身上定出 +0.500m 的标高线，作为该层地面施工和室内装修用。

（4）第二层以上墙体施工中，为了使皮数杆在同一水平面上，要用水准仪测出楼板四角的标高，取平均值作为地坪标高，并以此作为立皮数杆的标志。

框架结构的民用建筑，墙体砌筑是在框架施工后进行的，故可在柱面上画线，代替皮数杆。

3.4.5 建筑物的轴线投测

在多层建筑墙身砌筑过程中，为了保证建筑物轴线位置正确，可用吊锤球或经纬仪将轴线投测到各层楼板边缘或柱顶上。

1. 吊锤球法

将较重的锤球悬吊在楼板或柱顶边缘，当锤球尖对准基础墙面上的轴线标志时，线在楼板或柱顶边缘的位置即为楼层轴线端点位置，并画出标志线。各轴线的端点投测完后，用钢尺检核各轴线的间距，符合要求后，继续施工，并把轴线逐层自下向上传递。

吊锤球法简便易行，不受施工场地限制，一般能保证施工质量。但当有风或建筑物较高时，投测误差较大，应采用经纬仪投测法。

2. 经纬仪投测法

如图 3-17 所示，在轴线控制桩上安置经纬仪，严格整平后，瞄准基础墙面上的轴线标志，用盘左、盘右分中投点法，将轴线投测到楼层边缘或柱顶上。将所有端点投测到楼板上之后，用钢尺检核其间距，相对误差不得大于 1/2000。检查合格后，才能在楼板分间弹线，继续施工。

3.4.6 建筑物的高程传递

在多层建筑施工中，要由下层向上层传递高程，以

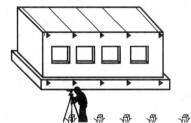

图 3-17 经纬仪投测法

便楼板、门窗口等的标高符合设计要求。高程传递的方法有以下几种：

1. 利用皮数杆传递高程

一般建筑物可用墙体皮数杆传递高程。具体方法参照"墙体各部位标高控制"。

2. 利用钢尺直接丈量

对于高程传递精度要求较高的建筑物，通常用钢尺直接丈量来传递高程。对于二层以上的各层，每砌高一层，就从楼梯间用钢尺从下层的"+0.500m"标高线，向上量出层高，测出上一层的"+0.500m"标高线。这样用钢尺逐层向上引测。

3. 吊钢尺法

用悬挂钢尺代替水准尺，用水准仪读数，从下向上传递高程。具体方法参照第十章第一节中的"高程传递"。

3.5 高层建筑的施工测量

高层建筑物施工测量中的主要问题是控制垂直度，就是将建筑物的基础轴线准确地向高层引测，并保证各层相应轴线位于同一竖直面内，控制竖向偏差，使轴线向上投测的偏差值不超限。

轴线向上投测时，要求竖向误差在本层内不超过 5mm，全楼累计误差值不应超过 2H/10000（H 为建筑物总高度），且不应大于：30m<H≤60m 时，10mm；60m<H≤90m 时，15mm；90m<H 时，20mm。

高层建筑物轴线的竖向投测，主要有外控法和内控法两种，下面分别介绍这两种方法。

3.5.1 外控法

外控法是在建筑物外部，利用经纬仪，根据建筑物轴线控制桩来进行轴线的竖向投测，亦称作"经纬仪引桩投测法"。具体操作方法如下：

1. 在建筑物底部投测中心轴线位置

高层建筑的基础工程完工后，将经纬仪安置在轴线控制桩 A_1、A_1'、B_1 和 B_1' 上，把建筑物主轴线精确地投测到建筑物的底部，并设立标志，如图 3-18 中的 a_1、a_1'、b_1 和 b_1'，以供下一步施工与向上投测之用。

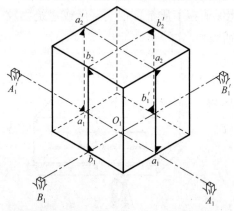

图 3-18 经纬仪投测中心轴线

2. 向上投测中心线

随着建筑物不断升高，要逐层将轴线向上传递，如图 3-18 所示，将经纬仪安置在中心轴线控制桩 A_1、A_1'、B_1 和 B_1' 上，严格整平仪器，用望远镜瞄准建筑物底部已标出的轴线 a_1、a_1'、b_1 和 b_1' 点，用盘左和盘右分别向上投测到每层楼板上，并取其中点作为该层中心轴线的投影点，如图 3-18 中的 a_2、a_2'、b_2 和 b_2'。

3. 增设轴线引桩

当楼房逐渐增高，而轴线控制桩距建筑物又较近时，望远镜的仰角较大，操作不便，投测精度也会降低。为此，要将原中心轴线控制桩引测到更远的安全地方，或者附近大楼的屋面。具体作法是：

将经纬仪安置在已经投测上去的较高层（如第十层）楼面轴线 a10a10′ 上，如图 3-19 所示，瞄准地面上原有的轴线控制桩 A1 和 A1′ 点，用盘左、盘右分中投点法，将轴线延长到远处 A2 和 A2′ 点，并用标志固定其位置，A2、A2′ 即为新投测的 A1A1′ 轴控制桩。

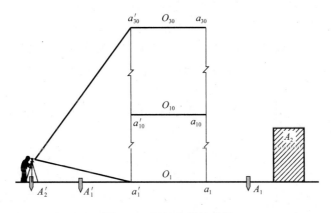

图 3-19　经纬仪引桩投测

更高各层的中心轴线，可将经纬仪安置在新的引桩上，按上述方法继续进行投测。

3.5.2　内控法

内控法是在建筑物内±0 平面设置轴线控制点，并预埋标志，以后在各层楼板相应位置上预留 200mm×200mm 的传递孔，在轴线控制点上直接采用吊线坠法或激光铅垂仪法，通过预留孔将其点位垂直投测到任一楼层，如图 3-21 和图 3-23 所示。

1. 内控法轴线控制点的设置

在基础施工完毕后，在±0 首层平面上，适当位置设置与轴线平行的辅助轴线。辅助轴线距轴线 500～800mm 为宜，并在辅助轴线交点或端点处埋设标志。如图 3-20 所示。

2. 吊线坠法

吊线坠法是利用钢丝悬挂重锤球的方法，进行轴线竖向投测。这种方法一般用于高度在 50～100m 的高层建筑施工中，锤球的重量约为 10～20kg，钢丝的直径约为 0.5～0.8mm。投测方法如下：如图 3-21 所示，在预留孔上面安置十字架，挂上锤球，对准首层预埋标志。当锤球线静止时，固定十字架，并在预留孔四周作出标记，作为以后恢复轴线及放样的依据。此时，十字架中心即为轴线控制点在该楼面上的投测点。

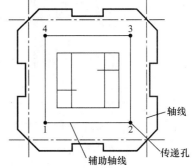

图 3-20　内控法轴线控制点的设置

用吊线坠法实测时，要采取一些必要措施，如用铅直的塑料管套着坠线或将锤球沉浸于油中，以减少摆动。

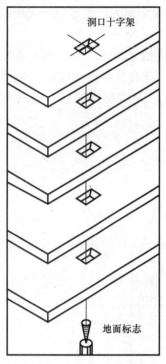

图 3-21 吊线坠法投测轴线

3. 激光铅垂仪法

(1) 激光铅垂仪简介 激光铅垂仪是一种专用的铅直定位仪器。适用于高层建筑物、烟囱及高塔架的铅直定位测量。

激光铅垂仪的基本构造如图 3-22 所示,主要由氦氖激光管、精密竖轴、发射望远镜、水准器、基座、激光电源及接收屏等部分组成。

激光器通过两组固定螺钉固定在套筒内。激光铅垂仪的竖轴是空心筒轴,两端有螺扣,上、下两端分别与发射望远镜和氦氖激光器套筒相连接,二者位置可对调,构成向上或向下发射激光束的铅垂仪。仪器上设置有两个互成 90°的管水准器,仪器配有专用激光电源。

(2) 激光铅垂仪投测轴线 图 3-23 为激光铅垂仪进行轴线投测的示意图,其投测方法如下:

1) 在首层轴线控制点上安置激光铅垂仪,利用激光器底端(全反射棱镜端)所发射的激光束进行对中,通过调节基座整平螺旋,使管水准器气泡严格居中。

2) 在上层施工楼面预留孔处,放置接受靶。

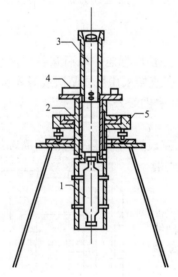

图 3-22 激光铅垂仪基本构造
1—氦氖激光器;2—竖轴;3—发射望远镜;4—管水准器;5—基座

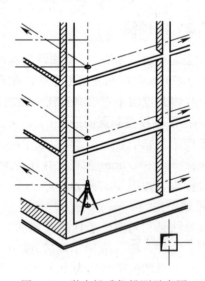

图 3-23 激光铅垂仪投测示意图

3) 接通激光电源,启辉激光器发射铅直激光束,通过发射望远镜调焦,使激光束会聚成红色耀目光斑,投射到接受靶上。

4) 移动接受靶,使靶心与红色光斑重合,固定接受靶,并在预留孔四周作出标记,此时,靶心位置即为轴线控制点在该楼面上的投测点。

3.6 工业建筑的施工测量

3.6.1 概述

工业建筑中以厂房为主体，一般工业厂房多采用预制构件，在现场装配的方法施工。厂房的预制构件有柱子、吊车梁和屋架等。因此，工业建筑施工测量的工作主要是保证这些预制构件安装到位。具体任务为：厂房矩形控制网测设、厂房柱列轴线放样、杯形基础施工测量及厂房预制构件安装测量等。

3.6.2 厂房矩形控制网测设

工业厂房一般都应建立厂房矩形控制网，作为厂房施工测设的依据。下面介绍根据建筑方格网，采用直角坐标法测设厂房矩形控制网的方法。

如图 3-24 所示，H、I、J、K 四点是厂房的房角点，从设计图中已知 H、J 两点的坐标。S、P、Q、R 为布置在基础开挖边线以外的厂房矩形控制网的四个角点，称为厂房控制桩。厂房矩形控制网的边线到厂房轴线的距离为 4m，厂房控制桩 S、P、Q、R 的坐标，可按厂房角点的设计坐标，加减 4m 算得。测设方法如下：

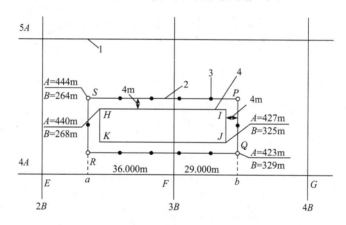

图 3-24 厂房矩形控制网的测设
1—建筑方格网；2—厂房矩形控制网；3—距离指标桩；4—厂房轴线

1. 计算测设数据

根据厂房控制桩 S、P、Q、R 的坐标，计算利用直角坐标法进行测设时，所需测设数据，计算结果标注在图 3-24 中。

2. 厂房控制点的测设

(1) 从 F 点起沿 FE 方向量取 36m，定出 a 点；沿 FG 方向量取 29m，定出 b 点。

(2) 在 a 与 b 上安置经纬仪，分别瞄准 E 与 F 点，顺时针方向测设 90°，得两条视线方向，沿视线方向量取 23m，定出 R、Q 点。再向前量取 21m，定出 S、P 点。

(3) 为了便于进行细部的测设，在测设厂房矩形控制网的同时，还应沿控制网测设距离指标桩，如图 3-24 所示，距离指标桩的间距一般等于柱子间距的整倍数。

3. 检查

(1) 检查∠S、∠P 是否等于 90°，其误差不得超过±10″。

(2) 检查 SP 是否等于设计长度，其误差不得超过 1/10000。

以上这种方法适用于中小型厂房，对于大型或设备复杂的厂房，应先测设厂房控制网的主轴线，再根据主轴线测设厂房矩形控制网。

3.6.3 厂房柱列轴线与柱基施工测量

1. 厂房柱列轴线测设

根据厂房平面图上所注的柱间距和跨距尺寸，用钢尺沿矩形控制网各边量出各柱列轴线控制桩的位置，如图 3-25 中的 1′、2′、…，并打入大木桩，桩顶用小钉标出点位，作为柱基测设和施工安装的依据。丈量时应以相邻的两个距离指标桩为起点分别进行，以便检核。

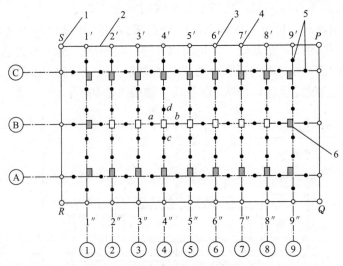

图 3-25 厂房柱列轴线和柱基测设
1—厂房控制桩；2—厂房矩形控制网；3—柱列轴线控制桩；
4—距离指标桩；5—定位小木桩；6—柱基

2. 柱基定位和放线

(1) 安置两台经纬仪，在两条互相垂直的柱列轴线控制桩上，沿轴线方向交会出各柱基的位置（即柱列轴线的交点），此项工作称为柱基定位。

(2) 在柱基的四周轴线上，打入四个定位小木桩 a、b、c、d，如图 3-25 所示，其桩位应在基础开挖边线以外，比基础深度大 1.5 倍的地方，作为修坑和立模的依据。

(3) 按照基础详图所注尺寸和基坑放坡宽度，用特制角尺，放出基坑开挖边界线，并撒出白灰线以便开挖，此项工作称为基础放线。

(4) 在进行柱基测设时，应注意柱列轴线不一定都是柱基的中心线，而一般立模、吊装等习惯用中心线，此时，应将柱列轴线平移，定出柱基中心线。

3. 柱基施工测量

(1) 基坑开挖深度的控制 当基坑挖到一定深度时，应在基坑四壁，离基坑底设计标高 0.5m 处，测设水平桩，作为检查基坑底标高和控制垫层的依据。

(2) 杯形基础立模测量　杯形基础立模测量有以下三项工作：

① 基础垫层打好后，根据基坑周边定位小木桩，用拉线吊锤球的方法，把柱基定位线投测到垫层上，弹出墨线，用红漆画出标记，作为柱基立模板和布置基础钢筋的依据。

② 立模时，将模板底线对准垫层上的定位线，并用锤球检查模板是否垂直。

③ 将柱基顶面设计标高测设在模板内壁，作为浇灌混凝土的高度依据。

3.6.4　厂房预制构件安装测量

1. 柱子安装测量

(1) 柱子安装应满足的基本要求　柱子中心线应与相应的柱列轴线一致，其允许偏差为±5mm。牛腿顶面和柱顶面的实际标高应与设计标高一致，其允许误差为±（5～8mm），柱高大于 5m 时为±8mm。柱身垂直允许误差为当柱高≤5m 时为±5mm；当柱高 5～10m 时，为±10mm；当柱高超过 10m 时，则为柱高的 1/1000，但不得大于 20mm。

(2) 柱子安装前的准备工作　柱子安装前的准备工作有以下几项：

1) 在柱基顶面投测柱列轴线　柱基拆模后，用经纬仪根据柱列轴线控制桩，将柱列轴线投测到杯口顶面上，如图 3-26 所示，并弹出墨线，用红漆画出"▶"标志，作为安装柱子时确定轴线的依据。如果柱列轴线不通过柱子的中心线，应在杯形基础顶面上加弹柱中心线。

用水准仪，在杯口内壁，测设一条一般为－0.600m 的标高线（一般杯口顶面的标高为－0.500m），并画出"▼"标志，如图 3-26 所示，作为杯底找平的依据。

2) 柱身弹线　柱子安装前，应将每根柱子按轴线位置进行编号。如图 3-27 所示，在每根柱子的三个侧面弹出柱中心线，并在每条线的上端和下端近杯口处画出"▶"标志。根据牛腿面的设计标高，从牛腿面向下用钢尺量出－0.600m 的标高线，并画出"▼"标志。

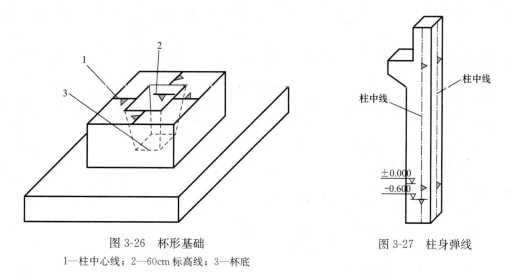

图 3-26　杯形基础
1—柱中心线；2—60cm 标高线；3—杯底

图 3-27　柱身弹线

3) 杯底找平　先量出柱子的－0.600m 标高线至柱底面的长度，再在相应的柱基杯口内，量出－0.600m标高线至杯底的高度，并进行比较，以确定杯底找平厚度，用水泥沙浆根据找平厚度，在杯底进行找平，使牛腿面符合设计高程。

(3) 柱子的安装测量　柱子安装测量的目的是保证柱子平面和高程符合设计要求，柱身铅直。

1) 预制的钢筋混凝土柱子插入杯口后，应使柱子三面的中心线与杯口中心线对齐，如图 3-28 所示，用木楔或钢楔临时固定。

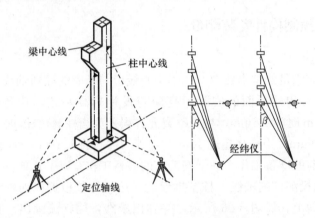

图 3-28　柱子垂直度校正

2) 柱子立稳后，立即用水准仪检测柱身上的±0.000m 标高线，其容许误差为±3mm。

3) 如图 3-28 所示，用两台经纬仪，分别安置在柱基纵、横轴线上，离柱子的距离不小于柱高的 1.5 倍，先用望远镜瞄准柱底的中心线标志，固定照准部后，再缓慢抬高望远镜观察柱子偏离十字丝竖丝的方向，指挥用钢丝绳拉直柱子，直至从两台经纬仪中，观测到的柱子中心线都与十字丝竖丝重合为止。

4) 在杯口与柱子的缝隙中浇入混凝土，以固定柱子的位置。

5) 在实际安装时，一般是一次把许多柱子都竖起来，然后进行垂直校正。这时，可把两台经纬仪分别安置在纵横轴线的一侧，一次可校正几根柱子，如图 3-28 所示，但仪器偏离轴线的角度，应在 15°以内。

(4) 柱子安装测量的注意事项　所使用的经纬仪必须严格校正，操作时，应使照准部水准管气泡严格居中。校正时，除注意柱子垂直外，还应随时检查柱子中心线是否对准杯口柱列轴线标志，以防柱子安装就位后，产生水平位移。在校正变截面的柱子时，经纬仪必须安置在柱列轴线上，以免产生差错。在日照下校正柱子的垂直度时，应考虑日照使柱顶向阴面弯曲的影响，为避免此种影响，宜在早晨或阴天校正。

2. 吊车梁安装测量

吊车梁安装测量主要是保证吊车梁中线位置和吊车梁的标高满足设计要求。

(1) 吊车梁安装前的准备工作　吊车梁安装前的准备工作有以下几项：

1) 在柱面上量出吊车梁顶面标高　根据柱子上的±0.000m 标高线，用钢尺沿柱面向上量出吊车梁顶面设计标高线，作为调整吊车梁面标高的依据。

2) 在吊车梁上弹出梁的中心线　如图 3-29 所示，在吊车梁的顶面和两端面上，用墨线弹出梁的中心线，作为安装定位的依据。

3) 在牛腿面上弹出梁的中心线　根据厂房中心线，在牛腿面上投测出吊车梁的中心线，投测方法如下：

如图 3-30（a）所示，利用厂房中心线 A_1A_1，根据设计轨道间距，在地面上测设出吊车梁中心线（也是吊车轨道中心线）$A'A'$ 和 $B'B'$。在吊车梁中心线的一个端点 A'（或 B'）上安置经纬仪，瞄准另一个端点 A'（或 B'），固定照准部，抬高望远镜，即可将吊车梁中心线投测到每根柱子的牛腿面上，并墨线弹出梁的中心线。

(2) 吊车梁的安装测量　安装时，使吊车梁两端的梁中心线与牛腿面梁中心线重合，是吊车梁初步定位。采用平行线法，对吊车梁的中心线进行检测，校正方法如下：

图 3-29　在吊车梁上弹出梁的中心线

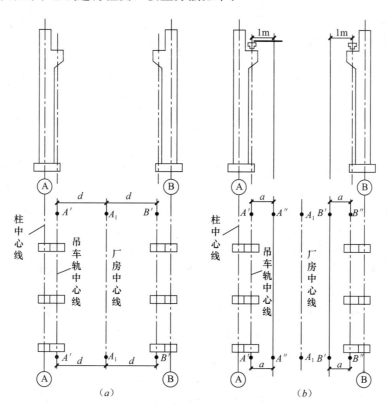

图 3-30　吊车梁的安装测量
(a) 测设梁中心线；(b) 平行线法校正

1) 如图 3-30（b）所示，在地面上，从吊车梁中心线，向厂房中心线方向量出长度 a（1m），得到平行线 $A''A''$ 和 $B''B''$。

2) 在平行线一端点 A''（或 B''）上安置经纬仪，瞄准另一端点 A''（或 B''），固定照准部，抬高望远镜进行测量。

3) 此时，另外一人在梁上移动横放的木尺，当视线正对准尺上一米刻划线时，尺的零点应与梁面上的中心线重合。如不重合，可用撬杠移动吊车梁，使吊车梁中心线到 A''

A''（或 $B'B''$）的间距等于 1m 为止。

吊车梁安装就位后，先按柱面上定出的吊车梁设计标高线对吊车梁面进行调整，然后将水准仪安置在吊车梁上，每隔 3m 测一点高程，并与设计高程比较，误差应在 3mm 以内。

3. 屋架安装测量

（1）屋架安装前的准备工作 屋架吊装前，用经纬仪或其他方法在柱顶面上，测设出屋架定位轴线。在屋架两端弹出屋架中心线，以便进行定位。

（2）屋架的安装测量 屋架吊装就位时，应使屋架的中心线与柱顶面上的定位轴线对准，允许误差为 5mm。屋架的垂直度可用锤球或经纬仪进行检查。用经纬仪检校方法如下：

1）如图 3-31 所示，在屋架上安装三把卡尺，一把卡尺安装在屋架上弦中点附近，另外两把分别安装在屋架的两端。自屋架几何中心沿卡尺向外量出一定距离，一般为 500mm，作出标志。

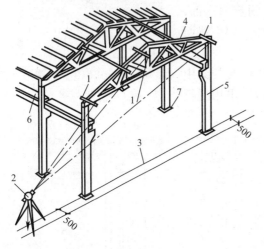

图 3-31 屋架的安装测量
1—卡尺；2—经纬仪；3—定位轴线；
4—屋架；5—柱；6—吊车梁；7—柱基

2）在地面上，距屋架中线同样距离处，安置经纬仪，观测三把卡尺的标志是否在同一竖直面内，如果屋架竖向偏差较大，则用机具校正，最后将屋架固定。

垂直度允许偏差为：薄腹梁为 5mm；桁架为屋架高的 1/250。

4. 烟囱、水塔施工测量

烟囱和水塔的施工测量相近似，现以烟囱为例加以说明。烟囱是截圆锥形的高耸构筑物，其特点是基础小，主体高。施工测量工作主要是严格控制其中心位置，保证烟囱主体竖直。

烟囱的定位、放线：

1）烟囱的定位 烟囱的定位主要是定出基础中心的位置。定位方法如下：

① 按设计要求，利用与施工场地已有控制点或建筑物的尺寸关系，在地面上测设出烟囱的中心位置 O（即中心桩）。

② 如图 3-32 所示，在 O 点安置经纬仪，任选一点 A 作后视点，并在视线方向上定出 a 点，倒转望远镜，通过盘左、盘右分中投点法定出 b 和 B；然后，顺时针测设 $90°$，定出 d 和 D，倒转望远镜，定出 c 和 C，得到两条互相垂直的定位轴线 AB 和 CD。

③ A、B、C、D 四点至 O 点的距离为烟囱高度的 1～1.5 倍。a、b、c、d 是施工定位桩，用于修坡和确定基础中心，应设置在尽量靠近烟囱而不影响桩位稳固的地方。

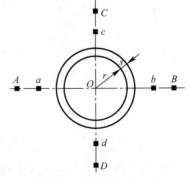

图 3-32 烟囱的定位、放线

2）烟囱的放线 以 O 点为圆心，以烟囱底部半径 r 加上基坑放坡宽度 s 为半径，在地面上用皮尺画圆，并撒出灰线，作为基础开挖的边线。

2. 烟囱的基础施工测量

（1）当基坑开挖接近设计标高时，在基坑内壁测设水平桩，作为检查基坑底标高和打垫层的依据。

（2）坑底夯实后，从定位桩拉两根细线，用锤球把烟囱中心投测到坑底，钉上木桩，作为垫层的中心控制点。

（3）浇灌混凝土基础时，应在基础中心埋设钢筋作为标志，根据定位轴线，用经纬仪把烟囱中心投测到标志上，并刻上"+"字，作为施工过程中，控制筒身中心位置的依据。

3. 烟囱筒身施工测量

（1）引测烟囱中心线　在烟囱施工中，应随时将中心点引测到施工的作业面上。

1）在烟囱施工中，一般每砌一步架或每升模板一次，就应引测一次中心线，以检核该施工作业面的中心与基础中心是否在同一铅垂线上。引测方法如下：

在施工作业面上固定一根枋子，在枋子中心处悬挂 $8\sim12$ kg 的锤球，逐渐移动枋子，直到锤球对准基础中心为止。此时，枋子中心就是该作业面的中心位置。

2）另外，烟囱每砌筑完 10m，必须用经纬仪引测一次中心线。引测方法如下：

如图 3-32 所示，分别在控制桩 A、B、C、D 上安置经纬仪，瞄准相应的控制点 a、b、c、d，将轴线点投测到作业面上，并作出标记。然后，按标记拉两条细绳，其交点即为烟囱的中心位置，并与锤球引测的中心位置比较，以作校核。烟囱的中心偏差一般不应超过砌筑高度的 1/1000。

3）对于高大的钢筋混凝土烟囱，烟囱模板每滑升一次，就应采用激光铅垂仪进行一次烟囱的铅直定位，定位方法如下：

在烟囱底部的中心标志上，安置激光铅垂仪，在作业面中央安置接收靶。在接收靶上，显示的激光光斑中心，即为烟囱的中心位置。

4）在检查中心线的同时，以引测的中心位置为圆心，以施工作业面上烟囱的设计半径为半径，用木尺画圆，如图 3-33 所示，以检查烟囱壁的位置。

（2）烟囱外筒壁收坡控制　烟囱筒壁的收坡，是用靠尺板来控制的。靠尺板的形状，如图 11-34 所示，靠尺板两侧的斜边应严格按设计的筒壁斜度制作。使用时，把斜边贴靠

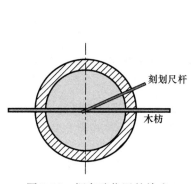

图 3-33　烟囱壁位置的检查

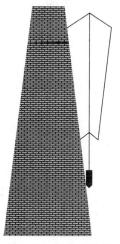

图 3-34　坡度靠尺板

在筒体外壁上，若锤球线恰好通过下端缺口，说明筒壁的收坡符合设计要求。

(3) 烟囱筒体标高的控制　一般是先用水准仪，在烟囱底部的外壁上，测设出+0.500m（或任一整分米数）的标高线。以此标高线为准，用钢尺直接向上量取高度。

3.7　建筑物的变形观测

为保证建筑物在施工、使用和运行中的安全，以及为建筑物的设计、施工、管理及科学研究提供可靠的资料，在建筑物施工和运行期间，需要对建筑物的稳定性进行观测，这种观测称为建筑物的变形观测。

建筑物变形观测的主要内容有建筑物沉降观测、建筑物倾斜观测、建筑物裂缝观测和位移观测等。

3.7.1　建筑物的沉降观测

建筑物沉降观测是用水准测量的方法，周期性地观测建筑物上的沉降观测点和水准基点之间的高差变化值。

1. 水准基点的布设

水准基点是沉降观测的基准，因此水准基点的布设应满足以下要求：

(1) 要有足够的稳定性　水准基点必须设置在沉降影响范围以外，冰冻地区水准基点应埋设在冰冻线以下0.5m。

(2) 要具备检核条件　为了保证水准基点高程的正确性，水准基点最少应布设三个，以便相互检核。

(3) 要满足一定的观测精度　水准基点和观测点之间的距离应适中，相距太远会影响观测精度，一般应在100m范围内。

2. 沉降观测点的布设

进行沉降观测的建筑物，应埋设沉降观测点，沉降观测点的布设应满足以下要求：

(1) 沉降观测点的位置　沉降观测点应布设在能全面反映建筑物沉降情况的部位，如建筑物四角，沉降缝两侧，荷载有变化的部位，大型设备基础，柱子基础和地质条件变化处。

(2) 沉降观测点的数量　一般沉降观测点是均匀布置的，它们之间的距离一般为10~20m。

(3) 沉降观测点的设置形式。

3. 沉降观测

(1) 观测周期　观测的时间和次数，应根据工程的性质、施工进度、地基地质情况及基础荷载的变化情况而定（表3-1）。

1) 当埋设的沉降观测点稳固后，在建筑物主体开工前，进行第一次观测。

2) 在建（构）筑物主体施工过程中，一般每盖1~2层观测一次。如中途停工时间较长，应在停工时和复工时进行观测。

3) 当发生大量沉降或严重裂缝时，应立即或几天一次连续观测。

4) 建筑物封顶或竣工后，一般每月观测一次，如果沉降速度减缓，可改为2~3个月

沉降观测记录表　　　　　　　　　　　　　表 3-1

观测次数	观测时间	各观测点的沉降情况						3…	施工进展情况	荷载情况 (t/m²)
		1			2					
		高程 (m)	本次下沉 (mm)	累积下沉 (mm)	高程 (m)	本次下沉 (mm)	累积下沉 (mm)	…		
1	2005.01.10	50.454	0	0	50.473	0	0	…	一层平口	
2	2005.02.23	50.448	−6	−6	50.467	−6	−6		三层平口	40
3	2005.03.16	50.443	−5	−11	50.462	−5	−11		五层平口	60
4	2005.04.14	50.440	−3	−14	50.459	−3	−14		七层平口	70
5	2005.05.14	50.438	−2	−16	50.456	−3	−17		九层平口	80
6	2005.06.04	50.434	−4	−20	50.452	−4	−21		主体完	110
7	2005.08.30	50.429	−5	−25	50.447	−5	−26		竣工	
8	2005.11.06	50.425	−4	−29	50.445	−2	−28		使用	
9	2006.02.28	50.423	−2	−31	50.444	−1	−29			
10	2006.05.06	50.422	−1	−32	50.443	−1	−30			
11	2006.08.05	50.421	−1	−33	50.443	0	−30			
12	2006.12.25	50.421	0	−33	50.443	0	−30			

注：水准点的高程　BM.1：49.538mm；BM.2：50.123mm；BM.3：49.776mm。

观测一次，直至沉降稳定为止。

（2）观测方法　观测时先后视水准基点，接着依次前视各沉降观测点，最后再次后视该水准基点，两次后视读数之差不应超过±1mm。另外，沉降观测的水准路线（从一个水准基点到另一个水准基点）应为闭合水准路线。

（3）精度要求　沉降观测的精度应根据建筑物的性质而定。

1）多层建筑物的沉降观测，可采用 DS_3 水准仪，用普通水准测量的方法进行，其水准路线的闭合差不应超过 $\pm 2.0\sqrt{n}$ mm（n 测站数）。

2）高层建筑物的沉降观测，则应采用 DS_1 精密水准仪，用二等水准测量的方法进行，其水准路线的闭合差不应超过 $\pm 1.0\sqrt{n}$ mm（n 为测站数）。

（4）工作要求　沉降观测是一项长期、连续的工作，为了保证观测成果的正确性，应尽可能做到四定，即固定观测人员，使用固定的水准仪和水准尺，使用固定的水准基点，按固定的实测路线和测站进行。

3.7.2　建筑物的倾斜观测

用测量仪器来测定建筑物的基础和主体结构倾斜变化的工作，称为倾斜观测。

一般建筑物主体的倾斜观测，应测定建筑物顶部观测点相对于底部观测点的偏移值，再根据建筑物的高度，计算建筑物主体的倾斜度，即

$$i = \tan\alpha = \frac{\Delta D}{H} \tag{3-2}$$

式中　i——建筑物主体的倾斜度；

ΔD——建筑物顶部观测点相对于底部观测点的偏移值（m）；

H——建筑物的高度（m）；

α——倾斜角（°）。

由公式可知，倾斜测量主要是测定建筑物主体的偏移值 ΔD。偏移值 ΔD 的测定一般采用经纬仪投影法。

3.7.3 建筑物的裂缝观测

当建筑物出现裂缝之后，应及时进行裂缝观测。

石膏板标志：用厚 10mm，宽约 50~80mm 的石膏板（长度视裂缝大小而定），固定在裂缝的两侧。当裂缝继续发展时，石膏板也随之开裂，从而观察裂缝继续发展的情况。

3.7.4 建筑物位移观测

根据平面控制点测定建筑物的平面位置随时间而移动的大小及方向，称为位移观测。位移观测首先要在建筑物附近埋设测量控制点，再在建筑物上设置位移观测点。位移观测的方法有以下两种：

1. 角度前方交会法

利用第六章讲述的角度前方交会法，对观测点进行角度观测，利用两期之间的坐标差值，计算该点的水平位移量。

2. 基准线法

某些建筑物只要求测定某特定方向上的位移量，如大坝在水压力方向上的位移量，这种情况可采用基准线法进行水平位移观测。

第4章 建筑力学

4.1 静力学基本知识

4.1.1 力的概念

1. 力

力是物体之间的相互机械作用。其作用效果可使物体的运动状态发生改变和使物体产生变形。前者称为力的运动效应或外效应,后者称为力的变形效应或内效应,理论力学只研究力的外效应。力对物体作用的效应取决于力的大小、方向、作用点这三个要素,且满足平行四边形法则,故力是定位矢量。

2. 刚体

刚体是指在力作用下不变形的物体。刚体是静力学中的理想化力学模型。

3. 力系

工程力学研究中把作用于同一物体或物体系上的一群力称为力系。按其作用线所在的位置,力系可以分为平面力系和空间力系,按其作用线的相互关系,力系分为平行力系、汇交力系和一般力系等等。

如果物体在某一力系作用下,保持平衡状态,则该力系称为平衡力系。作用在物体上的一个力系,如果可用另一个力系来代替,而不改变力系对物体的作用效果,则这两个力系称为等效力系。如果一个力与一个力系等效,则这个力就为该力系的合力;原力系中的各个力称为其合力的各个分力。

4.1.2 静力学公理

1. 二力平衡公理

作用在同一刚体上的两个力,使刚体处于平衡状态的充要条件是:这两个力大小相等,方向相反,作用线在同一直线上。

此公理说明了作用在同一个物体上的两个力的平衡条件。

2. 作用力与反作用力公理

作用力和反作用力总是同时存在,两力的大小相等、方向相反,沿着同一直线,分别作用在两个相互作用的物体上。

该公理揭示了物体之间相互作用力的定量关系,它是分析物体间受力关系时必须遵循的原则,也为研究多个物体组成的物体系统问题提供了基础。这里必须强调指出:作用力和反作用力是分别作用在两个物体上的力,任何作用在同一个物体上的两个力都不是作用力与反作用力。

3. 加减平衡力系公理

在作用着已知力系的刚体上，加上或者减去任意平衡力系，不会改变原来力系对刚体的作用效应。这是因为平衡力系对刚体的运动状态没有影响，所以增加或减少任意平衡力系均不会使刚体的运动效果发生改变。

推论：力的可传性原理作用在刚体上的力，可以沿其作用线移动到刚体上的任意一点，而不改变力对物体的作用效果。

根据力的可传性原理可知，力对刚体的作用效应与力的作用点在作用线上的位置无关。因此，力的三要素可改为：力的大小、方向、作用线。

4. 力平行四边形法则

作用于物体上任一点的两个力可合成为作用于同一点的一个力，即合力。合力的矢由原两力的矢为邻边而作出的力平行四边形的对角矢来表示。

推论：三力汇交定理

当刚体在三个力作用下平衡时，设其中两力的作用线相交于某点，则第三力的作用线必定也通过这个点。

4.1.3 约束与约束反力

约束是指由周围物体所构成的、限制非自由体位移的条件。而约束反力是指约束对被约束体的反作用力。

工程中常见的约束类型及其反力的画法如下：

1. 光滑接触面：其约束反力沿接触点的公法线，指向被约束物体。
2. 光滑圆柱、铰链和颈轴承：其约束反力位于垂直于销钉轴线的平面内，经过轴心，通常用过轴心的两个大小未知的正交分力表示。
3. 固定铰支座：其约束反力与光滑圆柱铰链相同。
4. 活动铰支座：与光滑接触面类似。其约束反力垂直于光滑支承面。
5. 光滑球铰链：其约束反力过球心，通常用空间的三个正交分力表示。
6. 止推轴承：其约束反力常用空间的三个正交分力表示。
7. 二力体：所受两个约束反力必沿两力作用点连线且等值、反向。
8. 柔软不可伸长的绳索：其约束反力为沿柔索方向的一个拉力，该力背离被约束物体。
9. 固定端约束：其约束反力在平面情况下，通常用两正交分力和一个力偶表示；在空间情况下，通常用空间的三个正交分力和空间的三个正交分力偶表示。

正确地进行物体的受力分析并画其受力图，是分析、解决力学问题的基础。画受力图时必须注意以下几点：

（1）明确研究对象。根据求解需要，可以取单个物体为研究对象，也可以取由几个物体组成的系统为研究对象。不同的研究对象的受力图是不同的。

（2）正确确定研究对象受力的数目。由于力是物体间相互的机械作用，因此，对每一个力都应明确它是哪一个施力物体施加给研究对象的，决不能凭空产生。同时，也不可漏掉某个力。一般可先画主动力，再画约束反力。凡是研究对象与外界接触的地方，都一定存在约束反力。

(3) 正确画出约束反力。一个物体往往同时受到几个约束的作用，这时应分别根据每个约束本身的特性来确定其约束反力的方向，而不能凭主观臆测。

(4) 当分析两物体间相互作用时，应遵循作用、反作用关系。若作用力的方向一经假定，则反作用力的方向应与之相反。当画整个系统的受力图时，由于内力成对出现，组成平衡力系。因此不必画出，只需画出全部外力。

4.1.4 结构上的荷载及支座反力计算

1. 荷载的分类

结构上的荷载可分为下列三类：
(1) 永久荷载，例如结构自重、土压力、预应力等。
(2) 可变荷载，例如楼面活荷载、屋面活荷载和积灰荷载、吊车荷载、风荷载、雪荷载等。
(3) 偶然荷载，例如爆炸力、撞击力等。

2. 荷载的分布形式

(1) 材料的重度

某种材料单位体积的重量（kN/m^3）称为材料的重度，即重力密度，用 γ 表示，如工程中常用水泥砂浆的重度是 $20kN/m^3$。

(2) 均布面荷载

在均匀分布的荷载作用面上，单位面积上的荷载值称为均布面荷载，其单位为 kN/m^2 或 N/m^2。一般板上的自重荷载为均布面荷载，其值为重度乘以板厚。

(3) 均布线荷载

沿跨度方向单位长度上均匀分布的荷载，称为均布线荷载，其单位为 kN/m 或 N/m。一般梁上的自重荷载为均布线荷载，其值为重度乘以横截面面积。

(4) 非均布线荷载

沿跨度方向单位长度上非均匀分布的荷载，称为非均布线荷载，其单位为 kN/m 或 N/m。

(5) 集中荷载（集中力）

集中地作用于一点的荷载称为集中荷载，其单位为 kN 或 N，通常用 G 或 F 表示。一般柱子的自重荷载为集中力，其值为重度乘以柱子的体积。

4.2 材料力学基本知识

4.2.1 平面力系的平衡条件

1. 平面任意力系的平衡条件

由力学概念知道，一般情况下平面力系与一个力及一个力偶等效。若与平面力系等效的力和力偶均等于零，则原力系一定平衡。平面任意力系平衡的重要条件是：力系中所有各力在两个坐标轴上的投影的代数和等于零，力系中所有各力对于任意一点 O 的力矩代数和等于零。

由此得平面任意力系的平衡方程：$\Sigma X=0$、$\Sigma Y=0$、$\Sigma M_O(F)=0$。

2. 几种特殊情况的平衡方程

（1）平面汇交力系

若平面力系中的各力的作用线汇交于一点，则此力系称为平面汇交力系。根据力系的简化结果知道，汇交力系与一个力（力系的合力）等效。由平面任意力系的平衡条件知，平面汇交力系平衡的充要条件是力系的合力等于零，即 $\Sigma X=0$、$\Sigma Y=0$。

（2）平面平行力系

若平面力系中的各力的作用线均相互平行，则此力系为平面平行力系。显然，平面平行力系是平面力系的一种特殊情况。由平面力系的平衡方程推出，由于平面平行力系在某一坐标轴 x 轴（或 y 轴）上的投影均为零，因此，平衡方程为 $\Sigma Y=0$（或 $\Sigma X=0$）、$\Sigma M_O(F)=0$。

当然，平面平行力系的平衡方程也可写成二矩式：$\Sigma M_A(F)=0$、$\Sigma M_B(F)=0$。其中，A、B 两点之间的连线不能与各力的作用线平行。

4.2.2 构件的支座反力计算

求解构件支座反力的基本步骤如下：

1. 以整个构件为研究对象进行受力分析，绘制受力图；
2. 建立 Oxy 直角坐标系，建立直角坐标系时，一般假定 x 轴以水平向右为正，y 轴以竖直向上为正；绘制受力图时，支座反力均假定为正方向；
3. 依据静力平衡条件，根据受力图建立静力平衡方程，求解方程得支座反力。求解出支座反力后，应标明其实际受力方向。

4.2.3 构件内力计算

1. 内力

构件即使不受外力作用，它的各质点之间本来就有相互作用的内力，以保持其一定的形状。我们所讨论的内力，是指因外力作用使构件发生变形时，构件的各质点间的相对位置改变而引起的"附加内力"，即分子结合力的改变量。这种内力随外力的改变而改变。但是，它的变化是有一定限度的，不能随外力的增加而无限地增加。当内力加大到一定限度时，构件就会破坏，因而内力与构件的强度、刚度是密切相关的。

2. 截面法

截面法（图 4-1）是力学中求内力的基本方法，是已知构件外力确定内力的普遍方法。

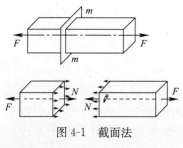

图 4-1 截面法

已知杆件在外力作用下处于平衡，求 $m-m$ 截面上的内力，即求 $m-m$ 截面左、右两部分的相互作用力。

首先假想地用一截面 $m-m$ 截面处把杆件裁成两部分，然后取任一部分为研究对象，另一部分对它的作用力，即为 $m-m$ 截面上的内力 N。因为整个杆件是平衡的，所以每一部分也都平衡，那么，$m-m$ 截面上的内力必和相应部分上的外力平衡。由平衡条件就可以确定内

力。例如在左段杆上由平衡方程

$\Sigma F_x=0$：$N-F=0$ 可得 $N=F$。

按照材料连续性假设，$m-m$ 截面上各处都有内力作用，所以截面上应是一个分布内力系，用截面法确定的内力是该分布内力系的合成结果。这种将杆件用截面假想地切开以显示内力，并由平衡条件建立内力和外力的关系确定内力的方法，称为截面法。

综上所述，截面法可归纳为以下三个步骤：

（1）假想截开。在需求内力的截面处，假想用一截面把构件截成两部分。

（2）任意留取。任取一部分为究研对象，将弃去部分对留下部分的作用以截面上的内力 N 来代替。

（3）平衡求力。对留下部分建立平衡方程，求解内力。

3. 应力

分布内力的大小（或称分布集度），用单位面积上的内力大小来度量，称为应力。由于内力是矢量，因而应力也是矢量，其方向就是分布内力的方向。沿截面法线方向的应力称为正应力，用希腊字母 σ 表示。与截面相切的应力分量称为切应力，用希腊字母 τ 表示。常用的应力单位是兆帕（MPa），$1kpa=10^3 N/m^2$

（1）轴向拉压杆横截面上的应力

由于轴向拉（压）杆横截面上只有均匀分布的拉（压）力，故横截面上各点只有正应力，且正应力相等。设轴向拉（压）杆横截面上轴力为 F_N，面积为 A，则横截面上任一点的正应力为

$$\sigma = \frac{F_N}{A} \tag{4-1}$$

（2）梁横截面上的应力

1）纯弯曲梁横截面上的正应力

梁在纯弯曲时横截面上任一点处正应力的计算公式：

$$\sigma = \frac{M}{I_z} y \tag{4-2}$$

由上式知，梁横截面面上任一点处的正应力 σ，与截面上的弯矩 M 和该点到中性轴的距离 y 成正比，而与截面对中性轴的惯性矩 I_z 成反比。

2）梁横截面上的切应力

弯曲切应力的一般表达式：

$$\tau = \frac{F_Q S_z^*}{I_z b} \tag{4-3}$$

式中 S_z^* 为横截面上所求切应力作用点的水平横线以下（或以上）部分截面积对中性轴的面积矩；F_Q 为所要求切应力横截面上的剪力；b 为所求切应力点处的截面厚度；I_z 为横截面对中性轴的惯性矩。

4.3 结构力学基本知识

静定结构是指结构的支座反力和各截面的内力可以用平衡条件唯一确定的结构。本章讨论各类静定结构的内力计算。何谓静定结构，①从结构的几何构造分析知，静定结构为

没有多余联系的几何不变体系；②从受力分析看，在任意的荷载作用下，静定结构的全部反力和内力都可以由静力平衡条件确定，且解答是唯一的确定值。因此静定结构的约束反力和内力皆与所使用的材料、截面的形状和尺寸无关；③支座移动、温度变化、制造误差、材料收缩等因素只能使静定结构产生刚体的位移，不会引起反力及内力。

对实际工程中应用较广泛的静定梁、静定平面刚架、静定平面桁架常见的静定结构（图4-2）进行了内力分析，并完成内力图的绘制。对静定结构受力分析的基本方法是前述的截面法。

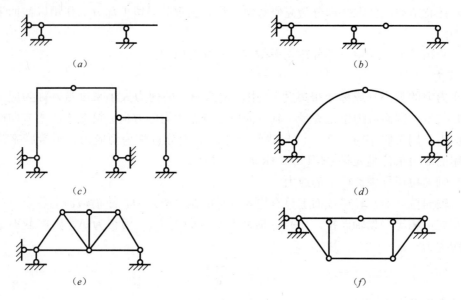

图4-2 常见静定结构
(a) 单跨静定梁；(b) 多跨静定梁；(c) 静定刚架；(d) 三铰拱；(e) 静定桁架；(f) 静定组合结构

4.3.1 静定梁

1. 单跨静定梁的基本形式及约束反力

单跨静定梁的结构形式有水平梁、斜梁及曲梁；简支梁、悬臂梁及伸臂梁是单跨静定梁的基本形式，见图4-3，梁和地基按两刚片规则组成静定结构，其三个支座反力由平面一般力系的三个平衡方程即可求出。

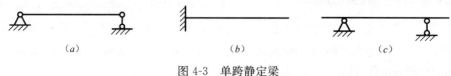

图4-3 单跨静定梁
(a) 简支架；(b) 悬臂梁；(c) 外伸梁

2. 内力分量

计算内力的方法为截面法。平面杆系结构（图4-4（a））在任意荷载作用下，其杆件在传力过程中横截面 $m-m$ 上一般会产生某一分布力系，将分布力系向横截面形心简化得到主矢和主矩，而主矢向截面的轴向和切向分解即为横截面的轴力 F_N 和剪力 F_s，主矩即

为截面的弯矩 M。轴力 F_N、剪力 F_s 和弯矩 M 即为平面杆系结构构件横截面的三个内力分量，如图 4-4（b）所示。

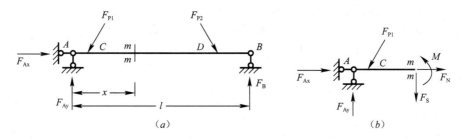

图 4-4 内力计算
（a）平面杆系结构；（b）截面力系分布

内力的符号规定与材料力学一致，见图 4-5，轴力以拉力为正；剪力以绕分离体顺时针方向转动者为正；弯矩以使梁的下侧纤维受拉为正。反之则为负。

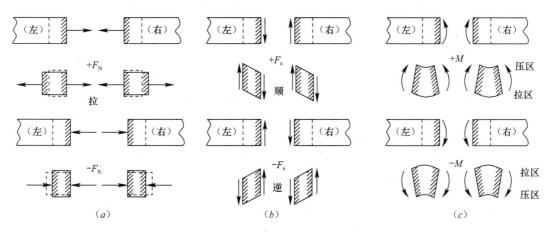

图 4-5 内力符号规定
（a）轴力；（b）剪力；（c）弯矩

内力计算由截面法的运算得到：
轴力 F_N 等于截面一侧所有外力（包括荷载和反力）沿截面法线方向投影代数和。
剪力 F_s 等于截面一侧所有外力沿截面方向投影的代数和。
截面的弯矩 M 等于该截面一侧所有外力对截面形心力矩的代数和。
上述结论的表达式为

$$\left. \begin{array}{l} F_N = \Sigma F_{xi}^L \quad (\text{或 } F_N = \Sigma F_{xi}^R) \\ F_s = \Sigma F_{yi}^L \quad (\text{或 } F_s = \Sigma F_{yi}^R) \\ M = \Sigma M_c(F_{yi}^L) \quad (\text{或 } M = \Sigma M_c(F_{yi}^R)) \end{array} \right\} \quad (4-4)$$

式中　F_{xi}^L——截面左侧某外力在 x 轴线方向的投影；
　　　F_{xi}^R——截面右侧某外力在 x 轴方向的投影；
　　　F_{yi}^L——截面左侧某外力在 y 轴方向的投影；
　　　F_{yi}^R——截面右侧某外力在 y 轴方向的投影；

$M_{\mathrm{c}}(F_{yi}^{\mathrm{L}})$——截面左侧某外力对该截面形心 c 之力矩；

$M_{\mathrm{c}}(F_{yi}^{\mathrm{R}})$——截面右侧某外力对截面形心 c 之力矩。

3. 内力与荷载间微分关系及内力图形状的判断

绘制杆系结构的内力图一定要熟练掌握荷载、剪力和弯矩间的微分关系，即：

$$\left.\begin{array}{l}\dfrac{\mathrm{d}F_{\mathrm{s}}}{\mathrm{d}x}=q(x)\\[2mm]\dfrac{\mathrm{d}M}{\mathrm{d}x}=F_{\mathrm{s}}\\[2mm]\dfrac{\mathrm{d}^{2}M}{\mathrm{d}x^{2}}=\dfrac{\mathrm{d}F_{\mathrm{s}}}{\mathrm{d}x}=q(x)\end{array}\right\} \qquad (4\text{-}5)$$

根据荷载、剪力和弯矩间的微分关系，以及杆件在集中力和集中力偶作用截面两侧内力的变化规律，将内力图绘制方法总结在表 4-1 中以供复习。

直梁内力图的形状特征　　　　　　　表 4-1

序号	梁上的外力情况	剪力图	弯矩图
1	$q=0$ 无外力作用梁段	F_{s} 图为水平线 $F_{\mathrm{s}}=0$ $F_{\mathrm{s}}>0$ $F_{\mathrm{s}}<0$	M 图为斜直线 $M<0$，$M=0$，$M>0$ $\dfrac{\mathrm{d}M}{\mathrm{d}x}>0$ $\dfrac{\mathrm{d}M}{\mathrm{d}x}<0$
2	$q=$ 常数 >0 均布荷载作用指向上方	上斜直线	上凸曲线
3	$q=$ 常数 <0 均布荷载作用指向下方	下斜直线	下凸曲线

续表

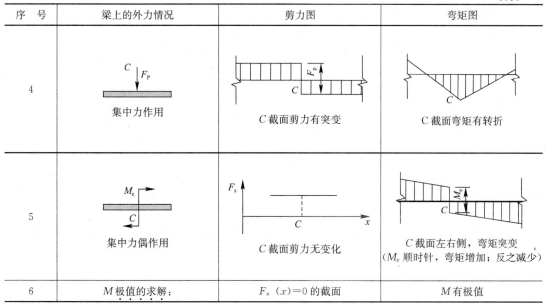

4. 绘制内力图（图 4-6）

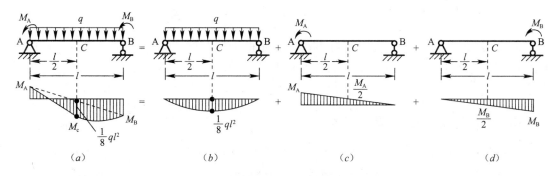

图 4-6 绘制内力图

（1）绘制内力图的一般步骤

1）求反力（一般悬臂梁不求反力）

2）分段。凡外荷载不连续点（如集中力作用点、集中力偶作用点、分布荷载的起讫点及支座结点等）均应作为分段点，每相邻两分段点为一梁段，每一梁段两端称为控制截面，根据外力情况就可以判断各梁段的内力图形状。

3）定点。根据各梁段的内力图形状，选定所需的控制截面，用截面法求出这些控制截面的内力值，并在内力图上标出内力的竖坐标。

4）连线。根据各段梁的内力图形状，将其控制截面的竖坐标以相应的直线或曲线相连。对控制截面间有荷载作用的情况，其弯矩图可用区段叠加法绘制。

（2）静定结构内力求解中几点注意的问题：

1）弯矩图画在受拉边、不标明正负，轴力图剪力图画在任一边，标明正负。

2）内力图要标明名称、单位、控制竖标大小。

3) 大小长度按比例、直线要直、曲线光滑。
4) 截面法求内力所列平衡方程正负与内力正负是完全不同的两套符号系统。

例 4-1 悬臂梁,其尺寸及梁上荷载如图 4-7 所示,求截面 1-1 上的剪力和弯矩。

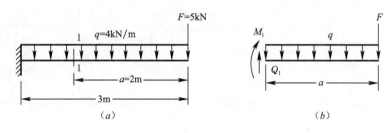

图 4-7 例 4-1 图
(a) 悬臂梁；(b) 受力图

解：对于悬臂梁不需求支座反力,可取右段梁为研究对象,其受力图如图 4-7b 所示。

$$\Sigma Y = 0 \qquad Q_1 - qa - F = 0$$

$$\Sigma M_1 = 0 \qquad -M_1 - qa \cdot \frac{a}{2} - Fa = 0$$

得

$$Q_1 = qa + F = 4 \times 2 + 5 = 13 \text{kN}$$

$$M_1 = -\frac{qa^2}{2} - Fa = -\frac{4 \times 2^2}{2} - 5 \times 2 = 18 \text{kN} \cdot \text{m}$$

求得 Q_1 为正值,表示 Q_1 的实际方向与假定的方向相同；M_1 为负值,表示 M_1 的实际方向与假定的方向相反。所以,按梁内力的符号规定,1-1 截面上的剪力为正,弯矩为负。

4.3.2 静定平面刚架

刚架是由直杆组成具有刚结点的结构。当组成刚架的各杆的轴线和外力都在同一平面时,称作平面刚架。其形式有：悬臂刚架、简支刚架、三铰刚架、多跨等高或不等高刚架等静定刚架,以及两铰、无铰、多层多跨、封闭刚架等超静定结构,工程式上大多数刚架为超静定刚架,但静定刚架是超静定刚架计算的基础。

当所有直杆的轴线在同一平面内,荷载也作用在此平面内时,这种静定刚架可按平面问题处理,称为静定平面刚架。如图 4-8(a)、(b)、(c)所示,为其在工程中的应用。其中悬臂刚架在工程属于独立刚架,常用于小型阳台、挑檐、建筑小品、公共汽车站雨篷、车站篷、敞廊篷等；悬臂刚架的结构特点为一端固定的悬臂或悬挑结构,或固定柱脚,或固定在梁、板的一端。而三铰刚架结构特点为两折杆与基础通过三个铰两两相连,构成静定结构；主要用于仓库、厂房天窗架、轻刚厂房等无吊车的建筑物。

在土建工程中,平面刚架用得很普遍,而本章讨论的平面静定刚架是超静定刚架的基础。所以掌握静定平面刚架的内力分析具有十分重要的意义。

1. 刚架的主要的结构特征

从变形来看,刚结点处,各杆端不能产生相对移动和转动,各杆所夹角度不变。从受力来看,刚结点能够承受和传递弯矩,使结构弯矩分布相对比较均匀,节省材料。从几何

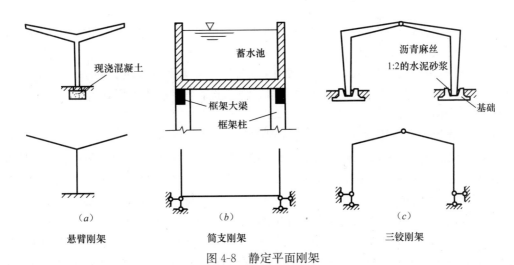

图 4-8 静定平面刚架

组成来看，两铰三铰刚架和四铰体系变为结构加斜杆比较，组成几何不变体系所需的杆件数目较少，且多为直杆，故净空较大，施工方便。

刚架的优点：梁柱形成一个刚性整体，增大了结构刚度并使内力分布比较均匀，节省材料，可以获得较大的净空。

静定平面刚架的弯矩 M、剪力 F_s 和轴力 F_N 三个内力分量，其计算方法原则上与静定结构梁相同。在刚架整个运算过程中，内力正负号及杆端内力的表示方法如图 4-9（b）所示。结构力学中通常规定刚架杆端弯矩顺时针（对结点逆时针）为正，反之为负。但画弯矩图依然是画在受拉一侧，因而不必注明正负；其剪力和轴力正负的约定与梁中剪力和轴力的正负规定相同，剪力图和轴力图可画在杆件轴线的任一侧，但必须注明正负。

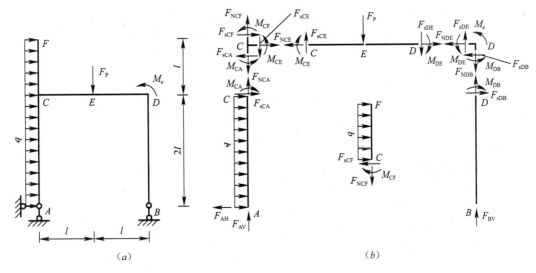

图 4-9 静定平面刚架内力计算
(a) 刚架受力示意；(b) 内力计算

2. 静定刚架内力求解的步骤通常如下：
（1）求出支座反力。

(2) 刚架内力计算的杆件法：将刚架折成若干个杆件（分段），先用截面法的简便算法求出各杆件的杆端内力（定点）。

(3) 连线：然后利用杆端内力（运用内力图与荷载关系或区段叠加法计算），将各杆段的两杆端内力坐标连线，逐杆绘制内力图。刚架的轴力一般不为零，各杆内力图合在一起就是刚架的内力图。

(4) 在内力求解及绘制内力图时需特别注意几个关键问题：

1) 为了区分汇交于同一结点的不同杆端的杆端力，用内力符号加两个下标（杆件两端结点编号）表示杆端力。如用 M_{BA} 表示刚架中 AB 杆在 B 端的弯矩。

2) 隔离体的选择：每个切开的截面处一般有三个待求的未知内力分量，其中轴力、剪力以正方向绘出，弯矩可以顺或逆的方向绘出。

3) 校核：由于刚架结构组成受力比较复杂，内力比较复杂，初学易出现计算错误，作出内力图后应该加以校核。校核的原则是：整体结构平衡时，结构中任一局部都应保持平衡，可以从结构中取出某一部分应维护静力平衡。通常可校核结点的静力平衡。通过结点的平衡校核可初步判断内力图是否正确。

例 4-2 求图 4-10 所示简单刚架的内力图。

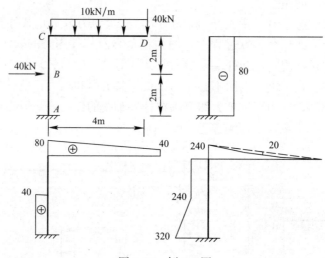

图 4-10 例 4-2 图

解：1) 求支反力

$\Sigma X = 0, \Rightarrow H_A - 40 = 0 \Rightarrow H_A = 40 \text{kN}(向右)$

$\Sigma Y = 0, \Rightarrow V_A - 10 \times 4 - 40 = 0 \Rightarrow V_A = 80 \text{kN}(向上)$

$\Sigma M_A = 0, M_A - 40 \times 2 - 10 \times 4 \times 2 - 40 \times 4 = 0 \Rightarrow M_A = 320 \text{kN} \cdot \text{m}(逆时针)$

2) 求各控制截面的内力

轴力图：

$$N_{AC} = N_{CA} = -80 \text{kN}, N_{CD} = N_{DC} = 0$$

剪力图：

$$Q_{AB} = Q_{BA} = 40 \text{kN}, \quad Q_{BC} = Q_{CB} = 0 \quad Q_{CD} = 80 \text{kN}, N_{DC} = 40 \text{kN}$$

弯矩图：

$M_{AB} = 320 \text{kN} \cdot \text{m}, \quad M_{BA} = 200 \text{kN} \cdot \text{m} = M_{BC}$（左侧受拉）

$M_{CB} = 240 \text{kN} \cdot \text{m} = M_{CD}, M_{DC} = 0$（上侧受拉）

4.3.3 静定桁架的内力计算

桁架结构是指各杆两端都是用铰相连接的结构。这种结构形式在桥梁和房屋建筑中应用也是较广泛的，如南京长江大桥。钢筋混凝土和钢木屋架等常用桁架结构。

梁和刚架构件截面一般为实腹截面，承受的主要内力为弯矩，横截面上主要产生非均匀分布的弯曲正应力（图 4-11（a）），在截面的外边缘处正应力最大，而在中性层附近的中部材料承受的正应力很小，材料的性能不能得到发挥。同时这样的实腹梁随着跨度的加大，其自重亦带来较大的内力，结构和经济上都极不合理。随着人们生产实践经验的增加，形成了格构化的桁架结构形式，见图 4-11b。

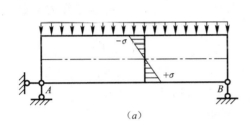 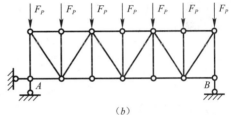

图 4-11 静定桁架
(a) 应力图；(b) 结构形式

在工程上用于制作桁架的建筑工程材料主要有钢材、木材和钢筋混凝土，可根据建筑功能和空间跨度选择，不过目前工程上应用最多、可建跨度范围最大的是钢桁架。如图 4-12 为我国建筑最早的一座简支钢桁架桥梁—钱塘江大桥；图 4-13 为在 1898 年建造的至今仍达到世界第二大悬挑跨度的英国福斯湾悬臂钢桁架桥。

图 4-12 钱塘江大桥　　　　　　图 4-13 英国福斯湾大桥

组成桁架的所有杆均为直杆；各杆均为铰链连接，且铰链内的摩擦略去不计；载荷均加在桁架平面内，且都施加在节点上；桁架中杆件的重量比桁架所受的荷载小得多，故可略去不计。满足上述条件的桁架，其中每根杆都只在端部受力，而端部又是铰链连接，故桁架中的每根杆就是二力杆。

由上述知，对理想平面桁架，构件数与铰节点数分别记为 n 与 m，由其基本假定可推出其受力特征，每个铰节点受到一个平面汇交力系作用，存在两个独立的平衡方程。共有独立的平衡方程 $2m$ 个。由 $n=2m-3$ 式可知，它可以求解 $n+3$ 个未知数。如果支承桁架的约束力的个数为 3，平面桁架的 n 个杆件内力可得到求解。实际上整个桁架或部分桁架组成一平面一般力系。对静定平面桁架，计算内力的方法有结点法、截面法和两种方法的结合——联合法，下面分别讨论。

1. 结点法

结点法是以取铰结点为分离体，由分离体的平衡条件计算所求桁架的内力。适用于求解静定桁架结构所有杆件的内力。结点法求解中需注意的几个问题：

(1) 首先同其他静定梁、静定刚架或三铰拱结构一样先求出所有支座反力。注意铰结点选取的顺序。从前面桁架的假定可知：桁架各杆的轴线汇交于各个铰结点，且桁架各杆只受轴力，因此作用于任一结点的各力（荷载、反力、杆件轴力）组成一个平面汇交力系，存在两个独立的平衡方程，每个结点两个未知力可解。因此一般从未知力不超过两个的结点开始依次计算。

(2) 未知杆的轴力。求解前未知杆的轴力所有都假设为拉力，背离结点，由平衡方程求得的结果为正，则杆件实际受力为拉力；若为负，则和假设相反，杆件受到压力。

(3) 对于用已求得杆的轴力求解未知杆的轴力时，通常有两种方式：

1) 按实际轴力方向代入平衡方程，本身不再带正负号。

2) 由假定方向列平衡方程时，代入相应数值时考虑轴力本身求解时的正负号。注意内力本身的正负和列投影平衡方程时力的投影的正负属两套符号系统。

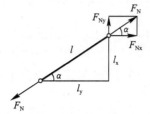

图 4-14 列平衡方程

(4) 列平衡方程时恰当的选择投影轴。平衡方程可以是力的投影平衡式（也可以是力矩平衡式），但只有两个独立的，因此列平衡方程时，视实际情况选取合适的投影轴。尽量使每个平衡方程只含一个未知力，避免解联立方程，这时会用到力的分解问题，按平行四边形法则分成两个分力，分力和合力大小满足三角函数关系。图 4-14 中的投影三角形满足：

$$\frac{F_N}{l} = \frac{F_{Nx}}{l_x} = \frac{F_{Ny}}{l_y}$$

杆件长度为 l；水平、竖直方向投影长度 l_x、l_y；

轴力 F_N：水平、竖直方向投影分量：F_{Nx}、F_{Ny}。

(5) 结点平衡的特殊形式：桁架中常有一些特殊形状的结点，掌握了这些特殊结点的平衡规律，可给计算带来很大的方便。举例如图 4-15。

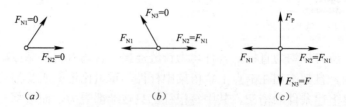

图 4-15 特殊结点的平衡（一）
(a) ∠形；(b) ⊥形一；(c) ⊥形二

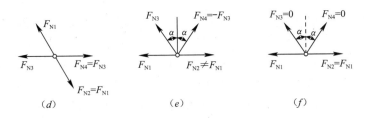

图 4-15 特殊结点的平衡（二）
(d) X形；(e) K形一；(f) K形二

1) ∠形结点（图 4-15 (a)）。这是不共线的两杆结点，当结点无荷载作用时两杆内力均为零。凡内力为零的杆件称为零杆。零杆虽然轴力为零，但不能理解成多余的杆件而去掉，静定结构去掉任何一根杆件就会成为几何可变体系而不能承载。

2) ⊥形结点。三杆相交的结点。分为图 4-15 (b)、(c) 两种情况：

图 4-15 (b)，三杆汇交的结点上无荷载作用，且其中两杆在一条直线上，则第三杆 $F_{N3}=0$，为零杆，而共线的两杆轴力 $F_{N1}=F_{N2}$（大小相等，同为拉力或同为压）。

图 4-15 (c)，在其中二杆共线的情况下，另一杆有共线的外力 F_P 作用，则有 $F_{N1}=F_{N2}$，$F_{N3}=F_P$。

3) X形结点。四杆相交的结点，图 4-15 (d)。当结点上无荷载作用，且四杆轴两两共线，则同一直线上两杆轴力大小相等，性质相同，$F_{N1}=F_{N2}$，$F_{N3}=F_{N4}$。

4) K形结点。图 4-15 (e)、(f) 所示的四杆相交的结点，其中有①和②两根杆件共线，当 $F_{N1}\neq F_{N2}$，则必然有 $F_{N3}=-F_{N4}$；当 $F_{N1}=F_{N2}$，则必然有 $F_{N3}=F_{N4}=0$。

因此，一般情况下，求桁架内力前，先判别一下结构有无零杆和内力相同的杆，图 4-16 中虚线所示各杆皆为零杆，于是计算过程大大简化。

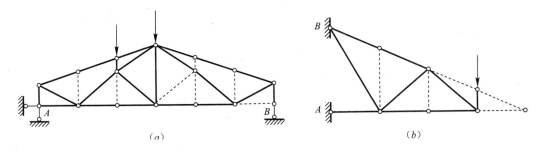

图 4-16 零杆的判别

(6) 结点法求解简单桁架计算步骤：
1) 几何组成分析。
2) 求支座反力。
3) 结点法：注意结点的选取次序，以简化轴力计算。

2. 截面法

所有静定结构内力求解的办法都是截面法。截面法求解桁架的内力主要是用于当我们只是想知道某些杆件的内力，而不是所有杆件内力时，用截面法求解比结点法更为直接简便。

(1) 截面法的要点：根据求解问题的需要，用一个适当的截面（平面或截面）截开桁架（包括切断拟求内力的杆件），从桁架中取出受力简单的一部分作为分离体（至少包含两个结点），分离体上作用的荷载、支座反力、已知杆轴力、未知杆轴力组成一个平面一般力系，可以建立三个独立的平衡方程，由三个平衡方程可以求出三个未知杆的轴力。一般情况下，选截面时，截开未知杆的数目不能多于三个，不互相平行，也不交于一点。为避免解联立方程组，应建立合适的平衡方程。

(2) 截面法建立的平衡方程的两种形式：投影式平衡方程或力矩式平衡方程。

1) 投影法：若三个未知力中有两个力的作用线互相平行，将所有作用力都投影到与此平行线垂直的方向上，并写出投影平衡方程，从而直接求出另一未知内力。

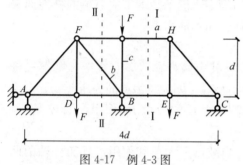

图 4-17 例 4-3 图

2) 力矩法：以三个未知力中的两个内力作用线的交点为矩心，写出力矩平衡方程，直接求出另一个未知内力。

结点法和截面法是计算桁架内力的两种基本方法。两种方法各有所长，应根据具体情况灵活选用。

例 4-3 试求图 4-17 所示桁架中 a、b 及 c 杆的内力。

解：从几何组成看，桁架中的 AGB 为基本部分，EHC 为附属部分。

(1) 作截面Ⅰ-Ⅰ，取右部分为隔离体，由 $\Sigma M_C = 0$，得

$$F_N a \times d + F \times d = 0$$

$$F_N a = -F$$

(2) 取结点 G 为隔离体，由 $\Sigma Y = 0$，得

$$F_N c = -F$$

由 $\Sigma F x = 0$，得

$$F_{NFG} = F_N a = -F$$

(3) 作截面Ⅱ-Ⅱ，取左部分为隔离体，由 $\Sigma M_A = 0$，得

$$F_{Nb} \times \sqrt{2}d + F \times d - F \times d = 0, \quad F_{Nb} = 0$$

第5章 建筑结构

5.1 建筑结构概述

5.1.1 建筑结构的概念与分类

一座建筑,它也像动物或雕塑的情况一样存在一个骨架,这个骨架能够承受和传递各种荷载和其他作用,我们称之为建筑结构。

按照承重结构所用的材料不同,建筑结构可分为混凝土结构、砌体结构、钢结构、木结构等。

混凝土结构包括素混凝土结构、钢筋混凝土结构、预应力混凝土结构等。

素混凝土结构是指无筋或不配置受力钢筋的混凝土制成的结构。它主要用于受压构件。素混凝土受弯构件仅允许用于卧置地基上的情况。素混凝土结构不能用于一般建筑物中。

钢筋混凝土结构,是利用混凝土材料与钢筋材料共同组成的混凝土结构。混凝土的抗压强度高耐久性好,钢筋的抗拉强度高,两者共同工作,大大地提高了结构的性能,故在建筑结构中应用的十分广泛。与素混凝土梁不同的是,在梁下部受拉区配置钢筋,受拉区的拉力则由抗拉强度极高的钢筋来承担,上部受压区仍由抗压强度较高的混凝土来承担,这样承载能力大大地提高了。

混凝土结构,具有以下的优点:

1) 承载力高。相对于砌体结构等,承载力较高。

2) 耐久性好。混凝土材料的耐久性好,钢筋被包裹在混凝土中,正常情况下,它可保持长期不被锈蚀。

3) 可模性好。可根据工程需要,浇筑成各种形状的结构或结构构件。

4) 耐火性好。混凝土材料耐火性能是比较好的,而钢筋在很凝土保护层的保护下,在发生火灾后的一定时间内,不致很快达到软化温度而导致结构破坏。

5) 可就地取材。混凝土结构用量最多是砂石材料,可就地取材。

6) 抗震性能好。钢筋混凝土结构因为整体性好,具有一定的延性,故其抗震性能也较好。

混凝土结构除具有上述优点外,也还存在着一些缺点,如自重大,抗裂能力差,现浇时耗费模板多,工期长等。

5.1.2 结构设计的基本要求

1. 结构的功能要求

任何结构在规定的时间内,在正常情况下均应满足预定功能的要求,这些要求是:安全性、适用性、耐久性。

2. 结构功能的极限状态

结构或结构的一部分在承载能力、变形、裂缝、稳定等方面超过某一特定状态，以致不能满足设计规定的某一功能要求时，这一状态特定状态就称为结构在该功能方面的极限状态。

结构功能的极限状态可分为承载能力极限状态和正常使用极限状态两类。

（1）承载能力极限状态

承载能力极限状态对应于结构或结构构件达到了最大承载能力，或产生了不适于继续承载的过大变形。当结构或结构构件出现了下列状态之一时，即认为超过了承载能力极限状：

1) 整个结构或结构的一部分作为刚体失去平衡；

2) 结构构件或其连接因超过材料强度而破坏；

3) 结构转变为机动体系；

4) 结构或构件丧失稳定。

超过承载能力极限状态，结构的安全性就得不到保证，所以要严格控制出现承载能力极限状态出现的概率。

（2）正常使用极限状态

正常使用极限状态是对应于结构或结构构件达到正常使用或耐久性能的某项规定限值。当结构或构件出现了下列状态之一时，即认为结构或结构构件超过了正常使用极限状态：

1) 影响正常使用（包括影响美观）的变形；

2) 影响正常使用或耐久性能的局部损坏；

3) 影响正常使用的振动；

4) 影响正常使用的其他特定状态。

控制出现正常使用极限状态出现的概率，就是为了保证结构或构件的适用性与耐久性。

5.1.3 结构上的荷载与荷载效应

1. 荷载的分类

结构上的荷载，通常按随时间的变异分类，可分为：

（1）永久荷载：在结构使用期间，数值不随时间变化或变化值相对于平均值可以忽略不计的荷载。结构的自重、土压力等均为永久荷载。永久荷载也称恒载。

（2）可变荷载：在结构使用期间，数值随时间变化，且变化值相对于平均值不可忽略的荷载。楼面活荷载、风荷载、雪荷载、吊车荷载等均为可变荷载。可变荷载也称活荷载或活载。

（3）偶然荷载：在结构使用期间内出现的机率较小，但其一旦出现，其量值很大、持续时间很短。如地震力、爆破力等。

2. 荷载的代表值

在结构设计时，应根据不同的设计要求采用不同的荷载数值，称为代表值。《建筑结构荷载规范》（GB 50009—2012），以下简称《荷载规范》，给出了几种代表值：标准值、组合值、频遇值、准永久值。分别介绍如下：

(1) 荷载标准值

荷载的标准值是指荷载正常情况下可能出现的最大值。各种荷载标准值是建筑结构设计时采用的基本代表值。

1) 永久荷载（恒载）标准值

永久荷载值，由于离散性不大，通常直接采用体积乘重力密度（单位体积自重）而得。

2) 可变荷载标准值

可变荷载标准值的确定相对较复杂，根据调查、统计和分析，《荷载规范》给出了各种可变荷载的标准值。

(2) 可变荷载的组合值

可变荷载的组合值采用组合值系数 ψ_c 乘以相应的可变荷载的标准值：

$$Q_C = \psi_c Q_k \tag{5-1}$$

(3) 可变荷载的频遇值

可变荷载的频遇值采用频遇值系数 ψ_f 乘以可变荷载的标准值：

$$Q_f = \psi_f Q_k \tag{5-2}$$

(4) 可变荷载的准永久值

可变荷载准永久值采用准永久值系数 ψ_q 乘以相应的可变荷载的标准值：

$$Q_q = \psi_q Q_k \tag{5-3}$$

3. 荷载效应

荷载作用在结构上，产生的内力（如弯矩、剪力和轴力等）及变形（如挠度、裂缝等）统称为荷载效应。

若荷载记作 Q，荷载效应记作 S，则 $S=CQ$，C 称为荷载效应系数。

5.1.4 概率极限状态设计法

1. 概率极限状态设计法的概念

结构的极限状态分为承载能力极限状态和正常使用极限状态。在进行结构设计时，应针对不同的极限状态，根据结构的特点和使用要求给出具体的极限状态限值，以作为结构设计的依据。这种以相应于结构各种功能要求的极限状态作为结构设计依据的设计方法，就称为"极限状态设计法"。

荷载产生的荷载效应为 S，结构抵抗或承受荷载效应的能力称结构抗力，记作 R，则：

$S<R$，表示结构满足功能要求，处于可靠状态；

$S>R$，表示结构不满足功能要求，处于失效状态；

$S=R$，表示结构处于极限状态。

应当指出，由于决定荷载效应 S 的荷载，以及决定结构抗力 R 的材料强度和构件尺寸都不是定值，而是随机变量，故 S 和 R 亦为随机变量。概率极限状态设计法，就是通过控制结构达到极限状态的概率，即控制失效概率的设计方法。

2. 承载能力极限状态实用设计表达式

荷载效应组合分为基本组合与偶然组合两种情况。

偶然组合与基本组合均采用以下设计表达式设计：

$$\gamma_0 S \leqslant R \tag{5-4}$$

式中 γ_0——结构重要性系数,对安全等级为一级、二级、三级的结构构件,应分别取 1.1、1.0、0.9;

S——荷载效应组合的设计值;

R——结构构件抗力的设计值。

设计时,通常考虑荷载的基本组合,必要时考虑荷载效应的偶然组合。下面仅介绍基本组合的实用表达式,偶然组合的表达式参见《荷载规范》。

荷载效应组合的设计值 S 应从以下两列组合中取最不利值确定

(1) 由可变荷载效应控制的组合:

$$S = \gamma_G S_{GK} + \gamma_{Q1} S_{Q1k} + \sum_{i=2}^{n} \gamma_{Qi} \psi_{ci} S_{Qik} \tag{5-5}$$

式中 γ_G——永久荷载分项系数,一般情况下,对由可变荷载效应控制的组合采用 1.2;对由永久荷载效应控制的组合,采用 1.35。当永久荷载效应对结构构件承载能力有利时,采用 1.0;

γ_{Q1}、γ_{Qi}——第一个、第 i 个可变荷载分项系数,一般情况下采用 1.4,当楼面荷载$\geqslant$ 4KN/m² 时,采用 1.3;

S_{GK}——按永久荷载标准值 Gk 计算的荷载效应值;

S_{Qik}——按可变荷载标准值 Qik 计算的荷载效应值,其中 S_{Q1k} 为诸可变荷载效应中起控制作用者;

ψ_{ci}——第 i 个可变荷载的组合系数。

(2) 由永久荷载效应控制的组合

$$S = \gamma_G S_{GK} + \sum_{i=1}^{n} \gamma_{Qi} \psi_{ci} S_{Qik} \tag{5-6}$$

5.2 钢筋混凝土结构基本知识

5.2.1 材料强度与锚固搭接

1. 材料选择

钢筋混凝土用钢 GB 1499—2007 分为三个部分:热轧光圆钢筋、热轧带肋钢筋、钢筋焊接网。

钢筋牌号以阿拉伯数字或阿拉伯数字加英文字母表示,HRB335、HRB400、HRB500 分别以 3、4、5 表示,HRBF335、HRBF400、HRBF500 分别以 C3、C4、C5 表示。厂名以汉语拼音字头表示。公称直径毫米数以阿拉伯数字表示。

公称直径不大于 10mm 的钢筋,可不轧制标志,可采用挂标牌方法。

标志应清晰明了,标志的尺寸由供方按钢筋直径大小作适当规定,与标志相交的横肋可以取消。

《混凝土结构设计规范》(GB 50010—2010) 提倡应用高强、高性能钢筋 (表 5-1)。

普通钢筋强度设计值（N/mm²）　　　　　表 5-1

牌 号	抗拉强度设计值 f_y	抗压强度设计值 f'_y
HPB300	270	270
HRB335、HRBF335	300	300
HRB400、HRBF400、RRB400	360	360
HRB500、HRBF500	435	410

混凝土强度设计值详表 5-2。

混凝土强度设计值（N/mm²）　　　　　表 5-2

强度种类	混凝土强度等级													
	C15	C20	C25	C30	C35	C40	C45	C50	C55	C60	C65	C70	C75	C80
f_c	7.2	9.6	11.9	14.3	16.7	19.1	21.1	23.1	25.3	27.5	29.7	31.8	33.8	35.9
f_t	0.91	1.10	1.27	1.43	1.57	1.71	1.80	1.89	1.96	2.04	2.09	2.14	2.18	2.22

2. 纵筋锚固与搭接

(1) 钢筋锚固

当计算中充分利用钢筋的抗拉强度时，普通受拉钢筋的锚固长度按下列公式计算：

普通钢筋基本锚固长度应按下列公式计算：

$$l_{ab} = \alpha \frac{f_y}{f_t} d \tag{5-7}$$

公式中 d 为钢筋的公称直径；α 为钢筋的外形系数，对光面钢筋取 0.16，对带肋钢筋取 0.14。

受拉钢筋的锚固长度按下列公式计算，且不应小于 200mm：

$$l_a = \xi_a l_{ab} \tag{5-8}$$

式中　ξ_a ——锚固长度修正系数，对普通钢筋按《混凝土结构设计规范》（GB 50010—2010）第 8.3.2 条的规定采用，当多于一项时，可按连乘计算，但不应小于 0.6；对预应力筋，可取 1.0。

纵向受拉普通钢筋的锚固长度修正系数 ξ_a 应按下列规定取用：

1) 当带肋钢筋的公称直径大于 25mm 时取 1.10；

2) 环氧树脂涂层带肋钢筋取 1.25；

3) 施工过程中易受扰动的钢筋取 1.10；

4) 当纵向受力钢筋的实际配筋面积大于其设计计算面积时，修正系数取设计计算面积与实际配筋面积的比值，但对有抗震设防要求及直接承受动力荷载的结构构件，不应考虑此项修正；

5) 锚固钢筋的保护层厚度为 $3d$ 时修正系数可取 0.80，保护层厚度为 $5d$ 时修正系数可取 0.70，中间按内插取值，此处 d 为锚固钢筋的直径。

当计算中充分利用纵向钢筋的抗压强度时，其锚固长度不应小于 $0.7l_a$。

(2) 钢筋搭接

钢筋的连接可分为两类：绑扎搭接；机械连接或焊接。受力钢筋的接头宜设置在受力较小处。在同一根钢筋上宜少设接头。

同构件中相邻纵向受力钢筋的绑扎搭接接头宜相互错开。

钢筋绑扎搭接接头连接区段的长度为1.3倍搭接长度，凡搭接接头中点位于该连接区段长度内的搭接接头均属于同一连接区段。同一连接区段内纵向受力钢筋搭接接头面积百分率为该区段内有搭接接头的纵向受力钢筋截面面积与全部纵向受力钢筋截面面积的比值。

位于同一连接区段内的受拉钢筋搭接接头面积百分率：对梁类、板类及墙类构件，不宜大于25%；对柱内构件，不宜大于50%。

纵向受拉钢筋绑扎搭接接头的搭接长度应根据位于同一连接区段内的钢筋搭接接头面积百分率按下列公式计算，且任何情况下均不应小于300mm。

$$l_l = \zeta l_a \tag{5-9}$$

式中 ζ——纵向受拉钢筋搭接长度修正系数，按表5-3采用。

纵向受拉钢筋搭接长度修正系数 ζ 表5-3

纵向钢筋搭接接头面积百分率（%）	≤25	50	100
ζ	1.2	1.4	1.6

5.2.2 受弯构件的一般构造

1. 受弯构件概述

垂直于结构构件轴线作用的荷载，将使构件产生弯矩、剪力及弯曲变形。主要承受弯矩和剪力的构件称为受弯构件。受弯构件是工业与民用建筑中广泛采用的承重构件。例如，楼盖或屋盖的梁和板、楼梯中梁和板、门窗过梁、工业厂房中的吊车梁等。

这些受弯构件，在荷载作用下截面将受到弯矩和剪力的作用。实验和理论分析表明，它们的破坏有两种可能：一种是由弯矩作用而引起的破坏，破坏截面与梁的纵轴垂直，称为正截面破坏，另一种是由弯矩和剪力共同作用而引起的破坏，破坏截面是倾斜的，称为沿斜截面破坏。因此，在设计钢筋混凝土受弯构件时，要进行正截面和斜截面承载力计算。

此外，还须采取一些构造措施才能保证构件的各个部位都具有足够的抗力，才能使构件具有必要的适用性和耐久性。所谓构造措施，是指那些在结构计算中未能详细考虑或很难定量计算而忽略了其影响的因素，而在保证构件安全、施工简便及经济合理等前提下所采取的技术补救措施。

2. 梁的一般构造要求

（1）梁的截面尺寸

梁的截面尺寸要满足承载力、刚度和抗裂三方面的要求。从刚度要求出发，根据工程设计经验，一般荷载作用下的梁可参照表5-4初定梁高。

不需作挠度计算梁的截面最小高度   表5-4

项次	构件种类		简支	两端连续	悬臂
1	整体肋形梁	主梁	$l_0/12$	$l_0/15$	$l_0/6$
		次梁	$l_0/15$	$l_0/20$	$l_0/8$
2	独立梁		$l_0/12$	$l_0/15$	$l_0/6$
备注	1. l_0 为梁的计算跨度； 2. 梁的计算跨度 $l_0 \geq 9m$ 时，表中数值应乘以1.2的系数。				

注：梁截面宽度b与截面高度h的比值一般为1/2～1/3（对于T形截面梁，b为肋宽，b/h可取偏小值）。

为施工方便，并有利于模板的定型化，梁的截面尺寸应按统一规格采用；一般取为：梁高 h＝150、180、200、240、250mm，大于 250mm 且不大于 800mm 时则按 50mm 递增，800mm 以上则以 100mm 递增；梁宽 b＝120、150，180、200、240、250mm，大于 250mm 时则按 50mm 递增。

上述要求并非严格规定，宜根据具体情况灵活掌握。

(2) 梁的钢筋

梁中钢筋通常配置纵向受力钢筋、箍筋、弯起钢筋、上部纵向构造钢筋、梁侧构造钢筋。

纵向受力钢筋一般设置在梁的受拉一侧，用以承受弯矩在梁内产生的拉力。当梁受到的弯矩较大且梁截面有限时，可在梁的受压区布置受压钢筋，与混凝土共同承担压力，即为双筋梁。纵向受力钢筋的面积通过计算确定并应符合相关构造要求。钢筋混凝土梁纵向受力钢筋的直径，当梁高 $h \geqslant 300$ 时，不应小于 10mm；当梁高＜300mm 时，不应小于 8mm。梁上部纵向钢筋水平方向的净距（钢筋外边缘之间的最小距离）不应小于 30mm 和 $1.5d$（d 为钢筋的最大直径）；下部纵向钢筋水平方向的净距不应小于 25mm 和 d。梁的下部纵向钢筋多于两层时，两层以上钢筋水平方向的中距应比下面两层的中距增大一倍。各层钢筋之间的净间距不应小于 25mm 和 d。

直径的选择应当适中，一般选用 10～25mm，直径太粗则不易加工，并且与混凝土的粘结力亦差；直径太细则根数增加，在截面内不好布置，甚至降低受弯承载力。同一构件中当配置两种不同直径的钢筋时，其直径相差不宜小于 2mm，以免施工混淆。纵向受力钢筋，通常沿梁宽均匀布置，并尽可能排成一排，以增大梁截面的内力臂，提高梁的抗弯能力。只有当钢筋的根数较多，排成一排不能满足钢筋净距和混凝土保护层厚度时，才考虑将钢筋排成二排，但此时梁的抗弯能力较钢筋排成一排时低（当钢筋的数量相同时）。单层配置时截面有效高度 $h_0=(h-c-d/2)$ mm（c 为混凝土保护层厚度），或近似取 $h_0=(h-35)$ mm；双层配置时 $h_0=(h-c-d-c_1/2)$ mm（c_1 为两层钢筋的竖向间距），或近似取 $h_0=(h-60)$ mm。

箍筋的作用是承受梁的剪力、固定纵向受力钢筋、并和其他钢筋一起形成钢筋骨架。弯起钢筋在跨中承受正弯矩产生的拉力，在靠近支座的弯起段则用来承受弯矩和剪力共同产生的主拉应力。在混凝土梁中，宜采用箍筋作为承受剪力的钢筋。当采用弯起钢筋时，其弯起角度宜取 45°或 60°，梁底层钢筋中的角部钢筋不应弯起，顶层钢筋中的角部钢筋不应弯下。

架立钢筋设置在梁受压区的角部，与纵向受力钢筋平行。其作用是固定箍筋的正确位置，与纵向受力钢筋构成骨架，并承受温度变化、混凝土收缩而产生的拉应力，以防止产生裂缝。当梁中受压区设有受压钢筋时，则不再设架立筋。

当梁端实际受到部分约束但按简支计算时，应在上部设置纵向构造钢筋，其截面面积不应小于梁跨中纵向受力钢筋计算所需截面面积的四分之一，且不应少于两根；该纵向构造钢筋自支座边缘向跨内伸出的长度不应小于 $0.2l_0$，此处 l_0 为该跨的计算跨度。

当梁的腹板高度 $h_w \geqslant 450$mm 时，在梁的两个侧面沿高度配置纵向构造钢筋，每侧纵向构造钢筋（不包括梁上、下部受力钢筋及架立钢筋）的截面面积不应小于腹板截面面积 bh_w 的 0.1%，且其间距不宜大于 200mm。此处腹板的截面高度：对矩形截面，取有效高度;对T形截面,取有效高度减去翼缘高度;对I形截面,取腹板净高。

(3) 混凝土保护层

混凝土保护层指钢筋的外边缘到混凝土的表面的距离。其作用是为了防止钢筋锈蚀和保证钢筋与混凝土的粘结。

纵向受力钢筋的保护层最小厚度与钢筋直径、环境类别、构件种类和混凝土强度等级因素有关,可按表5-5确定,且不小于受力钢筋的直径。

混凝土保护层的最小厚度（mm） 表5-5

环境类别	板、墙、壳	梁、柱、杆
一	15	20
二a	20	25
二b	25	35
三a	30	40
三b	40	50

注:1. 混凝土强度等级不大于C25时,表中保护层厚度数值应增加5mm;
2. 钢筋混凝土基础宜设置混凝土垫层,基础中钢筋的混凝土保护层厚度应从垫层顶面算起,且不应小于40mm。

3. 板的一般构造要求

(1) 板的截面形形式与尺寸

现浇板的截面一般为实心矩形;预制板的截面一般为空心矩形。

板的厚度要满足承载力、刚度和抗裂（或裂缝宽度）以及构造的要求。从刚度条件出发,板的厚度可按表5-6确定。

不需作挠度计算板的截面最小高度 表5-6

项次	构件种类		简支	两端连续	悬臂
1	平板	单向板	$l_0/35$	$l_0/40$	$l_0/12$
		双向板	$l_0/45$	$l_0/50$	
2	肋形板（包括空心板）		$l_0/20$	$l_0/25$	$l_0/10$
备注	1. l_0为板的计算跨度（双向板时为短向计算跨度）; 2. 如计算跨度$l_0 \geq 9$m时,表中数值应乘以1.2的系数。				

工程中现浇板的常用厚度有80mm、90mm、100mm、110mm、120mm,板厚以10mm的模数递增,板厚在250mm以上时以50mm的模数递增。

(2) 板中钢筋

板的抗剪能力较大,故板中钢筋通常配置纵向受力钢筋、分布钢筋、构造钢筋。如图5-1所示。

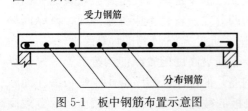

图5-1 板中钢筋布置示意图

受力筋的作用是承受板中弯矩引起的正应力,直径一般为6～12mm,直径一般不多于2种（选用不同直径钢筋时,直径差应大于2mm）。板厚$h \leq 150$mm时,板中钢筋间距不宜大于200mm,板厚$h > 150$mm时,板中受力筋间距不宜大于1.5h，且不宜大于250mm。

当按单向板设计时，除沿受力方向布置受力钢筋外，尚应在垂直受力方向布置分布钢筋。双向板中两个方向均为受力筋时，受力筋兼作分布筋。分布筋的作用是固定受力筋的位置，将荷载均匀地传递给受力筋，还可抵抗混凝土收缩、温度变化所引起的附加应力。故分布筋应放置在受力筋的内侧，以使受力钢筋有效高度尽可能大。单位长度上分布钢筋的截面面积不宜小于单位宽度上受力钢筋截面面积的15%，且不宜小于该方向板截面面积的0.15%；分布钢筋的间距不宜大于是250mm，直径不宜小于6mm；对集中荷载较大的情况，分布钢筋的截面面积应适当增加，其间距不宜大于200mm。当有实践经验或可靠措施时，预制单向板的分布钢筋可不受此限制。

对与支承结构整体浇筑或嵌固在承重砌体墙内的现浇混凝土板，应沿支承周边配置上部构造钢筋，其直径不宜小于是8mm，间距不宜大于200mm，其截面面积与钢筋自梁边或墙边伸入板内的长度应符合相关规定。

5.2.3 受弯构件正截面承载力计算

1. 受弯构件正截面破坏形态

由于配筋率的不同，钢筋混凝土受弯构件将产生不同的破坏情况，以梁为例，根据其正截面的破坏特征可分为适筋梁、超筋梁、少筋梁。

（1）适筋梁

纵向受力钢筋的配筋率合适的梁称为适筋梁。其破坏特征是：受拉钢筋首先到达屈服强度 f_y，继而进入塑性阶段，产生很大的塑性变形，梁的挠度、裂缝也都随之增大，最后因受压区的混凝土达到其极限压应变被压碎而破坏。由于在此过程中梁的裂缝急剧开展和挠度急剧增大，将给人以梁即将破坏的明显预兆，故称此种破坏为"延性破坏"。由于适筋梁的材料强度能充分发挥，符合安全可靠、经济合理的要求，故梁在实际工程中都应设计成适筋梁。

（2）超筋梁

纵向受力钢筋的配筋率 ρ 过大的梁称为超筋梁。这种梁是在没有明显预兆的情况下由于受压区混凝土突然压碎而破坏，故称为"脆性破坏"。超筋梁虽配置下很多的受拉钢筋，但由于其应力小于钢筋的屈服强度，不能充分发挥钢筋的作用，因此很不经济，且梁在破坏前没有明显的征兆，破坏带有突然性，故工程实际中不允许设计成超筋梁，并以最大配筋率 ρ_{max} 加以限制。

（3）少筋梁

纵向受力钢筋的配筋率 ρ 过少的梁称为少筋梁。由于配筋过少，所以受拉区混凝土一旦开裂，钢筋立即达到屈服强度，经过流幅而进入强化阶段，梁将产生很宽的裂缝、很大的挠度，甚至钢筋被拉断。这种梁破坏前没有明显的预兆，也属于"脆性破坏"。工程中不得采用少筋梁，并以最小配筋率 ρ_{min} 加以限制。

2. 梁的界限相对受压区高度 ξ_b

受弯构件等效矩形应力图形中混凝土受压区高度 x 与截面有效高度 h_0 之比，称为相对受压区高度 ξ。界限相对受压区高度 ξ_b，是指在适筋梁的界限破坏时，等效受压区高度与截面有效高度之比。界限破坏的特征是受拉钢筋达到屈服强度的同时，受压区混凝土边缘达到极限压应变。

钢筋混凝土构件的 ξ_b 值如表5-7所示。

钢筋混凝土构件的 ξ_b 值　　　　表5-7

钢筋级别	屈服强度 f_y (N/mm²)	ξ_b						
		≤C50	C55	C60	C65	C70	C75	C80
HPB235	210	0.614	0.606	0.599	0.591	0.583	0.576	0.550
HRB335	300	0.550	0.543	0.536	0.529	0.523	0.516	0.509
HRB400 RRB400	360	0.518	0.511	0.505	0.498	0.492	0.485	0.479

3. 单筋矩形梁正截面承载力计算

（1）基本公式

仅在截面受拉区配置受力钢筋的受弯构件称为单筋受弯构件。

根据上述四条基本假定，并用受压区混凝土简化的等效矩形应力图代替实际应力图形，可得单筋矩形梁正截面承载力计算简图，如图5-2所示。由图根据截面静力平衡条件，可建立单筋矩形截面受弯承载力即极限弯矩 M_u 的计算公式，考虑构件的安全储备，弯矩和材料强度均采用设计值。

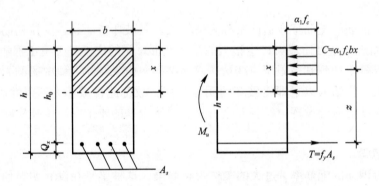

图5-2　单筋矩形梁正截面承载力计算简图

由静力平衡条件可得：

$$\Sigma N = 0 \quad \alpha_1 f_c bx = f_y A_s \tag{5-10}$$

$$\Sigma M = 0 \quad M \leqslant M_u = \alpha_1 f_c bx \left(h_0 - \frac{x}{2}\right) = f_y A_s \left(h_0 - \frac{x}{2}\right) \tag{5-11}$$

式中　M——弯矩设计值；

　　　M_u——极限弯矩设计值；

　　　A_s——受拉钢筋的截面面积；

　　　b——截面宽度；

　　　h_0——截面的有效高度，即受拉钢筋的中心至混凝土受压区边缘的距离，$h_0 = h - a_s$；

　　　h——截面高度；

　　　a_s——受拉钢筋的中心至混凝土受拉区边缘的距离。

(2) 适用条件

上述基本公式只适用于正常配筋量的适筋受弯构件，因此，应用基本公式计算时，必须满足下列适用条件。

1) 为了防止截面出现超筋破坏，应满足

$$\xi = \frac{x}{h_0} \leqslant \xi_b \tag{5-12a}$$

或

$$x \leqslant \xi_b h_0 \tag{5-12b}$$

或

$$\rho = \frac{A_s}{bh_0} \leqslant \rho_{\max} = \xi_b \frac{\alpha_1 f_c}{f_y} \tag{5-12c}$$

式 5-12a～式 5-12c 的意义相同，只要满足其中任一个公式的要求，就必能满足其余公式的要求。

2) 为了防止截面出现少筋破坏，应满足

$$\rho = \frac{A_s}{bh} \geqslant \rho_{\min} \tag{5-13a}$$

或

$$A_s \geqslant \rho_{\min} bh \tag{5-13b}$$

最小配筋率 $\rho_{\min}$ 与混凝土强度等级和钢筋抗拉强度设计值有关，考虑到收缩、温度应力的重要影响，以及过去的设计经验，《混凝土结构设计规范》（GB 50010—2010）规定：钢筋混凝土梁一侧受拉钢筋的配筋百分率取 $\frac{45 f_t}{f_y}\%$ 与 0.2% 中的较大者，即 $\rho_{\min} = 0.45 f_t / f_y$，当计算的 $\rho_{\min} < 0.2\%$ 时，取 $\rho_{\min} = 0.2\%$。

(3) 基本公式的应用（截面设计）

已知：截面尺寸 $b \times h$、混凝土强度等级和钢筋级别、弯矩设计值 M。求：纵向受拉钢筋截面面积 A_s。

计算步骤：

第一步 确定材料强度设计值。

第二步 确定梁的截面有效高度 h_0。

设计时，一般使用条件下的板，可取 $a_s = 20$mm。梁中预估配置单层受拉钢筋时可设 $a_s = 35$mm，配置双层钢筋时可设 $a_s = 60$mm。

第三步 计算混凝土受压区高度 x，并判断是否属超筋梁。

由式（5-11）可解得：
$$\xi = 1 - \sqrt{1 - \frac{2M}{\alpha_1 f_c b h_0^2}} \tag{5-14}$$

若 $\xi \leqslant \xi_b$，则不属于超筋梁；

若 $\xi > \xi_b$，则属超筋梁，或根号内出现负值，均应加大截面尺寸或提高混凝土强度等级重新设计。

第四步 计算 A_s 并验算是否属于少筋梁。

由式（5-10）可解得：
$$A_s = \frac{\alpha_1 f_c b h_0 \xi}{f_y} \tag{5-15}$$

将（5-14）求得的 ξ 式值代入式（5-15），即可求得纵向受拉钢筋截面面积 A_s 计算值。

若 $A_s \geqslant \rho_{\min} bh$，则不会发生少筋破坏；

若 $A_s < \rho_{\min} bh$，则应按最小配筋率配筋，即取 $A_s = \rho_{\min} bh$。

第五步 根据钢筋直径、间距等构造要求选配钢筋。

4. 双筋矩形截面和 T 形截面的受力概念

（1）双筋矩形截面

不仅在截面受拉区配置纵向受拉钢筋，而且在受压区配置受压钢筋的梁称为双筋梁。实践表明，在受弯构件内用钢筋来帮助混凝土承受截面的部分压力，一般情况下是不经济的，因此，通常不宜采用双筋梁，但在下列特殊情况下，为满足使用要求，可采用双筋梁。

1）当弯矩设计值很大，超过了单筋矩形截面适筋梁所能负担的最大弯矩，而梁的截面尺寸及混凝土强度等级又都受到限制而不能增大，这时可设计成双筋梁，在受压区配置受压钢筋以协同混凝土受压，提高梁的承载能力。

2）当构件在不同的荷载组合下产生变号弯矩时（如在风荷载或地震荷载作用下的梁），为了承受正负弯矩分别作用时截面出现的拉力，需在梁的顶部和底部均配置钢筋时，可设计成双筋梁。

3）受压钢筋的存在可以提高截面的延性，并可减少长期荷载作用下的变形，因此抗震结构中要求框架梁须配置一定比例的受压钢筋，为此也可采用双筋梁。

4）当因某种原因，截面受压区已存在面积较大的钢筋时，则宜考虑其受压作用。

（2）T 形截面

矩形截面受弯构件虽具有构造简单、施工方便等优点，但正截面承载力计算不考虑混凝土抗拉作用，因此，为节省混凝土、减轻构件自重，在不影响其承载力的情况下，可将拉区混凝土挖去一部分，并将受拉钢筋集中放置，即形成 T 形截面。

工程实际中，T 形截面受弯构件是很多的，如现浇肋形楼盖中的主、次梁（跨中截面）、吊车梁、空心板等。此外，倒 T 形、工形截面位于受拉区的翼缘不参与受力，也按 T 形截面计算。空心板截面可折算成工形截面，所以也应按 T 形截面计算。

试验和理论分析表明，T 形截面梁受力后，翼缘受压时的压应力沿翼缘宽度方向的分布是不均匀的，离梁肋越远压应力越小。因此受压翼缘的计算宽度应有一定的限制，为简化计算，在此宽度范围内的应力可假设是均匀的。

T 形截面按受压区高度的不同可分为两类：第一类 T 形截面，受压区高度在翼缘内，$x \leqslant h'_f$；第二类 T 形截面，受压区高度进入腹板内，$x > h'_f$。

5.2.4 受弯构件斜截面承载力计算

1. 斜截面破坏形态

箍筋与弯起钢筋统称为腹筋。配置腹筋的梁为有腹筋梁；没配置腹筋的梁为无腹筋梁。

斜裂缝与最终斜截面的破坏形态与剪跨比 λ 有关。对于集中荷载作用下的简支梁，剪跨比 λ 计算公式为：

$$\lambda = \frac{M}{Vh_0} = \frac{a}{h_0} \tag{5-16}$$

式中 a——集中荷载作用点到支座边缘的距离；

h_0——截面的有效高度。

无腹筋梁斜截面破坏的主要影响因素除了剪跨比 λ 还有混凝土的抗拉强度 f_t、纵向受力钢筋的配筋率 ρ、截面形状、尺寸效应。有腹筋梁的破坏形态还与配箍率 ρ_{sv} 有关，配筋率 ρ_{sv} 计算公式为：

$$\rho_{sv} = \frac{A_{sv}}{bs} = \frac{nA_{sv1}}{bs} \tag{5-17}$$

式中　b——梁宽度；

　　　s——沿构件长度方向的箍筋间距；

　　　A_{sv}——配置在同一截面内箍筋各肢的截面面积总和；

　　　A_{sv1}——单肢箍筋的截面面积；

　　　n——在同一截面内箍筋的肢数。

试验表明，梁沿斜截面破坏的主要形态有以下三种。

(1) 斜压破坏。这种破坏多发生在集中荷载距支座较近，且剪力大而弯矩小的区段，即剪跨比比较小（$\lambda<1$）时，或者剪跨比适中，但腹筋配置量过多，以及腹板宽度较窄的T形或I形梁。由于剪应力起主要作用，破坏过程中，先是在梁腹部出现多条密集而大体平行的斜裂缝（称为腹剪裂缝）。随着荷载增加，梁腹部被这些斜裂缝分割成若干个斜向短柱，当混凝土中的压应力超过其抗压强度时，发生类似受压短柱的破坏，此时箍筋应力一般达不到屈服强度。

(2) 剪压破坏。这种破坏常发生在剪跨比适中（$1<\lambda<3$），且腹筋配置量适当时，是最典型的斜截面破坏。这种破坏过程是，首先在剪弯区出现弯曲垂直裂缝，然后斜向延伸，形成较宽的主裂缝——临界斜裂缝，随着荷载的增大，斜裂缝向荷载作用点缓慢发展，剪压区高度不断减小，斜裂缝的宽度逐渐加宽，与斜裂缝相交的箍筋应力也随之增大，破坏时，受压区混凝土在正应力和剪应力的共同作用下被压碎，且受压区以混凝土有明显的压坏现象，此时箍筋的应力到达屈服强度。

(3) 斜拉破坏。这种破坏发生剪跨比较大（$\lambda>3$），且箍筋配置量过少的情况，其破坏特点是，破坏过程急速且突然，斜裂缝一旦出现在梁腹部，很快就向上下延伸，形成临界斜裂缝，将梁劈裂为两部分而破坏，且往往伴随产生沿纵筋的撕裂裂缝。破坏荷载与开裂荷载很接近。

2. 斜截面承载力计算

计算公式：

《混凝土结构设计规范》是以剪压破坏形态作为斜截面受剪承载力计算依据的。

对不配置箍筋和弯起钢筋的一般板类受弯构件，其斜截面的受剪承载力可用下式计算：

$$V \leqslant V_c = 0.7\beta_h f_t b h_0 \tag{5-18a}$$

$$\beta_h = \sqrt[4]{\frac{800}{h_0}} \tag{5-18b}$$

公式中 β_h 为截面高度影响系数，当 $h_0<800\text{mm}$ 时，取 $h_0=800\text{mm}$；当 $h_0>2000\text{mm}$ 时，取 $h_0=2000\text{mm}$。

矩形、T形和工形截面受弯构件的截面受剪承载力应符合下列规定：

$$V \leqslant \alpha_{cv} f_t b h_0 + f_{yv}\frac{A_{sv}}{s}h_0 + 0.8 f_{yv} A_{sb} \sin\alpha_s \tag{5-19}$$

式中　α_{cv}——斜截面混凝土受剪承载力系数，对于一般受弯构件取0.7；
　　　A_{sv}——配置在同一截面内箍筋各肢的全部截面面积，即nA_{sv1}，此处，n为在同一个截面内箍筋的肢数，A_{sv1}为单肢箍筋的截面面积；
　　　s——沿构件长度方向的箍筋间距；
　　　f_{yv}——箍筋的抗拉强度设计值。

容易看出，对于梁当满足$V \leqslant V_c$条件，即：

$$V \leqslant 0.7 f_t b h_0 \tag{5-20a}$$

$$或\ V \leqslant \frac{1.75}{\lambda + 1.0} f_t b h_0 \tag{5-20b}$$

说明梁中混凝土的受剪承载力就可抵抗斜截面的破坏，可不进行斜截面承载力计算，箍筋仅需按构造要求配置。

3. 公式的适用范围（上限和下限）

(1) 截面的限制条件。为了防止斜压破坏和限制使用阶段的斜裂缝宽度，构件的截面尺寸不应过小，配置的腹筋也不应过多。由于薄腹梁的斜裂缝宽度一般开展要大些，为防止其斜裂缝开展过宽，截面限制条件分一般梁与薄腹梁两种情况给出：

当$\dfrac{h_w}{b} \leqslant 4$，属于一般梁，应满足：

$$V \leqslant 0.25 \beta_c f_c b h_0 \tag{5-21a}$$

当$\dfrac{h_w}{b} \geqslant 6$，属于薄腹梁，应满足：

$$V \leqslant 0.20 \beta_c f_c b h_0 \tag{5-21b}$$

当$4 < \dfrac{h_w}{b} < 6$，按线性内插法求得。

式中，h_w——截面的腹板高度。对矩形截面，取有效高度h_0；对T形截面，取有效高度减去翼缘高度；对工字形截面，取腹板净高；
　　　β_c——混凝土强度影响因素。当混凝土强度等级不超过C50时，取$\beta_c = 1.0$；当混凝土强度等级为C80时，取$\beta_c = 0.8$；其间按线性内插法计算。

(2) 最小配箍率。为了避免斜拉破坏的发生，要求梁的箍筋用量满足下列条件：

$$\rho_{sv} = \frac{nA_{sv1}}{bs} \geqslant \rho_{sv,min} = 0.24 \frac{f_t}{f_{yv}} \tag{5-22}$$

4. 箍筋的构造要求

箍筋是受拉钢筋，它的主要作用是使被斜裂缝分割的混凝土梁体能够传递剪力并抑制斜裂缝的开展。因此，在设计中箍筋必须有合理的形式、直径和间距，同时应有足够的锚固。

(1) 箍筋的形式和肢数　箍筋的形式有开口式和封闭式，按肢数可分为单肢、双肢及四肢等（图5-3）。梁中常采用双肢箍；当梁宽很小时也可采用单肢箍；梁宽大于400mm且在一层内纵向受压钢筋多于3根时，或当梁的宽度不大于400mm但一层内的纵向受压钢筋多于4根时，应设置复合箍筋。

按计算不需要箍筋的梁，当梁截面高度$h > 300\text{mm}$时，应沿梁全长设置箍筋；当截面高度$h = 150 \sim 300\text{mm}$时，可仅在构件端部各四分之一跨度范围内设置箍筋；但当构件中

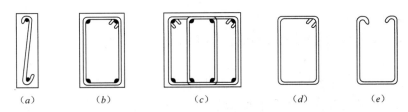

图 5-3 箍筋的肢数和形式
(a) 单肢箍；(b) 双肢箍；(c) 四肢箍；(d) 封闭箍；(e) 开口箍

部二分之一跨度范围内有集中荷载作用时，则应沿梁全长设置箍筋；当截面高度 $h<$ 150mm 时，可不设箍筋。

（2）箍筋直径　为了使钢筋骨架具有一定的刚度，箍筋直径不宜过小。对截面高度 $h>$ 800mm 的梁，其箍筋直径不宜小于 8mm；对截面高度 $h\leqslant 800$mm 的梁，其箍筋直径不宜小于 6mm。梁中配有计算需要的纵向受压钢筋时，箍筋直径不应小于纵向受压钢筋最大直径的 0.25 倍。

（3）箍筋间距　为了控制使用荷载下的斜裂缝宽度，并保证箍筋穿越每条斜裂缝，梁中箍筋的最大间距宜符合表 5-8 的规定。

梁中箍筋最大间距（mm）　　　　　　　　　　　　　表 5-8

梁高 h/mm	$V>0.7f_tbh_0$	$V\leqslant 0.7f_tbh_0$
$150<h\leqslant 300$	150	200
$300<h\leqslant 500$	200	300
$500<h\leqslant 800$	250	350
$h>800$	300	400

当梁中配有按计算需要的纵向受压钢筋时，箍筋应做成封闭式；此时，箍筋的间距不应大于 15d（d 为纵向钢筋的最小直径），同时不应大于 400mm；当一层内的纵向受压钢筋多于 5 根且直径大于 18mm 时，箍筋间距不应大于 10d；当梁的宽度大于 400mm 且一层内的纵向受压钢筋多于 3 根时，或当梁的宽度不大于 400mm 但一层内的纵向受压钢筋多于 4 根时，应设置复合箍筋。

5.2.5 受压构件

1. 受压构件概念

承受以轴向压力为主的构件属于受压构件。在建筑结构中，钢筋混凝土受压构件的应用十分广泛。钢筋混凝土受压构件按纵向压力作用线与截面形心是否重合，可分为轴心受压构件和偏心受压构件。

2. 材料强度等级

混凝土强度等级对受压构件的承载能力影响较大。为了减小构件的截面尺寸，节省钢材，宜采用较高强度等级的混凝土。一般柱中采用 C25 及以上等级的混凝土，对于高层建筑的底层柱，必要时可采用高强度等级的混凝土。受压钢筋不宜采用高强度钢筋，一般采用 HRB335 级、HRB400 级和 RRB400 级；箍筋一般采用 HPB235 级、HRB335 级钢筋。

3. 截面形式及尺寸

柱截面一般采用方形或矩形，因其构造简单，施工方便，特殊情况下也可采用圆形或多边形等。

柱截面的尺寸主要根据内力的大小、构件的长度及构造要求等条件确定。为了避免构件长细比过大，承载力降低过多，柱截面尺寸不宜过小，一般现浇钢筋混凝土柱截面尺寸不宜小于250mm×250mm。此外，为了施工支模方便，柱截面尺寸宜使用整数，800mm及以下的截面宜以50mm为模数，800mm以上的截面宜以100mm为模数。

4. 纵向钢筋

纵向钢筋的直径不宜小于12mm，通常在12～32mm范围内选用。钢筋应沿截面的四周均匀对称地放置，根数不得少于4根，圆柱中的纵向钢筋根数不宜少于8根。为了减少钢筋在施工时可能产生的纵向弯曲，宜采用较粗的钢筋。柱内纵筋的混凝土保护层厚度必须符合规范要求且不应小于纵筋直径，纵筋净距不应小于50mm。

5. 箍筋

箍筋不但可以防止纵向钢筋压屈，而且在施工时起固定纵向钢筋位置的作用，还对混凝土受压后的侧向膨胀起约束作用，因此柱中箍筋应做成封闭式。

箍筋直径，当采用热轧钢筋时，其直径不应小于$d/4$（d为纵筋的最大直径），且不应小于6mm。当柱中全部纵向受力钢筋的配筋率超过3%时，箍筋直径不宜小于8mm，且应焊成封闭环式，其间距不应大于$10d$（d为纵向受力钢筋的最小直径），且不应大于200mm。

当柱的截面短边不大于400mm且每边的纵筋不多于4根时，可采用单个箍筋；当柱的截面短边大于400mm且每边的纵筋多于3根时，或当柱截面的短边不大于400mm但各边纵筋多于4根时，应设置复合箍筋。

不允许采用有内折角的箍筋，避免产生外拉力，使折角处混凝土破坏。

5.2.6 受拉构件

受拉构件根据轴向作用力的位置可分为轴心受拉构件和偏心受拉构件。

轴心受拉构件的正截面受拉承载力计算公式为

$$N \leqslant f_y A_s \tag{5-23}$$

式中　N——轴心拉力设计值；

　　　f_y——钢筋的抗拉强度设计值；

　　　A_s——受拉钢筋的全部截面面积。

5.2.7 预应力混凝土

1. 预应力混凝土概念

为了充分发挥高强度钢筋的作用，可以在构件承受荷载以前，预先对受拉区的混凝土施加压力，使其产生预压应力。当构件承受使用荷载而产生拉应力时，首先要抵消混凝土的预压应力，然后，随着荷载的不断增加，受拉区混凝土才开始受拉进而出现裂缝。这种在受荷载以前预先对受拉区混凝土施加预压应力的构件，称为预应力混凝土构件。

2. 施加预应力方法

根据张拉钢筋与浇筑混凝土的先后关系，预加应力的方法可分为先张法与后张法两大类。

先张法的主要工序是先在台座（或模板）上张拉预应力钢筋至预定长度后将钢筋固定，然后在钢筋周围浇筑混凝土，待混凝土达到一定强度后（约为混凝土设计强度的75%左右）切断预应力钢筋，由于钢筋回缩使混凝土产生预受压应力。

后张法的主要工序，先浇筑好混凝土构件，并在构件中预留孔道（直线形或曲线形），待混凝土达到一定强度后（一般不低于混凝土设计强度的75%），穿筋（也可在浇筑混凝土之前放置无粘结钢筋），利用构件本身作为台座进行张拉，在孔道内张拉钢筋同时使混凝土受压。然后用锚具在构件两端固定钢筋，最后在孔道内灌浆使钢筋和混凝土形成一个整体，也可不灌浆，形成无粘结预应力结构。后张法构件的预应力主要是通过锚具来传递的。

3. 预应力损失

预应力混凝土构件在制作、运输、安装、使用的各个过程中，由于张拉工艺和材料特性等原因，使钢筋中的张拉应力逐渐降低的现象称为预应力损失。

5.2.8 楼盖、楼梯、雨篷

1. 楼盖

钢筋混凝土楼盖，按其施工工艺的不同，又分为现浇整体式、装配式、装配整体式三种形式。

1）现浇整体式楼盖

现浇整体式楼盖是目前应用得最为广泛的钢筋混凝土楼盖形式。现浇式混凝土楼盖具有整体性好、防水性好，对不规则房屋平面适应性强等优点。现浇整体式楼盖的缺点主要是劳动量大、模板用量多、工期长等缺点。随着施工技术不断的革新，以上缺点也逐渐被克服。

现浇整体式楼盖按照梁板的结构布置情况，又分为肋梁楼盖、井字楼盖、无梁楼盖等三种形式现浇楼盖中较常见的为肋梁楼盖。肋梁楼盖是由板与主、次梁组成。楼板，主梁和次梁将板分割成若干个区格，设每个区格的长边 l_2，短边 l_1，则：当 l_2/l_1 比较大时，称为单向板，相应的楼盖称之为单向板肋形楼盖。单向板楼盖的特点是，板上的荷载主要是沿短边方向将荷载传给次梁，次梁再将荷载传给主梁或柱。沿长边方向直接传给主梁的荷载很小，为了简化计算，可以忽略该方向上的传递。所以，板的受力筋沿短边方向布置，沿长方向上的受力通过构造配筋满足。

当 l_2/l_1 比较小时，称为双向板，相应的楼盖称为双向板肋形楼盖。双向板楼盖，板上的荷载分别沿短边和长边方向传给次梁和主梁，沿长边方向传给主梁的荷载不可以忽略。所以，板的在两个方向上均应布置受力钢筋。

实际工程中，将 $l_2/l_1 \geqslant 3$ 的板按单向板计算；将 $l_2/l_1 \leqslant 2$ 的板按双向板计算；而当 $2 < l_2/l_1 < 3$ 时宜按双向板计算，若按单向板计算时应沿长边方向布置足够数量的构造钢筋。应当注意的是，单边嵌固的悬臂板和两边支承的板均属于单向板，因为不论其长短边尺寸的关系如何都只在一个方向受弯。对于三边支承板或相邻两边支承的板，则将沿两个方向

受弯，均属于双向板。

2）装配式楼盖

装配式楼盖采用预制板，在现浇梁或预制梁上，吊装结合而成。装配式楼盖具有便于机械化施工、施工工期短、模板消耗量少等优点，但存在整体性差、刚度小、防水性能差等缺点。

3）装配整体式楼盖

装配整体式楼盖是在预制构件的搭接部位预留现浇构造，将预制构件在现场吊装就位后，对搭接部位进行现场浇筑。装配整体式楼盖兼有现浇整体式和装配式的优点，但存在搭接部位的焊接工作量较大，且需进行二次浇筑等缺点。

2. 楼梯

楼梯是多高层房屋的重要垂直交通工具之一，也是房屋的重要组成部分。钢筋混凝土楼梯由于经济耐用、防火性能好，在一般的工业民用建筑中，得到了广泛的应用。

楼梯的平面布置、踏步尺寸和栏杆形式由建筑设计确定。目前在建筑物中采用的楼梯类型很多。钢筋混凝土楼梯按照施工方式的不同，可分为整体式和装配式；按照梯段结构形式的不同又可分为板式楼梯、梁式楼梯、螺旋式楼梯等。

选择楼梯结构形式，应根据楼梯的使用要求、材料的供应、施工条件等因素，本着安全、适用、经济、美观的原则确定。一般当楼梯使用荷载不大，且梯段的水平投影长度小于3m时，宜选用板式楼梯；当使用荷载较大，且梯段的水平投影长度不小于3m时，则宜采用梁式楼梯。有时为了满足平台梁下面的净空要求，板式及梁式楼梯均可做成折线形楼梯。

3. 雨篷

钢筋混凝土雨篷是房屋结构中比较常见的悬挑构件。当外挑长度不大于3m时，一般可不设外柱而做成悬挑结构。当外挑长度大于1.5m时，宜设计成含有悬臂梁的梁板式雨篷；当外挑长度不大于1.5m时，可设计成结构最为简单的悬臂板式雨篷。悬臂板式雨篷由雨篷板和雨篷梁组成，雨篷梁一方面支承雨篷板，另一方面又兼作门过梁。

悬臂板式雨篷可能发生三种破坏：（1）雨篷板在根部发生受弯断裂破坏；（2）雨篷梁受弯、剪、扭发生破坏；（3）雨篷发生整体倾覆破坏。

5.2.9 单层工业厂房简介

工业建筑也称工业厂房，工业建筑是各种不同类型的工厂为工业生产需要而建造的各种不同用途的建筑物、构筑物的总称，主要是指那些可以在其中进行和实现生产工艺过程的生产设备用房及必需的辅助用房。单层厂房主要适用于一些生产设备或振动比较大，原材料或成品比较重的机械、冶金等重工业厂房。

我国采用较多钢筋混凝土排架结构，其结构构件的组成如下：

（1）柱是厂房结构的主要承重构件，承受屋架、吊车梁、支撑、连系梁和外墙传来的荷载，并传递给基础。柱的类型很多，按材料分有：砖柱、钢筋混凝土柱、钢柱等；按截面形式分有：单肢柱和双肢柱两大类。按其截面的构造形式分为：矩形柱、工字形柱、双肢柱。目前，许多地方大量使用钢柱。

（2）基础承受柱和基础梁传来的全部荷载，并将荷载传给地基。基础梁承受上部砖墙重量，并传递给基础。

（3）屋架是屋盖结构的主要承重构件，承受屋盖上的全部荷载并传递给柱。

（4）屋面板铺设于屋架或天窗架上，直接承受各类荷载并传递给屋架。

（5）吊车梁设在柱子的牛腿上，承受吊车和起重的重量，运动中将所有荷载（包括吊车自重、吊物重量以及吊车启动或刹车所产生的横向刹车力、纵向刹车力以及冲击荷载）传递给排架柱。

（6）连系梁是厂房纵向柱列的水平连系构件，用以增加厂房的纵向刚度，承受风荷载和上部墙体的荷载，并传递给柱列。

（7）支撑系统构件分设于屋架之间和纵向柱列之间，作用是加强厂房的空间整体刚度和稳定性，传递水平荷载和吊车产生的水平刹车力。

（8）抗风柱：单层厂房山墙面积较大，所受风荷载也大，故在山墙内侧设置抗风柱。

5.3 砌体结构基本知识

5.3.1 砌体结构概述

砌体结构是指以砖、石或各种砌块为块材，用砂浆砌筑而成的结构。砌体结构一般用于工业与民用建筑的内外墙、柱，基础及过梁等。砌体结构之所以被广泛应用，是由于它有如下的优点：

1) 材料来源广泛。砌体的原材料黏土、砂、石为天然材料，分布极广，取材方便；且砌体块材的制作工艺简单，易于生产。

2) 性能优良。砌体隔音、隔热、耐火性能好，故砌体在用作承重结构的同时还可起到围护、保温、隔断等作用。

3) 施工简单。砌筑砌体结构不需支模、养护，在严寒地区冬季可采用冻结法施工；且施工工具简单，工艺易于掌握。

4) 费用低廉。可大量节约木材、钢材及水泥，造价较低。

砌体结构也有一些明显的缺点：砌体的抗压强度比块材低，抗拉、弯、剪强度更低，因而抗震性能差；因强度较低，砌体结构墙、柱截面尺寸较大，材料用量较多，因而结构自重大；因采用手工方式砌筑，生产效率较低，运输、搬运材料时的损耗也大；占用农田。采用黏土制砖，要占用大量农田，不但严重影响农业生产，也将破坏生态平衡。

5.3.2 砌体结构材料

砌体可按照所用材料、砌法以及在结构中所起作用等方面的不同进行分类。按照所用材料不同砌体可分为砖砌体、砌块砌体及石砌体；按砌体中有无配筋可分为无筋砌体与配筋砌体；按实心与否可分为实心砌体与空斗砌体；按在结构中所起的作用不同可分为承重砌体与自承重砌体等。

1. 砖

砌体结构常用的砖有烧结普通砖、烧结多孔砖、蒸压灰砂普通砖、蒸压粉煤灰普通砖、混凝土普通砖、混凝土多孔砖等。

砖的强度等级是根据受压试件（把锯开的两个"半砖"上下叠置，中间用强度较高的砂浆铺缝，上下用强度较高的砂浆抹平）测得的抗压强度（以 N/mm^2 或 MPa 计）来划分的。《砌体结构设规范》（GB 5003—2011）规定，烧结普通砖、烧结多孔砖的强度等级划分为 MU30、MU25、MU20、MU15 和 MU10 五级，其中 MU 表示砌体中的块体（Masonry Unit），其后数字表示块体的抗压强度平均值，单位为 MPa。蒸压灰砂普通砖、蒸压粉煤灰普通砖强度等级划分为 MU25、MU20、MU15。混凝土普通砖、混凝土多孔砖强度等级划分为 MU30、MU25、MU20、MU15。

2. 砌块

砌块一般指混凝土空心砌块、加气混凝土砌块及硅酸盐实心砌块。此外还有用黏土、煤矸石等为原料，经焙烧而制成的烧结空心砌块。砌块按尺寸大小可分为小型、中型和大型三种。混凝土空心砌块的强度等级是根据标准试验方法，按毛截面面积计算的极限抗压强度值来划分的。《砌体结构设规范》（GB 5003—2011）规定，混凝土砌块、轻集料混凝土砌块的强度等级为 MU20、MU15、MU10、MU7.5 和 MU5 五个等级。

3. 石材

石材主要来源于重质岩石和轻质岩石。天然石材分为料石和毛石两种。料石按其加工后外形的规则程度又分为细料石、半细料石、粗料石和毛料石。《砌体结构设规范》（GB 5003—2011）规定，石材的强度等级分为 MU100、MU80、MU60、MU50、MU40、MU30 和 MU20 等七级。

4. 砌筑砂浆

将砖、石、砌块等块材粘结成砌体的砂浆称为砌筑砂浆，它由胶结料、细集料和水配制而成，为改善其性能，常在其中添加掺入料和外加剂。砂浆的作用是将砌体中的单个块体连成整体，并抹平块体表面，从而促使其表面均匀受力，同时填满块体间的缝隙，减少砌体的透气性，提高砌体的保温性能和抗冻性能。

（1）砂浆的分类。砂浆有水泥砂浆、混合砂浆和非水泥砂浆三种类型。

（2）砂浆的强度等级。砂浆的强度等级是根据其试块的抗压强度确定，试验时应采用同类块体为砂浆试块底模，由边长为 70.7mm 的立方体标准试块，在温度为 15～25℃环境下硬化、龄期 28d（石膏砂浆为 7d）的抗压强度来确定。砌筑砂浆的强度等级分为 M15、M10、M7.5、M5 和 M2.5。其中 M 表示砂浆（Mortar），其后数字表示砂浆的强度大小（单位为 MPa）。混凝土普通砖、混凝土多孔砖、单排孔混凝土砌块、煤矸石混凝土砌块砌体砌筑砂浆的强度等级用 Mb 标记（b 表示 block），以区别于其他砌筑砂浆，其强度等级分为 Mb20、Mb15、Mb10、Mb7.5 和 Mb5。

（3）砂浆的性能要求。为满足工程质量和施工要求，砂浆除应具有足够的强度外，还应有较好的和易性和保水性。

5.3.3 砌体力学性能

1. 影响砌体抗压强度的因素

通过对各种砌体在轴心受压时的受力分析及试验结果表明，影响砌体抗压强度的主要因素有以下几个。

1）块体和砂浆强度。块体与砂浆的强度等级是确定砌体强度最主要的因素。

2) 砂浆的性能。除了强度以外，砂浆的保水性、流动性和变形能力均对砌体的抗压强度有影响。

3) 块体的尺寸、形状与灰缝的厚度。块体的尺寸、几何形状及表面的平整程度对砌体的抗压强度的影响也较为明显。应控制灰缝的厚度，使其处于既容易铺砌均匀密实，厚度又尽可能的薄。实践证明，对于砖和小型砌块砌体，灰缝厚度应控制在8~12mm，对于料石砌体，一般不宜大于20mm。

4) 砌筑质量。砌筑质量的影响因素是多方面的，砌体砌筑时水平灰缝的饱满度，水平灰缝厚度，块体材料的含水率以及组砌方法等关系着砌体质量的优劣。工程中常采用的一顺一丁、梅花丁和三顺一丁法砌筑的砖砌体，整体性好，砌体抗压强度可得到保证。

砌体的抗压强度除以上一些影响因素外，还与砌体的龄期和抗压试验方法等因素有关。因砂浆强度随龄期增长而提高，故砌体的强度亦随龄期增长而提高，但在龄期超过28d后，强度增长缓慢。砌体抗压时试件的尺寸、形状和加载方式的不同，其所得的抗压强度也不同。

2. 砌体的受拉、受弯和受剪性能

(1) 砌体的受拉性能

砌体的抗拉强度主要取决于块材与砂浆连接面的粘结强度，由于块材和砂浆的粘结强度主要取决于砂浆强度等级，所以砌体的轴心抗拉强度可由砂浆的强度等级来确定。

(2) 砌体的受弯性能

砌体结构弯曲受拉时，按其弯曲拉应力使砌体截面破坏的特征，同样存在三种破坏形态。即可分为沿齿缝截面受弯破坏、沿块体与竖向灰缝截面受弯破坏以及沿通缝截面受弯破坏三种形态。沿齿缝和通缝截面的受弯破坏与砂浆的强度有关。

(3) 砌体的受剪性能

砌体在剪力作用下的破坏，均为沿灰缝的破坏，故单纯受剪时砌体的抗剪强度主要取决于水平灰缝中砂浆及砂浆与块体的粘结强度。

3. 砌体的强度设计值

砌体的强度设计值是在承载能力极限状态设计时采用的强度值，可按下式计算。

$$f = \frac{f_k}{\gamma_f} \tag{5-24}$$

式中　f——砌体的强度设计值；

　　　γ_f——砌体结构的材料分项性能系数，一般情况下，宜按施工控制等级为B级考虑，取$\gamma_f=1.6$；当为C级时，取$\gamma_f=1.8$。

施工质量控制等级为B级、龄期为28d、以毛截面计算的各类砌体的抗压强度设计值、轴心抗拉强度设计值、弯曲抗拉强度设计值及抗剪强度设计值详见《砌体结构设规范》(GB 5003—2011)。当施工质量控制等级为C级时，表中数值应乘以1.6/1.8=0.89的系数；当施工质量控制等级为A级时，可将表中数值乘以1.05的系数。

在进行砌体结构设计时，遇到下列情况的各种砌体，其砌体强度设计值应乘以相应的调整系数γ_a：

(1) 对无筋砌体构件的截面面积A小于0.3m²时，γ_a为其截面面积加0.7，即$\gamma_a = A +$

0.7；对配筋砌体构件，当其中砌体截面面积 A 小于 $0.2m^2$ 时，γ_a 为其截面面积加 0.8，即 $\gamma_a = A + 0.8$；截面面积 A 以平方米计。

(2) 当砌体用强度等级小于 M5.0 的水泥砂浆砌筑时，$\gamma_a = 0.9$。

(3) 当验算施工中房屋的构件时，取 $\gamma_a = 1.1$。

对于施工阶段尚未硬化的新砌砌体，可按砂浆强度为零确定其砌体强度。对于冬期施工采用掺盐砂浆法砌筑的砌体，砂浆强度等级按常温施工的强度等级提高一级时，砌体强度和稳定性可不验算。

5.3.4 受压构件计算

《砌体结构设计规范》(GB 5003—2011) 规定，把轴向力偏心距和构件的高厚比对受压构件承载力的影响采用同一系数 φ 来考虑。承载力计算公式为

$$N \leqslant \gamma_a \varphi f A \tag{5-25}$$

式中 N——轴向力设计值；

f——砌体抗压强度设计值，按规范采用；

A——截面面积，对各类砌体均按毛截面计算；对带壁柱墙，其翼缘宽度可按规范规定采用。

影响系数 φ 可查规范表格或根据规范公式计算，构件高厚比 β 按下式确定：

对矩形截面
$$\beta = \gamma_\beta \times \frac{H_0}{h} \tag{5-26a}$$

对 T 形截面
$$\beta = \gamma_\beta \times \frac{H_0}{h_T} \tag{5-26b}$$

式中 γ_β——不同砌体材料构件的高厚比修正系数，按规范表格采用；

H_0——受压构件的计算高度。

5.3.5 局部受压计算

砌体截面中受局部均匀压力作用时的承载力应按下式计算：

$$N_l \leqslant \gamma f A_l \tag{5-27}$$

式中 N_l——局部受压面积上的轴向力设计值；

f——砌体局部抗压强度设计值，局部受压面积小于 $0.3m^2$ 时，可不考虑强度调整系数 γ_a 的影响；

A_l——局部受压面积。

γ——砌体局部抗压强度提高系数，按下式计算：

$$\gamma = 1 + 0.35 \sqrt{\frac{A_0}{A_l} - 1} \tag{5-28}$$

式中 A_0——影响砌体局部抗压强度的计算面积，按图 5-4 规定采用；

图 5-4 中 a、b——矩形局部受压面积 A_l 的边长；

h、h_1——墙厚或柱的较小边长，墙厚；

c——矩形局部受压面积的外边缘至构件边缘的较小边距离，当大于 h 时，应取 h。

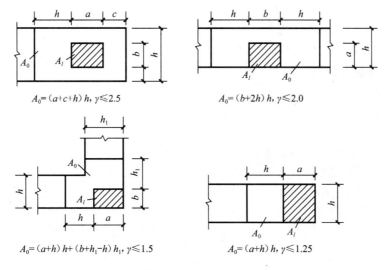

图 5-4 影响局部抗压强度的计算面积

5.3.6 房屋的空间工作和静力计算方案

1. 房间的空间工作

由于各种构件之间是相互联系的，不仅直接承受荷载的构件起着抵抗荷载的作用，而且与其相连接的其他构件也不同程度的参与工作，因此整个结构体系处于空间工作状态。

无山墙和横墙的单层房屋，其屋盖支承在外纵墙上。这种房屋的计算简图为一单跨平面排架。水平荷载传递路线为：风荷载→纵墙→纵墙基础→地基。

两端加设了山墙的单层房屋，由于山墙的约束，水平荷载传递路线为：风荷载→纵墙→ $\left\{\begin{array}{l}纵墙基础\\屋盖结构→山墙→山墙基础\end{array}\right\}$ →地基。

通过试验分析发现，房屋空间工作性能的主要影响因素为楼盖（屋盖）的水平刚度和横墙间距的大小。

2. 房屋的静力计算方案

混合结构房屋是一空间受力体系，各承载构件不同程度地参与工作，共同承受作用在房屋上的各种荷载作用。在进行房屋的静力分析时，首先应根据房屋空间性能不同，分别确定其静力计算方案，再进行静力分析。根据屋（楼）盖类型不同以及横墙间距的大小不同，《规范》规定，在混合结构房屋内力计算中，根据房屋的空间工作性能，分为三种静力计算方案，即：刚性方案、弹性方案、刚弹性方案。

5.3.7 墙、柱高厚比的验算

1. 允许高厚比

砌体结构房屋中，作为受压构件的墙、柱除了满足承载力要求之外，还必须满足高厚比的要求。墙、柱的高厚比验算是保证砌体房屋施工阶段和使用阶段稳定性与刚度的一项重要构造措施。

所谓高厚比 β 是指墙、柱计算高度 H_0 与墙厚 h（或与矩形柱的计算高度相对应的柱边长）的比值，即 $\beta=\dfrac{H_0}{h}$。砌体规范中墙、柱允许高厚比 $[\beta]$ 的确定，是根据我国长期的工程实践经验经过大量调查研究得到的，同时也进行了理论校核。砌体墙柱的允许高厚比详规范。

2. 墙、柱高厚比验算

墙柱高厚比应按下式验算：

$$\beta=\frac{H_0}{h}\leqslant\mu_1\mu_2[\beta] \tag{5-29}$$

式中　$[\beta]$——墙、柱的允许高厚比，按表5-15采用；
　　　h——墙厚或矩形柱与 H_0 相对应的边长；
　　　H_0——墙、柱的计算高度，应根据房屋类别和构件支承条件等按规范表格采用；
　　　μ_1——自承重墙允许高厚比的修正系数，按下列规定采用：$h=240\text{mm}$，$\mu_1=1.2$；
　　　μ_2——有门窗洞口墙允许高厚比的修正系数，按下式计算：

$$\mu_2=1-0.4\frac{b_s}{s} \tag{5-30}$$

式中　s——相邻横墙或壁柱之间的距离；
　　　b_s——在宽度 s 范围内的门窗洞口总宽度。

当按公式（5-30）计算得到的 μ_2 的值小于0.7时，应采用0.7，当洞口高度等于或小于墙高的1/5时，可取 $\mu_2=1$。当洞中高度大于或等于墙高的4/5时，可按独立墙壁段验算高厚比。

5.3.8　过梁

过梁是砌体结构门窗洞口上常用的构件，用以承受门窗洞口以上砌体自重以及其上梁板传来的荷载。过梁的荷载按下列规定采用：

（1）对砖和小型砌块砌体，当梁、板下的墙体高度 $h_w<l_n$ 时，应计入梁、板传来的荷载。当梁、板下的墙体高度 $h_w\geqslant l_n$ 时，可不考虑梁、板荷载。

（2）对砖砌体，当过梁上的墙体高度 $h_w<l_n/3$ 时，应按墙体的均布自重采用所示，其中 l_n 为过梁的净跨。当墙体高度 $h_w\geqslant l_n/3$ 时，应按高度为 $l_n/3$ 墙体的均布自重采用。

（3）对砌块砌体，当过梁上的墙体高度 $h_w<l_n/2$ 时，应按墙体的均布自重采用。当墙体高度 $h_w\geqslant l_n/2$ 时，应按高度为 $l_n/2$ 墙体的均布自重采用。

5.4　钢结构基本知识

5.4.1　钢结构概述

钢结构是由型钢和钢板通过焊接、螺栓连接或铆接而制成的工程结构。

以钢材制作为主的结构，是主要的建筑结构类型之一。钢材的特点是强度高、自重轻、整体刚性好、变形能力强，故用于建造大跨度和超高、超重型的建筑物特别适宜；材料匀质性和各向同性好，属理想弹性体，最符合一般工程力学的基本假定；材料塑性、韧性好，可有较大变形，能很好地承受动力荷载；建筑工期短；其工业化程度高，可进行机械化程度高的专业化生产；加工精度高、效率高、密闭性好，故可用于建造气罐、油罐和变压器等。其缺点是耐火性和耐腐性较差。主要用于重型车间的承重骨架、受动力荷载作用的厂房结构、板壳结构、高耸电视塔和桅杆结构、桥梁和仓库等大跨度结构、高层和超高层建筑等。钢结构今后应研究高强度钢材，大大提高其屈服点强度；此外要轧制新品种的型钢，例如H型钢（又称宽翼缘型钢）和T形钢以及压型钢板等以适应大跨度结构和超高层建筑的需要。钢结构又分轻钢和重钢。判定没有一个统一的标准，很多有经验的设计师或项目经理也常常不能完全说明白，可以以一些数据综合考虑并加以判断。

5.4.2 建筑钢材的力学性能及其技术指标

1. 钢材的强度和塑性

（1）有明显屈服点的钢材。建筑钢材的强度和塑性，一般都是通过常温静载条件下单向均匀拉伸试验测定的。试件被拉断后标距长度的伸长量与原标距长度比值的百分数称为钢材的伸长率，用δ表示。

$$\delta = \frac{(l_1 - l_0)}{l_0} \times 100\% \tag{5-31}$$

式中　δ——伸长率；

　　　l_0——试件原标距长度；

　　　l_1——试件被拉断后标距间的长度。

伸长率是衡量钢材塑性性质的主要指标。伸长率δ愈大，表示钢材被拉断前产生永久塑性变形的能力愈强，钢材的塑性就越好。

综上所述，通过一次静力均匀拉伸试验，可以测定钢材的三项基本力学性能指标，其中强度方面，即屈服强度f_y和抗拉强度f_u；塑性方面即伸长率δ。

（2）无明显屈服点的钢材。高强钢材（如热处理钢材）没有明显的屈服点和屈服台阶，应力-应变曲线形成一条连续曲线。对于没有明显屈服点的钢材，以残余变形为$\varepsilon=0.2\%$时的应力作为名义屈服强度，用$f_{0.2}$表示，其值约等于极限抗拉强度的85%。

2. 钢材的冷弯性能

钢材的冷弯性能是衡量钢材在常温即冷加工弯曲时产生塑性变形的能力，是钢材对产生弯曲裂纹的抵抗能力的一项指标。钢材的冷弯性能可在材料试验机上通过冷弯试验显示出来。

冷弯性能也是钢材机械性能的一项指标，但它是比单向拉伸试验更为严格的一种试验方法。它不仅能表达钢材的冷加工性能，而且也能暴露钢材内部的缺陷（如非金属夹杂和分层等），因此是一项衡量钢材综合性能的指标。

3. 钢材的韧性

韧性是衡量钢材在冲击荷载作用下抵抗脆性破坏的力学性能指标，其衡量指标常用冲击韧度。实际的钢结构常常会承受冲击或振动荷载，如厂房中的吊车梁、桥梁结构等。为保证结构承受动力荷载安全，就要求钢材的韧性好、冲击韧度值高。冲击韧度由冲击试验求得。

冲击韧性除和钢材的质量密切有关外，还与钢材的轧制方向有关。由于顺着轧制方向（纵向）的内部组织较好，故在这个方向切取的试件冲击韧性值较高，横向则较低。现钢材标准规定按纵向采用。

5.4.3 影响建筑钢材力学性能的因素

影响钢材性能的因素很多，主要有钢材的化学成分，钢材的冶炼、浇铸、轧制等生产工艺过程，钢材的硬化，以及复杂应力和应力集中、残余应力等。

1. 化学成分对钢材性能的影响

钢的主要成分是铁（Fe），其次是碳（C）。碳素结构钢中纯铁含量占99%以上。

碳：是形成钢材强度的主要成分。钢材中含碳量增加，会使钢材的屈服点和抗拉强度提高，但却使其塑性、冷弯性能和冲击韧性（特别是低温状态的冲击韧性）降低，可焊性以及抗锈蚀能力也会明显变差。因此，钢结构采用的钢材，其含碳量不能过高，一般不应超过0.17%～0.22%。钢结构设计规范（GBJ 17—88）所指定的碳素结构钢Q235，其含碳量为0.12%～0.22%。

锰和硅是钢材中的有益元素，它们都是脱氧剂。

钒、铌、钛是钢中的合金元素，既可以提高钢材强度，又可保持良好的塑性、韧性。

硫和磷是冶炼过程中留在钢中的杂质，是有害元素。它们会降低钢材的塑性、韧性、可焊性和疲劳强度。

氧和氮：也属于有害杂质元素。

2. 冶炼和轧制等工艺过程的影响

常见的冶炼形成的缺陷有偏析、非金属夹杂、裂纹、分层。

3. 钢材硬化的影响

钢材的硬化主要是指钢材的时效硬化和冷作硬化。

4. 复杂应力作用的影响

钢材在反复荷载作用下，结构的抗力及性能都会发生重要变化。

5. 应力集中的影响

在钢构件中一般经常存在孔洞、缺口、凹角、以及发生截面的厚度或宽度变化等，由于截面的突然改变，致使应力线曲折、密集，故在孔洞边缘或缺口尖端等处，将出现局部高峰应力，而其他部位应力则较低，截面应力分布很不均匀，这种现象称为应力集中。

6. 温度变化的影响

钢材的力学性能对温度变化很敏感，随着温度的升高，钢材强度降低，变形增大。

5.4.4 建筑钢材的规格

钢结构所用的钢材有不同的种类，每个种类中有不同的编号，即钢种和钢号。建筑工程中所用的建筑钢材基本上都是碳素结构钢和低合金高强度结构钢。

首先要认识钢结构用钢的牌号，所有牌号是采用国家标准《碳素结构钢》（GB/T 700—2006）和《低合金高强度结构钢》（GB/T 1591—2008）的表示方法。它由代表屈服点的字母、屈服点的数值、质量等级符号、脱氧方法符号等四个部分按顺序组成。所采用的符号分别用下列字母表示：

    Q——钢材屈服点（"屈"字汉语拼音首位字母）；

A、B、C、D——分别为质量等级，其中A级最差，D级最优；

    F——沸腾钢（"沸"字汉语拼音首位字母）；

    b——半镇静钢（"半"字汉语拼音首位字母）；

    Z——镇静钢（"镇"字汉语拼音首位字母）；

    TZ——特殊镇静钢（"特镇"两字汉语拼音首位字母）。

另外，A、B级钢分沸腾钢、半镇静钢或镇静钢，而C级钢全为镇静钢，D级钢则全为特殊镇静钢。按上面牌号表示钢种和钢号，低碳素结构钢的Q235-AF表示屈服点为235N/mm²、质量等级为A级的沸腾钢；Q235-B表示屈服点为235N/mm²、质量等级为B级的镇静钢（"Z"与"TZ"符号可以省略）。

低合金高强度结构钢的等级符号，除与碳素结构钢A、B、C、D四个等级相同外增加一个等级E，主要是要求－40℃的冲击韧性。低合金高强度结构钢的Q345-C表示屈服点为345N/mm²、质量等级为C级的镇静钢；Q420-E表示屈服点为420N/mm²、质量等级为E级的特殊镇静钢（低合金高强度结构钢全为镇静钢或特殊镇静钢，故F、b、Z与TZ符号均省略）。

建筑钢结构所用的钢材主要有热轧成型的钢板和型钢、冷弯成型的薄壁型钢和压型钢板，其中型钢可直接用作构件，减少制作工作量，因此在设计中应优先选用。

1. 热轧钢板

钢板分厚板、薄板和扁钢。厚板的厚度为4.5～60mm，宽0.6～3m，长4～12m；薄板厚度为0.35～4mm，宽0.5～1.5m，长0.5～4m；扁钢厚度为4～60mm，宽度为12～200mm，长3～6m。厚板广泛用来组成焊接构件和连接钢板，薄板是冷弯薄壁型钢的原料。其代号用"宽×厚×长（单位为mm）"及其前面附加钢板横截面"—"的方法表示，如—800×12×2100。

2. 热轧型钢

热轧型钢有角钢、工字钢、槽钢、H形钢、T形钢等。

工字钢分为普通工字钢和轻型工字钢两种。轻型工字钢的翼缘和腹板的厚度较小。普通工字钢以符号"I"后加截面高度（单位为cm）表示，如I16。20号以上的工字钢，同一截面高度有3种腹板厚度，以a、b、c区分（其中a类腹板最薄），如I30b。轻型工字钢以符号"QI"后加截面高度（单位为cm）表示，如QI25。我国生产的普通工字钢规格有10～63号，轻型工字钢规格有10～70号。工程中不宜使用轻型工字钢。热轧工字钢翼缘的内表面是倾斜的，翼缘内厚外薄，截面在宽度方向（即对平行于主轴的弱轴）的惯性矩和回转半径比高度方向（即强轴）小得多，因此在应用上有一定的局限性，一般适用于单向受弯构件。

角钢分为等边角钢和不等边角钢两种。等边角钢其互相垂直的两肢长度相等，用符号"L"和边宽×肢厚的毫米数表示，如L100×10表示肢宽100mm、肢厚10mm的等边角钢。不等边角钢其互相垂直的两肢长度不相等，用符号"L"和长肢宽×短肢宽×厚度的毫米数表示，如L100×80×8表示长肢宽100mm、短肢宽80mm、肢厚8mm的不等边角钢。我国目前生产的等边角钢规格有L20×3～L200×24，不等边角钢有L25×16×3～L200×125×18，长度均为4～19m。

槽钢也分为普通槽钢和轻型槽钢两种，其代号分别用"["和"Q["加截面高度（单位为cm）及号数表示，并以a、b、c区分同一截面高度中的不同腹板厚度，其意义与工字钢相同。如[20与Q[20分别代表截面高度为200mm的普通槽钢和轻型槽钢。我国目前生产的普通槽钢规格有[5～[40c，轻型槽钢规格有Q[5～Q[40。

H型钢分为宽翼缘H形钢、中翼缘H形钢和窄翼缘H形钢三类，此外还有H形钢柱，其代号分别为HW、HM、HN、HP。H形钢的规格以代号后加"高度×宽度×腹板厚度×翼缘厚度（单位为mm）"表示，如HW340×250×9×14。我国正在积极推广采用

H形钢。H形钢的腹板与翼缘厚度相同，常用作柱子构件。

钢管分无缝钢管和电焊钢管两种，型号用"ϕ"和外径×壁厚的毫米数表示，如$\phi 219\times 14$为外径219mm、壁厚14mm的钢管。

5.4.5 钢结构的连接

1. 连接方法种类

钢结构是由各种型钢或板材通过一定的连接方法而组成的。因此，连接方法及其质量优劣直接影响钢结构的工作性能。钢结构的连接必须符合安全可靠，传力明确、构造简单、制造方便和节约钢材的原则。钢结构所用的连接方法有焊接连接、螺栓连接和铆钉连接三种。螺栓连接分普通螺栓连接和高强度螺栓连接两种。

2. 焊接连接

（1）焊接方法

钢结构的焊接方法有电弧焊、电阻焊和气焊。其中常用的是电弧焊，电弧焊有手工电弧焊、埋弧焊（埋弧自动或半自动焊）以及气体保护焊等。

（2）焊缝连接形式

焊接连接的形式，可按不同的分类方法进行分类。

1) 按被连接件之间的相对位置分类

焊缝连接形式按被连接钢材的相互位置可分为平接、搭接、T形连接和角部连接四种。

2) 按焊缝的构造不同分类

依据焊缝构造不同（即焊缝本身的截面形式不同），可分为对接焊缝和角焊缝两种形式。按作用力与焊缝方向之间的关系，对接焊缝可分为对接正焊缝和对接斜焊缝；角焊缝可分为正面角焊缝和侧面角焊缝。

3) 按施焊时焊件之间的空间相对位置分类

依据相对位置不同可将焊缝分为平焊、竖焊、横焊和仰焊四种。平焊也称为俯焊，施焊条件最好，质量易保证；仰焊的施工条件最差，质量不易保证，在设计和制造时应尽量避免。

（3）焊缝质量级别及检验

焊缝缺陷指焊接过程中产生于焊缝金属附近热影响区钢材表面或内部的缺陷。常见的缺陷有裂纹、焊瘤、烧穿、弧坑、气孔、夹渣、咬边、未熔合、未焊透，以及焊缝尺寸不符合要求、焊缝成形不良等。

《钢结构工程施工质量验收规范》（GB 50205—2001）规定焊缝按其检验方法和质量要求分为一级、二级和三级。三级焊缝只要求对全部焊缝作外观检查且符合三级质量标准。一级、二级焊缝则除外观检查外，还应采用超声波探伤进行内部缺陷的检验。超声波探伤不能对缺陷作出判断时，应采用射线探伤。一级焊缝超声波和射线探伤的比例均为100%，二级焊缝超声波探伤和射线探伤的比例均为20%且均不小于200mm。当焊缝长度小于200mm时，应对整条焊缝探伤。探伤应符合《钢焊缝手工超声波探伤方法和探伤结果分级法》（GB 11345）或《钢熔化焊对接接头射线照像和质量分级》（GB 3323）的规定。

钢结构中一般采用三级焊缝，便可满足通常的强度要求；但对接焊缝的抗拉强度有较大的变异性，《钢结构设计规范》（GB 50017—2003）规定其设计值只为主体钢材的85%左右。因而对有较大拉应力的对接焊缝以及直接承受动力荷载构件的较重要的对接焊缝，宜采用二级焊缝；对直接承受动力荷载和疲劳性能有较高要求处可采用一级焊缝。

焊缝质量等级须在施工图中标注，但三级焊缝不需标注。

3. 普通螺栓连接的构造

（1）螺栓的规格。钢结构采用的普通螺栓形式为大六角头型，其代号用字母 M 和公称直径的毫米数表示。为制造方便，一般情况下，同一结构中宜尽可能采用一种栓径和孔径的螺栓，需要时也可采用 2 至 3 种螺栓直径。螺栓直径 d 根据整个结构及其主要连接的尺寸和受力情况选定，受力螺栓一般采用 M16 以上，建筑工程中常用 M16、M20、M24 等。

（2）螺栓的排列。螺栓的排列有并列和错列两种基本形式。并列较简单，但栓孔对截面削弱较多；错列较紧凑，可减少截面削弱，但排列较繁杂。

（3）螺栓连接的构造要求。螺栓连接除了满足上述螺栓排列的允许距离外，根据不同情况尚应满足一些构造要求。

5.4.6 轻钢工业厂房简介

1. 轻钢工业厂房的特点

相对于钢筋混凝土结构工业厂房而言，轻型门式钢刚架工业厂房具有以下特点：

（1）施工速度快 由于轻型门式钢刚架厂房构造相对简单，构件加工制作工厂化，现场安装预制装配化程度高。

（2）自重轻 屋面、墙面采用压型钢板及冷弯薄壁型钢等材料组成，屋面、墙面的质量都很轻；承重结构门式钢架轻；基础小。

（3）绿色环保 由于钢材可以回收利用，厂房也可搬迁重复利用，是绿色环保建筑。

2. 轻钢工业厂房的组成

（1）门式刚架 门式刚架是用焊接 H 型钢（等截面或变截面）、热轧 H 型钢（等截面）构成的结构作为主要承重骨架。

（2）檩条、墙梁 用冷弯薄壁型钢（C 型、Z 型）做檩条、墙梁；将屋面、墙面所受荷载通过檩条、墙梁传给门式刚架。同时还传递纵向荷载。

（3）屋面板、墙板 以压型钢板做屋面、墙面；当需要保温时，采用内外两层压型钢板，中间放置聚苯乙烯泡沫塑料、硬质聚氨酯泡沫塑料、岩棉、玻璃丝棉等作为保温隔热材料。

在多数轻钢工业厂房中，为防止对墙面的机械碰撞，在标高 1.2 米以下的墙体做成砖墙。

（4）支撑、系杆 由于建筑物在长度方向的纵向结构刚度较弱，于是需要沿建筑物的纵向设置支撑、系杆以保证其纵向稳定性。支撑系统的主要目的是把施加在建筑物纵向上的风、起重机、地震等荷载从其作用点传到柱基础，最后传到地基。

（5）基础 门式刚架结构的基础一般采用钢筋混凝土独立基础，钢架与基础用锚栓连接。

5.5 木结构基本知识

5.5.1 木结构概述

木结构是单纯由木材或主要由木材承受荷载的结构，通过各种金属连接件或榫卯手段进行连接和固定。这种结构因为是由天然材料所组成，受着材料本身条件的限制，因而木结构多用在民用和中小型工业厂房的屋盖中。木屋盖结构包括木屋架、支撑系统、吊顶、挂瓦条及屋面板等。

木材受拉和受剪皆是脆性破坏,其强度受木节、斜纹及裂缝等天然缺陷的影响很大;但在受压和受弯时具有一定的塑性。木材处于潮湿状态时,将受木腐菌侵蚀而腐朽;在空气温度、湿度较高的地区,白蚁、蛀虫、家天牛等对木材危害颇大。木材能着火燃烧,但有一定的耐火性能。因此木结构应采取防腐、防虫、防火措施,以保证其耐久性。

近年来木结构建筑已成为我国休闲地产、园林建筑的新宠。许多建筑、园林设计公司,已经开始将木结构建筑作为体现自然、增加商品附加值的首选。

5.5.2 木结构分类

木结构按连接方式和截面形状分为齿连接的原木或方木结构,裂环、齿板或钉连接的板材结构和胶合木结构。

1. 齿连接的原木或方木结构

以手工操作为主的工地制造的结构。加工简便,发展最早,应用也最广。在中国应用最多的也是这种结构形式。

原木或带髓心的方木在干燥过程中,多发生顺纹开裂。当裂缝与桁架受拉下弦连接处受剪面重合时,将降低木结构的安全度,甚至导致破坏。故在采用原木或方木结构时,应采取可靠措施,尽量减少裂缝对结构的不利影响。

2. 裂环、齿板或钉连接的板材结构

由厚度在10厘米以内的木板组成的结构。木板厚度小,能在短期内干燥,结构的变形较小,且木板又无完整的年轮,在干燥过程中切向和径向收缩率不一致所引起的翘曲可用加压的方法控制;干燥不均匀引起的内应力很小,即使产生裂缝,因开裂程度轻微,不影响结构的安全。

3. 胶合木结构

包括层板胶合结构和胶合板结构。由于胶合木结构能较好地利用木材的优点和克服其缺点,使木材在结构中的应用更为合理,所以在一些技术发达的国家得到较大的发展,而成为木结构的主要形式。多用于大跨度的房屋。近年来,美国相继建成直径为153米、162米及208米的胶合木圆顶。

5.6 多、高层建筑结构简介

5.6.1 高层建筑概述

《高层建筑混凝土结构技术规程》(JGJ 3—2010)(以下简称《高规》),以10层及10层以上或房屋高度超过28m的房屋为高层建筑。

多层与高层房屋的荷载有:

1. 竖向荷载。包括恒荷载、活荷载、雪荷载、施工荷载等。恒荷载主要是结构自重;活荷载有楼面活荷载、屋面活荷载和积灰荷载等。

2. 水平作用。主要是风荷载、地震作用。
3. 温度作用。

对结构影响较大的是竖向荷载和水平荷载,尤其是水平荷载随房屋高度的增加而迅速增大,以致逐渐发展成为与竖向荷载共同控制设计,在房屋更高时,水平荷载的影响甚至会对结构设计引起绝对控制作用。

5.6.2 多、高层房屋结构体系

钢筋混凝土多层及高层房屋常用的结构体系有:框架结构、框架-剪力墙结构、剪力墙结构和筒体结构。

1. 框架结构

框架结构房屋是由梁和柱以刚接或铰接相连接而构成承重体系的结构。框架结构体系的最大特点是承重结构和围护、分隔构件完全分开,墙只起围护、分隔作用。框架结构的适用高度为6~15层,非地震区也可建到15~20层。

柱截面为L形、T形、Z形或十字形的框架结构称为异形柱框架。

2. 剪力墙结构

剪力墙结构是指由剪力墙组成的承受竖向和水平作用的结构。一般用于住宅、旅馆等开间要求较小的建筑,适用高度为15~50层。

3. 框架-剪力墙结构

框架-剪力墙是结合框架结构建筑布置灵活和剪力墙结构侧向刚度大的优点而形成的一种结构体系。在多层及高层办公楼、旅馆等建筑中得到了广泛应用。框架-剪力墙结构的适用高度为15~25层,一般不宜超过30层。

4. 筒体结构

筒体结构是指由竖向筒体为主组成的承受竖向和水平作用的高层建筑结构。筒体结构的筒体分剪力墙围成的薄壁筒和由密柱框架或壁式框架围成的框筒等,其受力与一个固定于基础上的筒形悬臂构件相似。

5.7 新型建筑结构简介

5.7.1 板片空间结构体系

板片空间结构体系是借鉴航空结构原理,由薄壁金属骨架和增强复合板片通过听顶组合方式构成。该板片是无机增强复合型材料,厚度主要由网格节间大小和板面荷载决定,一般为20mm~50mm。板片的容重是普通钢筋砼板的一半,韧性和强度却远远超过混凝土板。

板片结构体系一般用作高层的大空间楼盖或者复合剪力墙体系。

该结构体系不仅具有质轻、抗震性能好、造价低的优点,还具备良好的使用功能,推广价值巨大,发展前途不可限量。

5.7.2 高效预应力结构体系

高效预应力结构指用高强度的材料,是指的现代的设计方法与先进的结构施工工艺建

筑起来的预应力结构。这种高效预应力结构体系目前技术上面达到最先进水平、在用途方面是范围最广的。世界上顶尖的土木建筑结构几乎所有的都采用的是这种技术，例如大型公共建筑、高层建筑、大中跨度桥梁、大型特种结构、核电站安全壳、海洋平台等。

5.7.3 膜结构

膜结构属于张力结构体系，它是用多种高强薄膜材料和辅助结构通过一定方式，使其内部产生预张应力，并形成应力控制下的空间形态。作为覆盖结构主体，具有足够刚度以抵御外部荷载作用的空间结构形式。

膜结构主要有三种形式：充气式。通过空气的压力，支撑膜体，覆盖建筑空间。形体单一，实际应用比较少；张拉式。通过钢索和膜材共同承受压力，稳定曲面，覆盖建筑空间，具有高度可塑性和结构灵活性；骨架式。通过自身的骨架支撑膜体，覆盖建筑空间。

5.7.4 巨型结构体系

巨型结构是主结构（大型构件组成）与次结构（常规结构构件组成）共同工作的结构体系。

按照主要受力体系形式，巨型结构可分为巨型桁架结构、巨型悬挂结构、巨型框架结构和巨型分离式结构；按组成材料可分为巨型钢筋混凝土结构、巨型钢—钢筋混凝土混合结构巨型钢骨混凝土结构以及巨型钢结构。

5.8 建筑结构抗震基本知识

5.8.1 抗震概述

1. 地震的概念

在建筑抗震中，所指的地震是由于地壳构造运动使岩层发生断裂、错动而引起的地面振动。由于这种地震是地壳构造变动而引起的，故又成为构造地震，简称地震。地震发生时，地壳深处发生岩层断裂或错动产生震动的部位，称为震源。

2. 震级

衡量一次地震释放能量大小的等级，称为震级，用符号 M 表示。目前国际上比较通用的是里氏震级，其定义是 1935 年里希特（C. F. Richter）首先提出：震级是利用标准地震仪（指自振周期为 0.8s，阻尼系数为 0.8，放大倍数为 2800 的地震仪）所记录到的距震中 100km 处的坚硬地面上最大水平地动位移（即振幅 A，以微米计，$1\mu m = 1 \times 10^{-3} mm$）以常用对数值表示的。所以，震级可用下式表达：

$$M = \lg A \tag{5-32}$$

式中 M——地震震级，一般称为里氏震级。

震级表示一次地震释放能量的多少，也是表示地震规模的指标，所以一次地震只有一个震级。震级差一级，能量就要差 32 倍之多。

3. 地震烈度和烈度表

地震烈度指地震时某一地点地面震动的强烈程度，用符号 I 表示。一次地震，表示地震大小的震级只有一个，但距离震中不同的地点，却有不同的地震烈度。目前我国使用的是《中国地震烈度表》（GB/T 17742—2008）。

4. 基本烈度

强烈地震的发生具有很大的随机性。我国《建筑抗震设计规范》（GB 50011—2010）给出的地震基本烈度的概念是：一个地区的基本烈度是指该地区在今后 50 年时间内，在一般场地条件下可能遭遇到的超越概率为 10% 的地震烈度。

5.8.2 抗震设防

1. 建筑重要性分类

在进行建筑抗震设计时，应根据建筑的重要性不同，采取不同的建筑抗震设防标准。建筑工程应分为以下四个抗震设防类别：

（1）特殊设防类：指使用上有特殊设施，涉及国家公共安全的重大建筑工程和地震时可能发生严重次生灾害等特别重大灾害后果，需要进行特殊设防的建筑。简称甲类。

（2）重点设防类：指地震时使用功能不能中断或需尽快恢复的生命线相关建筑，以及地震时可能导致大量人员伤亡等重大灾害后果，需要提高设防标准的建筑。简称乙类。

（3）标准设防类：指大量的除 1、2、4 款以外按标准要求进行设防的建筑。简称丙类。

（4）适度设防类：指使用上人员稀少且震损不致产生次生灾害，允许在一定条件下适度降低要求的建筑。简称丁类。

2. 建筑抗震设防标准

各抗震设防类别建筑的抗震设防标准，应符合下列要求：

（1）标准设防类，应按本地区抗震设防烈度确定其抗震措施和地震作用，达到在遭遇高于当地抗震设防烈度的预估罕遇地震影响时不致倒塌或发生危及生命安全的严重破坏的抗震设防目标。

（2）重点设防类，应按高于本地区抗震设防烈度一度的要求加强其抗震措施；但抗震设防烈度为 9 度时应按比 9 度更高的要求采取抗震措施；地基基础的抗震措施，应符合有关规定。同时，应按本地区抗震设防烈度确定其地震作用。

（3）特殊设防类，应按高于本地区抗震设防烈度提高一度的要求加强其抗震措施；但抗震设防烈度为 9 度时应按比 9 度更高的要求采取抗震措施。同时，应按批准的地震安全性评价的结果且高于本地区抗震设防烈度的要求确定其地震作用。

（4）适度设防类，允许比本地区抗震设防烈度的要求适当降低其抗震措施，但抗震设防烈度为 6 度时不应降低。一般情况下，仍应按本地区抗震设防烈度确定其地震作用。

3. 抗震设防目标

我国《建筑抗震设计规范》（GB 50011—2010）提出了"三水准"的抗震设防目标。

第一水准：当遭受到多发的低于本地区设防烈度的地震（简称"小震"）影响时，建筑物一般应不受损坏或不需修理仍能继续使用。

第二水准：当遭受到本地区设防烈度的地震影响时，建筑物可能有一定损坏，经一般修理或小需修理仍能继续使用。

第三水准：当遭遇受到高于本地区设防烈度的罕遇地震（简称"大震"）影响时，建筑物不致倒塌或发生危及生命的严重破坏。

在进行抗震设计时，原则上应满足"三水准"抗震设防目标的要求，在具体做法上，为了简化计算，《建筑抗震设计规范》（GB 50011—2010）采取了二阶段设计法，即

第一阶段设计：按小震作用效应和其他荷载效应的基本组合验算构件的承载力，以及在小震作用下验算结构的弹性变形。以满足第一水准抗震设防目标的要求。

第二阶段设计：在大震作用下验算结构的弹塑性变形，以满足第三水准抗震设防目标的要求。

对于第二水准抗震设防目标的要求，只要结构按第一阶段设计，并采取相应的抗震措施，即可得到满足。

概括起来，"三水准、二阶段"的抗震设防目标的通俗说法是："小震不坏、中震可修、大震不倒。"

4. 抗震等级的确定

抗震等级是确定结构构件抗震设计的标准，应根据设防烈度、结构类型和房屋高度采用不同的抗震等级，并应符合相应的计算和构造措施要求。一般现浇钢筋混凝土房屋抗震等级分为四级，其中一级抗震要求最高，具体详规范。

5.9 地基与基础

5.9.1 地基承载力特征值的确定

1. 地基承载力特征值的概念

地基承载力特征值是指由载荷试验测定的地基土压力变形曲线线性变形段内规定的变形所对应的压力值，其最大值为比例界限值。

地基承载力特征值的确定方法可归纳为三类：

（1）根据土的抗剪强度指标的相关理论公式进行计算；

（2）按现场载荷试验的 $p-s$ 曲线确定；

（3）其他原位测试方法确定。这些方法各有长短，互为补充，可结合起来综合确定。当场地条件简单，又有临近成功可靠的建设经验时，也可按建设经验选取地基承载力。

2. 地基承载力特征值修正

《建筑地基基础设计规范》（50007—2011）规定：当基础宽度大于 3m 或埋置深度大于 0.5m 时，从载荷试验或其他原位测试、经验值等方法确定的地基承载力特征值尚应按下式修正：

$$f_a = f_{ak} + \eta_b \gamma (b-3) + \eta_d \gamma_m (d-0.5) \tag{5-33}$$

式中　f_a——修正后的地基承载力特征值；

f_{ak}——地基承载力特征值；

η_b、η_d——基础宽度和埋深的地基承载力修正系数，按基底下土的类别查规范表格取值；

b——基础地面宽度，当基宽小于 3m 按 3m 取值，大于 6m 按 6m 取值；

γ——基础底面以下土的重度，地下水位以下取浮重度（kN/m³）；

γ_m——基础底面以上土的加权平均重度，地下水位以下取浮重度（kN/m³）；

d——基础埋置深度，一般从室外地面标高算起（m）。

5.9.2 基础设计的内容与步骤

（1）根据上部结构形式、荷载大小、工程地质及水文地质条件等选择基础的结构形式、材料并进行平面布置。
（2）确定基础的埋置深度。
（3）确定地基承载力。
（4）根据基础顶面荷载值及持力层的地基承载力，初步计算基础底面尺寸。
（5）若地基持力层下部存在软弱土层时，需验算软弱下卧层的承载力。
（6）甲级、乙级建筑物及部分丙级建筑物，尚应在承载力计算的基础上进行变形验算。
（7）基础剖面及结构设计。
（8）绘制施工图，编制施工技术说明书。

5.9.3 桩基础

桩基础的分类：
（1）按桩的承载性能分类

桩在竖向荷载作用下，桩顶部的荷载由桩与桩侧岩土层间的侧阻力和桩端的端阻力共同承担。由于桩侧、桩端岩土的物理力学性质以及桩的尺寸和施工工艺不同，桩侧和桩端阻力的大小以及它们分担荷载的比例有很大差异，据此将桩分为摩擦型桩和端承型桩。

（2）按桩身材料分类
1）木桩：承重木桩常用杉木、松木、柏木和橡木等坚韧耐久的木材。
2）混凝土桩：目前最广泛使用的桩型，分为混凝土预制桩和混凝土灌注桩（简称灌注桩）两类。
3）钢桩：常见的是型钢和钢管两类。
4）组合桩：即不同入土深度分段用不同材料的桩。
（3）按桩的使用功能分类：竖向抗压桩、水平受荷桩、抗拔桩。
（4）按挤土效应分类：挤土桩（亦称排土桩）、部分挤土桩（亦称少量排土桩）、非挤土桩（亦称非排土桩）。
（5）按桩径大小：小直径桩、中等直径桩、大直径桩。

第6章 建筑材料

6.1 材料的基本性质

材料是构成建筑物的物质基础，直接关系建筑物的安全性、功能性、耐久性和经济性。材料应具备什么性质，要根据它在建筑物中的作用和所处的环境来决定。一般来说，材料的性质可分为四个方面。

(1) 物理性质。表示材料的物理状态特征及与各种物理过程有关的性质。
(2) 力学性质。表示材料在应力作用下，抵抗破坏和变形能力的性质。
(3) 化学性质。表示材料发生化学变化的能力及抵抗化学腐蚀的稳定性。
(4) 耐久性。指材料在使用过程中能长久保持其原有性质的能力。

本节仅介绍材料的物理性质、力学性质和耐久性，即我们通常所说的材料的基本性质。

6.1.1 材料的物理性质

1. 与质量有关的性质

(1) 密度

密度是指材料在绝对密实状态下单位体积的质量，按下式计算：

$$\rho = \frac{m}{V} \tag{6-1}$$

式中：ρ——密度（g/cm^3）；
　　　m——材料的绝对干燥质量（g）；
　　　V——材料在绝对密实状态下的体积（cm^3），即固体物质体积。

(2) 表观密度

表观密度指材料在自然状态下，单位体积的质量。但在实际应用中，散状材料与块状材料的表观密度有所区别。

① 散状材料　散状材料的表观密度用下式表示：

$$\rho' = \frac{m}{V'} \tag{6-2}$$

式中　ρ'——材料的表观密度（或称视密度）（g/cm^3）；
　　　m——材料的绝对干燥质量；
　　　V'——直接用排水法测得的材料体积，包括固体物质体积和闭口孔隙体积。

② 块状材料　块状材料表观密度按下式计算：

$$\rho_0 = \frac{m}{V_0} \tag{6-3}$$

式中：ρ_0——材料的表观密度（g/cm³ 或 kg/m³）；

m——材料的质量；

V_0——材料在自然状态下的体积，包括材料的固体物质体积和所含孔隙（开口及闭口）体积。

（3）堆积密度

堆积密度是指散粒状或粉状材料，在自然堆积状态下单位体积的质量，用下式表示

$$\rho_0' = \frac{m}{V_0'} \tag{6-4}$$

式中 ρ_0'——材料的堆积密度（kg/m³）；

m——材料的质量；

V_0'——材料的自然堆积体积。

（4）密实度

是指材料体积内被固体物质所充实的程度，也就是固体物质的体积占总体积的比例，以 D 表示

$$D = \frac{V}{V_0} = \frac{\rho_0}{\rho} \tag{6-5}$$

（5）孔隙率

是指材料内部孔隙体积占材料总体积的百分率，以 P 表示，可用下式计算

$$P = \frac{V_0 - V}{V_0} \times 100\% = \left(1 - \frac{\rho_0}{\rho}\right) \times 100\% \tag{6-6}$$

材料的密实度和孔隙率反映了材料的致密程度。材料的许多工程性质如强度、吸水性、抗渗性、抗冻性、导热性、吸声性等都与材料的孔隙有关。这些性质不仅取决于孔隙率的大小，还与孔隙的孔径大小、形状、分布、连通与否等构造特征密切相关。

在孔隙率相同的情况下，材料内部开口孔隙增多会使材料的吸水性、吸湿性、透水性、吸声性提高，但是抗冻性和抗渗性变差；材料内部闭口孔隙的增多会提高材料的保温隔热性能和抗冻性能。

密实度、孔隙率是从不同角度反映材料的致密程度。密实度与孔隙率的关系为：

$$D + P = 1 \tag{6-7}$$

（6）空隙率

是指散粒或粉状材料颗粒之间的空隙体积占其自然堆积体积的百分率，用 P' 表示

$$P' = \frac{V_0' - V'}{V_0'} \times 100\% = \left(1 - \frac{\rho_0'}{\rho}\right) \times 100\% \tag{6-8}$$

空隙率的大小，反映了散粒或粉状材料的颗粒之间相互填充的紧密程度。

2. 与水有关的性质

（1）亲水性与憎水性

根据材料在与水接触时，能被水所润湿的程度，可将材料分为亲水性材料与憎水性材料两大类。

材料表现出亲水性还是憎水性，是由材料分子与水分子间的引力，及水分子间的相互引力之大小决定的，若前者大于后者，则呈亲水性，反之，呈憎水性。憎水性材料常用作

防水、防潮、防腐材料,也可用作亲水性材料的表面处理,以提高其耐久性。

(2) 吸水性

材料在水中吸收水分的能力称为吸水性。吸水性的大小常用质量吸水率表示

$$W_{质} = \frac{m_{湿} - m_{干}}{m_{干}} \times 100\% \tag{6-9}$$

式中 $W_{质}$——材料的质量吸水率(%);

$m_{湿}$——材料吸水饱和后的质量;

$m_{干}$——材料烘干至恒重的质量。

材料吸水率的大小不仅取决于材料本身是亲水的还是憎水的,而且与材料的孔隙率的大小及孔隙特征密切相关。一般孔隙率越大,开口孔隙所占比例越多,材料吸水性越强。

(3) 吸湿性

材料在潮湿的空气中吸收水分的性质,称为吸湿性。吸湿性的大小用含水率来表示

$$W_{含} = \frac{m_{含} - m_{干}}{m_{干}} \times 100\% \tag{6-10}$$

式中 $W_{含}$——材料的含水率(%);

$m_{含}$——材料含水时的质量。

材料含水率的大小不仅取决于自身的特性(亲水性、孔隙率和孔隙特征),还受周围环境条件的影响,即随温度、湿度变化而改变,气温越低,相对湿度越大,材料的含水率就越大。当材料的含水率达到与环境湿度保持相对平衡状态时,称为平衡含水率。

(4) 耐水性

材料长期在饱和水作用下而不破坏,强度也不显著降低的性质称为耐水性。材料的耐水性用软化系数表示

$$K_{软} = \frac{f_{饱}}{f_{干}} \tag{6-11}$$

式中 $K_{软}$——材料的软化系数;

$f_{饱}$——材料在饱和状态下的抗压强度(MPa);

$f_{干}$——材料在干燥状态下的抗压强度(MPa)。

软化系数一般在0~1间波动,其值越小,说明材料吸水饱和后强度降低越多,材料耐水性越差。通常将软化系数大于0.80的材料称为耐水材料。

(5) 抗渗性

材料抵抗压力水渗透的性质称为抗渗性(不透水性)。材料(如混凝土和砂浆)抗渗性的好坏常用抗渗等级表示,如P6、P8,分别表示试件承受0.6MPa、0.8MPa的水压而不渗透。P越大,材料的抗渗性越好。

材料的抗渗性不仅取决于其呈亲水性还是憎水性,更取决于材料的孔隙率及孔隙特征。孔隙率小,抗渗性好;在孔隙率相同条件下,开口孔隙多、孔径尺寸大且连通的材料,抗渗性差。

材料的抗渗性是防水工程、地下建筑及水工构筑物所必须考虑的重要性质之一。因为材料的抗渗性还影响到其抗冻性、抗腐蚀性及抗风化等耐久性指标。

(6) 抗冻性

材料在吸水饱和状态下经受多次冻融循环而不破坏，同时也不显著降低强度的性质，称为抗冻性。抗冻性的大小用抗冻等级表示。抗冻等级是将材料吸水饱和后，按规定方法进行冻融循环试验，以质量损失不超过 5%，或强度下降不超过 25%，所能经受的最大冻融循环次数来确定。用符号"F"和最大冻融循环次数表示。如 F15、F25、F50、F100 等。材料可以经受冻融循环的次数越多，材料的抗冻等级越高，其抗冻性越好。

工程中材料抗冻性的好坏取决于其孔隙率及孔隙特征，并且还与材料受冻时吸水饱和程度、材料本身的强度以及冻结条件（如冻结温度、速度、冻融循环作用的频繁程度）等有关，材料的强度越低，开口孔隙率越大，则材料的抗冻性越差。

在寒冷地区受水的作用，尤其是在水位变化部位使用的材料，抗冻性往往决定了它的耐久性，抗冻等级越高，材料越耐久。

3. 与热有关的性质

(1) 导热性

材料传导热量的能力称为导热性，工程中常用热导率 $\lambda[W/(m \cdot K)]$ 表示。

热导率 λ 的含义为：厚度为 1m 的材料，当其相对两侧表面温度差为 1K 时，经单位面积 $1m^2$，单位时间 s 所通过的热量 J。

热导率 λ 越小，材料的保温隔热性能越好。各种建筑材料的热导率差别很大，如泡沫塑料的热导率为 $0.035W/(m \cdot K)$，而大理石热导率达到 $3.500W/(m \cdot K)$。通常将 $\lambda \leqslant 0.15W/(m \cdot K)$ 的材料称为绝热材料。

材料的热导率取决于材料的化学组成、结构、构造、孔隙率与孔隙特征、含水状况及所传导的温度。一般来讲，金属材料、无机材料、晶体材料的热导率分别大于非金属材料、有机材料、非晶体材料。

在多孔材料中，材料的热导率与孔隙率和孔隙特征也有很大的关系，由于空气的导热系数很小，$\lambda_{空气} \leqslant 0.025W/(m \cdot K)$，所以，材料的孔隙率越大，材料的热导率越小。但多孔保温材料在使用中要注意防潮防冻，因为水的热导率 $\lambda_{水} = 0.58W/(m \cdot K)$ 是空气的 25 倍、而冰的热导率 $\lambda_{冰} = 2.20W/(m \cdot K)$ 又是水的 4 倍，因此当材料受潮或受冻结冰时会使热导率急剧增大，导致材料的保温隔热性能变差。

(2) 热容量

材料加热时吸收热量，冷却时放出热量的能力称为热容量。热容量的大小用比热容来表示。比热容在数值上等于 1g 材料，温度升高或降低 1K 时所吸收或放出的能量 Q $(J/g \cdot K)$。

材料的热导率和比热容是设计建筑物围护结构、进行热工计算时的重要参数，选用热导率小、热容大的材料可以节约能耗并长时间地保持室内温度的稳定。我国建设主管部门已明确规定，处于夏天气温较高和冬天气温较低的地区，建筑物必须使用保温隔热材料。

6.1.2 材料的力学性质

1. 强度

材料抵抗因应力作用而引起破坏的能力称为强度。应力是由于外力或其他因素（如限制收缩、不均匀受热等）作用而产生的。材料的强度通常以材料在应力作用下失去承载能力时的极限应力来表示，常用单位 Mpa（N/mm²）。

静力强度包括抗压强度、抗拉强度、抗弯强度和抗剪强度，分别表示材料抵抗压力、拉力、弯曲、剪力破坏的能力。表 6-1 列出了材料基本强度的分类和计算公式。

静力强度分类　　　　　　　　　　　　　表 6-1

强度类别	举例	计算式	附注
抗压强度 f_c/(MPa)		$f_c = \dfrac{F}{A}$	
抗拉强度 f_t/(MPa)		$f_t = \dfrac{F}{A}$	F——破坏荷载（N）； A——受荷面积（mm²）； l——跨度（mm）； b——断面宽度（mm）； h——断面高度（mm）
抗剪强度 f_v/(MPa)		$f_v = \dfrac{F}{A}$	
抗弯强度 f_w/(MPa)		$f_w = \dfrac{3Fl}{2bh^2}$	

材料强度的大小是划分材料强度等级的主要依据。

2. 弹性与塑性

弹性是指材料在应力作用下产生变形，外力取消后，材料变形即可消失并能完全恢复原来形状的性质。这种当外力取消后瞬间即可完全消失的变形，为弹性变形。明显具有弹性变形特征的材料称为弹性材料。

塑性是指材料在应力作用下产生变形，当外力取消后，仍保持变形后的形状尺寸，且不产生裂纹的性质。这种不随外力撤消而消失的变形，为塑性变形，或永久变形，明显具有塑性变形特征的材料称为塑性材料。

实际上，纯弹性与纯塑性的材料都是不存在的。不同的材料在力的作用下表现出不同的变形特征。例如：低碳钢当应力在弹性极限内时，仅产生弹性变形，此时，应力与应变的比值为一常数，即弹性模量 $E(E=\sigma/\varepsilon)$。随着外力增大至超过弹性极限之后，则出现另一种变形——塑性变形。应力继续增大，则又产生了一种变形，弹性变形和塑性变形同时发生，即弹—塑性变形。又如混凝土，在它受力一开始，弹性变形和塑性变形便同时发生，除去外力后，弹性变形可以恢复（消失）而塑性变形不能消失。具有这种变形的特征的材料叫做弹塑性材料。

3. 脆性与韧性

脆性是指材料在外力作用下直到破坏前无明显塑性变形而发生突然破坏的性质。具有这种破坏特征的材料称为脆性材料。脆性材料的特点是抗压强度远大于其抗拉强度，主要适用于承受压力静载荷。建筑材料中大部分无机非金属材料均为脆性材料，如天然岩石、陶瓷、玻璃、砖、生铁、普通混凝土等。

韧性是指材料在冲击或振动荷载作用下，能吸收较大能量，产生一定的变形，而不致破坏的性能，又叫冲击韧性。具有这种性质的材料称为韧性材料。韧性材料的特点是塑性变形大，受力时产生的抗拉强度接近或高于抗压强度，破坏前有明显征兆，主要适合于承受拉力或动载荷。木材、建筑钢材、沥青混凝土等属于韧性材料。用做路面、桥梁、吊车梁等需要承受冲击荷载和有抗震要求的结构用建筑材料均应具有较高的韧性。

4. 硬度与耐磨性

硬度是指材料表面抵抗被刻划、擦伤和磨损的能力。按其测定方法分为压痕硬度、刻划硬度、冲击硬度、回弹厚度等。金属材料的厚度常用钢球压入法测定（布氏硬度 HB 最为常用），石材、陶瓷等材料的硬度常用刻划法测定。对于混凝土材料，由于其强度与硬度间存在一定的关系，工程中常用回弹硬度间接推算混凝土的抗压强度。

耐磨性指材料表面抵抗磨损、磨耗的能力，以磨损率（或称磨耗率）来表示：

$$B = \frac{m_1 - m_2}{A} \times 100\% \tag{6-12}$$

式中 m_1、m_2——材料试件被磨损前后的质量（g）；

A——材料试件受磨损的面积（cm^2）

用于道路、楼地面、踏步等部位的材料应考虑其硬度与耐磨性。一般来说，材料的硬度与强度是相关的，强度高的材料其硬度也较大，耐磨性也较好。

6.1.3 材料的耐久性

耐久性是指材料在使用过程中，受各种自然因素及其他有害物质长期作用，能长久保持其使用性能的性质。

耐久性是一项综合指标，它包括：抗冻性、抗渗性、抗风化性、抗老化性、耐化学腐蚀性等。材料在使用过程中，会受周围环境和各种自然因素的作用。这些作用包括物理、化学、机械及生物的作用。物理作用一般是指干湿变化、温度变化、冻融循环等。这些作用会使材料发生体积变化或引起内部裂缝的扩展，而使材料逐渐破坏，如水泥混凝土的热胀冷缩、冻融循环、水的溶出性侵蚀等。化学作用，包括酸、碱、盐等物质的水溶液及有害气体的侵蚀作用，这些侵蚀作用会使材料逐渐变质而破坏，如水泥石的腐蚀、钢筋的锈蚀作用。机械作用包括荷载的持续作用，交变荷载引进的材料疲劳破坏、冲击、磨损、磨耗等。生物作用是指菌类、昆虫的侵害作用，如白蚁对建筑物的破坏，木材的腐蚀等。因而，材料的耐久性实际上是衡量材料在上述多种作用之下能够长久保持原有的性能，从而保证建筑物安全正常使用的性质。

实际工程中，材料往往受到多种破坏因素的同时作用。材料品质不同，其耐久性的内容各有不同。金属材料常由化学和电化学作用引起腐蚀、破坏，其耐久性主要指标是耐蚀性；无机非金属材料（如石材、砖、混凝土等）常因化学作用、溶解、冻融、风蚀、温差、湿差、摩擦等其中某些因素或综合因素共同作用，其耐久性指标主要包括抗冻性、抗风化性、抗渗性、耐磨性等方面的要求；有机材料常由生物作用、光、热电作用而引起破坏，其耐久性包含抗老化性、耐蚀性指标。

材料的耐久性直接影响建筑物的安全性和经济性，提高材料的耐久性首先应根据工程的重要性、所处的环境合理选择材料，并采取相应的措施，如提高材料密实度等，以增强自身对外界作用的抵抗能力，或采取表面保护措施使主体材料与腐蚀环境隔离，甚至可以从改善环境条件入手减轻对材料的破坏。

6.2 结构性材料

6.2.1 气硬性胶凝材料

在建筑工程中，把经过一系列的物理、化学作用后，由液体或膏状体变为坚硬的固体，同时能将砂、石、砖、砌块等散粒或块状材料胶结成具有一定机械强度的整体的材料，统称为胶凝材料。

胶凝材料品种繁多，按化学成分可分为有机胶凝材料和无机胶凝材料两大类，其中无机胶凝材料按硬化条件又可分为水硬性胶凝材料和气硬性胶凝材料两类。所谓气硬性胶凝材料，是指只能在空气中硬化并保持或继续提高其强度的胶凝材料，如石灰、石膏、水玻璃等。气硬性胶凝材料一般只适用于地上或干燥环境，不宜用于潮湿环境，更不可用于水中。水硬性胶凝材料是指不仅能在空气中硬化，而且能更好地在水中硬化并保持或继续提高其强度的胶凝材料，如水泥。水硬性胶凝材料既适用于地上，也适用于地下或水中。

1. 石灰

石灰是建筑工程中使用较早的矿物胶凝材料之一。由于其原料来源广泛，生产工艺简单，成本低廉，具有其特定的工程性能，所以至今仍广泛应用于建筑工程中。

（1）石灰的生产

将主要成分为碳酸钙和碳酸镁的岩石经高温煅烧（加热至900℃以上），逸出CO_2气体，得到的白色或灰白色的块状材料即为生石灰，其主要化学成分为氧化钙和氧化镁。

根据石灰中氧化镁含量多少，将石灰分为钙质石灰（MgO含量≤5%）、镁质石灰（MgO含量>5%）。镁质石灰熟化较慢，但硬化后强度稍高。用于建筑工程中的多为钙质石灰。

（2）石灰的熟化

块状生石灰在使用前都要加水消解，这一过程称为"消解"或"熟化"，也可称之为"淋灰"，经消解后的石灰称为"消石灰"或"熟石灰"，其主要成分是$Ca(OH)_2$。

生石灰在熟化过程有二个显著的特点：一是体积膨胀大（约1~2.5倍）；二是放热量大，放热速度快。

（3）石灰的硬化

石灰浆在空气中的硬化是物理变化过程——干燥结晶，和化学反应过程——碳化硬化两个同时进行的过程。

1）干燥结晶过程

石灰膏中的游离水分一部分蒸发掉，一部分被砌体吸收。氢氧化钙从过饱和溶液中结晶析出，晶相颗粒逐渐靠拢结合成固体，强度随之提高。

2）碳化硬化过程

氢氧化钙与空气中的二氧化碳反应生成不溶于水的、强度和硬度较高的碳酸钙，析出的水分逐渐蒸发。

石灰硬化过程的二个主要特点是：一是硬化速度慢；二是体积收缩大。

从以上的石灰硬化过程可以看出，石灰的硬化只能在空气中进行，也只能在空气中才能继续发展提高其强度，所以石灰只能用于干燥环境的地面上建筑物、构筑物，而不能用于水中或潮湿环境中。

(4) 石灰的特点

1) 保水性、可塑性好

生石灰熟化为石灰浆时，能自动形成颗粒极细的呈胶体分散状态的氢氧化钙，表面吸附一层厚的水膜，因而保水性能好，且水膜层也大大降低了颗粒间的摩擦力。因此，用石灰膏制成的石灰砂浆具有良好的保水性和可塑性。在水泥砂浆中掺入石灰膏，可使砂浆的保水性和可塑性显著提高。

2) 硬化慢、强度低

石灰浆体硬化过程的特点之一就是硬化速度慢。原因是空气中的二氧化碳浓度低，且碳化是由表及里，在表面形成较致密的壳，使外部的二氧化碳较难进入其内部，同时内部的水分也不易蒸发，所以硬化缓慢，硬化后的强度也不高，如 1:3 石灰砂浆 28 天的抗压强度通常只有 0.2~0.5MPa。

3) 体积收缩大

体积收缩大是石灰在硬化过程中的另一特点，一方面是由于蒸发大量的游离水而引起显著的收缩；另一方面碳化也会产生收缩。所以石灰除调成石灰乳液作薄层涂刷外，不宜单独使用，常掺入砂、纸筋、麻刀等以减少收缩、限制裂缝的扩展。

4) 耐水性差

石灰浆体在硬化过程中的较长时间内，主要成分仍是氢氧化钙（表层是碳酸钙），由于氢氧化钙易溶于水，所以石灰的耐水性较差。硬化中的石灰若长期受到水的作用，会导致强度降低，甚至会溃散。

5) 吸湿性强

生石灰极易吸收空气中的水分熟化成熟石灰粉，所以生石灰长期存放应在密闭条件下，并应防潮、防水。

(5) 石灰的应用

1) 拌制灰浆、砂浆

经过陈伏的石灰膏体可用于拌制灰浆、砂浆，如麻刀灰、纸筋灰，石灰砂浆、水泥石灰混合砂浆等，用于砌筑工程、抹面工程。

2) 拌制灰土、三合土

用石灰与黏性土可拌制成灰土；用石灰、黏土与砂石或碎砖、炉渣等填料可拌制成三合土或碎砖三合土；用石灰与粉煤灰、黏性土可拌制成粉煤灰石灰土；用石灰与粉煤灰、砂、碎石可拌制成粉煤灰碎石土等，大量应用于建筑物基础、地面、道路等的垫层，地基的换土处理等。为方便石灰与黏土等的拌合，宜用磨细的生石灰或消石灰粉，磨细的生石灰还可使灰土和三合土有较高的密实度，较高的强度和耐水性。

3) 建筑生石灰粉

将生石灰磨成细粉，即建筑生石灰粉。建筑生石灰粉加入适量的水拌成的石灰浆可以直接使用，主要是因为粉状石灰熟化速度较快，熟化放出的热促使硬化进一步加快。硬化后的强度要比石灰膏硬化后的强度高。

4）制作碳化石灰板材

碳化石灰板是将磨细的生石灰掺30%~40%的短玻璃纤维或轻质骨料加水搅拌，振动成型，然后利用石灰窑的废气碳化12~24h而成的一种轻质板材。它能锯、能钉，适宜用作非承重内隔墙板、顶棚板等。

5）生产硅酸盐制品

将磨细的生石灰或消石灰粉与天然砂或粒化高炉矿渣、炉渣、粉煤灰等硅质材料配合均匀，加水搅拌，再经陈伏（使生石灰充分熟化）、加压成型和压蒸处理可制成蒸压灰砂砖。灰砂砖呈灰白色。如果掺入耐碱颜料，可制成各种颜色。它的尺寸与普通黏土砖相同，也可制成其他形状的砌块，主要用作墙体材料。

(6) 石灰的验收、储运及保管

建筑生石灰粉、建筑消石灰粉一般采用袋装，可以采用符合标准规定的牛皮纸袋、复合纸袋或塑料编织袋包装，袋上应标明厂名、产品名称、商标、净重、批量编号。运输、储存时不得受潮和混入杂物。

保管时应分类、分等级存放在干燥的仓库内，不宜长期存储。运输过程中要采取防水措施。由于生石灰遇水发生反应放出大量的热，所以生石灰不宜与易燃易爆物品共存、运，以免酿成火灾。

2. 石膏

石膏在建筑工程中的应用也有较长的历史。由于其具有轻质、隔热、吸声、耐火、色白且质地细腻等一系列优良性能，加之我国石膏矿藏储量居世界首位（有南京石膏矿，大波口石膏矿，平邑石膏矿等），所以石膏的应用前景十分广阔。

石膏的主要化学成分是硫酸钙，它在自然界中以两种稳定形态存在于石膏矿石中：一是天然无水石膏（$CaSO_4$），也称生石膏、硬石膏；一是天然二水石膏（$CaSO_4 \cdot 2H_2O$），也称软石膏。天然无水石膏只可用于生产石膏水泥，而天然二水石膏可生产制造各种性质的石膏。生产天然建筑石膏用的石膏石应符合JC/T700中三级及三级以上石膏石的要求。

(1) 建筑石膏的生产

将天然二水石膏加热至107~170℃时，脱去部分结晶水，得到β型半水石膏（$\beta CaSO_4 \cdot 0.5H_2O$），即建筑石膏。

建筑石膏呈白色粉末状，密度为2.60~2.75g/cm³，堆积密度为800~1000kg/m³。β型半水石膏中杂质少、色白的，可作为模型石膏，用于建筑装饰及陶瓷的制坯工艺。

(2) 建筑石膏的凝结与硬化

建筑石膏遇水将重新水化成二水石膏，随着析出的二水石膏胶体晶体的不断增多，彼此互相联结，使石膏具有了强度。同时溶液中的游离水分不断蒸发减少，结晶体之间的摩擦力、粘结力逐渐增大，石膏强度也随之增加，至完全干燥，强度停止发展，最后成为坚硬的固体。

浆体的凝结硬化是一个连续进行的过程。从加水开始拌合到浆体开始失去可塑性的过程称为浆体的初凝，对应的这段时间称为初凝时间；从加水开始拌合到浆体完全失去可塑性，并开始产生强度的过程称为浆体的终凝，对应的时间称为浆体的终凝时间。建筑石膏凝结硬化较快，规定初凝不早于3min，终凝不迟于30min。

(3) 建筑石膏的特点

1) 孔隙率大、强度较低

为使石膏浆体具有必要的可塑性，通常加水量比理论需水量多得多（加水量为石膏用量的60%～80%，而理论用水量只为石膏用量的18.6%），硬化后由于多余水分的蒸发，内部的孔隙率很大，因而强度较低。

2) 硬化后体积微膨胀

石膏在凝结硬化过程中体积产生微膨胀，其膨胀率约1%。这一特性使石膏制品在硬化过程中不会产生裂缝，造型棱角清晰饱满，适宜浇铸模型，制作建筑艺术配件及建筑装饰件等。

3) 防火性好，但耐火性差

由于硬化的石膏中结晶水含量较多，遇火时，这些结晶水吸收热量蒸发，形成蒸汽幕，阻止火势蔓延，同时表面生成的无水物为良好的绝缘体，起到防火作用。但二水石膏脱水后强度下降，故耐火性差。

4) 凝结硬化快

建筑石膏凝结速度快，规定初凝不早于3min，终凝不迟于30min。因初凝时间较短，为满足施工要求，常掺入缓凝剂，以延长凝结时间。可掺入石膏用量0.1%～0.2%的动物胶，或掺入1%的亚硫酸盐酒精废液，也可以掺入硼砂或柠檬酸作为缓凝剂。掺缓凝剂后，石膏制品的强度有所下降。若需加速凝固可掺入少量磨细的未经煅烧的石膏。

5) 保温性和吸声性好

建筑石膏孔隙率大，且孔隙多呈微细的毛细孔，所以导热系数小，保温、隔热性能好。同时，大量开口的毛细孔隙对吸声有一定的作用，因此建筑石膏具有良好的吸声性能。

6) 具有一定的调温、调湿性

由于建筑石膏热容量大，且多孔而产生的呼吸功能使吸湿性增强，可起到调节室内温度、湿度的作用，创造舒适的工作和生活环境。

7) 耐水性差

由于硬化后建筑石膏的孔隙率较大，二水石膏又微溶于水，具有很强的吸湿性和吸水性，如果处在潮湿环境中，晶体间的粘结力削弱，强度显著降低，遇水则晶体溶解而引起破坏。所以石膏及制品的耐水性较差，不能用于潮湿环境中，但经过加工处理可做成耐水纸面石膏板。

8) 可装饰性强

石膏呈白色，可以装饰干燥环境的室内墙面或顶棚，但如果受潮后颜色变黄会失去装饰性。

(4) 建筑石膏的应用

1) 室内抹灰及粉刷

建筑石膏常被用于室内抹灰和粉刷。建筑石膏加砂、缓凝剂和水拌合成石膏砂浆，用于室内抹灰，其表面光滑、细腻、洁白、美观。石膏砂浆也可作为腻子用作油漆等的打底层。建筑石膏加缓凝剂和水拌合成石膏浆体，可作为室内粉刷的涂料。

2) 建筑装饰制品

建筑石膏具有凝结快、体积稳定、装饰性强、不老化、无污染等的特点，常用于制造建筑雕塑、建筑装饰制品。

3) 石膏板

石膏板具有质轻、保温、防火、吸声、能调节室内温度湿度及制作方便等性能，应用较为广泛。常见的有：普通纸面石膏板、装饰石膏板、石膏空心条板、吸声用穿孔石膏板、耐水纸面石膏板、耐火纸面石膏板、石膏蔗渣板等。此外，各种新型的石膏板材仍在不断出现。

(5) 石膏的验收与储运

建筑石膏一般采用袋装，可用具有防潮及不易破损的纸袋或其他复合袋包装；包装袋上应清楚标明产品标记、制造厂名、生产批号和出厂日期、质量等级、商标、防潮标志；运输、储存时不得受潮和混入杂物，不同等级的应分别储运，不得混杂；石膏的储存期为三个月（自生产日起算）。超过三个月的石膏应重新进行质量检验，以确定等级。

6.2.2 水泥

水泥属于水硬性胶凝材料，是建筑工程中最为重要的建筑材料之一，工程中主要用于配制混凝土、砂浆和灌浆材料。

水泥的品种繁多，按其矿物组成，水泥可分为硅酸盐系列、铝酸盐系列、硫酸盐系列、铁铝酸盐系列、氟铝酸盐系列等。按其用途和特性又可分为通用水泥、专用水泥和特性水泥，见表 6-2。

水泥的分类与品种　　　表 6-2

分 类	品 种
通用水泥	指目前建筑工程中常用的六大水泥，即：硅酸盐水泥、普通硅酸盐水泥、矿渣硅酸盐水泥、火山灰质硅酸盐水泥、粉煤灰硅酸盐水泥、复合硅酸盐水泥
专用水泥	指有专门用途的水泥，如砌筑水泥、大坝水泥、道路水泥、油井水泥等
特性水泥	指用于有特殊要求的工程，主要品种有快硬硅酸盐水泥、快凝硅酸盐水泥、抗硫酸盐水泥、膨胀水泥、白色硅酸盐水泥等

水泥品种虽然很多，但硅酸盐系列水泥产量最大、应用范围最广。

1. 硅酸盐水泥

(1) 硅酸盐水泥的定义

凡由硅酸盐水泥熟料、0%～5%石灰石或粒化高炉矿渣、适量石膏磨细制成的水硬性胶凝材料，称为硅酸盐水泥（即国外通称的波特兰水泥）。根据是否掺入混合材料将硅酸盐水泥分两种类型，不掺加混合材料的称为Ⅰ型硅酸盐水泥，代号 P.Ⅰ；在硅酸盐水泥粉磨时掺加不超过水泥质量5%石灰石或粒化高炉矿渣混合材料的称Ⅱ型硅酸盐水泥，代号 P.Ⅱ。

(2) 硅酸盐水泥的水化与凝结硬化

水泥与适量的水拌合后，最初形成具有可塑性的浆体，随着水化反应的进行，水化产物逐渐增多（浆体中的水也逐渐减少），水泥浆体逐渐变稠，继而开始失去可塑性（称初凝），随着水化反应继续进行，水泥浆体完全失去可塑性（称终凝），并形成一定的初始强度，从水泥与水拌合，经初凝，至终凝的这一过程称为水泥的"凝结"。随后凝结了的水泥浆体随着水泥水化的不断进行，强度逐步提高，并最终形成坚硬的水泥石，这一过程称为"硬化"。

水泥的凝结硬化过程，也就是水泥强度发展的过程，受到许多因素的影响，有内部的和外界的，其主要影响因素分析如下：

1) 矿物组成。矿物组成是影响水泥凝结硬化的主要内因，熟料矿物组成不同，水化反应的速度、水化放热速度、强度发展的规律是不同的，因此改变水泥的矿物组成，其凝结硬化将产生明显的变化。

2) 水泥细度。水泥颗粒的粗细程度直接影响水泥的水化、凝结硬化、强度、干缩及水化热等。颗粒越细，与水接触的比表面积越大，水化速度快且较充分，水泥的早期强度和后期强度都高。但水泥颗粒过细，需水性增大，在硬化时收缩也增大；且水泥颗粒过细，在生产过程中消耗的能量增多，机械损耗也加大，生产成本增加，因而水泥的细度应适中。

3) 石膏掺量。石膏掺入水泥中的目的是调节水泥的凝结时间。需注意的是石膏的掺入要适量。掺量过少，起不到延缓水泥凝结速度的目的；过多掺入石膏，其本身会生成一种促凝物质，反而使水泥快凝；如果石膏掺量超过规定的限量，则会导致水泥体积安定性不良。

4) 水胶比。拌合水泥浆时，水与水泥等胶凝材料的质量比称为水胶比。从理论上讲，水泥完全水化所需的水胶比为 0.22 左右。但拌合水泥浆时，为使浆体具有一定的流动性和可塑性，所加入的水量通常要大大超过水泥充分水化时所需用水量，多余的水在成型时也会占据空间，因而会在硬化的水泥石内形成毛细孔。因此拌合水越多，硬化水泥石中的毛细孔就越多，当水胶比为 0.4 时，完全水化后水泥石的总孔隙率为 29.6%，而水胶比为 0.7 时，水泥石的孔隙率高达 50.3%。水泥石的强度随其孔隙增加而降低。因此，在不影响施工的条件下，水胶比小，则水泥浆稠，易于形成胶体网状结构，水泥的凝结硬化速度快，同时水泥石整体结构内毛细孔少，强度也高。

5) 温、湿度。温度对水泥浆体凝结硬化的影响很大，提高温度，可加速水泥的水化速度，有利于水泥早期强度的形成。湿度是保证水泥水化的一个必备条件，水泥的凝结硬化实质是水泥的水化过程。因此，在干燥环境中，水化浆体中的水分蒸发，导致水泥不能充分水化，同时硬化也将停止，并会因干缩而产生裂缝。

在工程中，保持环境的温、湿度，使水泥石强度不断增长的措施称为养护，水泥混凝土在浇筑后的一段时间里应十分注意控制温、湿度的养护。

6) 龄期。龄期指水泥在正常养护条件下所经历的时间。水泥的凝结、硬化是随龄期的增长而渐进的过程，在适宜的温、湿度环境中，随着水泥颗粒内各熟料矿物水化程度的提高，凝胶体不断增加，毛细孔相应减少，水泥的强度增长可持续若干年。在水泥水化作用的最初几天内强度增长最为迅速，如水化 7d 的强度可达到 28d 强度的 70% 左右，28d 以后的强度增长明显减缓。

水泥的凝结、硬化除上述主要因素之外，还与水泥的存放时间、受潮程度及掺入的外加剂种类等因素影响有关。

(3) 硅酸盐水泥的技术要求

《通用硅酸盐水泥》（GB 175—2007），对通用硅酸盐水泥的细度、凝结时间、体积安定性、化学指标、强度等作了如下规定：

1) 细度

细度是指水泥颗粒的粗细程度。水泥细度的评定可采用筛分析法和比表面积法。标准规定，硅酸盐水泥细度作为选择性指标，以比表面积表示，不小于 $300m^2/kg$。

2) 标准稠度用水量

在进行水泥的凝结时间、体积安定性等测定时，为了使所测得的结果有可比性，要求必须采用标准稠度的水泥净浆来测定。水泥净浆达到标准稠度所需用水量即为标准稠度用水量，以水占水泥质量的百分数表示，用标准维卡仪测定。对于不同的水泥品种，水泥的标准稠度用水量各不相同，一般在 24％～33％之间。

3) 凝结时间

凝结时间分初凝和终凝。初凝为水泥加水拌和开始至水泥标准稠度的净浆开始失去可塑性所需的时间；终凝为水泥加水拌和开始至标准稠度的净浆完全失去可塑性所需的时间。

标准规定，硅酸盐水泥的初凝不小于 45min，终凝不大于 390min（6.5h）。标准中规定，凡凝结时间不符合规定者为不合格品。

4) 体积安定性

水泥的体积安定性是指水泥浆体在凝结硬化过程中体积变化的均匀性。当水泥浆体硬化过程发生不均匀变化时，会导致膨胀开裂、翘曲等现象，称为体积安定性不良。安定性不良的水泥会使混凝土构件产生膨胀性裂缝，从而降低建筑物质量，引起严重事故。因此，标准规定，水泥的体积安定性不合格，应作为不合格品，不得用于工程中。

引起水泥体积安定性不良的原因主要是：

① 水泥中游离氧化钙含量过多。

② 水泥中游离氧化镁含量过多。

③ 石膏掺量过多。

标准规定，硅酸盐水泥的体积安定性经沸煮法（分标准法和代用法）检验必须合格。

5) 化学指标

《通用硅酸盐水泥》（GB 175—2007）中，还对不溶物、烧失量、三氧化硫、氧化镁、氯离子等化学指标提出了要求。

标准中将水泥的碱含量作为选择性指标，作出了规定：水泥中碱含量按 $Na_2O+0.658K_2O$ 计算值来表示。若使用活性骨料，用户要求提供低碱水泥时，水泥中碱含量不得大于 0.60％，或由供需双方商定。

6) 强度及强度等级

强度是水泥力学性质的一项重要指标，是确定水泥强度等级的依据。按照 3d、28d 的抗压强度、抗折强度，将硅酸盐水泥分为 42.5、42.5R、52.5、52.5R、62.5、62.5R 六个强度等级。为提高水泥的早期强度，现行标准将水泥分为普通型和早强型（用 R 表示）。各等级、各龄期的强度值不得低于表 6-3 中数值，否则，为不合格品。

通用水泥各龄期的强度值（GB 175—2007） 表 6-3

品种	强度等级	抗压强度/MPa		抗折强度/MPa	
		3d	28d	3d	28d
硅酸盐水泥	42.5	≥17.0	≥42.5	≥3.5	≥6.5
	42.5R	≥22.0		≥4.0	
	52.5	≥23.0	≥52.5	≥4.0	≥7.0
	52.5R	≥27.0		≥5.0	
	62.5	≥28.0	≥62.5	≥5.0	≥8.0
	62.5R	≥32.0		≥5.5	
普通硅酸盐水泥	42.5	≥17.0	≥42.5	≥3.5	≥6.5
	42.5R	≥22.0		≥4.0	
	52.5	≥23.0	≥52.5	≥4.0	≥7.0
	52.5R	≥27.0		≥5.0	
矿渣硅酸盐水泥 火山灰质硅酸盐水泥 粉煤灰硅酸盐水泥 复合硅酸盐水泥	32.5	≥10.0	≥32.5	≥2.5	≥5.5
	32.5R	≥15.0		≥3.5	
	42.5	≥15.0	≥42.5	≥3.5	≥6.5
	42.5R	≥19.0		≥4.0	
	52.5	≥21.0	≥52.5	≥4.0	≥7.0
	52.5R	≥23.0		≥4.5	

7）水化热

水泥与水发生水化反应所放出的热量称为水化热，通常用 J/kg 表示。

水化热在混凝土工程中，既有有利的影响，也有不利的影响。在大体积混凝土工程中，应选择低热水泥。但在混凝土冬期施工时，水化热却有利于水泥的凝结、硬化和防止混凝土受冻。

根据国家标准《通用硅酸盐水泥》（GB 175—2007）规定：凡化学指标、凝结时间、安定性、强度中任一项不符合标准规定，均为不合格品。

(4) 硅酸盐水泥的性质与应用

1）硅酸盐水泥的性质

① 快凝快硬高强。与硅酸盐系列的其他品种水泥相比，硅酸盐水泥凝结（终凝）快、早期强度（3d）高、强度等级高（低为 42.5，高为 62.5）。

② 抗冻性好。由于硅酸盐水泥未掺或掺很少量的混合材料，故其抗冻性好。

③ 抗腐蚀性差。硅酸盐水泥水化产物中有较多的氢氧化钙和水化铝酸钙，耐软水及耐化学腐蚀能力差。

④ 碱度高，抗碳化能力强。碳化是指水泥石中的氢氧化钙与空气中的二氧化碳反应生成碳酸钙的过程。碳化对水泥石（或混凝土）本身是有利的，但碳化会使水泥石（混凝土）内部碱度降低，从而失去对钢筋的保护作用。

⑤ 水化热大。硅酸盐水泥中含有大量的 C_3A、C_3S，在水泥水化时，放热速度快且放热量大。

⑥ 耐热性差。硅酸盐水泥中的一些重要成分在 250℃温度时会发生脱水或分解，使水泥石强度下降，当受热 700℃以上时，将遭受破坏。

⑦ 耐磨性好。硅酸盐水泥强度高，耐磨性好。

2) 硅酸盐水泥的应用

① 适用于早期强度要求高的工程及冬期施工的工程。

② 适用于重要结构的高强混凝土和预应力混凝土工程。

③ 适用于严寒地区，遭受反复冻融的工程及干湿交替的部位。

④ 不能用于大体积混凝土工程。

⑤ 不能用于高温环境的工程。

⑥ 不能用于海水和有侵蚀性介质存在的工程。

⑦ 不适宜蒸汽或蒸压养护的混凝土工程。

2. 混合材料及掺合材料的硅酸盐水泥

凡在硅酸盐水泥熟料和适量石膏的基础上，掺入一定量的混合材料共同磨细制成的水硬性胶凝材料，均属于掺混合材料的硅酸盐水泥。掺混合材料的目的是为了调整水泥强度等级，改善水泥的某些性能，增加水泥的品种，扩大使用范围，降低水泥成本和提高产量，并且充分利用工业废料。

(1) 矿渣水泥、火山灰水泥、粉煤灰水泥、复合水泥

1) 定义

凡由硅酸盐水泥熟料和粒化高炉矿渣、适量石膏磨细制成的水硬性胶凝材料称为矿渣硅酸盐水泥（简称矿渣水泥）。水泥中粒化高炉矿渣掺加量按质量百分比计为20%～50%时，代号为P.S.A；水泥中粒化高炉矿渣掺加量按质量百分比计为50%～70%时，代号为P.S.B。允许用不超过水泥质量的8%的非活性混合材料或不超过水泥质量的5%的窑灰代替粒化高炉矿渣。

凡由硅酸盐水泥熟料和火山灰质混合材料、适量石膏磨细制成的水硬性胶凝材料称为火山灰质硅酸盐水泥（简称火山灰水泥），代号P.P。水泥中火山灰质混合材料掺量按质量百分比计为20%～40%。

凡由硅酸盐水泥熟料和粉煤灰、适量石膏磨细制成的水硬性胶凝材料称为粉煤灰硅酸盐水泥（简称粉煤灰水泥），代号P.F。水泥中粉煤灰掺量按质量百分比计为20%～40%。

凡由硅酸盐水泥熟料，两种或两种以上规定的混合材料，适量石膏磨细制成的水硬性胶凝材料称为复合硅酸盐水泥（简称复合水泥）代号P.C，水泥中混合材料总掺加量按质量百分比计大于20%，但不超过50%。允许用不超过水泥质量8%的窑灰代替部分混合材料，掺矿渣时混合材料掺量不得与矿渣硅酸盐水泥重复。

2) 技术要求

根据《通用硅酸盐水泥》(GB 175—2007) 规定，这四种水泥的技术要求如下。

① 细度、凝结时间、体积安定性

细度。以筛余量表示，要求80um方孔筛筛余不大于10%，或45m方孔筛筛余不大于30%。

凝结时间。初凝不小于45min，终凝不大于600min（10h）。

体积安定性。沸煮法安定性必须合格。

② 氧化镁、三氧化硫含量等化学指标

水泥中不溶物、烧失量、氧化镁、三氧化硫的含量不得超过规定指标。

③ 强度等级

这四种水泥的强度等级按 3d、28d 的抗压强度和抗折强度，划分为 32.5、32.5R、42.5、42.5R、52.5、52.5R 六个强度等级。各龄期强度值见表 6-3。

3）性质与应用

四种水泥的共性如下：

① 凝结硬化慢，早期强度低，后期强度发展较快。

② 抗软水、抗腐蚀能力强。

③ 水化热低。

④ 湿热敏感性强，适宜高温养护。

⑤ 抗碳化能力差

⑥ 抗冻性差、耐磨性差

四种水泥各自的特性如下：

① 矿渣水泥　耐热性强，保水性差、泌水性大、干缩性大。

② 火山灰水泥　抗渗性好，干缩大、干燥环境中表面易"起毛"。

③ 粉煤灰水泥　干缩性小、抗裂性高、早强低、水化热低。

④ 复合水泥　复合水泥与矿渣水泥、火山灰水泥、粉煤灰相比，掺混合材料种类不是一种而是两种或两种以上，多种混合材料互掺，可弥补一种混合材料性能的不足，明显改善水泥的性能，适用范围更广。

（2）普通硅酸盐水泥

1）定义

凡由硅酸盐水泥熟料、大于5%但小于等于20%的混合材料、适量石膏磨细制成的水硬性胶凝材料，称为普通硅酸盐水泥（简称普通水泥），代号 P.O。允许用不超过水泥质量8%的非活性混合材料或不超过水泥质量5%的窑灰代替活性混合材料。

2）技术要求

根据《通用硅酸盐水泥》（GB 175—2007），对普通水泥的主要技术要求如下：

① 细度。同硅酸盐水泥，用比表面积表示，不小于 $300m^2/kg$。

② 凝结时间。同矿渣水泥等四种水泥，初凝不小于 45min，终凝不大于 600min（10h）。

③ 强度和强度等级。根据 3d 和 28d 龄期的抗折和抗压强度，将普通硅酸盐水泥划分为 42.5、42.5R、52.5、52.5R 共四个强度等级。各强度等级水泥的各龄期强度不得低于国家标准规定的数值（如表 6.2.2-2）。

3）普通硅酸盐水泥的主要性能及应用

普通水泥中绝大部分仍为硅酸盐水泥熟料、适量石膏及较少的混合材料（与以上所介绍的四种水泥相比），故其性质介于硅酸盐水泥与以上四种水泥之间，更接近与硅酸盐水泥。具体表现为：

① 早期强度略低。

② 水化热略低。

③ 耐腐蚀性略有提高。

④ 耐热性稍好。

⑤ 抗冻性、耐磨性、抗碳化性略有降低。

在应用范围方面，与硅酸盐水泥基本相同，甚至在一些不能用硅酸盐水泥的地方也可采用普通水泥，使得普通水泥成为建筑行业应用面最广，使用量最大的水泥品种。

以上所介绍的硅酸盐系列六大品种水泥其组成、性质及适用范围见表6-4。

六种常用水泥的组成、性质及适用范围　　表6-4

项目		硅酸盐水泥 P.Ⅰ、P.Ⅱ	普通水泥 P.O	矿渣水泥 P.S	火山灰水泥 P.P	粉煤灰水泥 P.F	复合水泥 P.C
组成		硅酸盐水泥熟料、适量石膏不加或加入很少0~5%的混合材料	硅酸盐水泥熟料、适量石膏加少量6%~15%的混合材料	硅酸盐水泥熟料、适量石膏加20%~70%的粒化高炉矿渣	硅酸盐水泥熟料、适量石膏加20%~50%的火山灰质混合材料	硅酸盐水泥熟料、适量石膏加20%~40%的粉煤灰	硅酸盐水泥熟料、适量石膏加15%~50%的二种或二种以上的混合材料
性质		强度（早期、后期）高 抗碳化性好 水化热大 耐腐蚀性差 耐热性差 耐磨性好 抗冻性好	早期强度稍低、后期强度高 抗碳化性较好 水化热略小 耐腐蚀性稍差 耐热性稍差 耐磨性较好 抗冻性好	共性：1.早期强度低、后期强度高；2.水化热小；3.耐腐蚀性好；4.抗冻性差；5.抗碳化性差；6.对温度和湿度敏感，适合湿热养护			
				泌水性大 抗渗性差 耐热性好 干缩较大	保水性好 抗渗性好 干缩大 耐磨性差	泌水性大且快 抗渗性差 干缩小 抗裂性好 耐磨性差	早期强度较前三种水泥稍高 干缩较大
应用	优先使用	早期强度要求较高的混凝土 严寒地区有抗冻要求的混凝土 抗碳化要求较高的混凝土 掺大量混合材料的混凝土 有耐磨要求的混凝土		水下混凝土 海港混凝土 大体积混凝土 耐腐蚀性要求较高的混凝土 湿热养护混凝土			
		高强度混凝土	普通气候及干燥环境中的混凝土	有耐热性要求的混凝土	有抗渗性要求的混凝土	受荷载较晚的混凝土	
	可以使用			普通气候环境下的混凝土			
		一般工程	高强度混凝土 水下混凝土 耐热混凝土 湿热养护混凝土		抗冻性要求较高的混凝土 有耐磨性要求的混凝土		早期强度要求较高的混凝土
	不宜或不得使用	大体积混凝土耐腐蚀性要求较高的混凝土		早期强调要求较高的混凝土，低温或冬季施工混凝土，抗冻性要求较高的混凝土，抗碳化要求较高的混凝土			
		耐热混凝土湿热养护混凝土		抗渗性要求高的混凝土	干燥环境中的、有耐磨要求的混凝土	干燥环境中的、有耐磨要求的混凝土 有抗渗要求的混凝土	

3. 水泥的选用、验收、储存及保管

(1) 水泥的选用

水泥的选用包括水泥品种的选择和强度等级的选择两方面。水泥品种应根据环境条件及工程特点选择；强度等级应与所配制的混凝土或砂浆的强度等级相适应。

（2）水泥的验收

1）品种验收

水泥袋上应清楚标明：产品名称，代号，净含量，强度等级，生产许可证编号，生产者名称和地址，出厂编号，执行标准号，包装年、月、日。掺火山灰质混合材料的普通水泥还应标上"掺火山灰"字样，包装袋两侧应印有水泥名称和强度等级，硅酸盐水泥和普通硅酸盐水泥的印刷采用红色，矿渣水泥的印刷采用绿色，火山灰、粉煤灰水泥和复合水泥采用黑色。

2）数量验收

水泥可以袋装或散装，袋装水泥每袋净含量50kg，且不得少于标志质量的98%；随机抽取20袋总质量不得少于1000kg，其他包装形式由双方协商确定，但有关袋装质量要求，必须符合上述原则规定；散装水泥平均堆积密度为1450kg/m³，袋装压实的水泥为1600kg/m³。

3）质量验收

水泥出厂前应按品种、强度等级和编号取样试验，袋装水泥和散装水泥应分别进行编号和取样，取样应有代表性，可连续取，亦可从20个以上不同部位取等量样品，总量至少12kg。

交货时水泥的质量验收可抽取实物试样以其检验结果为依据，也可以水泥厂同编号水泥的检验报告为依据。采取何种方法验收由双方商定，并在合同或协议中注明。

（3）水泥的储存与保管

水泥在保管时，应按不同生产厂、不同品种、强度等级和出厂日期分开堆放，严禁混杂；在运输及保管时要注意防潮和防止空气流动，先存先用，不可储存过久。

常用水泥储存期为3个月，过期水泥在使用时应重新检测，按实际强度使用。

6.2.3 混凝土

广义上讲，凡由胶凝材料、粗细骨料（或称集料）和水（或不加水，如以沥青、树脂为胶凝材料的）按适当比例配合、拌合制成的混合物，经一定时间硬化而成的人造石材，统称为混凝土。

混凝土种类繁多，分类方法各异，一般有以下几种分类方法。

按胶凝材料分为：水泥混凝土、沥青混凝土（沥青混合料）、石膏混凝土、水玻璃混凝土、聚合物混凝土等。

按密度分为：重混凝土（密度大于2800kg/m³）、普通混凝土（密度2000～2800kg/m³，一般在2400kg/m³左右）、轻混凝土（密度小于2000kg/m³）。

按用途分为：结构混凝土、防水混凝土、道路混凝土、防辐射混凝土、耐热混凝土、耐酸混凝土、水工混凝土、大体积混凝土、膨胀混凝土等。

按施工方法分为：泵送混凝土、喷射混凝土、碾压混凝土、挤压混凝土、离心混凝土、压力灌浆混凝土、预拌混凝土（商品混凝土）等。

按强度分为：低强混凝土 $f_{cu}<30MPa$、中强混凝土 $30MPa \leqslant f_{cu}<60MPa$（C30～C55）、高强混凝土 $60MPa \leqslant f_{cu}<100MPa$、超高强混凝土 $f_{cu} \geqslant 100MPa$。

混凝土的流动性根据大小分别用维勃稠度和坍落度表示。按维勃稠度大小可分为：超干硬性混凝土、特干硬性混凝土、干硬性混凝土、半干硬性混凝土；按坍落度大小可分为：低塑性混凝土、塑性混凝土、流动性混凝土、大流动性混凝土、流态混凝土。

1. 混凝土组成材料

混凝土是由水泥、砂、石子、水以及必要时掺入的外加剂组成。

（1）水泥

混凝土所用水泥的品种应根据工程所处环境及工程特点选择，其强度等级应于所配制的混凝土强度等级相适应，见表6-5。

配制混凝土所用水泥强度等级　　　　　　　表6-5

预配混凝土强度等级	所选水泥强度等级	预配混凝土强度等级	所选水泥强度等级
C7.5～C25	32.5	C50～C60	52.5
C30	32.5、42.5	C65	52.5、62.5
C35～C45	42.5	C70～C80	62.5

（2）骨料

混凝土用骨料按其粒径大小不同分为细骨料和粗骨料。公称粒径在0.16～5.00mm之间的岩石颗粒称为细骨料；公称粒径大于5.00mm的岩石颗粒称为粗骨料。粗细骨料的总体积占混凝土体积的70%～80%，因此骨料的性能对所配制的混凝土性能有很大影响。为保证混凝土的质量，对骨料技术性能的要求主要有：有害杂质含量少；良好的颗粒形状及表面特征，适宜的颗粒级配和粗细程度；质地坚固耐久等。混凝土中骨料技术性能应符合《普通混凝土用砂、石质量及检验方法标准》JGJ 52—2006规定的要求。

（3）水

水是混凝土的重要组分之一。对混凝土拌合及养护用水的质量要求是：不影响混凝土的凝结和硬化；无损于混凝土强度发展及耐久性；不加快钢筋锈蚀；不引起预应力钢筋脆断；不污染混凝土表面。

混凝土用水按水源可分为饮用水、地表水、地下水、海水以及经适当处理后的工业废水。符合饮用水标准的水可直接用于拌制及养护混凝土。地表水和地下水常溶有较多的有机质和矿物盐类，必须按标准规定检验合格后方可使用。未经处理的海水严禁用于钢筋混凝土和预应力混凝土（本条为强制性标准）。在无法获得水源的情况下，海水可用于素混凝土，但不宜用于装饰混凝土。工业废水经检验合格后方可用于拌制混凝土。生活污水的水质比较复杂，不能用于拌制混凝土。混凝土用水应符合《混凝土用水标准》JGJ 63—2007的要求。

（4）外加剂

混凝土外加剂，是指在混凝土拌合过程中掺入的用以改善混凝土性能的物质。除特殊情况外，掺量一般不超过水泥用量的5%。

随着混凝土工程技术的发展，对混凝土性能提出了许多新的要求（大流动性、高强、早强、高耐久性等）。这些性能的实现，需要应用高性能外加剂。因此，外加剂也就逐渐成为混凝土中的第五种成分。

混凝土外加剂种类繁多，根据其主要功能可分为四类：

（1）改善混凝土拌合物流变性能的外加剂。包括各种减水剂、引气剂和泵送剂等。

（2）调节混凝土凝结时间、硬化性能的外加剂。包括缓凝剂、早强剂和速凝剂等。

（3）改善混凝土耐久性的外加剂。包括引气剂、防水剂和阻锈剂、减缩剂等。

（4）改善混凝土其他性能的外加剂。包括加气剂、膨胀剂、防冻剂、着色剂、防水剂和泵送剂等。

2. 混凝土的主要技术性质

混凝土的各组成材料按一定比例配合、搅拌而成的尚未凝固的材料，称为混凝土拌合物，又称新拌混凝土。新拌混凝土应具备的性能主要是满足施工要求，即拌合物必须具有良好的和易性，便于施工，并保证良好的浇灌质量；混凝土拌合物凝结硬化后，应具有足够的强度、较小的变形性能和必要的耐久性。所以，混凝土的主要技术性质有：和易性、强度、变形性能和耐久性。

（1）和易性

和易性（也称工作性）是指混凝土拌和物在一定的施工条件下（如设备、工艺、环境等）易丁各工序（搅拌、运输、浇注、捣实）施工操作，并能保证混凝土均匀、密实、稳定的性能。和易性是一项综合性的技术指标，包括流动性、黏聚性、保水性等三方面性能。

1）和易性的评定

根据我国现行标准《普通混凝土拌合物性能试验方法标准》（GB/T 50080—2002）规定，用坍落度合维勃稠度来测定混凝土拌合物的流动性，并辅以直观经验来评定黏聚性和保水性，以此综合评定和易性。示意图见图6-1及图6-2。

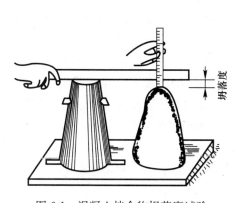

图6-1 混凝土拌合物坍落度试验

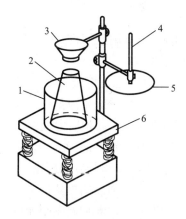

图6-2 维勃稠度仪

2）和易性的选用

选择新拌水泥混凝土的流动性（坍落度），应根据构件截面尺寸大小、钢筋疏密程度和捣实方法来确定。对无筋厚大结构、钢筋配置稀、易于施工的结构，可以选用较小的坍落度。反之，对断面尺寸较小、形状复杂或配筋特密的结构，则应选用较大的坍落度。在流动性符合施工要求的前提下，保证混凝土拌合物具有良好的黏聚性和保水性。

3）影响和易性的主要因素

影响和易性的因素有：水泥浆的用量（单位用水量）、水泥浆的稠度（水胶比）、砂率、水泥与砂石材料的性质、外加剂、时间与温度等。

(2) 强度

强度是混凝土硬化后的主要力学性能。混凝土强度有立方体抗压强度、棱柱体抗压强度、抗拉强度、抗弯强度、抗剪强度和与钢筋的粘结强度等。其中以抗压强度最大，抗拉强度最小（约为抗压强度的1/10～1/20），因此结构工程中混凝土主要用于承受压力。

1) 立方体抗压强度

混凝土的抗压强度，是指其标准试件在压力作用下直到破坏时单位面积所能承受的最大压力。混凝土结构构件常以抗压强度为主要设计依据。

根据（GB/T 50080—2002）《普通混凝土力学性能试验方法标准》，制作150mm×150mm×150mm 的标准立方体试件，在标准条件（温度20℃±2℃，相对湿度95%以上）下，养护到28d龄期，所测得的抗压强度值为混凝土立方体试件抗压强度，简称立方体抗压强度，以 f_{cu} 表示。

2) 立方体抗压强度标准值

立方体抗压强度标准值（以 $f_{cu,k}$ 表示），系指按标准方法制作和养护的立方体试件，在28d龄期，用标准试验方法测得的抗压强度总体分布中的一个值，强度低于该值的百分率不超过5%（即具有强度保证率为95%的立方体抗压强度值）。按下式计算：

$$f_{cu,k} = \overline{f_{cu}} - 1.645\sigma \tag{6-13}$$

式中　$\overline{f_{cu}}$——混凝土立方体抗压强度平均值（MPa）；

　　　1.645——按正态分布，具有95%的强度保证率系数；

　　　σ——强度标准差（MPa）。

3) 强度等级

《混凝土结构设计规范》（GB 50010—2010）规定：根据混凝土抗压强度标准值，将混凝土划分为C15、C20、C25、C30、C35、C40、C45、C50、C55、C60、C65、C70、C75及C80共14个强度等级。素混凝土结构的混凝土强度等级不应低于C15；钢筋混凝土结构的混凝土强度等级不应低于C20；采用强度等级400MPa有以上的钢筋时，混凝土强度等级不应低于C25。预应力混凝土结构的混凝土强度等级不宜低于C40，且不应低于C30。承受重复荷载的钢筋混凝土构件，混凝土强度等级不应低于C30。

4) 影响混凝土强度的因素

影响混凝土强度的主要因素是：水泥强度等级和水胶比。其他因素有：骨料的性能、外加剂、集浆比、养护温度与湿度、龄期等。

(3) 变形性能

混凝土的变形，分非荷载作用下的变形和荷载作用下的变形。非荷载作用下的变形有沉降收缩、化学收缩、干湿变形、碳化收缩及温度变形；荷载作用下的变形，根据荷载的作用特点，分为短期荷载作用下的变形及长期荷载作用的变形——徐变。

1) 沉降收缩

混凝土拌合物在刚成型后，固体颗粒下沉，表面产生泌水而使混凝土的体积减小，又称为塑性收缩，其值约1%，取决于混凝土拌合物的粘聚性和保水性。在桥梁墩台等大体积混凝土中，由于沉降收缩可能产生沉降裂缝。

2) 化学收缩

由于水泥水化生成物的固体体积,比反应前物质(水泥+水)的总体积小,从而引起混凝土的收缩,称为化学收缩。化学收缩是不可恢复的,但化学收缩值很小(约为水泥浆体的1%,对普通混凝土结构没有破坏作用。但对水泥用量较高的高强混凝土及水泥浆用量较大的流动性混凝土,化学收缩可能会导致在混凝土内部产生微细裂缝,从而影响强度和耐久性。

3) 干湿变形

混凝土周围环境湿度的变化,会引起混凝土的干湿变形,表现为干缩湿胀。

混凝土在干燥环境中硬化时,由于毛细孔水及水泥凝胶体颗粒的吸附水的蒸发,产生收缩力,导致混凝土收缩。混凝土这种体积收缩,是不能完全恢复的。

混凝土的湿胀变形量很小,一般无破坏作用,对于水泥浆用量较大的混凝土,早期在水中养护形成的湿胀,还可抵消化学收缩。但干缩变形对混凝土危害较大,干缩能使混凝土表面出现拉应力而导致开裂,严重影响混凝土的强度和耐久性。

混凝土的干燥收缩与水泥的品种、水泥的用量和用水量及骨料的性质有关。如采用矿渣水泥比用普通水泥的收缩要大;采用高强度等级的水泥,由于水泥颗粒较细,混凝土的收缩也大;水泥用量大或水胶比大,收缩量也较大;骨料级配好,弹性模量大,收缩小。

4) 碳化收缩

水泥水化产物中的氢氧化钙与空气中的二氧化碳反应形成碳酸钙,而引起的混凝土体积收缩称为碳化收缩。碳化收缩的程度与空气的相对湿度有关,当相对湿度为30%～50%时,收缩值最大。碳化收缩往往与干缩同时发生,在混凝土表面产生拉应力,导致表面产生微细裂缝。

5) 温度变形

混凝土与其他材料一样,也会随着温度的变化产生热胀冷缩的变形。混凝土的温度线胀系数为$(1\sim1.5)\times10^{-5}$mm/(mm·℃)。温度变形对大体积混凝土及大面积混凝土工程极为不利,工程中常采用留伸缩缝的方法避免因温度变化而产生裂缝等破坏。

在混凝土硬化初期,水泥水化放出较多热量,而混凝土又是热的不良导体,散热很慢,使混凝土内部温度升高,温度升高又促使水泥的水化,放出更多的水化热,从而造成混凝土内外温差变大,有时可达50~80℃,这将使混凝土产生内胀外缩,结果在混凝土外表产生很大的拉应力,严重时使混凝土产生裂缝。因此,在大体积混凝土施工时,常采用低热水泥,减少水泥用量,掺加缓凝剂及采用人工降温等措施,以减少因温度变形而引起的混凝土质量问题。

6) 短期荷载作用下的变形

混凝土在荷载作用下,既不呈完全弹性体,也不呈完全塑性体,而是弹塑性体。即受力时既产生弹性变形,又产生塑性变形

7) 长期荷载作用下的变形——徐变

混凝土在长期荷载作用下,除产生瞬间的弹性变形和塑性变形外,还会产生随时间而增长的非弹性变形,这种变形称为徐变。

混凝土的徐变对结构物的影响既有利也有弊。有利的是,徐变可减弱钢筋混凝土内的应力集中,使应力较均匀地重新分布;对大体积混凝土则能消除一部分由于温度变形所产

生的破坏应力。不利的是，在预应力钢筋混凝土中，混凝土的徐变会造成预应力损失。

影响混凝土徐变的因素主要有水泥石的强度及数量、荷载的大小及加荷的龄期。水胶比较小或水中养护，徐变小；水泥用量大，水泥石相对含量多，徐变大；混凝土所用骨料的弹性模量较大时，徐变较小；荷载大且加荷龄期早，徐变大。

（4）耐久性

混凝土的耐久性是指混凝土在使用条件下抵抗周围环境各种因素长期作用的能力。根据《混凝土耐久性检验评定标准》JGJ/T 193—2009，耐久性应包括：抗渗性、抗冻性、抗（硫酸盐）侵蚀性、抗氯离子渗透性、混凝土早期抗裂性、抗碳化性、抗碱—骨料反应等。近年来，混凝土结构的耐久性及耐久性设计受到普遍关注，目的是通过提高混凝土结构的耐久性和可靠性，使混凝土在特定环境下达到预期的使用年限。

混凝土所处的环境和使用条件不同，对其耐久性的要求也不相同。提高混凝土耐久性的主要措施有：

1）根据混凝土工程的特点和所处的环境条件，合理选择水泥品种。

2）选用质量良好、技术条件合格的砂石骨料。

3）控制水胶比及保证足够的水泥用量。这是保证混凝土密实度并提高混凝土耐久性的关键。《普通混凝土配合比设计规程》JGJ 55—2000 规定了工业与民用建筑所用混凝土的最大水胶比和最小水泥用量的限值，见表6-6。

混凝土的最大水胶比和最小水泥用量 表6-6

环境条件		结构物类型	最大水胶比			最小水泥用量（kg/m³）		
			素混凝土	钢筋混凝土	预应力混凝土	素混凝土	钢筋混凝土	预应力混凝土
干燥环境		正常的居民或办公用房屋内部构件	不做规定	0.65	0.60	200	260	300
潮湿环境	无冻害	（1）高湿度的室内部件 （2）室外部件 （3）在非侵蚀性土和（或）水中的部件	0.70	0.60	0.60	225	280	300
	有冻害	（1）经受冻害的室外部件 （2）在非侵蚀性土和（或）水中且经受冻害的部件 （3）高湿度且经受冻害的室内部件	0.55	0.55	0.55	250	280	300
有冻害和除冰剂的潮湿环境		经受冻害和除冰剂作用的室内、室外部件	0.50	0.50	0.50	300	300	300

注：1. 当用活性掺合料取代部分水泥时，表中的最大水胶比及最小水泥用量，即为取代前的水胶比和水泥用量。
2. 配制C15级及其以下等级的混凝土，可不受本表限制。

4）掺入减水剂或引气剂，适量混合材料，改善混凝土的孔结构，对提高混凝土的抗渗性和抗冻性有良好作用。

5）改善施工操作，保证施工质量（如保证搅拌均匀，振捣密实，加强养护等）。

6）采取适当的防护措施，如：在混凝土结构表面加保护层、合成高分子材料浸渍混凝土等。

3. 混凝土的配合比设计

（1）初步配合比的确定

1）计算配制强度（$f_{cu,o}$）

根据《普通混凝土配合比设计规程》JGJ 55—2011，试配强度等级小于C60时，按下式计算：

$$f_{cu,o} \geq f_{cu,k} + 1.645\sigma \tag{6-14}$$

式中　$f_{cu,o}$——混凝土配制强度（MPa）；

$f_{cu,k}$——设计要求的混凝土强度等级（MPa）；

1.645——强度保证率为95%时所对应的概率度；

σ——混凝土强度标准差（MPa）。

2）计算水胶比（W/B）

混凝土强度等级小于C60级时，混凝土水胶比可根据强度公式，按下式计算

$$\frac{W}{B} = \frac{\alpha_a \cdot f_{ce}}{f_{cu,o} + \alpha_a \cdot \alpha_b \cdot f_b} \tag{6-15}$$

式中　α_a、α_b——回归系数，对碎石混凝土分别取 0.53、0.20，对卵石混凝土分别取 0.49、0.13。

f_b——胶凝材料 28d 抗压强度实测值（MPa）。

3）选取 1m³ 混凝土的用水量（m_{wo}）

对水胶比在 0.40~0.80 范围内的普通混凝土，根据粗骨料的品种、粒径及施工要求的混凝土拌和物稠度，其用水量可按表 6-7 选取。

干硬性和塑性混凝土的用水量（kg/m³）　　表 6-7

拌和物稠度		卵石最大粒径/mm				碎石最大粒径/mm			
项目	指标	10	20	31.5	40	16	20	31.5	40
维勃稠度/s	16~20	175	160	—	145	180	170	—	155
	11~15	180	165	—	150	185	175	—	160
	5~10	185	170	—	155	190	180	—	165
坍落度/mm	10~30	190	170	160	150	200	185	175	165
	35~50	200	180	170	160	210	195	185	175
	55~70	210	190	180	170	220	205	195	185
	75~90	215	195	185	175	230	215	205	195

注：1. 本表用水量系采用中砂时的平均取值。采用细砂时，每立方米混凝土用水量增加 5~10kg；采用粗砂时，则可减少 5~10kg；

2. 掺用各种外加剂或掺合料时，用水量应相应调整。

4）计算 1m³ 混凝土的水泥用量（m_{co}）

根据已初步确定的水胶比（W/B）和选用的单位用水量（m_{wo}），可计算出水泥用量（m_{co}）。

$$m_{co} = \frac{m_{wo}}{W/B} = m_{wo} \cdot B/W \tag{6-16}$$

为了保证混凝土的耐久性，由式 6-16 计算得出的水泥用量还应满足表 6-5 规定的最小水泥用量的要求，如计算得出的水泥用量少于规定的最小水泥用量，则应取规定的最小水

泥用量值。

5) 选用合理的砂率值（β_s）

合理砂率可通过试验确定，对坍落度为10～60mm的混凝土，其砂率可根据粗骨料品种、粒径及水胶比按表6-8选取。

混凝土的砂率（%）　　　　　　　　　　　　　　　　　　　　　表6-8

水胶比（W/C）	卵石最大粒径/mm			碎石最大粒径/mm		
	10	20	40	16	20	40
0.40	26～32	25～31	24～30	30～35	29～34	27～32
0.50	30～35	29～34	28～33	33～38	32～37	30～35
0.60	33～38	32～37	31～36	36～41	35～40	33～38
0.70	36～41	35～40	34～39	39～44	38～43	36～41

注：1. 本表数值系中砂的选用砂率，对细砂或粗砂可相应地减少或增大砂率。
　　2. 一个单粒级粗骨料配制混凝土时，砂率应适当增大。
　　3. 对薄壁构件，砂率取偏大值。

6) 计算粗、细骨料的用量（m_{go}及m_{so}）

粗、细骨料的用量可用质量法或体积法求得。

① 质量法（又称假定容重法）。普通混凝土的表观密度（容重）一般为2350～2450kg/m³，混凝土强度等级高，其值大，平均为2400kg/m³。

$$m_{co} + m_{so} + m_{go} + m_{wo} = m_{cp}$$

$$\frac{m_{so}}{m_{so} + m_{go}} = \beta_s \tag{6-17}$$

式中　m_{co}——1m³ 混凝土的水泥用量（kg）；

　　　m_{go}——1m³ 混凝土的粗骨料用量（kg）；

　　　m_{so}——1m³ 混凝土的细骨料用量（kg）；

　　　m_{wo}——1m³ 混凝土的用水量（kg）；

　　　β_s——砂率（%）；

　　　m_{cp}——1m³ 混凝土拌合物的假定重量（kg），其值可取2350～2450kg。

解联立两式，即可求出m_{go}，m_{so}。

② 体积法　假定混凝土拌合物的体积等于各组成材料绝对体积合混凝土拌合物中所含空气体积之总和。

$$\frac{m_{co}}{\rho_c} + \frac{m_{so}}{\rho_s} + \frac{m_{go}}{\rho_g} + \frac{m_{wo}}{\rho_w} + 0.01\alpha = 1$$

$$\frac{m_{so}}{m_{so} + m_{go}} = \beta_s \tag{6-18}$$

式中　ρ_c——水泥表观密度，在2900～3100kg/m³；

　　　ρ_g——粗骨料的观表观密度（kg/m³）；

　　　ρ_s——细骨料的表观密度（kg/m³）；

　　　ρ_w——水的密度，可取1000kg/m³；

　　　α——混凝土的含气量百分数，在不使用引气型外加剂时，可取1。

解联立两式，即可求出m_{go}，m_{so}。

通过以上六个步骤，可确定出每立方米中水、水泥、砂和石子的用量，得出初步计算配合比，$m_{co}:m_{wo}:m_{so}:m_{go}$ 供试配用。

以上混凝土配合比计算公式和表格，均以干燥状态骨料（系指含水率小于 0.5% 的细骨料和含水率小于 0.2% 的粗骨料）计。

（2）基准配合比的确定

初步配合比是否满足和易性要求，必须通过试验进行验证和调整，直到混凝土拌合物的和易性符合要求为止，然后提出供检验强度用的基准配合比。调整的具体方法见表 6-9。

混凝土拌合物和易性的调整方法　　　　　　表 6-9

不能满足要求情况	调整方法
流动性小于要求，但黏聚性和保水性好	保持水胶比不变，增加水泥和水用量。每增大 10mm 坍落度，需增加水泥浆 5%~8%
流动性大于要求，但黏聚性和保水性好	保持水胶比不变，减少水泥和水用量。相应增加砂、石量（砂率不变）。每减少 10mm 坍落度，需增加骨料 2%~5%
流动性合适，但黏聚性和保水性差	增加砂率（保持砂、石总量不变，提高砂用量，减少石子用量）
流动性大于要求，且黏聚性和保水性差	首先保持砂率不变，增加砂、石变用量，使流动性满足要求，若黏聚性和保水性仍差，则适当增加砂的用量，减少石子用量

经调整后得基准配合比：$m_{cj}:m_{wj}:m_{sj}:m_{gj}$。

（3）检验强度，确定试验室配合比

1）检验强度

经过和易性调整后得到的基准配合比，需进行强度检验，确定其水胶比，以满足混凝土的强度要求。强度检验时应至少采用三个不同的配合比，其一为基准配合比，另外两个配合比的水胶比宜较基准配合比分别增加或减少 0.05，而其用水量与基准配合比相同，砂率可分别增加或减少 1%（砂石用量可不变）。每种配合比制作一组（三块）试件，并经标准养护到 28d 时进行抗压强度测定。

2）确定试验室配合比

水胶比的确定方法有二种，一是图解法：以灰水比为横坐标，强度为纵坐标所作的灰水比与强度关系应为一直线。根据混凝土配制强度由图中找出对应的灰水比。二是计算法：以三组灰水比与强度值列方程组，求出 α_a、α_b、f_{ce}，代入混凝土强度关系式，根据混凝土配制强度计算相应的灰水比（水胶比）。

水胶比确定后根据以下原则确定每立方米混凝土的材料用量：

① 用水量 m_w。应在基准配合比用水量的基础上，根据制作强度试件时测得的坍落度或维勃稠度进行调整。

② 水泥用量 m_c。以用水量乘以选定出来的灰水比。

③ 粗骨料 m_g 和细骨料 m_s 的用量。应在基准配合比的基础上，按选定的灰水比进行调整后确定。

（如根据强度试验选定出来的水胶比与基准配合比之水胶比相差不大，一般就取基准配合比用水量，砂石的用量也可不变）。

各材料用量确定后，再根据实测的混凝土表观密度 $\rho_{c,t}$，按下列方式对配合比进行校正：

① 计算混凝土表观密度计算值 $\rho_{c,c}$。
$$\rho_{c,c} = m_c + m_s + m_g + m_w$$
② 计算混凝土配合比校正系数 δ
$$\delta = \frac{\rho_{c,t}}{\rho_{c,c}}$$
③ 当混凝土表观密度实测值与计算值之差的绝对值不超过计算值的 2% 时，可不进行校正；当二者之差超过 2% 时，应将配合比中每项材料的用量乘以校正系数，即为确定的设计（试验室）配合比。

(4) 施工配合比的换算

设计配合比是以干燥材料为基准的，而工地存放的砂、石是露天堆放，都含有一定的水分，所以现场配制混凝土应根据砂、石的含水情况对配合比进行修正，计算施工配合比。

假定工地存放砂的含水率为 $a\%$，石子的含水率为 $b\%$，以水泥用量为 1（砂、石的用量分别为 X、Y）换算的施工配合比：

水泥：1

砂：$X' = X(1+a\%)$

石：$Y' = Y(1+b\%)$

水胶比：$W'/B = W/B - X \cdot a\% - Y \cdot b\%$

混凝土配合比设计，实质上就是确定水泥、水、砂与石子这四项基本组成材料用量之间的比例关系。即：水与水泥之间的比例关系，常用水胶比表示；砂与石子之间的比例关系，常用砂率表示；水泥浆与骨料之间的比例关系，常用单位用水量来反映。水胶比、砂率、单位用水量是混凝土配合比的三个重要参数，在配合比设计中正确地确定这三个参数，就能满足混凝土配合比设计的四项基本要求。

6.2.4 建筑砂浆及墙体材料

建筑砂浆是由胶凝材料、细骨料和水，有时也加入适量掺合料和外加剂，混合而成的建筑工程材料。在建筑施工过程中，主要用作砌筑、抹灰、灌缝和粘贴饰面的材料。

建筑砂浆根据用途可分为砌筑砂浆、抹面砂浆。抹面砂浆包括普通抹面砂浆、装饰砂浆、特种砂浆。建筑砂浆按所用胶凝材料可分为水泥砂浆、石灰砂浆、混合砂浆等。随着环境保护意识的加强及施工工艺的发展，除了现场搅拌砂浆外，也出现了工厂预拌的预拌砂浆。

1. 砌筑砂浆

根据《砌筑砂浆配合比设计规程》（JGJ 98—2010）中术语，砌筑砂浆指：将砖、石、砌块等块材经砌筑成为砌体，起粘结、衬垫和传力作用的砂浆。现场配制砂浆指：由水泥、细骨料和水，以及根据需要加入的石灰、活性掺合料或外加剂在现场配制成的砂浆，分为水泥砂浆和水泥混合砂浆。砌筑砂浆在建筑工程中用量很大，起粘结、衬垫及传递应力的作用，并经受环境介质的作用。因此，砌筑砂浆除新拌制后应具有良好的和易性外，硬化后还应具有一定的强度、粘结力和耐久性等。

(1) 砌筑砂浆的组成材料

1) 水泥

水泥宜使用通用硅酸盐水泥或砌筑水泥，其品种应根据使用部位的耐久性要求来选择，且应符合现行国家标准《通用硅酸盐水泥》GB 175 和《砌筑水泥》GB/T 3183 的规定。水泥强度等级应根据砂浆品种及强度等级的要求进行选择。强度等级 M15 及以下的砌筑砂浆宜选用 32.5 级的通用硅酸盐水泥或砌筑水泥；强度等级 M15 以上的砌筑砂浆宜选用 42.5 级通用硅酸盐水泥。

2）砂

砂宜选用中砂，并应符合《普通混凝土用砂、石质量及检验方法标准》（JGJ 52—2006）的规定，且应全部通过 4.75mm 的筛孔。采用中砂拌制砂浆既能满足和易性要求，又节约水泥，因此应优先选用。砂中含泥量不宜过大，含泥量过大，不但会增加砂浆的水泥用量，还会使砂浆的收缩值增大、耐久性降低，影响砌筑质量。使用人工砂时应控制其石粉的含量，石粉含量增大会增加砂浆的收缩。

3）掺加料

常用掺加料有石灰膏、电石膏、粉煤灰、粒化高炉矿渣粉、硅灰、天然沸石粉等无机材料，以改善砂浆的和易性，节约水泥，利用工业废渣，有利于环境保护。

生石灰熟化成石灰膏时，应用孔径不大于 3mm×3mm 的网过滤，熟化时间不得少于 7d；磨细生石灰粉的熟化时间不得少于 2d。沉淀池中储存的石灰膏，应采取防止干燥、冻结和污染的措施。严禁使用脱水硬化的石灰膏。消石灰粉不得直接用于砌筑砂浆中。

制作电石膏的电石渣应用孔径不大于 3mm×3mm 的网过滤，检验时应加热至 70C°后至少保持 20min，并应待乙炔挥发完后再使用。

石灰膏、电石膏试配时的稠度应为 120±5mm。

粉煤灰、粒化高炉矿渣粉、硅灰、天然沸石粉应分别符合国家现行标准。粉煤灰不宜采用Ⅲ级粉煤灰，高钙粉煤灰使用时，必须检验安定性指标合格方可使用。

采用保水增稠材料时，应在使用前进行试验验证，并应有完整的型式检验报告。

4）外加剂

外加剂是指在拌制砂浆过程中掺入的、用以改善砂浆性能的物质。外加剂应符合国家现行有关标准规定，引气型外加剂还应有完整的型式检验报告。

5）水

水的质量指标应符合《混凝土用水标准》（JGJ 63—2006）中混凝土拌合用水的规定，选用不含有害杂质的洁净水。

砌筑砂浆所用原材料不应对人体、生物与环境造成有害的影响，并应符合现行国家标准《建筑材料放射性核素限量》GB 6566 的规定。

（2）砌筑砂浆的基本性能

根据《建筑砂浆基本性能试验方法》（JGJ 70—2009）相关规定，砌筑砂浆的基本性能包括新拌砂浆的和易性、硬化后砂浆的强度和粘结力，以及抗冻性、抗渗性、收缩值等指标。

1）新拌砂浆的和易性

和易性是指新拌制的砂浆拌合物的工作性，即在施工中易于操作而且能保证工程质量的性质，包括流动性、稳定性、保水性和凝结时间等方面。

和易性好的砂浆，在运输和操作时，不会出现分层、泌水等现象，而且容易在粗糙的砖、石、砌块表面铺成均匀、薄薄的一层，保证灰缝既饱满又密实，能够将砖、砌块、石块很好地粘结成整体，而且可操作的时间较长，有利于施工操作。

影响砂浆和易性的因素很多，如水泥的品种和用量、砂子的粗细程度及级配状态、掺加料的品种及掺量、外加剂的品种及掺量、用水量、搅拌时间等。

2）砂浆的强度

砂浆的强度等级是以 70.7mm×70.7mm×70.7mm 的立方体标准试件，在标准条件（温度为 20℃±2℃，相对湿度为 90％以上）下养护至 28 天，测得的抗压强度平均值确定的。分为 M5、M7.5、M10、M15、M20、M25、M30 七个强度等级。

影响砂浆抗压强度的因素很多，其中主要的影响因素是水泥的强度等级和用量（或 W/C）。砂的质量、掺合材料的品种及用量、养护条件（温度和湿度）等对砂浆的强度和强度发展也有一定的影响。

3）粘结力

砌筑砂浆必须具有一定的粘结力，才能将砌筑材料粘结成一个整体。粘结力的大小，会影响整个砌体的强度、耐久性、稳定性和抗震性能。影响砂浆的结力的因素较多，主要的是砂浆的抗压强度，一般来说，砂浆的抗压强度越大，粘结力越大。另外，粘结力也与基面的清洁程度、粗糙程度、含水状态、养护条件等有关。

砂浆的粘结力可通过拉伸粘结强度试验测定和评定。

4）砂浆的变形

砂浆在承受荷载、温度变化、湿度变化时均会发生变形，如果变形量太大，会引起开裂而降低砌体质量。掺太多轻骨料或混合材料（如粉煤灰、轻砂等）的砂浆，其收缩变形较大。

砂浆的变形性能可通过收缩试验测定和评定。

5）砂浆的耐久性

砂浆应具有经久耐用的性能。潮湿部位、地下或水下砌体应考虑砂浆的抗渗及抗冻要求。其性能可通过抗冻性试验、抗渗性试验测定和评定。

影响砂浆耐久性的因素有水泥的品种和用量，砂浆内部的孔隙率和孔隙特征。

（3）砌筑砂浆的配合比确定

1）水泥砂浆初步配合比的确定（查表法）

根据 JGJ 98—2010 规定，各种材料的用量可从表 6-10 中参考选用。

每立方米水泥砂浆材料用量（kg/m³）　　　　　表 6-10

强度等级	水泥	砂	用水量
M5	200～230	砂子的堆积密度值	270～330
M7.5	230～260		
M10	260～290		
M15	290～330		
M20	340～400		
M25	360～410		
M30	430～480		

注：1. M15 及 M15 以下强度等级水泥砂浆，水泥强度等级为 32.5 级；M15 以上强度等级水泥砂浆，水泥强度等级 42.5 级；
2. 当采用细砂或粗砂时，用水量分别取上限或下限；
3. 稠度小于 70mm 时，用水量可小于下限；
4. 施工现场气候炎热或干燥季节，可酌量增加用水量。

2）水泥粉煤灰砂浆初步配合比的确定（查表法）

根据 JGJ 98—2010 规定，各种材料的用量可从表 6-11 中参考选用。

每立方米水泥粉煤灰砂浆材料用量（kg/m³）　　　　表 6-11

强度等级	水泥用量	粉煤灰	砂	用水量
M5	210～240	粉煤灰掺量可占胶凝材料总量的 15%～25%	砂子的堆积密度值	270～330
M7.5	240～270			
M10	270～300			
M15	300～330			

注：1. 表中水泥强度等级为 32.5 级；
　　2. 当采用细砂或粗砂时，用水量分别取上限或下限；
　　3. 稠度小于 70mm 时，用水量可小于下限；
　　4. 施工现场气候炎热或干燥季节，可酌量增加用水量。

2. 抹面砂浆

抹面砂浆是涂抹在建筑物或构筑物的表面，既能保护墙体，又具有一定装饰性的建筑材料。根据砂浆的使用功能可将抹面砂浆分为普通抹面砂浆、装饰砂浆、特种砂浆（如防水砂浆、绝热砂浆、防辐射砂浆、吸声砂浆、耐酸砂浆等）。对抹面砂浆要求具有良好的工作性即易于抹成很薄的一层，便于施工，还要有较好的粘结力，保证基层和砂浆层良好粘结，并且不能出现开裂，因此有时加入一些纤维材料（如麻刀、纸筋、有机纤维）；有时加入特殊的骨料如陶砂、膨胀珍珠岩等以强化其功能。

（1）普通抹面砂浆

普通抹面砂浆具有保护墙体，延长墙体的使用寿命，兼有一定的装饰效果的作用，其组成与砌筑砂浆基本相同，但胶凝材料用量比砌筑砂浆多，而且抹面砂浆的和易性要求比砌筑砂浆好，粘结力更高。抹面砂浆配合比可以从砂浆配合比速查手册中查得。

为了保证抹面砂浆的施工质量（表面平整，不容易脱落），一般分两层或三层施工。

底层砂浆是为了增加抹灰层与基层的粘结力。砂浆的保水性要好，以防水分被基层吸收，影响砂浆的硬化。用于砖墙底层的抹灰，多用混合砂浆；有防水防潮要求时应采用水泥砂浆；对干板条或板条顶棚多采用石灰砂浆或混合砂浆；对于混凝土墙体、柱、梁、板、顶棚多采用混合砂浆，底层砂浆与基层材料（砌块、烧结砖或石块）的粘结力要强，因此要求基层材料表面具有一定的粗糙程度和清洁程度。

中层主要起找平作用，又称找平层，一般采用混合砂浆或石灰砂浆，找平层的稠度要合适，应能很容易的抹平；砂浆层的厚度以表面抹平为宜。有时可省略。

面层起装饰作用，多用细砂配制成混合砂浆、麻刀石灰砂浆或纸筋石灰砂浆。在容易受碰撞的部位（如窗台、窗口、踢脚板等）应采用水泥砂浆。在加气混凝土砌块墙体表面上作抹灰时，应采用特殊的施工方法，如在墙面上刮胶、喷水润湿或在砂浆层中夹一层钢丝网片以防开裂脱落。表 6-12 为常用抹面砂浆配合比及应用范围。

常用抹面砂浆配合比及应用范围　　　　　　　　　　　　表 6-12

材　料	体积配合比	应用范围
水泥：砂	1:3～1:2.5	潮湿房间的墙裙、踢脚、地面基层
水泥：砂	1:2～1:1.5	地面、墙面、顶棚
水泥：砂	1:0.5～1:1	混凝土地面压光
石灰：砂	1:2～1:4	干燥环境中砖、石墙表面
石灰：水泥：砂	1:0.5:4.5～1:1:5	勒脚、檐口、女儿墙及潮湿部位
石灰：黏土：砂	1:1:4～1:1:8	干燥环境墙表面
石灰：石膏：砂	1:0.4:2～1:1:3	干燥环境墙及顶棚板
石灰：石膏：砂	1:2:2～1:2:4	干燥环境线脚及装饰
石灰膏：麻刀	100:2.5（质量比）	木板条顶棚面层
石灰膏：纸筋	100:3.8（质量比）	木板条顶棚面层
石灰膏：纸筋	1m³ 灰膏掺 3.6kg 纸筋	较高级灰板、顶棚
石灰：石膏：砂：锯末	1:1:3:5	用于吸声粉刷

（2）防水砂浆

防水砂浆是具有显著的防水、防潮性能的砂浆，是一种刚性防水材料和堵漏密封材料。一般依靠特定的施工工艺或在普通水泥砂浆中加入防水剂、膨胀剂、聚合物等配制而成。适用于不受振动或埋置深度不大、具有一定刚度的防水工程；不适用于易受振动或发生不均匀沉降的部位。防水砂浆通常是在普通水泥砂浆中掺入外加剂，用人工压抹而成。常采用多层施工，而且涂抹前在湿润的基层表面刮一层树脂水泥浆；同时加强养护防止干裂，以保证防水层的完整，达到良好的防水效果。防水砂浆的组成材料要求为：

1）水泥选用 32.5 级以上的微膨胀水泥或普通水泥，适当增加水泥的用量。

2）采用级配良好、较纯净的中砂，灰砂比为 1：（1.5～3.0），水胶比为 0.5～0.55。

3）选用适用的防水剂，防水剂有无机铝盐类、氯化物金属盐类、金属皂化物类及聚合物。

（3）装饰砂浆

装饰砂浆是一种具有特殊美观装饰效果的抹面砂浆。底层和中层的做法与普通抹面基本相同，面层通常采用不同的施工工艺，选用特殊的材料，得到符合要求的具有不同的质感、颜色、花纹和图案效果。常用胶凝材料有石膏、彩色水泥、白水泥或普通水泥，骨料有大理石、花岗岩等带颜色的碎石渣或玻璃、陶瓷碎粒等。装饰抹灰按面层做法分为拉毛、弹涂、水刷石、干粘石、斩假石、喷涂等。

3. 预拌砂浆

随着对环境保护、文明施工要求的提高，逐步取消现场拌制砂浆，采用工业化生产的预拌砂浆势在必行。

根据《预拌砂浆标准》（GB/T 25181—2010）相关定义，预拌砂浆指专业生产厂生产的湿拌砂浆或干混砂浆。

湿拌砂浆：水泥、细骨料、矿物掺合料、外加剂和水，按一定比例，在搅拌站经计量、拌制后，运至使用地点，并在规定时间内使用的拌合物。

干混砂浆：由水泥、干燥骨料或粉料、添加剂以及根据性能确定的其他组分，按一定比例，在专业生产厂经计量、混合而成的混合物，在使用地点按规定比例加水或配套组分拌和使用。

4. 墙体材料

（1）烧结普通砖

烧结普通砖是指以黏土、页岩、煤矸石或粉煤灰等为主要原料，经成型、焙烧而成的实心或孔洞率不大于15％的砖。烧结普通砖为矩形体，标准尺寸是240mm×115mm×53mm。根据所用原料不同，可分为烧结黏土砖（N）、烧结页岩砖（Y）、烧结煤矸石砖（M）、烧结粉煤灰砖（F）。

为了节约燃料，常将炉渣等可燃物的工业废渣掺入黏土中，用以烧制而成的砖称为内燃砖。按颜色（由砖坯在窑内焙烧气氛及黏土中铁的氧化物变化情况决定）可将砖分为红砖和青砖。按焙烧火候可将砖分为欠火砖、正火砖和过火砖，欠火砖色浅、断面包心（黑心或白心）、敲击声哑、孔隙率大、强度低、耐久性差。过火砖色较浅、敲击声脆、较密实、强度高、耐久性好，但会有较大的变形。欠火砖及变形较大的过火砖均为不合格砖。

烧结普通砖为矩形块体材料，其标准尺寸为240mm×115mm×53mm，按抗压强度分为MU30、MU25、MU20、MU15、MU10五个强度等级。

烧结普通砖是应用历史最长、应用范围最为广泛的砌体材料之一。广泛用于砌筑建筑物的墙体、柱、拱、烟囱、窑身、沟道及基础等。由于烧结普通砖具有自重大、体积小、生产能耗高、施工效率低及抗震性能差等缺点，特别是黏土砖破坏农田，影响农业生产；已不能适应建筑发展的需要。因此建设部已于多年前作出禁止使用烧结黏土砖的相关规定。

（2）烧结多孔砖和多孔砌块

用烧结多孔砖和多孔砌块代替烧结普通砖，可使建筑物自重减轻30％左右，节约黏土20％～30％，节省燃料10％～20％，施工工效提高40％，并能改善砖的隔热隔声性能。所以，推广使用烧结多孔砖和多孔砌块是加快我国墙体材料改革，促进墙体材料工业技术进步的重要措施之一。

烧结多孔砖和多孔砌块，按主要原料分为黏土砖和黏土砌块（N）、页岩砖和页岩砌块（Y）、煤矸石砖和煤矸石砌块（M）、粉煤灰砖和粉煤灰砌块（F）、淤泥砖和淤泥砌块（U）、固体废弃物砖和固体废弃物砌块（G）。

现行标准《烧结多孔砖和多孔砌块》（GB13544—2011）对烧结多孔砖和多孔砌块的外形、强度等级、密度等级均作了明确规定。

1）外形

烧结多孔砖和多孔砌块的外形一般为直角六面体，其长度、宽度、高度尺寸应符合下列要求：

砖（mm）：290、240、190、180、140、115、90。

砌块（mm）：490、440、390、340、290、240、190、180、140、115、90。

2）强度等级

根据抗压强度平均值、强度标准值，将烧结多孔砖和多孔砌块的强度分为MU30、MU25、MU20、MU15、MU10五个等级。

3）密度等级

根据烧结多孔砖和多孔砌块干燥状态下表观密度平均值，将砖的密度等级分为：1000、1100、1200、1300四个等级；砌块分为：900、1000、1100、1200四个等级。

烧结多孔砖作为承重结构使用，由于具有良好的保温隔热性能、透气性能和优良的耐久性能，因而在我国城乡得到广泛应用。

（3）烧结空心砖

烧结空心砖是以黏土、页岩或粉煤灰为主要原料烧制成的主要用于非承重部位的空心砖，烧结空心砖自重较轻，强度较低，多用作非承重墙，如多层建筑内隔墙或框架结构的填充墙等。

现行标准《烧结空心砖》（GB 13545—2003）对其尺寸规格、强度等级、密度等级均作了明确规定。

1）外形

烧结空心砖的外形为直角六面体，长、宽、高应符合 390mm、290mm、240mm、190mm、180mm、140mm、115mm、90mm 的模数要求。孔洞为矩形条孔或其他孔形，孔洞平行于大面和条面，孔洞率一般在 35% 以上。

2）强度等级

根据空心砖大面的抗压强度，将烧结空心砖分为 MU10.0、MU7.5、MU5.0、MU3.5、MU2.5 五个强度等级。

3）密度等级

按砖的体积密度不同，把空心砖分成 800、900、1000 和 1100 四个密度等级，对应的表观密度平均值（5块）分别为：$\leqslant 800 kg/m^3$、$801\sim 900 kg/m^3$、$901\sim 1000 kg/m^3$、$1001\sim 1100 kg/m^3$。

（4）墙用砌块

砌块是一种新型墙体材料，可以充分利用地方资源和工业废料，并可节省黏土资源和改善环境。其具有生产上工艺简单，原料来源广，适应性强，制作及使用方便灵活，还可改善墙体功能等特点，因此发展较快。

砌块一般为直角六面体，按产品主规格的尺寸可分为大型砌块（高度大于 980mm）、中型砌块（高度为 380～980mm）和小型砌块（高度大于 115mm，小于 380mm）。砌块高度一般不大于长度或宽度的 6 倍，长度不超过高度的 3 倍。根据需要也可生产各种异形砌块。

砌块的分类方法很多，按用途可分承重砌块和非承重砌块；按有无孔洞可分为实心砌块（无孔洞或空心串小于 25%）和空心砌块（空心率＞25%）；按材质又可分为硅酸盐砌块、轻骨料混凝土砌块、混凝土砌块等。

6.2.5 建筑钢材

钢材强度高、品质均匀，具有一定的弹性和塑性变形能力，能够承受冲击、振动等荷载；钢材的可加工性能好，可以进行各种机械加工，也可以通过铸造的方法，将钢铸造成各种形状；还可以通过切割、铆接或焊接等多种方式的联结，进行装配施工。因此，钢材是最重要的建筑材料之一。

1. 钢材的主要技术性能及指标

钢材作为主要的受力结构材料,不仅需要具有一定的力学性能,同时还要求具有良好的工艺性能。其主要的力学性能有抗拉性能、冲击韧性、疲劳强度及硬度。而冷弯性能和可焊接性能则是钢材重要的工艺性能。

钢材主要的力学性能指标有:屈服强度、抗拉强度、伸长率和截面收缩率。

(1) 屈服强度

钢材受拉力载荷作用中,荷载不再增加,而试样仍继续发生变形(塑性变形)的现象,称为"屈服",所对应的应力称为屈服强度(单位:MPa)。用下式计算

$$\sigma_s(屈服强度) = \frac{F_s(屈服时荷载)}{S_0(试样截面积)}$$

(2) 抗拉强度

钢材被拉断前所能承受的最大应力。用下式计算

$$\sigma_b(抗拉强度) = \frac{F_s(最大荷载)}{S_0(试样截面积)}$$

钢材在屈服后虽然不会断裂,但产生较大的塑性变形,影响结构的正常使用,故在设计中一般以屈服强度作为强度取值的依据。抗拉强度不能直接利用,但屈服强度和抗拉强度的比值(即屈强比 σ_s/σ_b)却能反映钢材的利用率和安全性。σ_s/σ_b 越高,钢材的利用率高,但易发生危险的脆性断裂,安全性降低。如果屈强比太小,安全性高,但利用率低,造成钢材浪费。

(3) 伸长率及断面收缩率

将拉断的钢材拼合后,测出标距部分的长度,便可按下式求得断后伸长率。

$$\delta(伸长率) = \frac{L_1(断裂后标距部分长度) - L_0(原始标距长度)}{L_0(原始标距长度)} \times 100\%$$

也可以用下式计算断面收缩率。

$$\psi(断面收缩率) = \frac{A_0(拉伸前截面积) - A_1(断处的截面积)}{A_0(拉伸前截面积)} \times 100\%$$

伸长率和断面收缩率反映了钢材的塑性大小,在工程中具有重要意义。塑性大的钢,质软,易加工,冷弯和可焊性好,塑性大的钢材韧性也好。

2. 常用建筑钢材

建筑工程中常用的钢种有:碳素结构钢、低合金高强度结构钢及优质碳素钢。常用建筑钢材的形式有:钢结构用型钢和钢筋混凝土用钢材。

(1) 碳素结构钢

碳素结构钢是以碳为主要强化元素的钢种。

1) 牌号表示方法

钢的牌号由代表屈服点的字母、屈服点数值、质量等级符号、脱氧程度符号等四个部分按顺序组成。其中,以"Q"代表屈服点,屈服点数值共分 195MPa、215MPa、235MPa、275MPa 四种;质量等级以硫、磷等杂质含量由多到少分别用 A、B、C、D 表示;脱氧程度以 F 表示沸腾钢、Z 及 TZ 分别表示镇静钢与特镇静钢(06 标准中取消了半镇静钢,取消了 255 屈服强度),Z 与 TZ 在钢的牌号中可以省略。

例如：Q235—A·F 表示屈服点为 235MPa 的、质量等级为 A 级的沸腾钢。

2）力学性能要求

国家标准《碳素结构钢》（GB/T 700—2006）对其力学性能的规定，见表 6-13。

碳素结构钢的力学性能（GB/T 700—2006） 表 6-13

牌号	等级	屈服强度^a(N/mm^2)，不小于						抗拉强度/MPa	断后伸长率/%，不小于					冲击试验（V型缺口）	
		厚度（或直径）/mm							厚度（或直径）/mm					温度/℃	吸收功/J，（纵向），不小于
		≤16	>16~40	>40~60	>60~100	>100~150	>150~200		≤40	>40~60	>60~100	>100~150	>150~200		
Q195	—	195	185	—	—	—	—	315~430	33	—	—	—	—	—	—
Q215	A	215	205	195	185	175	165	335~450	31	30	29	27	26	—	—
	B													20	27
Q235	A	235	225	215	215	195	185	375~500	26	25	24	22	21	—	—
	B													20	27
	C													0	
	D													−20	
Q275	A	275	265	255	245	225	215	415~540	22	21	20	18	17	—	—
	B													20	27
	C													0	
	D													−20	

注：1. Q195 的屈服强度值仅供参考，不作为交货条件。
2. 厚度大于 100mm 的钢材，抗拉强度下限允许降低 20N/mm^2。宽带钢（包括剪切钢板）抗拉强度上限不作为交货条件。
3. 厚度小于 25mm 的 Q235 级钢材，如供方能保证冲击吸收功值合格，经需方同意，可不作检验。

3）性能和应用

钢材随牌号增加，含碳量增加，强度和硬度增加，塑性、韧性和可加工性能逐步降低；硫、磷含量低的 D、C 级钢质量优于 B、A 级钢，可作为重要焊接结构使用。

建筑工程中应用最广泛的是 Q235 号钢，其含碳量为 0.17%～0.22%，属于低碳钢，具有较高的强度，良好的塑性、韧性以及可焊性，综合性能好，能满足一般钢结构和钢筋混凝土用钢要求，且成本较低。在建筑工程中，Q235 钢可用于轧制各种型钢、轧制 HPB235 光圆钢筋。

（2）低合金高强度结构钢

低合金高强度结构钢是在碳素结构钢的基础上加入总量不超过 5% 的合金元素而形成的钢种。加入合金元素后能显著提高钢材强度，并改善其他性能。常用的合金元素有硅、锰、钛、钒、铬、镍等。

1）牌号表示方法

低合金高强度结构钢的牌号是由代表屈服点的"屈"汉语拼音的首位字母 Q、屈服强度数值、质量等级（A、B、C、D、E 五级）三个部分按顺序组成。

例如，Q345A 表示屈服点为 345MPa、质量等级为 A 级的钢。

2) 力学性能要求（表 6-14）

低合金高强度结构钢的力学性能（GB/T 1591—2008）　　表 6-14

牌号	质量等级	拉伸试验													
		公称厚度（直径/边长）/mm 下屈服强度/MPa≥								公称厚度（直径/边长）/mm 下伸长率/%≥					
		≤16	>16~40	>40~63	>63~80	>80~100	>100~150	>150~200	>200~250	>250~400	≤40	>40~63	>63~100	>100~150	>150~250	>250~400
Q345	A	345	335	325	315	305	285	275	265	—	20	19	19	18	17	—
	B															
	C															
	D									265	21	20	20	19	18	17
	E															
Q390	A	390	370	350	330	330	310	—	—	—	20	19	19	18	—	—
	B															
	C															
	D															
	E															
Q420	A	420	400	380	360	360	340	—	—	—	19	18	18	18	—	—
	B															
	C															
	D															
	E															
Q460	C	460	440	420	400	400	380	—	—	—	17	16	16	16	—	—
	D															
	E															
Q500	C	500	480	470	450	440	—	—	—	—	17	17	17	—	—	—
	D															
	E															
Q550	C	550	530	520	500	490	—	—	—	—	16	16	16	—	—	—
	D															
	E															
Q620	C	620	600	590	570	—	—	—	—	—	15	15	15	—	—	—
	D															
	E															
Q690	C	690	670	660	640	—	—	—	—	—	14	14	14	—	—	—
	D															
	E															

注：1. 当屈服不明显时，可测量 $\sigma_{0.2}$ 代替下屈服强度；
　　2. 宽度不小于 600mm 扁平材，拉伸试验取横向试样；宽度小于 600mm 的扁平材、型材及棒材取纵向试样，断后伸长率最小值相应提高 1%。

3) 性能和用途

低合金高强度结构钢除强度高外，还有良好的塑性和韧性，硬度高，耐磨好，耐腐蚀性能强，低温韧性好。一般情况下，它的含碳量≤0.2%，因此仍具有较好的可焊性。冶炼碳素钢的设备可用来冶炼低合金高强度结构钢,故冶炼方便,成本低。

在建筑工程中,低合金高强度结构钢,可用于制作各类型钢,变形(热轧、冷轧)钢筋、热处理钢筋。

(3) 优质碳素钢

碳素钢按有害杂质磷、硫含量可把碳素钢分为普通碳素钢(含磷、硫较高)、优质碳素钢(含磷、硫较低)和高级优质钢(含磷、硫更低)和特级优质钢。优质碳素钢按其含碳量多少分为低碳钢(含碳量低,在0.25%—0.5%之间)和高碳钢(含碳量大于0.5%)。

优质碳素钢常用含碳量的万分之几来表示牌号。如45♯,表示含碳量为万分之45(0.45%)。《优质碳素钢》(GB/T 699—2008)规定了这类钢的化学成分和机械性能要求。建筑工程中使用含碳量较高的优质碳素钢(60以上),制作预应力混凝土用钢丝和钢绞线。部分牌号的优质碳素钢机械性能见表6-15。

优质碳素钢的机械性能指标(部分)(GB/T 699—2008) 表6-15

牌号	力学性能		
	抗拉强度(MPa)	断面收缩率(%)	断后伸长率(%)
	不小于		
40号	570	45	19
45号	600	40	16
50号	630	40	14
55号	645	35	13
60号	675	35	12
65号	695	30	10
70号	715	30	9
75号	1080	30	7
80号	1080	30	6
85号	1130	30	6

3. 钢筋混凝土用钢材

(1) 热轧钢筋

热轧钢筋按外形可分为光圆钢筋和带肋钢筋二大类。

1) 热轧光圆钢筋

根据国家标准:钢筋混凝土用钢,第1部分《热轧光圆钢筋》(GB1499.1—2008)规定,热轧光圆钢筋按屈服强度特征值分为HPB235、HPB300二个牌号(HPB—热轧光圆钢筋英文Hot rolled Plain Bars的缩写)。

2) 热轧带肋钢筋

根据国家标准:钢筋混凝土用钢,第2部分《热轧带肋钢筋》(GB1499.2—2007)规定,热轧带肋钢筋分为普通热轧钢筋和细晶粒热轧钢筋两类。两类钢的主要金相组织相同,为铁素体加珠光体,但细晶粒热轧钢筋是在热轧过程中,通过控轧和控冷工艺形成的细晶粒钢筋。根据屈服强度特征值将热轧带肋钢筋分为335、400、500三个级别。

根据《混凝土结构设计规范》(GB 50010—2010)规定:纵向受力普通钢筋宜采用HRB400、HRB500、HRBF400、HRBF500钢筋,也可采用HPB300、HRB335、HRBF335钢

筋；梁、柱纵向受力普通钢筋应采用 HRB400、HRB500、HRBF400、HRBF500 钢筋；箍筋宜采用 HRB400、HRBF400、HPB300、HRB500、HRBF500 钢筋，也可采用 HRB335、HRBF335 钢筋。

(2) 预应力混凝土用螺纹钢筋

预应力混凝土用螺纹钢筋也称精轧螺纹钢筋，系采用热轧、轧后余热处理或热处理等工艺生产的带有不连续外螺纹的直条钢筋，这类钢筋具有较高强度、较好的塑性、较低的应力松弛，且在任意截面处，均可用带有匹配形状的内螺纹的连接器或锚具进行连接或锚固，因而广泛应用于预应力混凝土中。

预应力钢筋混凝土用螺纹钢筋其代号以"PSB"加屈服强度最小值表示，国家标准《预应力钢筋混凝土用螺纹钢筋》（GB/T 20065—2006）规定，其屈服强度最小值分为 PSB 785、PSB 830、PSB 930、PSB 1080 四个强度等级。例如：PSB830 表示屈服强度最小值为 830MPa 的预应力钢筋混凝土用螺纹钢筋。

预应力钢筋混凝土用螺纹钢筋的公称直径范围为 18mm～50mm，标准（GB/T 20065—2006）推荐的公称直径为 25mm～32mm。

(3) 冷轧带肋钢筋

冷轧带肋钢筋是由热轧圆盘条经冷轧后，在其表面带有沿长度方向均匀分布的三面或二面横肋的钢筋，公称直径有 4mm、5mm、6mm。

根据现行标准《冷轧带肋钢筋》（GB 13788—2008）规定，冷轧带肋钢筋的牌号由"CRB"与抗拉强度值组成，"CRB"分别表示"冷轧、带肋、钢筋"。冷轧带肋钢筋按抗拉强度分为四个牌号 CRB550、CRB650、CRB800、CRB970。

冷轧带肋钢筋是由热轧圆盘条经却冷却后轧制而成，相当于对热轧钢筋进行了冷加工强化，又由于允许进行低温回火处理，所以在提高了强度的同时，仍保持有较好的塑性。同时，由于表面变形，增强了钢筋与混凝土的握裹力，因此在普通混凝土结构及中、小型预应力混凝土结构中得到了广泛的应用。

(4) 冷轧扭钢筋

冷轧扭钢筋是由低碳钢热轧圆盘条（使用最多的是 Q235）经专用钢筋冷轧扭机调直、冷轧并冷扭（或冷滚）一次成型具有规定截面形式和相应节距的连续螺旋状钢筋。

冷轧扭钢筋按其强度级别不同分为 550、650 两级。

冷轧扭钢筋的标记由产品名称代号（CTB）、强度级别代号（550 或 650）、标志代号（Φ^T）、标志直径、截面类型代号（Ⅰ，Ⅱ或Ⅲ）组成。

如：CTB550Φ^T10-Ⅱ，表示：冷轧扭钢筋，强度级别 550，Ⅱ型截面，标志直径 10mm。

6.2.6 木材

木材是最古老的建筑材料之一，具有很多优点，如：轻质高强（比强度大），导电、导热性低，有较好的弹性和韧性，能承受冲击和震动荷载，而且易于加工。目前虽然在承重结构中被钢筋和混凝土等取代，但由于木材具有美观的天然纹理和温和的色调，在装饰、装修工程中仍被广泛采用。

但木材也具有结构不均匀、各向异性、易吸湿变形、易腐蚀、易燃烧、资源短缺等缺点，所以在应用上也受到一定的限制。因此，合理地节约和综合利用木材具有十分重要的意义。

1. 木材的物理性质

(1) 体积密度

木材的平均值是 500kg/m³，体积密度的大小与木材的种类和含水率有关，通常以含水率为 15% 时的体积密度为准。

(2) 含水量

木材中的含水量以含水率表示，即木材中所含水的质量占干燥木材质量的百分数。

木材中的水分按其与木材结合形式和存在的位置，可分为：自由水、吸附水和化学结合水。

湿木材在空气中干燥时，当自由水蒸发完毕而吸附水尚处于饱和时的含水率，称为纤维饱和点，其大小随树种而异，通常木材纤维饱和点在 23%～33% 之间波动，常以 30% 作为木材纤维饱和点。

木材中的含水率在纤维饱和点以下变化时，木材的强度、体积会随之变化。所以，木材的纤维饱和点是木材物理、力学性质的转折点。

木材长时间处于一定温度和湿度的空气中，当水分的蒸发和吸收达到动态平衡时，其含水率相对稳定，这时木材的含水率称为平衡含水率。在我国，木材的平衡含水率平均为 15%（北方约为 12%，南方约为 18%）。

(3) 干缩与湿胀

木材具有显著的干缩与湿胀性。当木材从潮湿状态干燥至纤维饱和点时，自由水蒸发不改变其尺寸；继续干燥，细胞壁中吸附水蒸发，细胞壁收缩，从而引起木材体积收缩。反之，干燥木材吸湿时将发生体积膨胀，直到含水量达到纤维饱和点为止。

由于木材构造不均匀，各方向、各部位胀缩也不同，其中弦向的胀缩最大，径向次之，纵向最小。干缩会使木材翘曲开裂、接榫松弛、拼缝不严，湿胀则造成凸起。为了避免上述情况，在木材加工制作前必须预先进行干燥处理，使木材的含水率比使用地区平衡含水率低 2%～3%。

2. 木材的强度

(1) 木材的各种强度

工程上常利用木材的以下几种强度：抗压、抗拉、抗弯和抗剪。由于木材是一种非均质材料，具有各向异性，因而木材的强度有很强的方向性。对抗压、抗拉、抗剪强度而言有顺纹与横纹之分。

当以木材的顺纹抗压强度为 1 时，木材理论上各强度大小关系见表 6-16。

木材各种强度间的关系　　　　表 6-16

抗压		抗拉		抗弯	抗剪	
顺纹	横纹	顺纹	横纹		顺纹	横纹
1	1/10～1/3	2～3	1/20～1/3	1.5～2	1/7～1/3	1/2～1

(2) 影响木材强度的因素

1) 含水量

木材含水量对强度影响极大。在纤维饱和点以下时，随着含水量减少，木材的强度提高，其中以抗弯和顺纹抗压强度提高较明显。含水量在纤维饱和点以上变化时，强度基本为一恒定值。

2）环境温度

温度对木材强度也有较大影响。试验表明，温度从25℃升至50℃时，将因木纤维和木纤维间胶体的软化等原因，使木材抗压强度降低20%～40%，抗拉和抗剪强度下降12%～20%。此外，木材长时间受干热作用会产生脆性。

3）外力作用时间

木材极限强度表示的是抵抗短时间外力作用的能力，而木材在长期荷载作用下所能承受的最大应力称为持久强度。由于木材受力后将产生塑性流变，使木材强度随荷载时间的增长而降低，木材的持久强度仅为极限强度的50%～60%。

4）缺陷

木材的强度是以无缺陷标准试件测得的，而实际木材在生长、采伐、加工和使用过程中会产生一些缺陷，如木节、裂纹和虫蛀等，这些缺陷影响了木材材质的均匀性，破坏了木材的构造，从而使木材的强度降低，其中对抗拉和抗弯强度影响最大。

除了上述影响因素外，树木的种类、生长环境、树龄以及树干的不同部位等因素也对木材的强度有一定的影响。

3. 木材的应用

按加工程度和用途不同，木材分为原条、原木、锯材三类，如表6-17所示。

木材的初级产品 表6-17

分　类		说　明	用　途
圆条		除去根、梢、枝的伐倒木	用做进一步加工
原木		除去根、梢、枝和树皮并加工成一定长度和直径的木段	用做屋架、柱、桁条等，也可用于加工锯材和胶合板等
锯材	板材（宽度为厚度的3倍或3倍以上）	薄板：厚度12～21mm	门芯板、隔断、木装修等
		中板：厚度25～30mm	屋面板、隔断、木装修等
		厚板40～60mm	门窗
	方材（宽度小于厚度的3倍）	小方：截面积54m² 以下	椽条、隔断木筋、吊顶隔栅
		中方：截面积55～100m²	支撑、搁栅、扶手、檩条
		大方：截面积101～225m²	屋架、檩条
		特大方：截面积226m² 以上	木或钢木屋架

6.3 功能性材料

6.3.1 沥青

沥青是一种憎水性的有机胶凝材料，在常温下呈黑色或黑褐色的固体、半固体或液体状态。沥青几乎完全不溶于水，具有良好的不透水性。沥青具有较好的抗腐蚀能力，能抵抗一般酸、碱、盐等的腐蚀。沥青还具有良好的电绝缘性。因此，沥青材料及其制品被广泛应用于建筑工程的防水、防潮、防渗、防腐及道路工程。

一般用于建筑工程中的沥青有石油沥青和煤沥青两种。

1. 石油沥青

（1）石油沥青的组分

1）油分

油分为淡黄色至红褐色的黏性液体，油分越多，沥青的流动性就越大。所以油分含量的多少直接影响沥青的柔软性、抗裂性及施工难度。

2）树脂

树脂又称沥青脂胶，为黄色至黑褐色的黏稠状半固体。树脂使沥青具有塑性、可流动性和粘结性，其含量增加，沥青的粘结力和延伸性增加。

3）沥青质

沥青质也叫地沥青质，是深褐色至黑褐色的无定形固体粉末。沥青质赋予沥青热稳定性和粘结性。含量越多，沥青的粘结力越大，软化点（热稳定性）越高，也越硬、脆。

石油沥青的性质与各组分之间的比例密切相关。液体沥青中油分、树脂多，流动性好，而固体沥青中树脂、沥青质多，特别是沥青质多，所以热稳定性和粘性好。

石油沥青中各组分的比例，并不是固定不变的。在热、阳光、空气及水等外界因素作用下，组分在不断改变，即由油分向树脂、树脂向沥青质转变，油分、树脂逐渐减少，而沥青质逐渐增多，使沥青流动性、塑性逐渐变小，脆性增加直至脆裂。这个现象称为沥青材料的老化。

（2）石油沥青的主要技术性质

1）粘滞性

粘滞性是指石油沥青在外力作用下抵抗变形的能力。它是沥青材料最为重要的性质。根据 GB/T 4509—2010 规定，对于半固体或固体的石油沥青用针入度指标表示。针入度越大，表示沥青越软，黏度越小。液体石油沥青的黏滞性则用黏滞度表示。

2）塑性

塑性通常也称延性或延展性。是指石油沥青受到外力作用时产生变形而不破坏的性能，用延度指标表示。

3）温度稳定性

温度稳定性也称温度敏感性。是指石油沥青的粘滞性和塑性随温度升降而变化的性能，是沥青的重要指标之一。在沥青的常规试验方法中，软化点试验可作为反映沥青温度敏感性的方法。

针入度、延度和软化点称为沥青的三大指标，其中针入度是划分沥青牌号的主要依据。

（3）石油沥青的适用

选用石油沥青的原则是根据工程性质（房屋、道路、防腐）及当地气候条件、所处工程部位（层面、地下）来选用。建筑工程中屋面防水用沥青，主要考虑其软化点要求。选用沥青软化点应比本地区屋面可能达到的最高温度高 20~25℃，以避免夏季流淌。在满足上述要求的前提下，尽量选用牌号高的石油沥青，以保证有较长的使用年限。因为牌号高的沥青比牌号低的沥青含油分多、树脂多，其挥发、变质（组分演变）所需时间较长，即抗老化能力强，耐久性好。石油沥青的应用范围如表 6-18 所示。

石油沥青的应用范围　　　　　　表 6-18

品　种	牌　号	主要应用
道路石油沥青	200、180、140、100、60	主要在道路工程中配制沥青混合料；制作密封材料、胶粘剂、沥青涂料；60 号沥青常与建筑沥青掺配使用
建筑石油沥青	40、30、10	使用在屋面及地下防水、防腐工程。主要用于制造油纸、油毡防水卷材；防水及防腐涂料、嵌缝膏和沥青胶
防水防潮石油沥青	3号、4号、5号、6号	用作防水卷材的涂料及屋面与地下防水的黏结材料。3号用于室内及地下；4号一般地区可缓坡屋面；5号用于气温较高地区屋面；6号用于寒冷地区屋面

2. 煤沥青

煤沥青是炼焦或生产煤气的副产品。烟煤干馏时所挥发的物质冷凝为煤焦油，煤焦油经分馏加工，提取出各种油质后的产品即为煤沥青。煤沥青可分为硬煤沥青与软煤沥青两种。硬煤沥青是从煤焦油中蒸馏出轻油、中油、重油及蒽油之后的残留物，常温下一般呈硬固体；软煤沥青是从煤焦油中蒸馏出水分、轻油及部分中油后得到的产品。

煤矿沥青的胶体结构与石油沥青相似，其组成为：游离碳、树脂（分硬树脂和软树脂）和油分。其中游离碳和硬树脂相当于石油沥青的地沥青质。煤沥青的油分中含有：萘、蒽和酚。萘和蒽含量较高或低温时呈固态析出，影响煤沥青的低温变形能力；萘常温下易挥发、升华，加速煤沥青的老化；酚易溶于水，且易被氧化；萘和酚均有毒性，对人和生物有害，故煤沥青常用作防腐材料。煤沥青与石油沥青的主要区别见表 6-19。

石油沥青与煤沥青的主要区别　　　　　　表 6-19

性　质	石油沥青	煤沥青
密度（g/cm^3）	近于 1.0	1.25～1.28
燃烧	烟少、无色、有松香味、无毒	烟多、黄色、臭味大、有毒
锤击	韧性较好	韧性差，较脆
颜色	呈灰亮褐色	浓黑色
溶解	易溶于煤油与汽油中，呈棕黑色	难溶于煤油与汽油中，呈黄绿色
温度稳定性	较好	较差
大气稳定性	较好	较差
防水性	好	较差（含酚，能溶于水）
抗腐蚀性	差	好（含萘、酚，有毒）

3. 改性沥青

沥青作为防水防腐材料（及路面用材料）应具有良好的综合性能，如高温下有较高的强度和热稳定性；低温下有较高的柔韧性；与结构表面或各种矿料间有较强的粘附力；对构件变形有较高的适应性和耐疲劳性；具有较强的抗老化能力等。这些要求仅靠沥青自身是不可能满足的。为此，常掺加高分子聚合物材料对沥青进行改性。按掺加的高分子材料，可将改性沥青分为橡胶改性沥青、树脂改性沥青、橡胶树脂共混改性沥青三类。

（1）橡胶改性沥青

橡胶作为沥青的改性材料，它和沥青有较好的混溶性，并能使沥青具有橡胶的很多优点，如高温变形性小，常温弹性较好，低温柔性较好。常见的品种有：

1）氯丁橡胶改性沥青。石油沥青中掺入氯丁橡胶后，可使其气密性、低温柔性、耐化学腐蚀性、耐光、耐臭氧性、耐候性和耐燃性等得到大大改善。

2）丁基橡胶改性沥青。丁基橡胶改性沥青具有优异的耐分解性，并有较好的低温抗裂性能和耐热性能，多用于道路路面工程、制作密封材料和涂料。

3）再生橡胶改性沥青。在沥青中掺入再生橡胶，同样可大大提高沥青的气密性、低温柔性、耐光性、耐热性、耐臭氧性、耐候性。

由于再生橡胶价格相对低廉，再生橡胶改性沥青应用也较为广泛，可用于制作卷材、片材、密封材料、胶粘剂和涂料等。

4）热塑性丁苯胶（SBS）改性沥青。SBS热塑性橡胶兼有橡胶和塑料的特性，常温下具有橡胶的弹性，在高温下又能像塑料那样熔融流动，成为可塑的材料。采用SBS橡胶改性沥青，其耐高、低温性能均有较明显提高，制成的卷材弹性和耐疲劳性也大大提高，是目前应用最成功和用量最大的一种改性沥青。SBS的掺入量一般为5%～10%。主要用于制作防水卷材，也可用于制作防水涂料。

（2）树脂改性沥青

用树脂改性石油沥青，可以改进沥青的耐寒性、耐热性、粘结性和不透气性。常用的树脂有：APP（无规聚丙烯）、聚乙烯、聚丙烯等。

（3）橡胶和树脂改性沥青

由于橡胶和树脂具有较好的混溶性，所以同时加入橡胶和树脂，可使沥青兼具橡胶和树脂的特性，取得满意的改性效果。

橡胶、树脂和石油沥青在加热熔融状态下，沥青与高分子聚合物之间发生相互侵入的扩散，沥青分子填充在聚合物大分子的间隙内，同时聚合物分子的某些链节扩散进入沥青分子中，从而形成凝聚网状混合结构，由此而获得较优良的性能。主要用于制作片材、卷材、密封材料、防水涂料。

6.3.2 建筑装饰材料

建筑装饰材料种类繁多，本节仅介绍装饰中常用的石材、玻璃及陶瓷制品。

1. 常用装饰石材

（1）花岗岩

花岗岩是岩浆岩中分布最广的一种岩石，其主要造岩矿物有石英、长石、云母和少量暗色矿物，属晶质结构，块状构造。花岗岩的颜色有深青、紫红、浅灰和纯黑等，色彩主要由长石的颜色所决定，因为花岗岩中长石的含量较多。

花岗岩坚硬致密，抗压强度高，在120～250MPa之间，表观密度在2600～2700kg/m³之间，孔隙率小（0.19%～0.36%），吸水率低（0.1%～0.3%），耐磨性好，耐久性高，使用年限可达数十年至数百年。

在建筑工程中，花岗岩是用得最多的一种岩石。由于其质致密，坚硬耐磨，美观而豪华，被公认为是高级的建筑结构材料和装饰材料。在建筑上，花岗岩可用于基础、勒脚、柱子、踏步、地面和室内外墙面等。花岗岩经磨光后，色泽美观，装饰效果极好，是室内外主要的高级装修、装饰材料。

（2）大理岩

大理岩由石灰岩或白云岩变质而成。由白云岩变质而成的大理岩性能优于由石灰岩变质而成的大理岩。大理岩的主要造岩矿物仍然是方解石和白云石，属等粒变晶结构，块状构造。大理岩抗压强度高（100～300MPa），表观密度较大（2600～2700kg/m³），纯大理岩为白色，俗称汉白玉，产量较少。多数大理岩因含杂质（氧化铁、二氧化硅、云母及石墨等）而呈现不同的色彩，常见的有红、黄、棕、黑和绿等颜色。大理岩彩色花纹取决于杂质分布的均匀程度。大理岩质地致密但硬度不大（3～4），加工容易，经加工后的大理岩色彩美观，纹理自然，是优良的室内装饰材料。

大理岩不宜用作城市内建筑物的外部装饰，因为城市的空气中常含有二氧化硫，遇水后生成亚硫酸，然后变成硫酸，与大理岩中的碳酸钙起反应，生成易溶于水的石膏，使其表面失去光泽，变为粗糙而多孔，失去了装饰效果和降低了建筑性能。

大理岩主要用于室内墙面、柱面、地面、栏杆、踏步及花饰等。

2. 装饰玻璃

（1）玻璃锦砖

玻璃锦砖又称玻璃马赛克或玻璃纸皮石，是一种乳浊状半透明的玻璃质材料。玻璃锦砖是小规格饰面玻璃制品，一般尺寸为20mm×20mm、30mm×30mm、40mm×40mm，厚4～6mm，背面有槽纹以利于与基面的粘接。玻璃锦砖产品出厂时是按设计图案反贴在牛皮纸上，每联的规格为305.5mm×305.5mm。

玻璃锦砖颜色绚丽，色法众多，又分透明、半透明、不透明三种，且色质稳定，不变色；化学稳定性、耐候性、耐久性好；不积尘、易清洗，是一种良好的外墙装饰材料。

（2）玻璃贴面砖

玻璃贴面砖是以要求的尺寸规格的平板玻璃为基材，在平板玻璃的一面喷涂釉液，再在喷涂液表面均匀地洒上一层玻璃碎屑，以形成毛面，再经500～550℃热处理，使玻璃基材、釉、玻璃碎屑三者牢固粘结在一体制成。

玻璃贴面砖可用作内、外墙的饰面装饰。

（3）彩色玻璃

彩色玻璃有透明与不透明两种，颜色有红、黄、蓝、绿、灰等十余种。透明的彩色玻璃是在玻璃原料中加入一定量的金属氧化物而制成。不透明彩色玻璃是以平板玻璃、磨砂玻璃或玻璃砖等为基材，在其表面涂敷一层易熔性色釉，再经加热固化，再经退火或钢化而成，故又称之为釉面玻璃。

彩色玻璃与其他装饰材料相比，具有耐蚀、抗冲刷、易清洗等优点，且易加工制作，主要用于内外墙门窗、及对装饰有一定要求又对光线有特殊要求的部位。

（4）压花玻璃

压花玻璃是将熔融的玻璃在急冷中通过带图案花纹的辊轴滚压而成的玻璃制品，可一面压花，也可两面压花，一般规格为800mm×700mm×3mm。

压花玻璃具有透光不透视的特点，多用于办公室、会议室、浴室、卫生间的门窗及隔断。单面压花的玻璃使用时应将花纹朝向室外。

（5）磨砂玻璃

磨砂玻璃又称毛玻璃，是由普通平板玻璃经研磨、喷砂或氢氟酸溶蚀等加工，使其单面或双面变得均匀粗糙。

磨砂玻璃可使光线产生漫反射，其特点是透光不透视、光线不刺眼。常用于办公室、浴室、卫生间的门窗及隔断，也可用于制作黑板或灯罩。

（6）激光玻璃

激光玻璃是玻璃经特殊（光学）加工而成，在光线照射下，形成物理衍射分光而出现绚丽的七色光，且会随光线入射角的不同出现色彩变化，使被饰物显得富丽堂皇。

激光玻璃适用于酒店、宾馆和各种商业、文化、娱乐设施的装饰，也可装饰内外墙柱、地面、桌面、幕墙、屏风等。

3. 建筑装饰陶瓷

建筑陶瓷主要用作墙面、地面的装饰及卫生设备。建筑陶瓷具有坚固耐久、色彩鲜明、防火防水、耐磨耐蚀、易于清洗等优点，而广泛应用与建筑工程中。

（1）釉面内墙砖

釉面内墙砖简称釉面砖，是用于建筑物内部墙面装饰的薄片状施釉精陶制品，习惯上称为瓷砖。瓷砖因具有釉面光泽度高、色彩鲜艳、易于清洗，且耐火、耐水、耐磨、耐蚀等优点，被广泛应用于建筑物内墙的装饰，成为厨房、卫生间、洗漱间、浴室中不可替代的墙面装饰和维护材料。

釉面砖属于多孔陶质制品，由于坯体和釉层的吸湿性差别较大，坯体吸湿受冻后产生较大膨胀，会导致釉面受拉应力而开裂。因此釉面砖不宜用于室外。

（2）彩釉砖

彩釉砖是有彩色釉面的炻质瓷砖，其色彩图案丰富多样，表面光滑，且表面可制成压花浮雕画、纹点画，还可进行釉面装饰，因而具有较好的装饰性，适用于各类建筑物的外墙面和室内地面的装饰。

彩釉砖用于地面时应选用耐磨性好的种类，用于寒冷地区时应选用吸水率小的种类。

（3）墙地砖

墙地砖是墙砖和地砖的总称，包括建筑物墙装饰贴面用砖和室内外地面装饰铺贴用砖。墙地砖是以品质均匀、耐火度较高的黏土作为原料，经压制成型、高温烧制而成。表面可上釉或不上釉，可光平或粗糙，以求不同质感。其背面常带有凹凸不平的沟槽以利于与基材的粘接。

外墙砖应具有强度高、防潮、抗冻、防水、耐蚀、易清洗、色调柔和等特点；地砖应具有砖面平整、色调均匀、耐蚀、耐磨，易于拼贴图案等特点。

（4）劈离砖

劈离砖又称劈裂砖，因其制作工艺而得名，即由成型时的双砖背连坯体，烧成后再劈裂成两块砖。劈离砖兼有烧结黏土砖和彩釉砖的特点，强度高、抗冲击性强、抗滑性好；且耐蚀、耐磨，与基材的可粘接性高；而且其表面可以施釉，提高其装饰性和可清洗性。

劈离砖是一种新型建筑陶瓷制品，适用于各类建筑物的外墙装饰和楼堂馆所、车站、广场、公园等地面的铺设。

6.3.3 建筑塑料

塑料是以合成树脂为基体材料，加入适量的填料和添加剂，在高温、高压下塑化成型，且在常温、常压下保持制品形状不变的材料。

建筑塑料具有轻质、高强、多功能等特点，符合现代材料发展的趋势，是一种理想的可用于替代木材、部分钢材和混凝土等传统建筑材料的新型材料。

1. 塑料的主要性质

（1）密度小。塑料的密度通常在 $800\sim2200$ kg/m³ 之间，约为钢材的 $1/5$，混凝土的 $1/2\sim2/3$。

（2）孔隙率可控。塑料的孔隙率在生产时可在很大范围内加以控制。例如，塑料薄膜和有机玻璃的孔隙率几乎为零，而泡沫塑料的孔隙率可高达 $95\%\sim98\%$。

（3）吸水率小。大部分塑料是耐水材料，吸水率很小，一般不超过 1%。

（4）耐热性差。热塑性塑料受热会软化、变形，使用时要注意限制温度。

（5）导热性低。密实塑料的导热系数为 $0.23\sim0.70$ W/m·K，泡沫塑料的导热系数则接近于空气。

（6）强度较高。如玻璃纤维增强塑料（玻璃钢）的抗拉强度高达 $200\sim300$ MPa，许多塑料的抗拉强度与抗弯强度相近。塑料的比强度接近甚至超过钢材。

（7）弹性模量小。约为混凝土的 $1/10$，同时具有徐变特性，所以塑料在受力时有较大的变形。

（8）耐腐蚀性好。大多数塑料对酸、碱、盐等腐蚀性物质的作用都具有较高的化学稳定性，但有些塑料在有机溶剂中会溶解或溶胀，使用时应注意。

（9）易老化。在使用条件下，塑料受光、热、大气等作用，内部高聚物的组成与结构发生变化，致使塑料失去弹性、变硬、变脆出现龟裂（分子交联作用引起）或变软、发粘、出现蠕变（分子裂解引起）等现象，这种性质劣化的现象称为老化。

（10）易燃。塑料属于可燃性材料，在使用时应注意，建筑工程用塑料应选择阻燃塑料。

2. 常用的建筑塑料制品

建筑塑料的种类多，有塑钢窗、下水管和排水管、线管和线槽、地板卷材和人造革等。聚乙烯和聚丙烯塑料还大量用来制造装饰板及包装材料。聚甲基丙烯酸甲酯也称有机玻璃，透光性非常好，大量用于制造装饰品、灯具及广告箱，家庭用的吸顶灯罩大都是由有机玻璃制造的。聚苯乙烯用量最大的是发泡制品，发泡制品大量用于包装，聚苯乙烯发泡制品还可用于建筑上的轻质隔墙及保温材料。塑料制品在建筑工程中的应用可参阅表6-20。

建筑中应用的塑料制品　　　　　　　　　　表 6-20

分　类	主要塑料制品	
装饰材料	塑料地板材料	塑料地砖和卷材
		塑料涂布地板
		塑料地毯
	塑料内墙材料	塑料墙纸
		三聚氰胺装饰层压板
		塑料墙面砖
	塑料门窗	塑料门、塑料窗
		百叶窗
	装修线材：踢脚线、挂镜线、扶手、踏步	
	塑料建筑小五金、灯具	
	塑料平顶	
	塑料隔断板	

续表

分 类	主要塑料制品
水暖工程材料	给排水管材、管件、落水管
	煤气管
	卫生洁具：浴缸、水箱、洗面池
防水工程材料	防水卷材、密封嵌缝材料、止水带
隔热材料	现场发泡泡沫塑料、泡沫塑料
混凝土工程材料	塑料模板
墙面及屋顶材料	护墙板
	屋面板（阳光板等）
	屋面有机合成塑料（瓦等）
塑料建筑	充气建筑、塑料建筑物、盒子卫生间、厨房

(1) 塑钢门窗

塑钢门窗是国家重点推广的节能化工建材，其外观平整，色彩多样，不褪色，装饰性强，使用寿命长，且保温、隔声、隔湿、耐腐蚀性能都优于普通的木门窗和金属窗。塑钢门窗主要采用改性硬质聚氯乙烯（PVC-U）经挤出机形成各种型材。有复合型和全塑型两种。型材经过加工，组装成建筑物的门窗。

塑料型材为多腔式结构，具有良好的隔热性能，传热系数甚小，仅为钢材的 1/357，铝材的 1/1250，使用塑料门窗比使用木窗的房间，冬季室内温度提高 4-5℃；另外，塑料门窗的广泛使用也给国家节省了大量的木、铝、钢材料，生产同样重量的 PVC 型材的能耗是钢材的 1/45，铝材的 1/8，因此，其经济效益和社会效益都是巨大的。

塑料异型材采用独特的配方，提高了其耐寒性。塑料门窗可长期使用于温差较大的环境中（-50℃～70℃），烈日暴晒、潮湿都不会使其出现变质、老化、脆化等现象，最早的塑料门窗已使用 30 年，其材质完好如初，按此推算，正常环境条件下塑料门窗使用寿命可达 50 年以上。

(2) 塑料管材

塑料管和传统金属管相比，具有重量轻、耐腐蚀、水流阻力小、不生苔、不易积垢、安装加工方便等特点，受到了管道工程界的青睐。

塑料管材分为硬管与软管。常用的塑料管按主要原料可分为：硬质聚氯乙烯（UP-VC）塑料管、聚乙烯（PE）塑料管、PEX 管、聚丙烯（PP-R）塑料管、ABS 塑料管、聚丁烯（PB）塑料管、玻璃钢（FRP）管和复合塑料管等。塑料管材的品种有给水管、排水管、雨水管、波纹管、电线穿线管、燃气管等。

(3) 塑料扶手、塑料装饰扣板

这些塑料制品都是以聚氯乙烯树脂为主要原料，加入适量助剂，挤压成型的。产品色彩鲜艳、耐老化、手感好，适用于各种民用建筑。

(4) 塑料地板

塑料地板是发展最早的塑料类装修材料。与传统的地面材料相比，塑料地板具有质轻、美观、耐磨、耐腐蚀、防潮、防火、吸声、绝热、有弹性、施工简便、易于清洗与保养等特点，使用较为广泛。

塑料地板种类繁多，按所用树脂，可分为聚氯乙烯塑料地板、氯乙烯—醋酸乙烯塑料地板、聚乙烯塑料地板、聚丙烯塑料地板；目前绝大部分的塑料地板为聚氯乙烯塑料地板。按形状可分为块状与卷状，其中块状占的比例大。块状塑料地板可以拼成不同色彩和图案，装饰效果好，也便于局部修补；卷状塑料地板铺设速度快，施工效率高。按质地可分为硬质地板、半硬质地板与软质地板。

（5）泡沫塑料

泡沫塑料是以各种树脂为基料，加入一定量的发泡剂、催化剂、稳定剂等辅助材料，经加热发泡而成的一种轻质保温隔热、吸声隔音、防震材料。泡沫塑料的孔隙率高达95%～98%，且孔隙尺寸小于1.0mm，因而具有优良的隔热保温性能，建筑上常用的有聚苯乙烯泡沫塑料、聚氯乙烯泡沫塑料、聚氨酯泡沫塑料、脲醛泡沫塑料等。

第 7 章 建筑工程造价

7.1 工程造价概述

7.1.1 工程定额计价基本特点

1. 工程建设定额的产生与分类

（1）工程建设定额的分类

工程建设定额的分类有多种方法，主要是以生产要素消耗内容分、编制程序和用途分类、主编单位和管理权限分类、专业性质分类等。具体划分参见图 7-1 的说明。

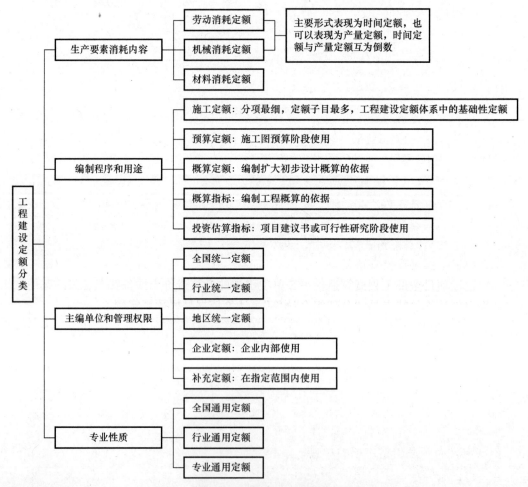

图 7-1 工程建设定额分类

对按照编制程序和用途分类的五种定额，掌握各种定额间的区别和联系。参见表7-1。

各种定额间关系的比较 表7-1

	施工定额	预算定额	概算定额	概算指标	投资估算指标
对象	工序	分部分项工程	扩大的分部分项工程	整个建筑物或构筑物	独立的单项工程或完整的工程项目
用途	施工管理	编制施工图预算	编制设计概算	编制初步设计概算	编制投资估算
项目划分	最细	细	较粗	粗	很粗
定额水平	平均先进	平均	平均	平均	平均
定额性质	生产性定额	计价性定额			

例7-1：工程建设定额科学性的表现之一是（　　）。
A. 由多种定额结合而成的有机整体
B. 定额和生产力发展水平应存在适当的差异
C. 定额由原法令性作用转变成指导性的作用
D. 定额制定和贯彻的一体化

答案：D

解析：本题考查科学性的特点

（2）工程建设定额的特点

包括科学性、系统性、统一性、指导性、稳定性与时效性。注意原"权威性"的提法已经更改为"指导性"。这些特点是经常考核的内容。

2. 工程定额计价的基本方法

工程定额计价的基本方法：

（1）基本构造要素的直接工程费单价＝人工费＋材料费＋施工机械使用费

其中：人工费＝Σ（人工工日数量×人工日工资标准）

材料费＝Σ（材料用量×材料预算价格）

机械使用费＝Σ（机械台班用量×台班单价）

（2）单位工程直接费＝Σ（假定建筑产品工程量×直接工程费单价）＋措施费

（3）单位工程概预算造价＝单位工程直接费＋间接费＋利润＋税金

（4）单项工程概算造价＝Σ单位工程概预算造价＋设备、工器具购置费

建设项目全部工程概算造价

（5）建设项目全部工程概算造价＝Σ单项工程的概算造价＋预备费＋有关的其他费用

工程定额计价的特点是"分部组合计价"，计价依据是概预算定额。

例7-2：一单项工程分为3个子项，它们的概算造价分别是500万元、1200万元、3600万元，该工程的设备购置费是900万元，则该单项工程总概算造价是（　　）万元。

A. 5300　　　　B. 6200　　　　C. 900　　　　D. 3600

答案：B

解析：单项工程总概算造价＝Σ单位工程概算造价＋设备、工器具购置费
＝500＋1200＋3600＋900＝6200（万元）。

3. 我国建筑产品价格市场发展的三个阶段

国家定价阶段；国家指导价阶段；国家调控价阶段，这三个阶段的定价主体、价格形式和价格形成特点。

7.1.2 建筑安装工程施工工作研究

本内容主要包括建安工程施工工作内容，计时观察法，人材机消耗量和单价的确定，预算定额，概算定额以及企业定额。

1. 建筑安装工程施工工作研究

（1）施工过程分类

1）根据施工过程组织上的复杂程度，可以分解为工序、工作过程和综合工作过程。

其中，工序是在组织上不可分割的，在操作过程中技术上属于同类的施工过程，其特征是：工作者不变，劳动对象、劳动工具和工作地点也不变。工作过程是由同一工人或同一小组所完成的在技术操作上相互有机联系的工序的综合体，其特点是人员编制不变，工作地点不变，而材料和工具则可以变换。综合工作过程是同时进行的，在组织上有机地联系在一起的，并且最终能获得一种产品的施工过程的总和。

2）按照工艺特点，施工过程可以分为循环施工过程和非循环施工过程两类。

3）根据使用的工具设备的机械化程度，施工过程又可以分为手动施工过程和机械施工过程两类。

4）按施工过程的性质不同，可以分为建筑过程、安装过程和建筑安装过程。

考核时需要区分工序、工作过程、综合工作过程之间的区别；循环与非循环工作过程之间的区别。

（2）工作时间的分类

工作时间指的是工作班延续时间。工作时间消耗的研究，可以分为两个系统进行，即工人工作时间的消耗和工人所使用的机器工作时间的消耗。

7.1.3 生产要素消耗量确定的基本方法

1. 计时观察法

计时观察法也称为现场观察法，是研究工作时间消耗的一种技术测定方法。它有三种观察方法。

（1）测时法。主要适用于测定那些定时重复的循环工作的工时消耗，是精确度比较高的一种计时观察法。有选择法和接续法两种。其中，选择法测时是指间隔选择施工过程中非紧连接的组成部分（工序或操作）测定工时，精确度达 0.5s，而接续法测时是连续测定一个施工过程各工序或操作的延续时间。接续法测时每次要记录各工序或操作的终止时间，并计算出本工序的延续时间。

（2）写实记录法。是一种研究各种性质的工作时间消耗的方法。采用这种方法，可以获得分析工作时间消耗的全部资料，是一种值得提倡的方法。写实记录法按记录时间方法不同分为数示法、图示法和混合法 3 种。

（3）工作日写实法。是一种研究整个工作班内的各种工时消耗的方法。这是我国采用较广泛的编制定额的一种方法。运用工作日写实法主要有两个目的，一是取得编制定额的基础资料；二是检查定额的执行情况，找出缺点，改进工作。与前两种测时法相比，工作日写实法具有技术简便、费力不多、应用面广和资料全面的优点，在我国是一种采用较广的编制定额的方法。

例 7-3：计时观察法的作用包括（   ）。
A. 取得编制劳动定额、材料定额、机械定额所需的基础资料
B. 研究先进工作法对提高劳动生产率的具体影响
C. 研究先进技术操作对提高劳动生产率的具体影响
D. 研究减少工时消耗的潜力
E. 研究定额执行情况，反馈信息

答案：B、C、D、E
解析：本题考查计时观察法的作用。答案 A 中不包括材料定额。

2. 确定人工定额消耗量的基本方法

人工定额消耗量的确定如下：

```
分析基础资料，拟定编制方案
  1. 影响工时消耗因素的确定：组织因素、系统因素、偶然因素
  2. 计时观察资料的整理：大多采用平均修正法
  3. 日常积累资料的整理和分析：现行定额的执行情况；补充定额资料；新工艺和新操作方法的资料；技术规范、
     操作规程、安全规程和质量标准等
  4. 拟定定额的编制方案：定额水平；定额分目；计量单位；定额的形式和内容
```

```
确定正常的施工条件
  拟定工作的组织；拟定工作的组成；拟定施工人员编制
```

```
确定人工定额消耗量
  工序作业时间＝基本工作时间＋辅助工作时间＝基本工作时间/(1－辅助时间%)
  规范时间＝准备与结束工作时间＋不可避免的中断时间＋休息时间
  定额时间＝作业时间/(1－规范时间%)
```

3. 确定机械台班定额消耗量的基本方法

确定机械台班定额消耗量的基本方法如下：

```
确定正常的施工条件
```

```
确定机械 1 小时纯工作的正常生产率
计算公式如下：
机械一次循环的正常延续时间＝Σ(循环各组成部分的延续时间)－交叠时间
机械纯工作一小时循环次数＝ (60×60 (s)) / 一次循环的正常延续时间
机械纯工作 1h 正常生产率＝机械纯工作 1h 正常循环次数×一次循环生产的产品数量
而对于连续动作机械
连续动作机械纯工作 1h 正常生产率＝ 工作时间内生产的产品数量 / 工作时间 (h)
```

```
确定机械正常利用系数
机械正常利用系数＝ 机械在一个工作班内纯工作时间 / 一个工作班延续时间 (8h)
```

```
计算施工机械台班定额
施工机械台班产量定额＝机械 1 小时纯工作正常生产率×工作班纯工作时间
产量定额＝机械 1 小时纯工作正常生产率×工作班延续时间×机械正常利用系数
施工机械时间定额＝1/机械台班产量定额指标
```

例 7-4：已知某挖土机挖土的一次正常循环工作时间是 2min，每循环工作一次挖土 0.5m³，工作班的延续时间为 8h，机械正常利用系数为 0.8，则其产量定额为（　　）m³/台班。

　　A. 96　　　　　B. 120　　　　　C. 150　　　　　D. 300

　　答案：A

　　解析：本题考查施工机械台班定额消耗量的确定方法。

施工机械台班产量定额＝机械 1h 纯工作正常生产率×工作班延续时间×机械正常利用系数＝15×8×0.8＝96m³/台班

4. 确定材料定额消耗量的基本方法

材料定额消耗量的确定如下：

在确定材料定额消耗量前，应明确材料的分类：按照材料消耗性质，可以划分为必须消耗的材料和损失的材料；按照材料消耗与工程实体的关系，可以划分为实体材料和非实体材料。

现场技术测定法：主要是编制材料损耗定额。

实验室试验法：主要是编制材料净用量定额。

现场统计法：不能分清材料消耗的性质，不能直接作为确定净用量定额和材料损耗定额的依据。

理论计算法：运用一定的数学公式计算材料消耗定额。

7.1.4 企业定额

1. 企业定额的作用

企业定额是施工企业进行建设工程投标报价的重要依据；企业定额的建立和运用可以提高企业的管理水平和生产力水平；企业定额是业内推广先进技术和鼓励创新的工具；企业定额的建立和使用可以规范建筑市场秩序，规范发包承包行为。

2. 企业定额的编制

（1）编制原则

执行国家、行业的有关规定，适应《建设工程工程量清单计价规范》的原则；真实、平均先进性原则；简明适用原则；具有时效性和相对稳定性原则；独立自主编制原则；以专为主、专群结合的原则。

（2）编制内容

根据《建设工程工程量清单计价规范》的要求，企业定额编制的内容包括：

① 工程实体消耗定额，即构成工程实体的分部（项）工程的工、料、机的定额消耗量。

② 措施性消耗定额，即有助于工程实体形成的临时设施、技术措施等定额消耗量。

③ 由计费规则、计价程序、有关规定及相关说明组成的编制规定。各种费用标准，是为施工准备、组织施工生产和管理所需的各项费用。企业管理人员的工资，各种基金、保险费、办公费、工会经费、财务费用、经常费用等等。

（3）编制方法

定额修正法、经验统计法、现场观察测定法、理论计算法等。

7.1.5 预算定额的基本知识

1. 预算定额的用途及其分类

预算定额是指在合理的施工组织设计、正常施工条件下、生产一个规定计量单位合格产品所需的人工、材料和机械台班的社会平均消耗量标准,是计算建筑安装产品价格的基础。

(1) 按专业性质分,预算定额有建筑工程定额和安装工程定额两大类。

(2) 从管理权限和执行范围划分,预算定额可以分为全国统一定额、行业统一定额和地区统一定额等。

(3) 预算定额按物资要素分为劳动定额、机械定额和材料消耗定额,但是它们是相互依存形成一个整体,作为编制预算定额依据,各自不具有独立性。

2. 预算定额的编制原则、依据和步骤

1. 编制原则

为保证预算定额的质量,充分发挥预算定额的作用,实际使用简便,在编制工作中应遵循以下原则:

(1) 按社会平均水平确定预算定额的原则

预算定额的水平以大多数施工单位的施工定额水平为基础。但是,预算定额绝不是简单地套用施工定额的水平。首先,在比施工定额的工作内容综合扩大的预算定额中,也包含了更多的可变因素,需要保留合理的幅度差。其次,预算定额应当是平均水平,而施工定额是平均先进水平,两者相比,预算定额水平相对要低一些,但是应限制在一定范围之内。

(2) 简明适用的原则

定额项目的多少,与定额的步距有关。预算定额要项目齐全,要注意补充那些因采用新技术、新结构、新材料而出现的新的定额项目。对定额的活口也要设置适当。所谓活口,即在定额中规定当符合一定条件时,允许该定额另行调整。

(3) 坚持统一性和差别性相结合原则

所谓统一性是指全国统一,行业统一。所谓差别形式在统一性基础上考虑地区的差别。

2. 编制步骤

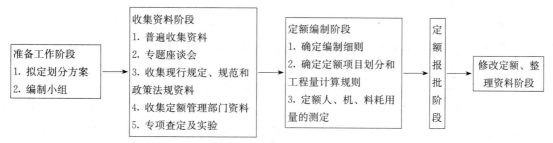

例 7-5:在编制预算定额时,对于那些常用的、主要的、价值量大的项目,分项工程划分宜细;次要的、不常用的、价值量相对较小的项目可以划分较粗,这符合预算定额编制的( )。

A. 平均先进性原则
B. 时效性原则
C. 保密原则
D. 简明适用原则

答案：D

解析：本题考查预算定额的编制原则。预算编制的原则是：按社会平均水平确定预算定额的原则；简明适用的原则；坚持统一性和差别性相结合原则。

3. 预算定额编制的方法（表7-2）

人工工日、材料、机械台班消耗量的计算。

预算定额的编制方法　　　　　　　　　　　　　　　　表7-2

编制方法		说　明
人工工日消耗量	人工工日消耗量＝基本用工＋其他用工	基本用工＝Σ（综合取定的工程量×劳动定额） 其他用工＝超运距用工＋辅助用工＋人工幅度差 超运距用工＝预算定额取定运距－劳动定额包括的运距 辅助用工＝Σ（材料加工数量×相应的加工劳动定额） 人工幅度差＝（基本用工＋辅助用工＋超运距用工）×人工幅度差系数
材料消耗量	材料消耗量＝材料净用量＋损耗量 或材料消耗量＝材料净用量×（1＋损耗率）	材料损耗率＝损耗量/净用量×100％ 材料损耗量＝材料净用量×损耗率
机械台班消耗量	机械台班耗用量＝施工定额机械耗用台班×（1＋机械幅度差系数）	

例7-6：已知某挖土机挖土，一次正常循环工作时间是40秒，每次循环平均挖土量0.3m³，机械正常利用系数为0.8，机械幅度差为25％。则该机械挖土方1000m³的预算定额机械耗用台班量是（　　）台班。

A. 4.63　　　　　　　　　　　　　B. 5.79
C. 7.23　　　　　　　　　　　　　D. 7.41

答案：A

解析：本题考查机械台班消耗量的计算。预算定额机械耗用台班＝施工定额机械耗用台班×（1＋机械幅度差系数），施工定额机械耗用台班＝机械1h纯工作正常生产率×工作班延续时间×机械正常利用系数＝[(60×60)/40]×0.3×8×0.8＝172.8m³/台班，预算定额机械耗用台班＝172.8×（1＋25％）＝216m³/台班，1000/216＝4.63台班。

4. 建筑安装工程人工、材料、机械台班单价的确定方法

根据建标[2003]206号文件的规定，调整了人工单价、材料价格、施工机械台班单价的组成和确定方法。人工单价、材料价格、施工机械台班单价的具体组成、确定方法及其影响因素如表7-3所示。

建安工程人、材、机单价的组成及其确定　　　　表 7-3

	组成内容	计算方法	影响因素
人工单价	基本工资（G1）	$\dfrac{\text{生产产工人平均月工}}{\text{年平均每平均每月法定日}}$	1. 社会平均工资水平 2. 生活消费指数 3. 人工单价的组成内容 4. 劳动力市场供需变化 5. 社会保障和福利政策
	工资性补贴（G2）	$\dfrac{\Sigma \text{年发放标准}}{\text{全年日历日}-\text{法定假日}} + \dfrac{\Sigma \text{月发放标准}}{\text{年平均每月法定工作日}}$ + 每工作日发放标准	
	辅助工资（G3）	$\dfrac{\text{全年无效工作日} \times (G1+G2)}{\text{全年日历日}-\text{法定假日}}$	
	职工福利费（G4）	$(G1+G2+G3) \times$ 福利费计提比例（%）	
	劳动保护费（G5）	$\dfrac{\text{生产工人年平均支出劳动保护费}}{\text{全年日历日}-\text{法定假日}}$	
	人工单价的确定	人工单价 $=G1+G2+G3+G4+G5$	
材料价格	材料基价 — 材料原价（供应价格）	$(K_1 C_1 + K_2 C_2 + \cdots K_n C_n)/(K_1+K_2+\cdots K_n)$	1. 市场供需变化 2. 材料生产成本的变动 3. 流通环节的多少和材料供应体制 4. 运输距离和运输方法 5. 国际市场行情
	运杂费	$(K_1 T_1 + K_2 T_2 + \cdots K_n T_n)/(K_1 + K_2 + \cdots K_n)$	
	运输损耗	（材料原价＋运杂费）×相应材料损耗率	
	采购及仓库保管费	材料运到工地仓库价格×采购及保管费率 或（材料原价＋运杂费＋运输损耗）×采购及保管费率	
	检验试验费	检验试验费 $=\Sigma$（单位材料量检验试验费 ×材料消耗量）	
	材料价格的确定	1. 材料基价＝（供应价格＋运杂费）×（1＋运输损耗率（%））×（1＋采购及保管费率（%）） 2. 材料价格＝Σ（材料消耗量×材料基价）＋检验试验费	
机械台班单价	台班折旧费	$\dfrac{\text{机械预算价格} \times (1-\text{残值率}) \times \text{时间价值系数}}{\text{耐用总台班}}$	注意台班折旧、时间价值系数、大修、经修费的计算。注意台班安拆费的三种不同形式。
	台班大修费	$\dfrac{\text{一次大修理费} \times \text{寿命期内大修理次数}}{\text{耐用总台班}}$	
	台班经修费	$\dfrac{\Sigma（\text{各级保养一次费用} \times \text{寿命期各级保养总次数}）}{\text{耐用总台班}}$ ＋替换设备和工具附具台班摊销费＋例保辅料费 或台班大修费×台班经常修理费系数	
	台班安拆费及场外运费	$\dfrac{\text{一次安拆费及场外运费} \times \text{年平均安拆次数}}{\text{年工作台班}}$	
	台班人工费	$\dfrac{\text{人工消耗量} \times (1+\text{年制度工作日} \div \text{年工作台班})}{\text{年工作台班}}$ ×人工单价	
	台班燃料动力费	台班燃料动力消耗量×相应单价	
	台班养路费及车船使用税	$\dfrac{\text{年养路费}+\text{年车船使用税}+\text{年保险费}+\text{年检费用}}{\text{年工作台班}}$	
	机械台班单价的确定	台班折旧费＋台班大修费＋台班经常修理费＋台班安拆费及场外运费＋台班人工费＋台班燃料动力费＋台班养路费及车船使用税	

例 7-7：某工地水泥从两个地方采购，其采购量及有关费用如表 7-4 所示，则该工地

水泥的基价为（　　）元/吨。

水泥采购量及有关费用　　　　　表 7-4

采购处	采购量	原价	运杂费	运输损耗率	采购及保管费费率
来源一	300t	240 元/t	20 元/t	0.5%	3%
来源二	200t	250 元/t	15 元/t	0.4%	

A. 244.0　　　B. 262.0　　　C. 271.1　　　D. 271.6

答案：C

解析：

本题考查材料基价的计算。材料基价={(供应价格+运杂费)×[1+运输损耗率(%)]}×[1+采购及保管费费率(%)]，来源一材料基价={(240+20)×[1+0.5%]}×[1+3%]=269.139 元/吨，来源二材料基价={(250+15)×[1+0.4%]}×[1+3%]=274.0418 元/吨，该工地水泥的基价=(300×269.139+200×274.0418)/500=271.1 元/吨

例 7-8：已知某施工企业，初级工的基本工资（G1）为 18 元/工日，工资性补贴（G2）为 5 元/工日，生产工人辅助工资（G3）为 1 元/工日，生产工人劳动保护费（G5）为 2 元/工日，职工福利计提比例为 2.5%，则该企业初级工的职工福利费是（　　）元/工日。

A. 0.6　　　B. 0.8　　　C. 0.9　　　D. 1.0

答案：A

解析：

本题考查人工单价的组成及其确定方法。

职工福利费=(G1+G2+G3)×福利计提比例(%)=(18+5+1)×2.5%=0.6 元/工日

需要注意的是，生产工人劳动保护费是干扰信息。

例 7-9：某施工机械年工作 320 台班，年平均安拆 0.85 次，机械一次安拆费 28000 元，一次场外运费 1000 元，则该施工机械的台班安拆费及场外运费为（　　）元。

A. 177　　　B. 77　　　C. 102　　　D. 74

答案：B

$$台班安拆费及场外运费=\frac{一次安拆费及场外运费×年平均安拆次数}{年工作台班}$$

解析：=(28000+1000)×0.85/320=77 元

7.1.6 江苏省建筑与装饰工程计价表介绍

1. 江苏省建筑与装饰工程计价表组成、作用及适用范围

（1）江苏省建筑与装饰工程计价表（以下简称计价表）由二十三章及九个附录组成，其中：第一章至第十八章中的人工降效为工程实体项目，第十八章中临时垃圾管道摊销费及高压水泵台班费、第十九章至第二十三章为工程措施项目，另有部分难以列出定额项目的措施费用，应按照本计价表费用计算规则中的规定进行计算。

（2）计价表的作用

1）编制工程标底、招标工程结算审核的指导；

2）工程投标报价、企业内部核算、制定企业定额的参考；
3）一般工程（依法不招标工程）编制与审核工程预结算的依据；
4）编制建筑工程概算定额的依据；
5）建设行政主管部门调解工程造价纠纷、合理确定工程造价的依据。
（3）计价表适用范围

适用于我省行政区域范围内一般工业与民用建筑的新建、扩建、改建工程及其单独装饰工程，不适用于修缮工程。全部使用国有资金投资或国有资金投资为主的建筑与装饰工程应执行本计价表；其他形式投资的建筑与装饰工程可参照使用本计价表；当工程施工合同约定按本计价表规定计价时，应遵守本计价表的相关规定。

2. 综合单价组成内容

综合单价由人工费、材料费、机械费、管理费、利润等五项费用组成。一般建筑工程、单独打桩与制作兼打桩项目的管理费与利润，已按照三类工程标准计入综合单价内；一、二类工程和单独装饰工程应根据《江苏省建筑与装饰工程费用计算规则》规定，对管理费和利润进行调整后计入综合单价内。计价表项目中带括号的材料价格供选用，不包含在综合单价内。部分计价表项目在引用了其他项目综合单价时，引用的项目综合单价列入材料费一栏，但其五项费用数据在项目汇总时已作拆解分析，使用中应予注意。

3. 计价表项目工作内容

定额项目中的工作内容均包括完成该项目过程的全部工序以及施工过程中所需的人工、材料、半成品和机械台班数量。除计价表中有规定允许调整外，其余不得因具体工程的施工组织设计、施工方法和工、料、机等耗用与计价表有出入而调整计价表用量。

4. 建筑物檐高的确定

计价表中的檐高是指设计室外地面至檐口的高度。檐口高度按以下情况确定：
（1）坡（瓦）屋面按檐墙中心线处屋面板面或椽子上表面的高度计算。
（2）平屋面以檐墙中心线处平屋面的板面高度计算。
（3）屋面女儿墙、电梯间、楼梯间、水箱等高度不计入。

5. 单独装饰工程有关说明

（1）本计价表的装饰项目是按一般装饰工程中档水准编制的，设计三星及三星级以上宾馆、总统套房、展览馆及公共建筑等对其装修有特殊设计要求和较高艺术造型的装饰工程时，应适当补贴人工，补贴标准由发承包双方在合同中确定。
（2）家庭室内装饰也执行本计价表，但在执行本计价表时其人工乘以系数1.15。
（3）本计价表中未包括的拆除、铲除、拆换、零星修补等项目应按照1999年《江苏省房屋修缮工程预算定额》及其配套费用定额执行；未包括的水电安装项目按照2004年《江苏省安装工程计价表》及其配套费用计算规则执行。

6. 计价表人工工资标准

本计价表人工工资分别按一类工28.00元/日、二类工26.00元/日、三类工24.00元/日计算，单独装饰工程按30.00～45.00元/工日进行调整后执行。根据省建设厅文件规定，每年都可能有相应调整，如2008年4月1日调价文件，分别调整为一类工47.00元/日、二类工44.00元/日、三类工41.00元/日、单独装饰工程54.00～70.00元/日。每工日按八小时工作制计算。工日中包括基本用工、材料场内运输用工、部分项目的材料加工及人工幅度差。本教材中的例题为了方便使用，除特别说明外，仍然采用计价表上的人工工资标准计算例题。

7. 材料消耗量及有关规定

（1）本计价表中材料预算价格的组成：材料预算价格＝[采购原价（包括供销部门手续费和包装费）＋场外运输费]×1.02（采购保管费）。

（2）本计价表项目中的主要材料、成品、半成品均按合格的品种、规格加附录中的操作损耗以数量列入定额，次要材料以"其他材料费"按"元"列入。

（3）周转性材料已按规范及操作规程的要求以摊销量列入相应项目。

（4）本计价表中，混凝土以现场搅拌常用的强度等级列入项目，实际使用现场集中搅拌混凝土时综合单价应调整。本计价表按C25以下的混凝土以32.5级水泥、C25以上的混凝土以42.5级水泥、砌筑砂浆与抹灰砂浆以32.5级水泥的配合比列入综合单价；混凝土实际使用水泥级别与计价表取定不符，竣工结算时以实际使用的水泥级别按配合比的规定进行调整；砌筑、抹灰砂浆使用水泥级别与计价表取定不符，水泥用量不调整，价差应调整。本计价表各章项目综合单价取定的混凝土、砂浆强度等级，设计与计价表不符时可以调整。抹灰砂浆厚度、配合比与计价表取定不符，除各章已有规定外均不调整。

（5）本计价表中，凡注明规格的木材及周转木材单价中，均已包括方板材改制成定额规格木材或周转木材的加工费。方板材改制成定额规格木材或周转木材的出材率按91%计算（所购置方板材＝定额用量×1.0989），圆木改制成方板材的出材率及加工费按各市造价处（站）规定执行。

（6）钢材理论重量与实际重量不符时，钢材数量可以调整；调整系数由施工单位提出资料与建设单位、设计单位共同研究确定。

（7）本计价表项目中的综合单价、附录中的材料预算价格是作为编制预算的基础，工程实际发生的价格与定额取定价格之价差，结算时列入综合单价内。

（8）凡建设单位供应的材料，其税金的计算基础按税务部门规定执行。建设单位完成了采购和运输并将材料运至施工工地仓库交施工单位保管的，施工单位退价时应按附录中材料预算价格除以1.01退给建设单位（1%作为施工单位的现场保管费）；凡甲供木材中板材（25mm厚以内）到现场退价时，按计价表分析用量和每立方米预算价格除以1.01再减49元后的单价退给甲方。

8. 垂直运输机械费及建筑物超高增加费

（1）本计价表的垂直运输机械费已包含了单位工程在经本省调整后的国家定额工期内完成全部工程项目所需要的垂直运输机械台班费用。凡檐高在3.6m内的平房、围墙、层高在3.6m以内单独施工的一层地下室工程，不得计取垂直运输机械费。

（2）本计价表，除脚手架、垂直运输费用定额已注明其适用高度外，其余章节均按檐口高度在20m以内编制的。超过20m时，建筑工程另按建筑物超高增加费用定额计算超高增加费，单独装饰工程则另外计取超高人工降效费。

（3）本计价表已将2001年《江苏省建筑工程单位估价表》中的建筑物超高增加费分解为：垂直运输机械台班单价费用差、多层建筑用高层机械差价分摊费、机械降效、外脚手架垂直运输费、上下通信联络费用归入第二十二章（垂直运输机械费）；人工降效、高压水泵摊销费、垃圾管道摊销费归入第十八章（高层施工增加费）；脚手架加固、脚手架材料周期延长摊销费归入第十九章（脚手架工程）；脚手架挂安全网及铺安全竹笆片、洞口五临边电梯井护栏费用、电气保护安全照明设施费、消防设施及各类标牌摊销费归入安全措施费用中。

（4）本计价表中的塔吊、施工电梯基础、塔吊电梯与建筑物连接件项目，供编制施工图预算、标底及投标报价之用，竣工结算时按其规定可作部分调整。大型机械进退场费按附录二中的有关子目执行。

9. 混凝土构件模板、钢筋含量表的作用

为方便发承包双方的工程量计量，本计价表在附录一中列出了混凝土构件的模板、钢筋含量表，供参考使用。按设计图纸计算模板接触面积或使用混凝土含模量折算模板面积，同一工程两种方法仅能使用其中一种，不得混用。竣工结算时，使用含模量者，模板面积不得调整；使用含钢量者，钢筋应按设计图纸计算的重量进行调整。

10. 二次搬运费用

市区沿街建筑在现场堆放材料有困难、汽车不能将材料运入巷内的建筑、材料不能直接运到单位工程周边需再次中转，建设单位不能按正常合理的施工组织设计提供材料、构件放场地和临时设施用地的工程而发生的二次搬运费用，按第二十三章子目执行。

7.1.7 建设工程工程量清单系列规范（2013）简介

为规范建设工程施工发承包计价行为，统一建设工程工程量清单的编制和计价方法，根据《中华人民共和国建筑法》、《中华人民共和国合同法》、《中华人民共和国招标投标法》，2013国标清单规范由计价规范和计量规范两部分内容组成，共10本规范。从宏观上规范施工发承包计价行为，统一建设工程工程量清单的编制和计价方法，微观上调整了建设工程参与方的合同价款约定、工程计量与价款支付、索赔与现场签证、工程价款调整、竣工结算、合同解除的价款结算与支付、工程计价争议处理等活动。

1. 2013计价系列规范架构体系

2013计价《建设工程工程量清单计价规范》，计量规范包括《房屋建筑与装饰工程计量规范》、《通用安装工程计量规范》、《市政工程计量规范》、《园林绿化工程计量规范》、《矿山工程计量规范》、《构筑物工程计量规范》、《仿古建筑工程计量规范》、《城市轨道交通工程计量规范》、《爆破工程计量规范》。本文主要介绍计价规范和房屋建筑与装饰工程计量规范。

2. 《建设工程工程量清单计价规范》（GB50500—2013）组成内容和重要条文

（1）《计价规范》组成包括：总则、术语、一般规定、招标工程量清单、招标控制价、投标报价、合同价款约定、工程计量、合同价款调整、合同价款中期支付、竣工结算与支付、合同解除的价款结算与支付、合同价款争议的解决、工程计价资料与档案、计价表格等15个部分组成。

（2）《计价规范》部分术语和重要条文

① 部分术语

相关工程量清单概念：工程量清单指建设工程的分部分项工程项目、措施项目、其他项目、规费项目和税金项目的名称和相应数量等的明细清单；招标工程量清单指招标人依据国家标准、招标文件、设计文件以及施工现场实际情况编制的，随招标文件发布供投标报价的工程量清单；已标价工程量清单是指构成合同文件组成部分的投标文件中已标明价格，经算术性错误修正（如有）且承包人已确认的工程量清单，包括对其的说明和表格。

综合单价：完成一个规定计量单位的分部分项工程和措施清单项目所需的人工费、材料和工程设备费、施工机具使用费和企业管理费、利润以及一定范围内的风险费用。

暂列金额：招标人在工程量清单中暂定并包括在合同价款中的一笔款项。用于施工合同签订时尚未确定或者不可预见的所需材料、设备、服务的采购，施工中可能发生的工程变更、合同约定调整因素出现时的工程价款调整以及发生的索赔、现场签证确认等的费用。

暂估价：招标人在工程量清单中提供的用于支付必然发生但暂时不能确定价格的材料、工程设备的单价以及专业工程的金额。

计日工：在施工过程中，承包人完成发包人提出的施工图纸以外的零星项目或工作，按合同中约定的综合单价计价的一种方式。

② 重要条文

计价方式：建设工程施工发承包造价由分部分项工程费、措施项目费、其他项目费、规费和税金组成。招标工程量清单标明的工程量是投标人投标报价的共同基础，竣工结算的工程量按发、承包双方在合同中约定应予计量且实际完成的工程量确定。措施项目清单中的安全文明施工费应按照国家或省级、行业建设主管部门的规定计价，不得作为竞争性费用。

计价风险：由于市场物价波动影响合同价款，应由发承包双方合理分摊并在合同中约定。合同中没有约定，发、承包双方发生争议时，材料、工程设备的涨幅超过招标时基准价格 5% 以上由发包人承担，工机械使用费涨幅超过招标时的基准价格 10% 以上由发包人承担。由于承包人使用机械设备、施工技术以及组织管理水平等自身原因造成施工费用增加的，应由承包人全部承担。

招标工程量清单编制工程量清单应依据：

A. 本规范和相关工程的国家计量规范；
B. 国家或省级、行业建设主管部门颁发的计价依据和办法；
C. 建设工程设计文件；
D. 与建设工程有关的标准、规范、技术资料；
E. 拟定的招标文件；
F. 施工现场情况、工程特点及常规施工方案；
G. 其他相关资料。

规费和税金：规费项目清单应按照下列内容列项：工程排污费，社会保障费：包括养老保险费、失业保险费、医疗保险费，住房公积金，工伤保险。税金项目清单应包括下列内容：营业税，城市维护建设税，教育费附加。

投标人应按招标工程量清单填报价格。项目编码、项目名称、项目特征、计量单位、工程量必须与招标工程量清单一致。招标工程量清单与计价表中列明的所有需要填写的单价和合价的项目，投标人均应填写且只允许有一个报价。未填写单价和合价的项目，视为此项费用已包含在已标价工程量清单中其他项目的单价和合价之中。竣工结算时，此项目不得重新组价予以调整。

合同价款约定：实行招标的工程合同价款应在中标通知书发出之日起 30 日内，由发承包双方依据招标文件和中标人的投标文件在书面合同中约定。合同约定不得违背招、投标文件中关于工期、造价、质量等方面的实质性内容。招标文件与中标人投标文件不一致的地方，以投标文件为准。实行工程量清单计价的工程，应当采用单价合同。合同工期较短、建设规模较小、技术难度较低，且施工图设计已审查完备的建设工程可以采用总价合同；紧急抢险、救灾以及施工技术特别复杂的建设工程可以采用成本加酬金合同。

现场签证：承包人应在收到发包人指令后的 7 天内，向发包人提交现场签证报告，报告中应写明所需的人工、材料和施工机械台班的消耗量等内容。发包人应在收到现场签证报告后的 48 小时内对报告内容进行核实，予以确认或提出修改意见。发包人在收到承包人现场签证报告后的 48 小时内未确认也未提出修改意见的，视为承包人提交的现场签证报告已被发包人认可。

3. 系列《计算规范》组成内容及《房屋建筑与装饰工程工程量计算规范》（GB 50854—2013）部分条文

（1）系列《计算规范》组成内容由总则、术语、一般规定、分部分项工程、措施项目、附录、本规范用词说明和条文说明等组成。

（2）《房屋建筑与装饰工程工程量计算规范》（GB 50854—2013）部分条文

分部分项工程量清单应包括项目编码、项目名称、项目特征、计量单位和工程量，应根据附录规定的项目编码、项目名称、项目特征、计量单位和工程量计算规则进行编制。分部分项工程量清单的项目编码，应采用前十二位阿拉伯数字表示，一至九位应按附录的规定设置，十至十二位应根据拟建工程的工程量清单项目名称设置，同一招标工程的项目编码不得有重码。如当同一标段（或合同段）的一份工程量清单中含有多个单位工程且工程量清单是以单位工程为编制对象时，在编制工程量清单时应特别注意对项目编码十至十二位的设置不得有重码的规定。例如某房屋建筑与装饰工程一个标段（或合同段）的工程量清单中含有三个单位工程，每一单位工程中都有项目特征相同的实心砖墙，在工程量清单中又需反映三个不同单位工程的实心砖墙工程量时，则第一个单位工程的实心砖墙的项目编码应为 010401003001，第二个单位工程的实心砖墙的项目编码应为 010401003002，第三个单位工程的实心砖墙的项目编码应为 010401003003，并分别列出各单位工程实心砖墙的工程量。

分部分项工程量清单的项目名称、项目特征应按附录的项目名称结合拟建工程的实际确定。措施项目中列出了项目编码、项目名称、项目特征、计量单位、工程量计算规则的项目，编制工程量清单时，应按照本规范分部分项工程量清单的规定执行。

项目编码各位数字的含义是：一、二位为专业工程代码（01—房屋建筑与装饰工程；02—仿古建筑工程；03—通用安装工程；04—市政工程；05—园林绿化工程；06—矿山工程；07—构筑物工程；08—城市轨道交通工程；09—爆破工程。以后进入国标的专业工程代码以此类推）；三、四位为附录分类顺序码；五、六位为分部工程顺序码；七、八、九位为分项工程项目名称顺序码；十至十二位为清单项目名称顺序码。

7.2 工程造价的构成

7.2.1 工程单价

1. 工程单价的含义

工程单价,一般是指单位假定建筑安装产品的不完全价格。通常是指建筑安装工程的预算单价和概算单价。

2. 分部分项工程单价的种类(表7-5)

分部分项工程单价的分类　　　表7-5

划分标准	种类	说明
工程单价的适用对象	建筑工程单价	
	安装工程单价	
用途	预算单价	通过编制单位估价表、地区单位估价表及设备安装价目表所确定的单价,用于编制施工图预算
	概算单价	通过编制单位加指标所确定的单价,用于编制设计概算
适用范围	地区单价	根据地区性定额和价格等资料编制,在地区范围内使用的工程单价属地区单价
	个别单价	为适应个别工程编制概算或预算的需要而计算出工程单价
编制依据	定额单价	
	补充单价	
单价的综合程度	工料单价	也称为直接工程费单价,只包括人工费、材料费和机械台班使用费
	综合单价	又称为全费用单价。除直接工程费外,还包括管理费和利润,并应考虑风险费用

例7-10:按单价的综合程度划分,可将分部分项工程单价分为( )。
A. 预算单价和概算单价　　　　B. 地区单价和个别单价
C. 定额单价和补充单价　　　　D. 工料单价和综合单价
答案:D
解析:分部分项工程单价按照不同的分类标准可划分为不同的类别。按工程单价的适用对象划分,主要可分为建筑工程单价和安装工程单价;按用途划分,可以分为预算单价和概算单价;按适用范围划分,可以分为地区单价和个别单价;按编制依据划分,可以分为定额单价和补充单价;按综合程度划分,可以分为工料单价和综合单价。

3. 工程单价的编制方法(表7-6)

工程单价的编制方法　　　表7-6

直接工程费单价	分部分项工程直接工程费单价(基价)=单位分部分项人工费+材料费+施工机械使用费 其中:人工费=Σ(人工工日数量×人工日工资单价) 材料费=Σ(材料数量×材料预算价格) 施工机械使用费=Σ(机械台班用量×机械台班单价)
全费用单价	分部分项工程全费用=[分部分项工程直接工程费单价(基价)]×(1+间接费率)×(1+利润率)×(1+税率)

例 7-11：分部分项工程工料单价的编制依据包括（　　）。
A. 预算定额　　　　　　　　　　B. 人工单价　C. 措施费和间接费的取费标准
D. 利润率　　　　　　　　　　　E. 税率

答案：AB

解析：工程单价的编制依据包括：预算定额和概算定额；人工单价、材料预算价格和机械台班单价；措施费和间接费的取费标准，利润率、税率等，这是计算综合单价的必要依据。针对工料单价则只须相应的人工材料机械台班消耗量和单价即可。

7.2.2 费用计算说明

1. 建筑工程费用的组成

建筑工程费用由分部分项工程费、措施项目费、其他项目费、规费、税金等五大部分费用组成。

分部分项工程费及部分可以直接套用定额项目的措施项目费由人工费、材料费、机械费、企业管理费、利润等五种费用组成。其中企业管理费内容包括施工现场管理费用与企业运营管理费用、生产工具用具使用费、工程定位、复测、点交、场地清理费、远地施工增加费、非甲方所为四小时以内的临时停水停电费用等。

措施项目费是指为完成工程项目施工所必须发生的施工准备和施工过程中技术、生活、安全、环境保护等方面的非工程实体项目费用。由通用措施项目费和专业措施项目费两部分组成。通用措施项目是建筑、装饰、安装、市政、古建园林、修缮各专业工程施工过程一般都可能发生的措施项目，而专业措施项目仅在某些专业工程施工过程中可能发生。

其他项目费是对工程中可能发生或必然发生，但价格或是工程量不能确定的项目费用的列支。包括暂列金额、暂估价、计日工和总承包服务费。

规费是按国家有权部门规定标准必须缴纳的费用，包括工程排污费、建筑安全监督管理费、社会保障费、住房公积金。

税费是国家税法规定的应计入建筑安装工程造价内的营业税、城市维护建设税及教育费附加。

2. 建筑工程费用的分类

（1）按建设行政管理部门规定可以分为：

1）不可竞争费用：现场安全文明施工措施费、工程排污费、建筑安全监督管理费、社会保障费、公积金、税金、有权部门批准的其他不可竞争费用等。

2）可竞争费用：除不可竞争费用以外的其他费用，如：人工费、材料费、机械费、企业管理费、利润、除现场安全文明施工措施费外的措施项目费等。

（2）按工程取费标准划分

1）包工包料工程：

① 建筑工程以工程规模、工程用途、施工难易程度等划分为三种工程标准：一类工程、二类工程和三类工程取费标准。

② 单独装饰工程不分工程类别。

2) 包工不包料工程
3) 点工
(3) 按费用项目计算方式可分为
1) 按照计价表定额子目套用计算确定，主要有：分部分项工程费，措施项目中的二次搬运费、大型机械进（退）场及安拆费、施工排水费、施工降水费、脚手架费、模板费用、垂直运输机械费、边坡支护费等。
2) 按照费用计算规则提供的系数计算确定，主要有：措施项目中的现场安全文明施工措施费、夜间施工增加费、冬雨季施工增加费、已完工程及设备保护费、临时设施费、企业检验试验费、赶工费、按质论价费、住宅分户验收费和其他项目费中的总承包服务费等。
3) 按照发包人提供的金额列项，主要有其他项目费中的：暂列金额、暂估价等。
4) 按照有关部门规定标准计算，主要有：规费及税金。

3. 部分费用的情况介绍

1) 现场安全文明施工措施费

现场安全文明施工措施费：是指为满足施工现场安全、文明施工以及环境保护、职工健康生活所需要的各项费用。

现场安全文明施工措施费费用组成如下：

1) 安全生产方面：

① 安全资料的编制、安全警示标志的购置及宣传栏的设置；
② "三宝"、"四口"、"五临边"防护的费用；
③ 施工安全用电的费用，包括电箱标准化、电气保护装置、外电防护标志；
④ 起重机、塔吊等起重设备（含井架、门架）及外用电梯的安全防护措施（含警示标志）费用及卸料平台的临边防护、层间安全门、防护棚等设施费用；
⑤ 建筑工地起重机械的检验检测费用；
⑥ 施工机具防护棚及其围栏的安全保护设施费用；
⑦ 施工现场安全防护通道的费用；
⑧ 工人的防护用品、用具购置费用；
⑨ 消防设施与消防器材的配置费用。

2) 文明施工方面：

① 大门、五牌一图、工人胸卡、企业标识的费用；
② 围挡的墙面美化（包括内外粉刷、刷白、标语等）、压顶装饰费用；现场厕所便槽冲刷、贴面砖，水泥砂浆地面或地砖费用，建筑物内临时便溺设施费用；其他施工现场临时设施的装饰装修、美化措施费用；
③ 现场生活卫生设施费用；符合卫生要求的饮水设备、淋浴、消毒等设施费用；生活用洁净燃料费用；防煤气中毒、防蚊虫叮咬等措施费用；
④ 施工现场操作场地的硬化费用；
⑤ 现场污染源的控制、建筑垃圾及生活垃圾清理外运、场地排水排污措施的费用；市政工程防扬尘洒水费用；
⑥ 现场绿化费用、治安综合治理费用、现场电子监控设备费用；

⑦ 现场配备医药保健器材、物品费用和急救人员培训费用；
⑧ 用于现场工人的防暑降温费、电风扇、空调等设备及用电费用；
⑨ 现场施工机械设备防噪音、防扰民措施费用。

3) 环境保护方面：

包括施工现场为达到环保部门要求所需要的各项费用。

(2) 费用标准

我省现场安全文明施工措施费分为基本费、现场考评费和奖励费三部分。

基本费为施工单位在施工过程中必须发生的安全文明措施的基本保障费用。现场考评费是指施工单位执行有关安全文明施工规定，经考评组织现场核查打分和动态评价获取的安全文明措施增加费。奖励费是指施工单位加大投入，加强管理，创建省、市级文明工地的奖励费。现场安全文明施工措施费以分部分项工程费作为计费基础。按照《江苏省建设工程费用定额》（2009 年），费率标准见表 7-7。

现场安全文明施工措施费费率　　　　　表 7-7

序号	项目名称	计算基础	基本费率（%）	现场考评费率（%）	奖励费（获市级文明工地/获省级文明工地）（%）
一	建筑工程	分部分项工程费	2.2	1.1	0.4/0.7
二	构件吊装		0.85	0.5	—
三	桩基工程		0.9	0.5	0.2/0.4
四	大型土石方工程		1	0.6	—
五	单独装饰工程		0.9	0.5	0.2/0.4

(3) 企业检验试验费

《江苏省建设工程费用定额》（2009 年）规定企业检验试验费的标准为分部分项工程费的 0.2%。它包含的工作内容为：施工单位按规定进行建筑材料、构配件等试样的制作、封样和其他为保证工程质量进行的材料检验试验工作。

企业检验试验费按照《关于改变我省建设工程质量见证取样检测委托方有关事项的通知》（苏建质〔2004〕372 号）的要求，建设工程质量见证取样检测，一律由建设单位直接委托质量检测机构进行检测，检测费用由建设单位直接支付给所委托的检测机构。同时，对已有质保书材料，而建设单位或质监部门另行检验试验所发生的费用，及新材料、新工艺、新设备的试验费等也由建设单位另行支付。

根据省建设厅《关于进一步加强我省建设工程质量检测管理的若干意见》（苏建质〔2004〕318 号），检测费用由建设单位直接支付给所委托的检测机构。

(4) 社会保障费和公积金

社会保障费包括企业为职工缴纳的养老保险、医疗保险、失业保险、工伤保险和生育保险等社会保险方面的费用（包括个人缴纳部分）。住房公积金是指企业为其职工缴存的长期住房储金（包括个人缴纳部分）。

4. 工程类别划分的几点说明

(1)《江苏省建设工程费用定额（2009）》有明确规定标准的，按照标准确定；较复杂工程难以确定时，应报各式工程造价管理部门予以核定。

（2）多层建筑设计上一般是不考虑有地下室的，若设计有地下室时，工程类别可以考虑调整，高层建筑设计上一般是考虑有地下室的，所以工程类别不因此而作调整。

（3）电力、冶金、交通、水利、人防等行业的工程建设项目，一般应执行相关行业预算定额，不应简单的套用建筑及装饰工程计价表。

5. 工程造价计算程序（表7-8）

工程量清单计价法计价程序（包工包料） 表7-8

序号		费用名称	计算公式	备注
一		分部分项工程量清单费用	综合单价×工程量	
	其中	1. 人工费	人工消耗量×人工单价	
		2. 材料费	材料消耗量×材料单价	
		3. 机械费	机械消耗量×机械单价	
		4. 管理费	(1+3)×费率	
		5. 利润	(1+3)×费率	
二		措施项目清单费用	分部分项工程费×费率或综合单价×工程量	
三		其他项目费用		双方约定
四		规费		
	其中	1. 工程排污费	（一＋二＋三）×费率	按规定计取
		2. 安全生产监督费		按规定计取
		3. 社会保障费		按规定计取
		4. 住房公积金		按各市规定计取
五		税金	（一＋二＋三＋四）×费率	按各市规定计取
六		工程造价	一＋二＋三＋四＋五	

（二）工程量清单计价法计价程序（包工不包料）

序号		费用名称	计算公式	备注
一		分部分项工程量清单费用	人工消耗量×人工单价	
二		措施项目清单费用	（一）×费率或工程量×综合单价	
三		其他项目费用		双方约定
四		规费		
	其中	1. 工程排污费	（一＋二＋三）×费率	按规定计取
		2. 安全生产监督费		按规定计取
		3. 社会保障费		按规定计取
		4. 住房公积金		按各市规定计取
五		税金	（一＋二＋三＋四）×费率	按各市规定计取
六		工程造价	一＋二＋三＋四＋五	

7.3 建筑工程计量

建筑工程量的计算是工程造价工作的重要内容，本节主要介绍江苏省建筑与装饰工程计价中规定的工程量计算规则。

7.3.1 土、石方工程

建筑工程施工的场地和基础、地下室的建筑空间，都是由土、石方工程施工完成的。所谓土、石方工程，即采用人工或机械的方法，对天然土（石）体进行必要的挖、运、填，以及配套的平整、夯实、排水、降水等工作内容。土、石方工程施工的特点是人工或机械的劳动强度大，施工条件复杂，施工方案要因地制宜。土、石方工程造价与地基土的类别和施工组织方案关系极为密切。

1. 槽、坑、土方的划分及场地平整与土方的区别。

为了正确地计算工程量和套用定额，必须准确地理解每一个分项工程名称的意义及工作内容。

（1）挖土方：凡槽宽大于 3m，或坑底面积大于 20m²，或建筑场地设计室外标高以下深度超过 30cm 的土方工程。槽、坑尺寸以图示为准，建筑场地以设计室外标高为准。挖土方工作量包括：挖土、抛土或装筐，修整底边。

（2）沟槽、基坑。

沟槽：又称基槽。指图示槽底宽（含工作面）在 3m 以内，且槽长大于槽宽 3 倍以上的挖土工程。

地沟：又称管道沟。是为埋设室外管道所挖的土方工程。

基坑：又称地坑。指图示坑底面积（含工作面）小于 20m²，坑底的长与宽之比小于 3 倍的挖土工程。

挖沟槽、基坑土方，工作内容包括：挖土、抛土于槽、沟边 1m 以外或装筐、整修底边。

（3）山坡切土：工作内容包括：挖土、抛土或装筐。

（4）回填土：指将符合要求的土料填充到需要的部分。根据不同部位对回填土的密实度要求不同，可分为松填和夯填。松填是指将回填土自然堆积或摊平。夯填是指松土分层铺摊，每层厚度 20～30cm，初步平整后，用人工或电动打夯机密实，但没有密实度要求。一般槽（坑）和室内回填土采用夯填。

回填土的工作内容包括：夯填：5m 内取土、碎土、平土、找平、洒水和打夯。松填：5m 内取土、碎土、找平。

（5）原土打夯："原土"是指自然状态下的地表面或开挖出的槽（坑）底部原状土。对原土进行打夯，可提高密实度。一般用于基底浇筑垫层前或室内回填之前，对原土地基进行加固。原土打夯的工作内容：一夯压半夯（两遍为准）。

（6）平整场地：对建筑场地自然地坪与设计室外标高高差 0～30cm 内的人工就地挖、填、找平，便于进行施工放线。平整场地工作内容包括：厚在 300mm 以内的挖、填、找平。

（7）余土、取土：当挖出的土方大于回填土方时，用于回填后剩下的土称余土，当挖出的土方小于回填所需的土方时，所缺少的土需要从外边取土满足回填土要求称取土。例如平整场地：按建筑物外墙外边各加 2m 范围内的面积计算。设建筑物底面积人工平整场地工程量 S 为：（图7-2）　　$S=(a+4)\times(b+4)$

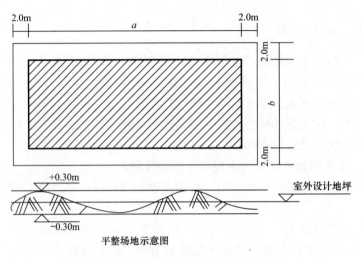

图 7-2 平整场地示意图

2. 挖槽、坑、土方放坡的原则及放坡方法、放坡高度的计算。

土方开挖时,为了防止塌方,保证施工顺利进行,其边壁应采取稳定措施,常用方法是放坡和支撑。

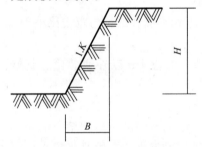

图 7-3 坡度系数图

(1)放坡

在场地比较开阔的情况下开挖土方时,可以优先采用放坡的方式保持边坡的稳定。放坡的坡度以放坡宽度 B 与挖土深度 H 之比表示,即 $K=B/H$,式中 K 为放坡系数。坡度通常用 $1:K$ 表示,显然,$1:K=H:B$。放坡系数根据开挖深度、土壤类别以及施工方法(人工或机械)决定(图 7-3)。

(2)挖沟槽、基坑、土方需放坡时,以施工组织设计规定计算,施工组织设计无明确规定时,放坡高度、比例按表 7-9 计算。

放坡高度、比例确定表　　　　表 7-9

土壤类别	放坡深度规定(m)	高与宽之比		
		人工挖土	机械挖土	
			坑内作业	坑上作业
一、二类土	超过 1.20	1∶0.5	1∶0.33	1∶0.75
三类土	超过 1.50	1∶0.33	1∶0.25	1∶0.67
四类土	超过 2.00	1∶0.25	1∶0.10	1∶0.33

1)沟槽、基坑中土壤类别不同时,分别按其土壤类别、放坡比例以不同土壤厚度计算;

2)计算放坡工程量时交接处的重复工程量不扣除,符合放坡深度规定时才能放坡,放坡高度应自垫层下表面至设计室外地坪标高计算。两槽交接处因放坡产生的重复计算工程量,不予扣除(图 7-4)。

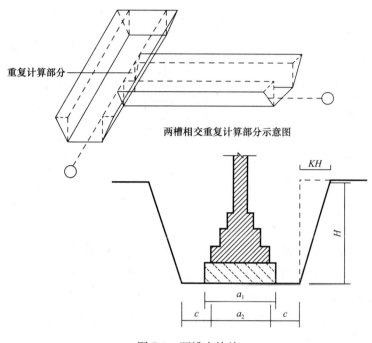

图 7-4 两槽交接处

3. 基础施工放工作面的规定。

(1) 工作面

工作面是指人工施工操作或支模板所需要的断面宽度（表 7-10），与基础材料和施工工序有关。

基础施工所需工作面宽度表　　　　　表 7-10

基础材料	每边各增加工作面宽度（mm）
砖基础	以最底下一层大放脚边至地槽（坑）边 200
浆砌毛石、条石基础	以基础边至地槽（坑）边 150
砼基础支模板	以基础边至地槽（坑）边 300
基础垂直面做防水层	以防水层面的外表面至地槽（坑）边 800

(2) 开挖断面尺寸

开挖断面宽度是由基础底（垫层）设计宽度、开挖方式、基础材料及做法所决定的。开挖断面是计算土方工程量的一个基本参数。开挖断面通常有以下几种情况（见图 7-5）：

① 放坡、留工作面

当垫层需支模施工时，设坡度为 $1:k$，工作面每边宽 c，基础垫层宽 a，深度为 h，则开挖断面宽 B（放线宽）：$B=a+2c+2kh$

② 双面支挡土板、留工作面

每一侧支挡土板的宽按 100mm 计算。工作面宽 c，基础垫层宽 a，则开挖断面宽 B（放线宽）：$B=a+2c+200$

如果单面支挡土板，则 $B=a+2c+100$

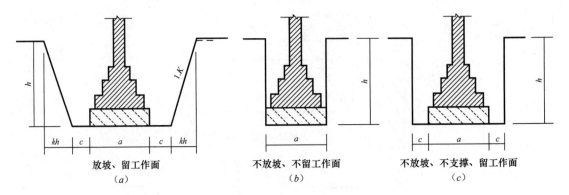

图 7-5 开挖断面示意图

③ 不放坡、不支撑、留工作面

当基础垫层混凝土原槽浇筑时，可以利用垫层顶面宽作为工作面，因此放线宽即等于垫层宽。当基础垫层支模板浇筑时，必须留工作面，则放线宽为 $a+2c$。

④ 单面支撑挡土板，留工作面

除上述情况外，在某些特殊的场地条件下，还可能一边支挡土板，另一边放坡，则放线宽 B：

$$B = a + 2c + kh + 100$$

7.3.2 打桩工程及基础垫层

1. 打预制钢筋混凝土桩的体积，按设计桩长（包括桩尖，不扣除桩尖虚体积）乘以桩截面面积以立方米计算；管桩的空心体积应扣除，管桩的空心部分设计要求灌注混凝土或其他填充材料时，应另行计算。

2. 接桩：按每个接头计算。

3. 送桩：以送桩长度（自桩顶面至自然地坪另加 500mm）乘桩截面面积以立方米计算。

4. 打孔沉管、夯扩灌注桩：

（1）灌注混凝土、砂、碎石桩使用活瓣桩尖时，单打、复打桩体积均按设计桩长（包括桩尖）另加 250mm（设计有规定，按设计要求）乘以标准管外径以立方米计算。使用预制钢筋混凝土桩尖时，单打、复打桩体积均按设计桩长（不包括预制桩尖）另加 250mm 乘以标准管外径以立方米计算。

（2）打孔、沉管灌注桩空沉管部分，按空沉管的实体积计算。

（3）夯扩桩体积分别按每次设计夯扩前投料长度（不包括预制桩尖）乘以标准管内径体积计算，最后管内灌注混凝土按设计桩长另加 250mm 乘以标准管外径体积计算。

（4）打孔灌注桩、夯扩桩使用预制钢筋混凝土桩尖的，桩尖个数另列项目计算。

5. 泥浆护壁钻孔灌注桩：

（1）钻土孔与钻岩石孔工程量应分别计算。土与岩石地层分类详见附表。钻土孔自自然地面至岩石表面之深度乘设计桩截面面积以立方米计算；钻岩石孔以入岩深度乘桩截面面积以立方米计算。

(2) 混凝土灌入量以设计桩长（含桩尖长）另加一个直径（设计有规定的，按设计要求）乘桩截面积以立方米计算；地下室基础超灌高度按现场具体情况另行计算。

(3) 泥浆外运的体积等于钻孔的体积以立方米计算。

6. 灌注混凝土桩头按立方米计算，凿、截断预制方（管）桩均以根计算。

7. 深层搅拌桩、粉喷桩加固地基，按设计长度另加500mm（设计有规定，按设计要求）乘以设计截面。

桩以立方米计算（双轴的工程量不得重复计算），群桩间的搭接不扣除。

8. 人工挖孔灌注混凝土桩中挖井坑土、挖井坑岩石、砖砌井壁、混凝土井壁、井壁内灌注混凝土均按图示尺寸以立方米计算。

9. 长螺旋或旋挖法钻孔灌注桩的单桩体积，按设计桩长（含桩尖）另加500mm（设计有规定，按设计要求）再乘以螺旋外径或设计截面积以立方米计算。

10. 基坑锚喷护壁成孔及孔内注浆按设计图纸以延长米计算，两者工程量应相等。护壁喷射混凝土按设计图纸以平方米计算。

11. 土钉支护钉+锚杆按设计图纸以延长米计算，挂钢筋网按设计图纸以平方米计算。

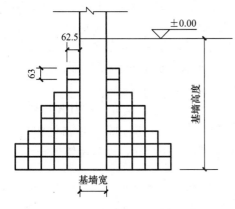

图 7-6 间隔式大放脚面积图

7.3.3 砌筑工程

1. 砖基础：工程量为基础断面积乘以基础长度以体积计算，计量单位 m^3。

砖基础断面积＝基础墙高×基础墙宽＋大放脚面积其中，大放脚面积可分割成若干个 $0.0625m×0.063m=0.0039375m^2$ 面积的小方块，小方块个数取决于大放脚的形式和层数（见图 7-6）。

为计算方便，也可将大放脚面积折算成一段等面积的基础墙，这段基础墙高度叫折算高度。

折算高度＝大方脚面积基础墙宽度（见表 7-11），则基础断面积＝基础墙宽×（基础墙高＋折算高度）

折算高度 表 7-11

大放脚层数	放脚形式	各种墙基厚度的折算高度（m）						大放脚面积	
		0.115	0.180	0.240	0.365	0.490	0.615	n·a	M^2
一	等高式	0.137	0.087	0.066	0.043	0.032	0.026	4a	0.01575
	间隔式	0.137	0.087	0.066	0.043	0.032	0.026	4a	0.01575
二	等高式	0.411	0.262	0.197	0.0129	0.096	0.077	12a	0.04725
	间隔式	0.342	0.219	0.164	0.108	0.080	0.064	10a	0.039375
三	等高式	0.0822	0.525	0.394	0.269	0.193	0.154	24a	0.09450
	间隔式	0.685	0.437	0.328	0.216	0.161	0.128	20a	0.07875
四	等高式	1.370	0.875	0.656	0.432	0.320	0.256	40a	0.15750
	间隔式	1.096	0.700	0.525	0.345	0.257	0.205	32a	0.12600

续表

大放脚层数	放脚形式	各种墙基厚度的折算高度（m）						大放脚面积	
		0.115	0.180	0.240	0.365	0.490	0.615	n•a	M²
五	等高式	2.054	1.312	0.984	0.647	0.482	0.384	60a	0.23625
	间隔式	1.643	1.050	0.787	0.518	0.386	0.307	48a	0.18900
六	等高式	2.876	1.837	1.378	0.906	0.675	0.538	84a	0.33075
	间隔式	2.260	1.444	1.083	0.712	0.530	0.423	66a	0.25988
七	等高式	3.835	2.450	1.837	1.208	0.900	0.717	112a	0.44100
	间隔式	3.013	1.925	1.444	0.949	0.707	0.563	88a	0.34650

2. 砖墙长度计算

外墙按中心线长度，框架间墙及内墙按净长计算。

注意：框架结构与排架结构外墙长度计算的区别。

3. 高度

（1）外墙的高度：坡（斜）屋面无檐口天棚，算至墙中心线屋面板底；无屋面板，算至椽子顶面；有屋架且室内外均有天棚，算至屋架下弦底面另加 200mm，无天棚算至屋架下弦另加 300mm；有现浇钢筋混凝土平板楼层者，应算至平板底面；当墙高遇有框架梁、肋形板梁时，应算至梁底面；女儿墙高度自板面算至压顶底面。

（2）内墙高度：内墙位于屋架下，其高度算至屋架底；无屋架，算至天棚底另加 120mm；有钢筋混凝土楼隔层，算至钢筋混凝土板底；有框架梁时，算至梁底面；同一墙上板厚不同时，按平均高度计算；平行于空心楼板的墙算至空心板顶面。

（3）附墙砖垛、三皮砖以上的腰线、挑檐、附墙烟囱、通风道、垃圾道按其外形体积并入所依附的墙体积内合并计算。（每个孔洞横断面超过 0.1m² 时，应扣除其所占体积）

例 7-12：有一段（如图 7-7 所示）墙身，附墙砖垛，墙身高度 5m，计算墙体体积。

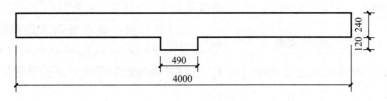

图 7-7 例题图

解：计算工程量：$(4×0.24+0.49×0.12)×5=5.094m^3$

（4）计算墙体工程量时，应扣除门窗洞口、过人洞、空圈、嵌入墙身的钢筋混凝土柱、梁、过梁、圈梁、挑梁、混凝土墙基防潮层和暖气包、壁龛的体积，不扣除梁头、梁垫、外墙预制板头、檩条头、垫木、木楞头、沿椽木、木砖、门窗走头、砖砌体内的加固钢筋、木筋、铁件、钢管及每个面积在 0.3m² 以下的孔洞等所占的体积。突出墙面的窗台虎头砖、压顶线、山墙泛水、烟囱根、门窗套及三皮砖以内的腰线、挑檐等体积亦不增加。应扣除部分：

1）门窗洞口、过人洞、空圈（见图 7-8）；

2）嵌入墙身的钢筋混凝土柱、梁，包括过梁、圈梁、挑梁（见图 7-9）；

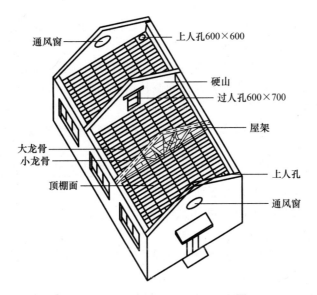

图 7-8 门窗洞口、过人洞、空圈

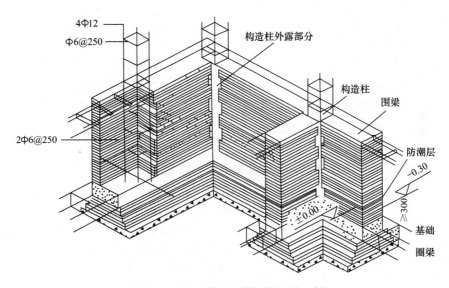

图 7-9 嵌入墙身的钢筋混凝土柱、梁

(5) 砖基础深度自室外地面至砖基础底表面超过 1.5m，其超过部分每 m³ 砌体应增加 0.041 工日。

(6) 砖砌地下室外墙、内墙均按相应内墙定额执行。

(7) 砌块（硅酸盐、加气混凝土、硅酸钙空心砌块、陶粒空心砌块）、多孔砖围墙，其墙基与墙身使用同一种材料时，墙基和墙身工程量合并计算按相应墙定额执行。

7.3.4 钢筋工程

1. 单位工程的钢筋总用量以钢筋的不同规格、不分品种按不同混凝土构件分别套用相应项目。

2. 单位工程钢筋总用量应按设计要求的长度乘相应规格理论重量计算，钢筋锚固及搭接长度应符合规范规定，编制施工图预算或标底时，钢筋工程量可暂按混凝土构件体积（或水平投影面积、外围面积）乘相应项目钢筋含量计算（钢筋含量详见附录）。凡用含钢量计算钢筋工程量的，结算时应按设计长度调整钢筋用量。

3. 钢筋搭接接头个数的计算。

（1）当梁、板（包括整板基础）直径 8 以上的通筋未设计搭接位置时，编制预算或标底钢筋接头个数时可暂按 8m 长一个接头（双面焊）考虑。

（2）当采用电渣压力焊、锥螺纹、墩粗直螺纹、冷压套管等接头时，接头按个计算。接头工程量在预算或标底中可暂按下列方法确定：

a. 底板、梁按 8m 长一个接头的 50% 计算；

b. 柱按自然层每根钢筋 1 个接头计算。

以上暂定接头个数计算时不能同时又在同一位置计算钢筋绑扎搭接长度；在工程结算时则应按实际接头个数调整。

4. 埋在整板基础中支撑多层钢筋用的型钢支架、垫铁、撑筋、马凳等，应按建设单位审定的施工组织设计合并用量计算，执行金属结构的钢托架制、安定额（扣除定额中油漆材料费 51.49 元），当撑筋仅用钢筋（无型钢）时，撑筋工程量与现浇构件钢筋用量合并计算按现浇构件钢筋相应定额执行。

5. 先张法预应力构件中的预应力、非预应力钢筋工程量合并计算，按预应力钢筋相应项目执行；后张法应力构件中的预应力钢筋、非预应力钢筋应分别套用定额。

6. 执行后张法钢丝束、钢绞线束钢筋定额时应注意：

（1）钢丝束、钢绞线的长度按混凝土构件孔道长度加操作长度计算，操作长度详见计价表。

（2）波纹管应另列项目计算，波纹管安装费已含在相应项目中。

（3）与后张法钢丝束、钢绞线束配套的非预应力钢筋并入相应项目计算。

7. 刚性屋面、细石混凝土楼面中找平层用冷拔钢丝，按冷轧带肋钢筋子目（4—4）执行，并把定额中钢筋单价换成冷拔钢丝单价，其他不变。

8. 烟囱烟道、水塔水箱、矩形贮仓、圆形贮仓、栈桥通廊、油（水）池 6 种构筑物中的钢筋应按筋 127 页表中的系数（详见计价表）增加人工费和机械费。

7.3.5 混凝土工程

1. 钢筋混凝土带形基础

（1）带形基础混凝土工程量计算。基础长度：外墙按中心线长度，内墙按净长线长度。有梁带形基础指混凝土基础中设置梁的配筋结构。一般有突出基面的称明梁（见图 7-10），暗藏在基础中的称暗梁（见图 7-10）。要注意的是暗藏在基础中的带形暗梁式基础不能套用有梁基础定额子目，而要套带形无梁式基础定额子目。

（2）有肋带形基础混凝土工程量计算。有肋带形基础是指基础扩大面积以上肋高与肋宽之比 $h:b \leqslant 4:1$ 以内的带形基础，肋的体积与基础合并计算，执行有梁式带形基础定额子目。

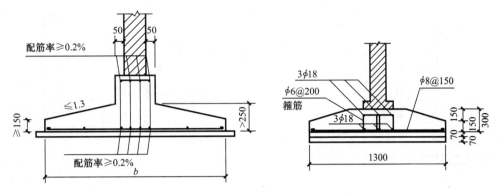

图 7-10 有梁式钢筋混凝土基础

见图 7-11，其工程量根据图示尺寸以立方米体积计算。即：带形基础体积＝基础断面积×基础长度。

基础断面积$=B\times h_2+1/2(B+b)\times h_1+b\times h$

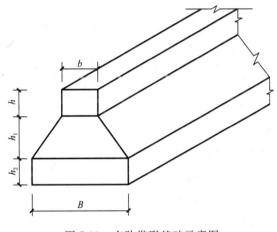

图 7-11 有肋带形基础示意图

(3) 当 $h:b>4:1$ 时，基础扩大面以上的肋的体积按钢筋混凝土墙计算，扩大面以下按无梁式带形计算。

(4) 独立基础。独立基础的平面一般多为长方形和正方形，此外还有圆锥及锥壳形基础，通常称柱基。按基础构造（几何形状）划分为独立基础和杯形基础。

1) 独立基础有长方体、正方体、截方锥体、梯形（踏步）体、截圆锥体及平浅柱基础等形式，图 7-12 中 (a) 为锥形基础（可以是截方锥也可以是截圆锥），图 (b) 为梯形（踏步形）基础，图 (c) 为平浅柱基础。

2) 独立基础混凝土工程量计算。独立基础是指基础扩大面顶面以下部分的实体，其工程量按图示尺寸以立方米（m^3）计算（见图 7-13）。

$$V=ABh_1+h_2/6[AB+ab+(A+a)(B+b)]$$

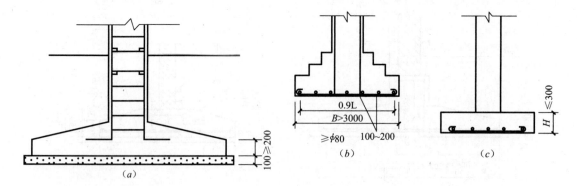

图 7-12 独立基础形式
(a) 锥形；(b) 梯形；(c) 平浅柱形

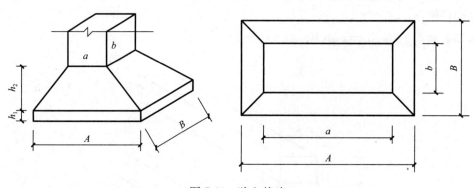

图 7-13 独立基础

式中 A、B——分别为基础底面的长与宽（m）；
a、b——分别为基础顶面的长与宽（m）；
h_1——基础底部长方体的高度（m）；
h_2——基础棱台的高度（m）。

3) 杯形基础混凝土工程量计算。杯形基础的混凝土工程量也是按图示尺寸以立方米（m^3）计算。其体积等于上下两个六面体体积及中间四棱台体积之和，再扣减杯槽的体积。

(5) 箱形基础工程量计算。箱形基础是指上有顶盖，下有底板，中间有纵、横墙板柱连接成整体的基础（见图 7-14）。它具有较大的强度和刚度，多用于高层建筑。箱形基础的工程量应分解计算。底板体积执行无梁满堂基础定额项目以立方米（m^3）体积计算工程量；顶盖板、隔板与柱分别执行板、墙与柱的定额项目，其工程量均按图示尺寸以立方米（m^3）体积计算。

(6) 钢筋混凝土筏形基础（俗称满堂基础）。满堂基础按构造又分为无梁式和有梁式。

1) 有梁式满堂基础的体积＝基础底板面积×板厚＋梁截面面积×梁长

注：梁和柱的分界：柱高应从柱基上表面计算，即从梁的上表面计算，不能从底板的上表面计算柱高。

2) 无梁式满堂基础体积＝（底板面积×板厚）＋柱帽总体积。其中柱帽总体积＝柱帽个数×单个柱帽体积。单个柱帽体积按独立基础中截头方锥形基础体积计算。

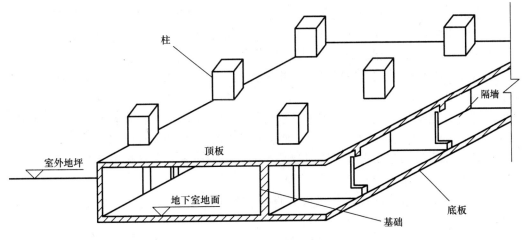

图 7-14 箱形基础

2. 现浇混凝土柱的工程量计算

（1）现浇柱的混凝土工程量，均按实际体积计算。依附于柱上的牛腿体积，按图示尺寸计算后并入柱的体积内，但依附于柱上的悬臂梁，则以柱的侧面为界，界线以外部分，悬臂梁的体积按实计算后执行梁的定额子目。

（2）现浇混凝土劲性柱按矩形柱子目执行，型钢所占混凝土体积不扣除。

（3）柱的工程量按以下公式计算：

柱的体积＝柱的断面面积×柱高

计算钢筋混凝土现浇柱高时，应按照以下三种情况正确确定：

1）有梁板下的柱，柱高应从柱基上表面（或楼板上表面）算至上一层楼板的下表面。

2）无梁板下的柱，柱高应从柱基上表面算至柱帽（或柱托）的下表面。

3）有预制板的框架柱，柱高应从柱基上表面（或从楼层的楼板上表面）算至上一层楼板的上表面。无楼层者，框架柱的高度从柱基上表面算至柱顶。

（4）现浇构造柱的混凝土工程量计算。为了加强建筑物结构的整体性、增强结构抗震能力，在混合结构墙体内增设钢筋混凝土构造柱，构造柱与砖墙用马牙槎咬接成整体。构造柱的工程量计算，与墙身嵌接部分的体积也并入柱身的工程量内（见图 7-15）。

计算公式：$V=(B^2+n×1/2×B×b)×H$

式中 V——构造柱混凝土体积（m^3）；

B——构造柱宽度；

b——马牙槎宽度；

H——构造柱高度；

n——马牙槎咬接面数。

3. 现浇混凝土梁的工程量计算

现浇钢筋混凝土梁按其形状、用途和特点，可分为基础梁、

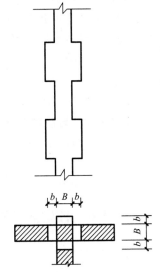

图 7-15 现浇构造柱

连续梁、圈梁、单梁或矩形梁和异形梁等分项工程项目。各类梁的工程量均按图示尺寸以立方米（m³）体积计算。即：V（体积）＝梁长×梁断面面积。计算时应注意：

（1）梁与柱连接时，梁长算至柱侧面。

（2）主梁与次梁连接时，次梁长算至主梁侧面。伸入砖墙内的梁头、梁垫体积并入梁体积内计算。

（3）圈梁、过梁应分别计算，过梁长度按图示尺寸，图纸无明确表示时，按门窗洞口外围宽另加500mm计算。平板与砖墙上混凝土圈梁相交时，圈梁高应算至板底面。

（4）依附于梁（包括阳台梁、圈过梁）上的混凝土线条（包括弧形线条）按延长米另行计算（梁宽算至线条内侧）。

（5）现浇挑梁按挑梁计算，其压入墙身部分按圈梁计算；挑梁与单梁、框架梁连接时，其挑梁应并入相应梁内计算。

（6）花篮梁二次浇捣部分执行圈梁子目。

4. 现浇混凝土板工程量计算

按图示面积乘板厚以立方米计算（梁板交接处不得重复计算）。各类板伸入墙内的板头并入板体积内计算。

（1）有梁板按梁（包括主、次梁）、板体积之和计算，有梁板又称肋形楼板，是由一个方向或两个方向的梁连成一体的板构成的。

（2）井式楼板也是由梁板组成的，没有主次梁之分，梁的断面一致，因此是双向布置梁，形成井格。井格与墙垂直的称为正井式，井格与墙倾斜成45°布置的称为斜井式。

（3）无梁板按板和柱帽之和计算。无梁楼板是将楼板直接支承在墙、柱上。为增加柱的支承面积和减小板的跨度，在柱顶上加柱帽和托板，柱子一般按正方格布置。

（4）平板按实体积计算。

（5）预制板缝宽度在100mm以上的现浇板缝按平板计算。

（6）现浇斜板、阶梯教室、体育看台没有单列子目，按相应的附注规定执行。

（7）后浇板带（包括主、次梁）按设计图纸以立方米计算，套用相应定额项目。

5. 现浇混凝土墙工程量计算

现浇混凝土墙，外墙按图示中心线长度（内墙按净长）乘墙高、墙厚以立方米计算，应扣除门、窗洞口及0.3m²外的孔洞体积。单面墙垛其突出部分并入墙体体积内计算，双面墙垛（包括墙）按柱计算。弧形墙按弧线长度乘墙高、墙厚计算，地下室墙有后浇墙带时，后浇墙带应扣除，后浇墙带按设计图纸以立方米计算。梯形断面墙按上口与下口的平均宽度计算。墙高的确定：

（1）墙与梁平行重叠，墙高算至梁顶面；当设计梁宽超过墙宽时，梁、墙分别按相应项目计算。

（2）墙与板相交，墙高算至板底面。

7.3.6 楼地面工程

1. 地面垫层按室内主墙间净空面积乘以设计厚度以立方米计算。应扣除凸出地面的构筑物、设备基础、室内铁道、地沟等所占体积，不扣除柱、垛、间壁墙、附墙烟囱及面积在0.3m²以内孔洞所占体积。但门洞、空圈、暖气包槽、壁龛的开口部分亦不增加。

2. 整体面层、找平层均按主墙是净空面积以平方米计算。扣除凸出地面构筑物、设备基础、地沟所占面积，不扣除柱、垛、间壁墙、附墙烟囱及面积在 0.3m² 以内的孔洞所占面积，但门洞、空圈、暖气包槽、壁龛的开口部分亦不增加。看台台阶、阶梯教室地面整体面层按展开后的净面积计算。

3. 地板及块料面层按图示尺寸实铺面积以平方米计算。扣除凸出地面构筑物、设备基础、柱、间壁墙等所占面积及面积在 0.3m² 以内的孔洞所占面积，门洞、空圈、暖气包槽、壁龛的开口部门的工程量另增并入相应的面层内计算。

4. 楼梯、台阶整体面层按楼梯的水平投影面积计算，块料面层按展开实铺面积以平方米计算。楼梯包括踏步板、踢脚板、休息平台、踢脚线、堵头工程量，楼梯间与走廊连接的应算至楼梯梁外侧，台阶工程量包括踏步及最上一步踏步口外延 300mm。

5. 多色简单、复杂图案镶贴花岗岩、大理石，按镶贴图案的矩形面积计算；成品拼花石材铺贴按设计图案的面积计算。计算简单、复杂图案之外的面积，扣除简单、复杂图案面积时，也按矩形面积扣除。

6. 水泥砂浆和水磨石踢脚板按延长米计算，洞口、空圈长度不予扣除，但洞口、空圈、垛、附墙烟囱等侧壁长亦不增加，块料面层踢脚板，应按实际延长米计算，门洞扣除，侧壁增加。

7.3.7 墙柱面工程

1. 内墙面抹灰：内墙面抹灰长度，以主墙间的图示净长计算，不扣除间壁所占的面积。其高度确定：不论有无踢脚线，其高度均自室内地坪面或楼面至天棚底面。内墙面抹灰面积应扣除门窗洞口和空圈所占的面积，不扣除踢脚线、挂镜线、0.3m² 以内的孔洞和墙与构件交接处的面积。

2. 外墙面抹灰面积按外墙面的垂直投影面积计算，应扣除门窗洞口和空圈所占的面积，不扣除 0.3m² 以内孔洞面积，但门窗洞口和空圈的侧壁、顶面及垛等抹灰，应按结构展开面积并入墙面抹灰中计算。

3. 阳台、雨篷抹灰按水平投影面积计算。定额中已包括顶面、底面、侧面及牛腿的全部抹灰面积。阳台栏杆、栏板、垂直遮阳板抹灰另列项目计算。栏板以单面垂直投影面积乘系数 2.1。

4. 镶贴块料面层及花岗岩（大理石）板挂贴：均按块料面层的建筑尺寸以展开面积计算（包括干挂空间、砂浆厚度、板厚等）。

5. 内墙、柱木装饰：木装饰龙骨、衬板、面层及粘贴切片板按净面积计算，并扣除门、窗洞口及 0.3m² 以上的孔洞所占面积，附墙及门、窗侧壁并入墙面工程量计算。单独门、窗套按第十七章的相应项目计算。

6. 幕墙以框外围面积计算。幕墙与建筑顶端、两端的封边按图示尺寸以平方米计算，自然层的水平隔离与建筑物的连接按延长米计算（连接层包括上、下镀锌钢板在内）。

7. 贴花岗岩或大理石板材的圆柱定额，分一个独立柱 4 拼或 6 拼贴两个子目，其工程量按贴好后的石材面外围周长×柱高计算（有柱帽、柱脚时，柱高应扣除），石材柱墩、柱帽的工程量应按其结构的直径＋100mm 后的周长乘其柱墩、帽的高度计算，圆柱腰线按石材柱面的周长计算。柱身、柱墩、帽及柱腰线均应分别列子目计算。

7.3.8 脚手架工程

1. 脚手架工程分部有关说明

(1) 适用范围：凡工业与民用建筑、构筑物所需搭设的脚手架均按本定额执行。适用于檐高在20m以内的建筑物，不包括女儿墙、屋顶水箱、突出主体建筑的楼梯间等高度，前后檐高不同，按平均高度计算。檐高在20m以上的建筑物脚手架除按本定额计算外，其超过部分所需增加的脚手架加固措施等费用，均按超高脚手架材料增加费子目执行。构筑物、烟囱、水塔、电梯井按其相应子目执行。

(2) 本定额已按扣件钢管脚手架与竹脚手架综合编制，实际施工中不论使用何种脚手架材料，均按本定额执行。本次在编制中对原来定额子目中有关文明施工措施的内容进行了剥离，将其列入费用定额考虑。

(3) 高度在3.60m以内的墙面、天棚、柱、梁抹灰（包括钉间壁、钉天棚）用的脚手架费用套用3.60m以内的抹灰脚手架。如室内（包括地下室）净高超过3.60m时，天棚需抹灰（包括钉天棚）应按满堂脚手架计算，但其内墙抹灰不再计算脚手架。高度在3.60m以上的内墙面抹灰，如无满堂脚手架可以利用时，可按墙面垂直投影面积计算抹灰脚手架。

(4) 建筑物室内净高超过3.60m的钉板间壁以其净长乘以高度可计算一次脚手架（按抹灰脚手架定额执行），天棚吊筋与面层按其水平投影面积计算一次满堂脚手架。天棚面层高度在3.60m内，吊筋与楼层的连接点高度超过3.60m，应按满堂脚手架相应项目基价乘以0.60计算。

(5) 室内天棚面层净高超过3.60m的钉天棚、钉间壁的脚手架与其抹灰的脚手架合并计算一次满堂脚手架。室内天棚净高超过3.60m的板下勾缝、刷浆、油漆可另行计算一次脚手架费用，按满堂脚手架相应项目乘以0.10计算；墙、柱梁面刷浆、油漆的脚手架按抹灰脚手架相应项目乘以0.10计算。

(6) 室内天棚面层净高3.60m以内的钉天棚、钉间壁的脚手架与其抹灰的脚手架合并计算一次脚手架，套用3.60m以内的抹灰脚手架。单独天棚抹灰计算一次脚手架，按满堂脚架相应项目乘以0.1系数。

(7) 瓦屋面坡度大于45°时，屋面基层、盖瓦的脚手架费用应另按实计算。

(8) 增设了电梯井字架，当结构施工搭设的电梯井脚手架延续至电梯设备安装使用时，套用安装用电梯井脚手架时应扣除定额中的人工及机械。

(9) 另设置了构件吊装脚手架的规定，是从原先定额中分离出来重新测算分析而来，具体计算标准可以见本章说明11的表格。

2. 超高脚手架材料增加费有关说明

(1) 本定额中脚手架是按建筑物檐高在20m以内编制的，檐高超过20m时应计算脚手架材料增加费。

(2) 檐高超过20m脚手材料增加费内容包括：脚手架使用周期延长摊销费、脚手架加固。脚手架材料增加费包干使用，无论实际发生多少，均按本章执行，不调整。

(3) 檐高超过20m脚手材料增加费按下列规定计算

1) 檐高超过20m部分的建筑物应按其超过部分的建筑面积计算。

2) 层高超过 3.6m 每增高 0.1m 按增高 1m 的比例换算（不足 0.1m 按 0.1m 计算），按相应项目执行。

3) 建筑物檐高高度超过 20m，但其最高一层或其中一层楼面未超过 20m 时，则该楼层在 20m 以上部分仅能计算每增高 1m 的增加费。

4) 同一建筑物中有 2 个或 2 个以上的不同檐口高度时，应分别按不同高度竖向切面的建筑面积套用相应子目。

5) 单层建筑物（无楼隔层者）高度超过 20m，其超过部分除构件安装按第七章的规定执行外，另再按本章相应项目计算每增高 1m 的脚手架材料增加费。

3. 脚手架工程量计算一般规则：

（1）凡砌筑高度超过 1.5m 的砌体均需计算脚手架。

（2）砌墙脚手架均按墙面（单面）垂直投影面积以平方米计算。

（3）计算脚手架时，不扣除门、窗洞口、空圈、车辆通道、变形缝等所占面积。

（4）同一建筑物高度不同时，按建筑物的竖向不同高度分别计算。

4. 砌筑脚手架工程量计算规则：

（1）外墙脚手架按外墙外边线长度（如外墙有挑阳台，则每只阳台计算一个侧面宽度，计入外墙面长度内，二户阳台连在一起的也只算一个侧面）乘以外墙高度以平方米计算。外墙高度指室外设计地坪至檐口（或女儿墙上表面）高度，坡屋面至屋面板下（或椽子顶面）墙中心高度。

（2）内墙脚手架以内墙净长乘以内墙净高计算。有山尖者算至山尖 1/2 处的高度；有地下室时，自地下室室内地坪至墙顶面高度。

（3）砌体高度在 3.60m 以内者，套用里脚手架；高度超过 3.60m 者，套用外脚手架。

（4）山墙自设计室外地坪至山尖 1/2 处高度超过 3.60m 时，该整个外山墙按相应外脚手架计算，内山墙按单排外架子计算。

（5）独立砖（石）柱高度在 3.60m 以内者，脚手架以柱的结构外围周长乘以柱高计算，执行砌墙脚手架里架子；柱高超过 3.60m 者，以柱的结构外围周长加 3.60m 乘以柱高计算，执行砌墙脚手架外架子（单排）。

（6）砌石墙到顶的脚手架，工程量按砌墙相应脚手架乘系数 1.50。

（7）外墙脚手架包括一面抹灰脚手架在内，另一面墙可计算抹灰脚手架。

（8）砖基础自设计室外地坪至垫层（或砼基础）上表面的深度超过 1.50m 时，按相应砌墙脚手架执行。

（9）突出屋面部分的烟囱，高度超过 1.50m 时，其脚手架按外围周长加 3.60m 乘以实砌高度按 12m 内单排外脚手架计算。

5. 现浇钢筋砼脚手架工程量计算规则：

（1）钢筋砼基础自设计室外地坪至垫层上表面的深度超过 1.50m，同时带形基础底宽超过 3.0m、独立基础或满堂基础及大型设备基础的底面积超过 $16m^2$ 的砼浇捣脚手架应按槽、坑土方规定放工作面后的底面积计算，按满堂脚手架相应定额乘以 0.3 系数计算脚手架费用。

（2）现浇钢筋混凝土独立柱、单梁、墙高度超过 3.60m 应计算浇捣脚手架。柱的浇捣脚手架以柱的结构周长加 3.60m 乘以柱高计算；梁的浇捣脚手架按梁的净长乘以地面

（或楼面）至梁顶面的高度计算；墙的浇捣脚手架以墙的净长乘以墙高计算。套柱、梁、墙混凝土浇捣脚手架。

（3）层高超过3.60m的钢筋混凝土框架柱、墙（楼板、屋面板为现浇板）所增加的混凝土浇捣脚手架费用，以每10m²框架轴线水平投影面积，按满堂脚手架相应子目乘以0.3系数执行；层高超过3.60m的钢筋混凝土框架柱、梁、墙（楼板、屋面板为预制空心板）所增加的混凝土浇捣脚手架费用，以每10m²框架轴线水平投影面积，按满堂脚手架相应子目乘以0.4系数执行。

6. 抹灰脚手架、满堂脚手架工程量计算规则：

（1）钢筋混凝土单梁、柱、墙，按以下规定计算脚手架：

a. 单梁：以梁净长乘以地坪（或楼面）至梁顶面高度计算；

b. 柱：以柱结构外围周长加3.60m乘以柱高计算；

c. 墙：以墙净长乘以地坪（或楼面）至板底高度计算。

（2）墙面抹灰：以墙净长乘以净高计算。

（3）如有满堂脚手架可以利用时，不再计算墙、柱、梁面抹灰脚手架。

（4）天棚抹灰高度在3.60m以内，按天棚抹灰面（不扣除柱、梁所占的面积）以平方米计算。

7. 满堂脚手架：

天棚抹灰高度超过3.60m，按室内净面积计算满堂脚手架，不扣除柱、垛、附墙烟囱所占面积。

（1）基本层：高度在8m以内计算基本层；

（2）增加层：高度超过8m，每增加2m，计算一层增加层；余数在0.6m以内，不计算增加层，超过0.6m，按增加一层计算。

（3）满堂脚手架高度以室内地坪面（或楼面）至天棚面或屋面板的底面为准（斜的天棚或屋面板按平均高度计算）。室内挑台栏板外侧共享空间的装饰如无满堂脚手架利用时，按地面（或楼面）至顶层栏板顶面高度乘以栏板长度以平方米计算，套相应抹灰脚手架定额。

7.3.9 模板工程

混凝土及钢筋混凝土模板工程量，按以下规定计算：

1. 现浇混凝土及钢筋混凝土模板工程量除另有规定者外，均按混凝土与模板的接触面积以平方米计算。若使用含模量计算模板接触面积者，其工程量：构件体积×相应项目含模量。

2. 钢筋混凝土墙板上单孔面积在0.3m²以内的孔洞，不予扣除，洞侧壁模板不另增加，但突出墙面的侧壁模板应相应增加。单孔面积在0.3m²以外的孔洞，应予扣除，洞侧壁模板面积并入墙、板模板工程量之内计算。

3. 现浇钢筋混凝土框架分别按柱、梁、墙、板有关规定计算，墙上单面附墙柱并入墙内工程量计算，双面附墙柱按柱计算，但后浇墙、板带的工程量不扣除。

4. 设备螺栓套孔或设备螺栓分别按不同深度以"个"计算；二次灌浆，按实灌体积以立方米计算。

5. 预制混凝土板间或边补现浇板缝，缝宽在 100mm 以上者，模板按平板定额计算。

6. 构造柱外露均应按图示外露部分计算面积（锯齿形，则按锯齿形最宽面计算模板宽度）构造柱与墙接触面不计算模板面积。

7. 现浇混凝土雨篷、阳台、水平挑板，按图示挑出墙面以外板底尺寸的水平投影面积计算（附在阳台梁上的混凝土线条不计算水平投影面积）。挑出墙外的牛腿及板边模板已包括在内。复式雨篷挑口内侧净高超过 250mm 时，其超过部分按挑檐定额计算（超过部分的含模量按天沟含模量计算）。竖向挑板按 100mm 内墙定额执行。

8. 整体直形楼梯包括楼梯段、中间休息平台、平台梁、斜梁及楼梯与楼板连接的梁，按水平投影面积计算，不扣除小于 200mm 的梯井，伸入墙内部分不另增加。

9. 圆弧形楼梯按楼梯的水平投影面积以平方米计算（包括圆弧形梯段、休息平台、平台梁、斜梁及楼梯与楼板连接的梁）。

10. 楼板后浇带以延长米计算（整板基础的后浇带不包括在内）。

11. 现浇圆弧形构件除定额已注明者外，均按垂直圆弧形的面积计算。

12. 栏杆按扶手的延长米计算，栏板竖向挑板按模板接触面积以平方米计算。扶手、栏板的斜长按水平投影长度乘系数 1.18 计算。

13. 劲性混凝土柱模板，按现浇柱定额执行。

14. 砖侧模分别不同厚度，按实砌面积以平方米计算。

7.4 建筑工程施工图预算

7.4.1 工程量计算的原则

工程量是编制施工图预算的基础数据，同时也是施工图预算中最繁琐、最细致的工作。而且工程量计算项目是否齐全，结果准确与否，直接影响着预算编制的质量和进度。为快速准确的计算工程量，计算时应遵循以下原则：

1. 熟悉基础资料

在工程量计算前，应熟悉现行预算定额、施工图纸、有关标准图、施工组织设计等资料，因为他们都是计算工程量的直接依据。

2. 计算工程量的项目应与现行定额的项目一致

工程量计算时，只有当所列的分项工程项目与现行定额中分项工程的项目完全一致时，才能正确使用定额的各项指标。尤其当定额子目中综合了其他分项工程时，更要特别注意所列分项工程的内容是否与选用定额分项工程所综合的内容一致，不可重复计算。

例如，现行定额楼地面工程找平层子目中，均包括刷素水泥浆一道，在计算工程量时，不可再列刷素水泥浆子目。

3. 工程量的计量单位必须与现行定额的计量单位一致

现行定额中各分项工程的计量单位是多种多样的。有的是 m^3、有的是 m^2、还有的是延长米 m、t 和个等。所以，计算工程量时，所选用的计量单位应与之相同。

4. 必须严格按照施工图纸和定额规定的计算规则进行计算

计算工程量必须在熟悉和审查图纸的基础上，严格按照定额规定的工程量计算规则，以施工图所标注尺寸（另有规定者除外）为依据进行计算，不能随意加大或缩小构件尺寸，以免影响工程量的准确性。

5. 工程量的计算应采用表格形式

为计算清晰和便于审核，在计算工程量时常采用表格形式。

7.4.2 计算的一般方法

为了防止漏项、减少重复计算，在计算工程量时应该按照一定的顺序，有条不紊地进行计算。下面分别介绍土建工程中工程量计算通常采用的几种顺序。

1. 按施工顺序计算

按施工先后顺序依次计算工程量，即按平整场地、挖地槽、基础垫层、砖石基础、回填土、砌墙、门窗、钢筋混凝土楼板安装、屋面防水、外墙抹灰、楼地面、内墙抹灰、粉刷、油漆等分项工程进行计算。

2. 按定额顺序计算

按当地定额中的分部分项编排顺序计算工程量，即从定额的第一分部第一项开始，对照施工图纸，凡遇定额所列项目，在施工图中有的，就按该分部工程量计算规则算出工程量。凡遇定额所列项目，在施工图中没有，就忽略，继续看下一个项目，若遇到有的项目，其计算数据与其他分部的项目数据有关，则先将项目列出，其工程量待有关项目工程量计算完成后，再进行计算。例如：计算墙体砌筑，该项目在定额的第四分部，而墙体砌筑工程量为：(墙身长度×高度－门窗洞口面积)×墙厚－嵌入墙内混凝土及钢筋混凝土构件所占体积＋垛、附墙烟道等体积。这时可先将墙体砌筑项目列出，工程量计算可暂放缓一步，待第五分部混凝土及钢筋混凝土工程及第六分部门窗工程等工程量计算完毕后，再利用该计算数据补算出墙体砌筑工程量。

这种按定额编排计算工程量顺序的方法，对初学者可以有效地防止漏算重算现象。

3. 按图纸拟定一个有规律的顺序依次计算

(1) 按顺时针方向计算

从平面图左上角开始，按顺时针方向依次计算。如外墙从左上角开始，依箭头所指的次序计算，绕一周后又回到左上角。此方法适用于外墙、外墙基础、外墙挖地槽、楼地面、天棚、室内装饰等工程量的计算。

(2) 按先横后竖，先上后下，先左后右的顺序计算。

以平面图上的横竖方向分别从左到右或从上到下依次计算。此方法适用于内墙、内墙挖地槽、内墙基础和内墙装饰等工程量的计算。

(3) 按照图纸上的构、配件编号顺序计算

在图纸上注明记号，按照各类不同的构、配件，如柱、梁、板等编号，顺序地按柱 $Z1$、$Z2$、$Z3$、$Z4$…，梁 $L1$、$L2$、$L3$…，板 $B1$、$B2$、$B3$…等构件编号依次计算。

(4) 根据平面图上的定位轴线编号顺序计算

对于复杂工程，计算墙体、柱子和内外粉刷时，仅按上述顺序计算还可能发生重复或遗漏，这时，可按图纸上的轴线顺序进行计算，并将其部位以轴线号表示出来。如位于 A 轴线上的外墙，轴线长为①～②，可标记为 A：①～②。此方法适用于内外墙挖地槽、内外墙基础、内外墙砌体、内外墙装饰等工程量的计算。

7.4.3 施工图预算编制依据和方法

施工图预算的概念和作用

1. 施工图预算的概念

施工图预算即单位工程预算书,是在施工图设计完成后,工程开工前,根据已批准的施工图纸,在施工方案或施工组织设计已确定的前提下,按照国家或省市颁发的现行预算定额、费用标准、材料预算价格等有关规定,进行逐项计算工程量、套用相应定额、进行工料分析、计算直接费、并计取间接费、计划利润、税金等费用,确定单位工程造价的技术经济文件。

建筑安装工程预算包括建筑工程预算和设备及安装工程预算。

建筑工程预算又可分为一般土建工程预算、给排水工程预算、暖通工程预算、电气照明工程预算、构筑物工程预算及工业管道、电力、电信工程预算;设备及安装工程预算又可分为机械设备及安装工程预算和电气设备及安装工程预算。

2. 施工图预算的作用

(1) 确定工程造价的依据

施工图预算可作为建设单位招标的"标底",也可以作为建筑施工企业投标时"报价"的参考。

(2) 实行建筑工程预算包干的依据和签订施工会同的主要内容

通过建设单位与施工单位协商,征得建设银行认可,可在施工图预算的基础上,考虑设计或施工变更后可能发生的费用增加一定系数作为工程造价一次包死。同样,施工单位与建设单位签定施工合同,也必须以施工图预算为依据。否则,施工合同就失去约束力。

(3) 建设银行办理拨款结算的依据

根据现行规定,经建设银行审查认定后的工程预算,是监督建设单位和施工企业根据工程进度办理拨款和结算的依据。

(4) 施工企业安排调配施工力量,组织材料供应的依据

施工单位各职能部门可依此编制劳动力计划和材料供应计划,做好施工前的准备。

(5) 建筑安装企业实行经济核算和进行成本管理的依据

正确编制施工图预算和确定工程造价,有利于巩固与加强建筑安装企业的经济核算,有利于发挥价值规律的作用。

(6) 是进行"两算"对比的依据。

7.4.4 施工图预算的编制依据

1. 编制依据

(1) 施工图纸

是指经过会审的施工图,包括所附的文字说明、有关的通用图集和标准图集及施工图纸会审记录。它们规定了工程的具体内容、技术特征、建筑结构尺寸及装修做法等。因而是编制施工图预算的重要依据之一。

(2) 现行预算定额或地区单位估价表

现行的预算定额是编制预算的基础资料。编制工程预算,从分部分项工程项目的划分到工程量的计算,都必须以预算定额为依据。

地区单位估价表是根据现行预算定额、地区工人工资标准、施工机械台班使用定额和材料预算价格等进行编制的。它是预算定额在该地区的具体表现，也是该地区编制工程预算的基础资料。

(3) 经过批准的施工组织设计或施工方案

施工组织设计或施工方案是建筑施工中重要文件，它对工程施工方法、材料、构件的加工和堆放地点都有明确规定。这些资料直接影响工程量的计算和预算单价的套用。

(4) 地区取费标准（或间接费定额）和有关动态调价文件

按当地规定的费率及有关文件进行计算。

(5) 工程的承包合同（或协议书）、招标文件

(6) 最新市场材料价格

是进行价差调整的重要依据。

(7) 预算工作手册

预算工作手册是将常用的数据、计算公式和系数等资料汇编成手册以便查用，可以加快工程量计算速度。

(8) 有关部门批准的拟建工程概算文件

2. 编制条件

(1) 施工图经过设计交底和会审后，由建设单位、施工单位和设计单位共同认可；

(2) 施工单位编制的施工组织设计或施工方案，经过其上级有关部门批准；

(3) 建设单位和施工单位在设备、材料、构件等加工订货方面已有明确分工。

7.4.5 施工图预算的编制方法和步骤

1. 施工图预算的编制方法

施工图预算的编制方法有单价法和实物法两种。

(1) 单价法

用单价法编制施工图预算，就是利用各地区、各部门编制的建筑安装工程单位估价表或预算定额基价，根据施工图计算出的各分项工程量，分别乘以相应单价或预算定额基价并求和，得到定额直接费，再加上其他直接费，即为该工程的直接费；再以工程直接费或人工费为计算基础，按有关部门规定的各项取费费率，求出该工程的间接费、计划利润及税金等费用；最后将上述各项费用汇总即为一般土建工程预算造价。

这种编制方法便于技术经济分析，是常用的一种编制方法。

(2) 实物法

用实物法编制一般土建工程施工图预算，就是根据施工图计算的各分项工程量分别乘以预算定额的人工、材料、施工机械台班消耗量，分类汇总得出该工程所需的全部人工、材料、施工机械台班数量，然后再乘以当时、当地人工工资标准、各种材料单价、施工机械台班单价，求和，再加上其他直接费，就可以求出该工程直接费。间接费、计划利润及税金等费用计取方法与单价法相同。

2. 一般土建工程施工图预算的步骤

(1) 收集基础资料，做好准备

主要收集编制施工图预算的编制依据。包括施工图纸、有关的通用标准图、图纸会审

记录、设计变更通知、施工组织设计、预算定额、取费标准及市场材料价格等资料。

(2) 熟悉施工图等基础资料

编制施工图预算前,应熟悉并检查施工图纸是否齐全、尺寸是否清楚,了解设计意图,掌握工程全貌。另外,针对要编制预算的工程内容搜集有关资料,包括熟悉并掌握预算定额的使用范围、工程内容及工程量计算规则等。

(3) 了解施工组织设计和施工现场情况

编制施工图预算前,应了解施工组织设计中影响工程造价的有关内容。例如,各分部分项工程的施工方法,土方工程中余土外运使用的工具、运距,施工平面图对建筑材料、构件等堆放点到施工操作地点的距离等等,以便能正确计算工程量和正确套用或确定某些分项工程的基价。这对于正确计算工程造价,提高施工图预算质量,有着重要意义。

(4) 计算工程量

工程量计算应严格按照图纸尺寸和现行定额规定的工程量计算规则,遵循一定的顺序逐项计算分项子目的工程量。计算各分部分项工程量前,最好先列项。也就是按照分部工程中各分项子目的顺序,先列出单位工程中所有分项子目的名称,然后再逐个计算其工程量。这样,可以避免工程量计算中,出现盲目、零乱的状况,使工程量计算工作有条不紊地进行,也可以避免漏项和重项。

(5) 汇总工程量、套预算定额基价(预算单价)

各分项工程量计算完毕,并经复核无误后,按预算定额手册规定的分部分项工程顺序逐项汇总,然后将汇总后的工程量抄入工程预算表内,并把计算项目的相应定额编号、计量单位、预算定额基价以及其中的人工费、材料费、机械台班使用费填入工程预算表内。

(6) 计算直接工程费

计算各分项工程直接费并汇总,即为一般土建工程定额直接费,再以此为基数计算其他直接费、现场经费,求和得到直接工程费。

(7) 计取各项费用

按取费标准(或间接费定额)计算间接费、计划利润、税金等费用,求和得出工程预算价值,并填入预算费用汇总表中。同时计算技术经济指标,即单方造价。

(8) 进行工料分析

计算出该单位工程所需要的各种材料用量和人工工日总数,并填入材料汇总表中。这一步骤通常与套定额单价同时进行,以避免二次翻阅定额。如果需要,还要进行材料价差调整。

(9) 编制说明、填写封面、装订成册

编制说明一般包括以下几项内容:

- 编制预算时所采用的施工图名称、工程编号、标准图集以及设计变更情况;
- 采用的预算定额及名称;
- 间接费定额或地区发布的动态调价文件等资料;
- 钢筋、铁件是否已经过调整;

(10) 其他有关说明。通常是指在施工图预算中无法表示,需要用文字补充说明的。例如,分项工程定额中需要的材料无货,用其他材料代替,其价格待结算时另行调整,就需用文字补充说明。

施工图预算封面通常需填写的内容有：工程编号及名称、建筑结构形式、建筑面积、层数、工程造价、技术经济指标、编制单位及日期等。

最后，把封面、编制说明、预算费用汇总表、材料汇总表、工程预算分析表，按以上顺序编排并装订成册，编制人员签字盖章，请有关单位审阅、签字并加盖单位公章后，一般土建工程施工图预算便完成了编制工作。

第8章 法律法规

8.1 法律体系和法的形式

8.1.1 法律体系

法律体系是指将一国的全部现行法律规范，按一定标准和原则（主要是根据所调整社会关系性质的不同）划分为不同的法律部门，也称为部门法体系。我国法律体系包括：宪法、民法、商法、经济法、行政法、劳动法与社会保障法、自然资源与环境保护法、刑法、诉讼法。

1. 宪法

宪法是整个法律体系的基础，主要表现形式是《中华人民共和国宪法》。

2. 民法

民法是调整作为平等主体的公民之间、法人之间、公民和法人之间的财产关系和人身关系的法律，主要由《中华人民共和国民法通则》（下称《民法通则》）和单行民事法律组成。单行法律主要包括合同法、担保法、专利法、商标法、著作权法、婚姻法等。

3. 商法

商法是调整平等主体之间的商事关系或商事行为的法律，主要包括公司法、证券法、保险法、票据法、企业破产法、海商法等。我国实行"民商合一"的原则，商法虽然是一个相对独立的法律部门，但民法的许多概念、规则和原则也通用于商法。

4. 经济法

经济法是调整国家在经济管理中发生的经济关系的法律。包括建筑法、招标投标法、反不正当竞争法、税法等。

5. 行政法

行政法是调整国家行政管理活动中各种社会关系的法律规范的总和。主要包括行政处罚法、行政复议法、行政监察法、治安管理处罚法等。

6. 劳动法与社会保障法

劳动法是调整劳动关系的法律，主要是《中华人民共和国劳动法》；社会保障法是指调整关于社会保险和社会福利关系的法律规范的总称，包括社会保险法、安全生产法、消防法等。

7. 自然资源与环境保护法

自然资源与环境保护法是关于保护环境和自然资源，防治污染和其他公害的法律。自然资源法主要包括土地管理法、节约能源法等；环境保护方面的法律主要包括环境保护法、环境影响评价法、环境噪声污染防治法等。

8. 刑法

刑法是规定犯罪和刑罚的法律，主要是《中华人民共和国刑法》。一些单行法律、法规的有关条款也可能规定刑法规范。

9. 诉讼法

诉讼法（又称诉讼程序法），是有关各种诉讼活动的法律，其作用在于从程序上保证实体法的正确实施。诉讼法主要包括民事诉讼法、行政诉讼法、刑事诉讼法。

8.1.2 法的形式

根据《中华人民共和国宪法》和《中华人民共和国立法法》及其有关规定，我国法的形式主要包括：

1. 宪法

当代中国法的渊源主要是以宪法为核心的各种制定法。宪法是每一个民主国家最根本的法的渊源，其法律地位和效力是最高的。我国的宪法是由我国的最高权力机关——全国人民代表大会制定和修改的，一切法律、行政法规和地方性法规都不得与宪法相抵触。

2. 法律

法律是指全国人大及其常委会制定的规范性文件。法律的效力低于宪法，高于行政法规、地方性法规等。

3. 行政法规

行政法规是指最高国家行政机关（国务院）制定的规范性文件，如《建设工程质量管理条例》、《建设工程安全生产管理条例》、《安全生产许可证条例》等。行政法规的效力低于宪法和法律。

4. 地方性法规

地方性法规是指省、自治区、直辖市以及省、自治区人民政府所在地的市和经国务院批准的较大的市的人民代表大会及其常委会，在其法定权限内制定的法律规范性文件，如《江苏省建筑市场管理条例》、《北京市招标投标条例》等。地方性法规具有地方性，只在本辖区内有效，其效力低于法律和行政法规。

5. 行政规章

行政规章是由国家行政机关制定的法律规范性文件，包括部门规章和地方政府规章。

部门规章是由国务院各部、委制定的法律规范性文件，如《工程建设项目施工招标投标办法》、《建筑业企业资质管理规定》、《危险性较大的分部分项工程安全管理办法》等。部门规章的效力低于法律、行政法规。

地方政府规章是由省、自治区、直辖市以及省、自治区人民政府所在地的市和国务院批准的较大的市的人民政府所制定的法律规范性文件。地方政府规章的效力低于法律、行政法规，低于同级或上级地方性法规。

6. 最高人民法院司法解释规范性文件

最高人民法院对于法律的系统性解释文件和对法律适用的说明，对法院审判有约束力，具有法律规范的性质，在司法实践中具有重要的地位和作用。在民事领域，最高人民法院制定的司法解释文件有很多，例如《关于贯彻执行〈中华人民共和国民法通则〉若干问题的意见（试行）》、《关于审理建设工程施工合同纠纷案件适用法律问题的解释》等。

8.2 建设工程质量法规

为了加强对建设工程质量的管理，保证建设工程质量，保护人民生命和财产安全，《中华人民共和国建筑法》（下称《建筑法》）对建设工程质量管理做出了规定，同时国务院根据《建筑法》的规定又制定了《建设工程质量管理条例》。另外，国家有关职能部门还先后出台了一系列保障建设工程质量安全的政策法规，如《房屋建筑工程和市政基础工程竣工验收暂行规定》、《房屋建筑工程和市政基础设施竣工验收备案管理暂行办法》、《房屋建筑工程质量保修办法》、《实施工程建设强制性标准监督规定》等。

《建设工程质量管理条例》第2条规定："凡在中华人民共和国境内从事建设工程的新建、扩建、改建等有关活动及实施对建设工程质量监督管理的，必须遵守本条例。"

8.2.1 建设工程质量管理的基本制度

1. 工程质量监督管理制度

建设工程质量必须实行政府监督管理。政府对工程质量的监督管理主要以保证工程使用安全和环境质量为主要目的，以法律、法规和强制性标准为依据，以地基基础、主体结构、环境质量和与此有关的工程建设各方主体的质量行为为主要内容，以施工许可制度和竣工验收备案制度为主要手段。

2. 工程竣工验收备案制度

《建设工程质量管理条例》确立了建设工程竣工验收备案制度。该项制度是加强政府监督管理，防止不合格工程流向社会的一个重要手段。结合《建设工程质量管理条例》和《房屋建筑工程和市政基础设施工程竣工验收备案管理暂行办法》的有关规定，建设单位应当在工程竣工验收合格后的15天内到县级以上人民政府建设行政主管部门或其他有关部门备案。建设单位办理工程竣工验收备案应提交以下材料：

① 工程竣工验收备案表；
② 工程竣工验收报告；
③ 法律、行政法规规定应当由规划、公安消防、环保等部门出具的认可文件或者准许使用文件；
④ 施工单位签署的工程质量保修书；
⑤ 法规、规章规定必须提供的其他文件；
⑥ 商品住宅还应当提交《住宅质量保证书》和《住宅使用说明书》。

建设行政主管部门或其他有关部门收到建设单位的竣工验收备案文件后，依据质量监督机构的监督报告，发现建设单位在竣工验收过程中有违反国家有关建设工程质量管理规定行为的，责令停止使用，重新组织竣工验收后，再办理竣工验收备案。建设单位有下列违法行为的，要按照有关规定予以行政处罚：

① 在工程竣工验收合格之日起15天内未办理工程竣工验收备案；
② 在重新组织竣工验收前擅自使用工程；
③ 采用虚假证明文件办理竣工验收备案。

3. 工程质量事故报告制度

建设工程发生质量事故后，有关单位应当在 24 小时内向当地建设行政主管部门和其他有关部门报告。对重大质量事故，事故发生地的建设行政主管部门和其他有关部门应当按照事故类别和等级向当地人民政府和上级建设行政主管部门和其他有关部门报告。

4. 工程质量检举、控告、投诉制度

《建筑法》与《建设工程质量管理条例》均明确，任何单位和个人对建设工程的质量事故、质量缺陷都有权检举、控告、投诉。工程质量检举、控告、投诉制度是为了更好地发挥群众监督和社会舆论监督的作用，是保证建设工程质量的一项有效措施。

8.2.2 建设单位的质量责任和义务

《建设工程质量管理条例》第二章明确了建设单位的质量责任和义务。

① 建设单位应当将工程发包给具有相应资质等级的单位，不得将工程肢解发包。

② 建设单位应当依法对工程建设项目的勘察、设计、施工、监理以及与工程建设有关的重要设备、材料等的采购进行招标。

③ 建设单位不得对承包单位的建设活动进行不合理干预。

④ 施工图设计文件未经审查批准的，建设单位不得使用。

⑤ 对必须实行监理的工程，建设单位应当委托具有相应资质等级的工程监理单位进行监理。

⑥ 建设单位在领取施工许可证或者开工报告之前，应当按照国家有关规定办理工程质量监督手续。

⑦ 涉及建筑主体和承重结构变动的装修工程，建设单位要有设计方案。

⑧ 建设单位应按照国家有关规定组织竣工验收，建设工程验收合格的，方可交付使用。

8.2.3 勘察设计单位的质量责任和义务

《建设工程质量管理条例》第三章明确了勘察、设计单位的质量责任和义务。

① 勘察、设计单位应当依法取得相应资质等级的证书，并在其资质等级许可的范围内承揽工程，不得转包或违法分包所承揽的工程。

② 勘察、设计单位必须按照工程建设强制性标准进行勘察、设计，注册执业人员应当在设计文件上签字，对设计文件负责。

③ 设计单位应当根据勘察成果文件进行建设工程设计。

④ 除有特殊要求的建筑材料、专用设备、工艺生产线等外，设计单位不得指定生产厂、供应商。

8.2.4 施工单位的质量责任和义务

《建设工程质量管理条例》第四章明确了施工单位的质量责任和义务。

① 施工单位应当依法取得相应资质等级的证书，并在其资质等级许可的范围内承揽工程。

② 施工单位不得转包或违法分包工程。

③ 总承包单位与分包单位对分包工程的质量承担连带责任。

④ 施工单位必须按照工程设计图纸和施工技术标准施工，不得擅自修改工程设计，不得偷工减料。

⑤ 施工单位必须按照工程设计要求、施工技术标准和合同约定，对建筑材料、建筑构配件、设备和商品混凝土进行检验，未经检验或检验不合格的，不得使用。

⑥ 施工人员对涉及结构安全的试块、试件以及有关材料，应在建设单位或工程监理单位监督下现场取样，并送具有相应资质等级的质量检测单位进行检测。

⑦ 建设工程实行质量保修制度，承包单位应履行保修义务。

8.2.5 工程监理企业的质量责任和义务

《建设工程质量管理条例》第五章明确了工程监理单位的质量责任和义务。

① 工程监理企业应当依法取得相应资质等级的证书，并在其资质等级许可的范围内承担工程监理业务，不得转让工程监理业务。

② 工程监理企业不得与被监理工程的施工承包单位以及建筑材料、建筑构配件和设备供应单位有隶属关系或者其他利害关系。

③ 工程监理企业应当依照法律、法规以及有关技术标准、设计文件和建设工程承包合同，代表建设单位对施工质量实施监理，并对施工质量承担监理责任。

8.2.6 建设工程质量保修

建设工程质量保修制度是指建设工程在办理竣工验收手续后，在规定的保修期限内，因勘察、设计、施工、材料等原因造成的质量缺陷，应当由施工承包单位负责维修、返工或更换，由责任单位负责赔偿损失。建设工程实行质量保修制度是落实建设工程质量责任的重要措施。《建筑法》、《建设工程质量管理条例》、《房屋建筑工程质量保修办法》（自2000年6月30日建设部令第80号发布）对该项制度的规定主要有以下几方面内容。

(1) 建设工程承包单位在向建设单位提交竣工验收报告时，应当向建设单位出具质量保修书。质量保修书中应当明确建设工程的保修范围、保修期限和保修责任等。保修范围和正常使用条件下的最低保修期限为：

① 基础设施工程、房屋建筑的地基基础工程和主体结构工程，为设计文件规定的该工程的合理使用年限；

② 屋面防水工程、有防水要求的卫生间、房间和外墙面的防渗漏，为5年；

③ 供热与供冷系统，为2个采暖期、供冷期；

④ 电气管线、给排水管道、设备安装和装修工程，为2年。

其他项目的保修期限由发包方与承包方约定。建设工程的保修期，自竣工验收合格之日起计算。因使用不当或者第三方造成的质量缺陷，以及不可抗力造成的质量缺陷，不属于法律规定的保修范围。

(2) 建设工程在保修范围和保修期限内发生质量问题的，施工单位应当履行保修义务，并对造成的损失承担赔偿责任。

对在保修期限内和保修范围内发生的质量问题，一般应先由建设单位组织勘察、设计、施工等单位分析质量问题的原因，确定维修方案，由施工单位负责维修，但当问题较严重复杂时，不管是什么原因造成的，只要是在保修范围内，均先由施工单位履行保修义务，不得推诿扯皮。对于保修费用，则由质量缺陷的责任方承担。

8.2.7 建设工程质量的监督管理

1. 工程质量监督管理部门

（1）建设行政主管部门及有关专业部门

① 我国实行国务院建设行政主管部门统一监督管理。

② 各专业部门按照国务院确定的职责分别对其管理范围内的专业工程进行监督管理。

③ 县级以上人民政府建设行政主管部门在本行政区域内实行建设工程质量监督管理，专业部门按其职责对本专业建设工程质量实行监督管理。

（2）国家发展与改革委员会

（3）工程质量监督机构

2. 工程质量监督管理职责

（1）国务院建设行政主管部门的基本职责

国务院建设行政主管部门和国务院铁路、交通、水利等有关部门应当加强对有关建设工程质量的法律、法规和强制性标准执行情况的监督检查。

（2）县级以上地方人民政府建设行政主管部门的基本职责

县级以上地方人民政府建设行政主管部门和其他有关部门应当加强对有关建设工程质量的法律、法规和强制性标准执行情况的监督检查。

（3）工程质量监督机构的基本职责

① 办理建设单位工程建设项目报监手续，收取监督费；

② 依照国家有关法律、法规和工程建设强制性标准，对建设工程的地基基础、主体结构及相关的建筑材料、构配件、商品混凝土的质量进行检查；

③ 对于被检查实体质量有关的工程建设参与各方主体的质量行为及工程质量文件进行检查，发现工程质量问题时，有权采取局部暂停施工等强制性措施，直到问题得到改正；

④ 对建设单位组织的竣工验收程序实施监督，察看其验收程序是否合法，资料是否齐全，实体质量是否存有严重缺陷；

⑤ 工程竣工后，应向委托的政府有关部门报送工程质量监督报告；

⑥ 对需要实施行政处罚的，报告委托的政府部门进行行政处罚。

8.3 建设工程安全生产法规

建设工程安全生产涉及的法律法规有：《中华人民共和国安全生产法》（以下简称《安全生产法》）、《建设工程安全生产管理条例》、《安全产生产许可证条例》、《建筑施工企业安全生产许可证管理规定》及《危险性较大的分部分项工程安全管理办法》等。

8.3.1 安全生产法

《安全生产法》的立法目的在于为了加强安全生产监督管理，防止和减少生产安全事故，保障人民群众生命和财产安全，促进经济发展。《安全生产法》包括 7 章，共 99 条。对生产经营单位的安全生产保障、从业人员的权利和义务、安全生产的监督管理、生产安全事故的应急救援与调查处理四个主要方面做出了规定。

1. 生产经营单位的安全生产保障措施

（1）组织保障措施

1）建立安全生产保障体系

生产经营单位必须要建立安全生产保障体系，必须遵守《安全生产法》和其他有关安全生产的法律、法规，加强安全生产管理，建立、健全安全生产责任制度，完善安全生产条件，确保安全生产。矿山、建筑施工单位和危险物品的生产、经营、储存单位，应当设置安全生产管理机构或者配备专职安全生产管理人员。

2）明确岗位责任

生产经营单位的主要负责人对本单位生产工作负有下列职责：

① 建立、健全本单位安全生产责任制；

② 组织制定本单位安全生产规章制度和操作规程；

③ 保证本单位安全生产投入的有效实施；

④ 督促、检查本单位的安全生产工作，及时消除生产安全事故隐患；

⑤ 组织制定并实施本单位的生产安全事故应急救援预案；

⑥ 及时、如实报告生产安全事故。

同时，《安全生产法》第 42 条规定："生产经营单位发生重大生产安全事故时，单位的主要负责人应当立即组织抢救，并不得在事故调查处理期间擅离职守。"

生产经营单位的安全生产管理人员的职责：

① 根据本单位的生产经营特点，对安全生产状况进行经常性检查；

② 对检查中发现的安全问题，应当立即处理；

③ 不能处理的，应当及时报告本单位有关负责人；

④ 将检查及处理情况应当记录在案。

（2）管理保障措施

1）人力资源管理

① 对主要负责人和安全生产管理人员的管理。生产经营单位的主要负责人和安全生产管理人员必须具备与本单位所从事的生产经营活动相应的安全生产知识和管理能力。

危险物品的生产、经营、储存单位以及矿山、建筑施工单位的主要负责人和安全生产管理人员，应当由有关主管部门对其安全生产知识和管理能力考核合格后方可任职。

② 对一般从业人员的管理。生产经营单位应当对从业人员进行安全生产教育和培训，保证从业人员具备必要的安全生产知识，熟悉有关的安全生产规章制度和安全操作规程，掌握本岗位的安全操作技能。未经安全生产教育和培训合格的从业人员，不得上岗作业。

③ 对特种作业人员的管理。生产经营单位的特种作业人员必须按照国家有关规定经专门的安全作业培训，取得特种作业操作资格证书，方可上岗作业。

2）物力资源管理

① 设备的日常管理。生产经营单位应当在有较大危险因素的生产经营场所和有关设施、设备上，设置明显的安全警示标志。

生产经营单位必须对安全设备进行经常性维护、保养，并定期检测，保证正常运转。维护、保养、检测应当作好记录，并由有关人员签字。

② 设备的淘汰制度。国家对严重危及生产安全的工艺、设备实行淘汰制度。生产经营单位不得使用国家明令淘汰、禁止使用的危及生产安全的工艺、设备。

③ 生产经营项目、场所、设备的转让管理。生产经营单位不得将生产经营项目、场所、设备发包或者出租给不具备安全生产条件或者相应资质的单位或者个人。

④ 生产经营项目、场所的协调管理。生产经营项目、场所有多个承包单位、承租单位的，生产经营单位应当与承包单位、承租单位签订专门的安全生产管理协议，或者在承包合同、租赁合同中约定各自的安全生产管理职责；生产经营单位对承包单位、承租单位的安全生产工作统一协调、管理。

(3) 经济保障措施

① 保证安全生产所必需的资金。

② 保证安全设施所需要的资金。

③ 保证劳动防护用品、安全生产培训所需要的资金。

④ 保证工伤社会保险所需要的资金。

(4) 技术保障措施

① 对新工艺、新技术、新材料或者使用新设备的管理。生产经营单位采用新工艺、新技术、新材料或者使用新设备，必须了解、掌握其安全技术特性，采取有效的安全防护措施，并对从业人员进行专门的安全生产教育和培训。

② 对安全条件论证和安全评价的管理。矿山建设项目和用于生产、储存危险物品的建设项目，应当分别按照国家有关规定进行安全条件论证和安全评价。

③ 对废弃危险物品的管理。生产、经营、运输、储存、使用危险物品或者处置废弃危险物品的，由有关主管部门依照有关法律、法规的规定和国家标准或者行业标准审批并实施监督管理。

④ 对重大危险源的管理。生产经营单位对重大危险源应当登记建档，进行定期检测、评估、监控，并制订应急预案，告知从业人员和相关人员在紧急情况下应当采取的应急措施。

生产经营单位应当按照国家有关规定将本单位重大危险源及有关安全措施、应急措施报有关地方人民政府负责安全生产监督管理的部门和有关部门备案。

⑤ 对员工宿舍的管理。生产、经营、储存、使用危险物品的车间、商店、仓库不得与员工宿舍在同一座建筑物内，并应当与员工宿舍保持安全距离。

生产经营场所和员工宿舍应当设有符合紧急疏散要求、标志明显、保持畅通的出口。禁止封闭、堵塞生产经营场所或者员工宿舍的出口。

⑥ 对危险作业的管理。生产经营单位进行爆破、吊装等危险作业，应当安排专门人员进行现场安全管理，确保操作规程的遵守和安全措施的落实。

⑦ 对安全生产操作规程的管理。生产经营单位应当教育和督促从业人员严格执行本单位的安全生产规章制度和安全操作规程；并向从业人员如实告知作业场所和工作岗位存在的危险因素、防范措施以及事故应急措施。

⑧ 对施工现场的管理。两个以上生产经营单位在同一作业区域内进行生产经营活动，

可能危及对方生产安全的,应当签订安全生产管理协议,明确各自的安全生产管理职责和应当采取的安全措施,并指定专职安全生产管理人员进行安全检查与协调。

2. 从业人员安全生产的权利和义务

生产经营单位的从业人员,是指该单位从事生产经营活动各项工作的所有人员,包括管理人员、技术人员和各岗位的工人,也包括生产经营单位临时聘用的人员。他们在从业过程中依法享有权利、承担义务。

(1) 安全生产中从业人员的权利

①知情权。生产经营单位的从业人员有权了解其作业场所和工作岗位存在的危险因素、防范措施及事故应急措施,有权对本单位的安全生产工作提出建议。

②批评权和检举、控告权。从业人员有权对本单位安全生产工作中存在的问题提出批评、检举、控告。

③拒绝权。从业人员有权拒绝违章指挥和强令冒险作业。

④紧急避险权。从业人员发现直接危及人身安全的紧急情况时,有权停止作业或者在采取可能的应急措施后撤离作业场所。

⑤请求赔偿权。因生产安全事故受到损害的从业人员,除依法享有工伤社会保险外,依照有关民事法律尚有获得赔偿的权利的,有权向本单位提出赔偿要求。

⑥获得劳动防护用品的权利。生产经营单位必须为从业人员提供符合国家标准或者行业标准的劳动防护用品,并监督、教育从业人员按照使用规则佩戴、使用。

⑦获得安全生产教育和培训的权利。生产经营单位应当对从业人员进行安全生产教育和培训,保证从业人员具备必要的安全生产知识,熟悉有关的安全生产规章制度和安全操作规程,掌握本岗位的安全操作技能。

(2) 安全生产中从业人员的义务

①自律遵规的义务。从业人员在作业过程中,应当严格遵守本单位的安全生产规章制度和操作规程,服从管理,正确佩戴和使用劳动防护用品。

②自觉学习安全生产知识的义务。从业人员应当接受安全生产教育和培训,掌握本职工作所需的安全生产知识,提高安全生产技能,增强事故预防和应急处理能力。

③危险报告义务。从业人员发现事故隐患或者其他不安全因素,应当立即向现场安全生产管理人员或者本单位负责人报告;接到报告的人员应当及时予以处理。

3. 生产安全事故的应急救援与处理

(1) 生产安全事故的应急救援

1) 生产安全事故的分类

《生产安全事故报告和调查处理条例》对生产安全事故作出了明确的分类。根据生产安全事故(以下简称事故)造成的人员伤亡或者直接经济损失,事故一般分为以下等级:

① 特别重大事故,是指造成30人以上死亡,或者100人以上重伤(包括急性工业中毒,下同),或者1亿元以上直接经济损失的事故;

② 重大事故,是指造成10人以上30人以下死亡,或者50人以上100人以下重伤,或者5000万元以上1亿元以下直接经济损失的事故;

③ 较大事故,是指造成3人以上10人以下死亡,或者10人以上50人以下重伤,或者1000万元以上5000万元以下直接经济损失的事故;

④ 一般事故，是指造成3人以下死亡，或者10人以下重伤，或者1000万元以下直接经济损失的事故。

2）应急救援体系的建立

《安全生产法》第68条规定："县级以上地方各级人民政府应当组织有关部门制定本行政区域内特大生产安全事故应急救援预案，建立应急救援体系。"

根据《安全生产法》第69条的规定，建筑施工单位应当建立应急救援组织；生产经营规模较小，可以不建立应急救援组织的，应当指定兼职的应急救援人员。危险物品的生产、经营、储存单位以及矿山、建筑施工单位应当配备必要的应急救援器材、设备，并进行经常性维护、保养，保证正常运转。

(2) 生产安全事故报告

根据《安全生产法》第70~72条的规定，生产安全事故的报告应当遵守以下规定：

① 生产经营单位发生生产安全事故后，事故现场有关人员应当立即报告本单位负责人。

② 单位负责人接到事故报告后，应当迅速采取有效措施，组织抢救，防止事故扩大，减少人员伤亡和财产损失，并按照国家有关规定立即如实报告当地负有安全生产监督管理职责的部门，不得隐瞒不报、谎报或者拖延不报，不得故意破坏事故现场、毁灭有关证据。对于实行施工总承包的建设工程，根据《建设工程安全生产管理条例》第50条的规定，由总承包单位负责上报事故。

③ 负有安全生产监督管理职责的部门接到事故报告后，应当立即按照国家有关规定上报事故情况。负有安全生产监督管理职责的部门和有关地方人民政府对事故情况不得隐瞒不报、谎报或者拖延不报。

④ 有关地方人民政府和负有安全生产监督管理职责部门的负责人接到重大生产安全事故报告后，应当立即赶到事故现场，组织事故抢救。

(3) 生产安全事故调查处理

根据《安全生产法》第73~75条的规定，生产安全事故调查处理应当遵守以下基本规定：

① 事故调查处理应当按照实事求是、尊重科学的原则，及时、准确地查清事故原因，查明事故性质和责任，总结事故教训，提出整改措施，并对事故责任者提出处理意见。

② 生产经营单位发生生产安全事故，经调查确定为责任事故的，除了应当查明事故单位的责任并依法予以追究外，还应当查明对安全生产的有关事项负有审查批准和监督职责的行政部门的责任，对有失职、渎职行为的，追究法律责任。

③ 任何单位和个人不得阻挠和干涉对事故的依法调查处理。

4. 安全生产的监督管理

(1) 安全生产监督管理部门

根据《安全生产法》和《建设工程安全生产管理条例》的有关规定，国务院负责安全生产监督管理的部门对全国建设工程安全生产工作实施综合监督管理。国务院建设行政主管部门对全国建设工程安全生产实施监督管理。国务院铁路、交通、水利等有关部门按照国务院的职责分工，负责有关专业建设工程安全生产的监督管理。

根据《建设工程安全生产管理条例》第44条的规定，建设行政主管部门或者其他有关部门可以将施工现场的监督检查委托给建设工程安全监督机构具体实施。

(2) 安全生产监督管理措施

对安全生产负有监督管理职责的部门依照有关法律、法规的规定,对涉及安全生产的事项需要审查批准(包括批准、核准、许可、注册、认证、颁发证照等,下同)或者验收的,必须严格依照有关法律、法规和国家标准或者行业标准规定的安全生产条件和程序进行审查;不符合有关法律、法规和国家标准或者行业标准规定的安全生产条件的,不得批准或者验收通过。对未依法取得批准或者验收合格的单位擅自从事有关活动的,负责行政审批的部门发现或者接到举报后应当立即予以取缔.并依法予以处理。对已经依法取得批准的单位,负责行政审批的部门发现其不再具备安全生产条件的,应当撤销原批准。

《建设工程安全生产管理条例》第42条规定,建设行政主管部门在审核发放施工许可证时,应当对建设工程是否有安全施工措施进行审查,对没有安全施工措施的,不得颁发施工许可证。

建设行政主管部门或者其他有关部门对建设工程是否有安全施工措施进行审查时,不得收取费用。

(3) 安全生产监督管理部门的职权

负有安全生产监督管理职责的部门依法对生产经营单位执行有关安全生产的法律、法规和国家标准或者行业标准的情况进行监督检查,行使以下职权:

① 进入生产经营单位进行检查,调阅有关资料,向有关单位和人员了解情况。

② 对检查中发现的安全生产违法行为,当场予以纠正或者要求限期改正;对依法应当给予行政处罚的行为,依照本法和其他有关法律、行政法规的规定作出行政处罚决定。

③ 对检查中发现的事故隐患,应当责令立即排除;重大事故隐患排除前或者排除过程中无法保证安全的,应当责令从危险区域内撤出作业人员,责令暂时停产停业或者停止使用;重大事故隐患排除后,经审查同意,方可恢复生产经营和使用。

④ 对有根据认为不符合保障安全生产的国家标准或者行业标准的设施、设备、器材予以查封或者扣押,并应当在15日内依法作出处理决定。监督检查不得影响被检查单位的正常生产经营活动。

(4) 安全生产监督检查人员的义务

安全生产监督检查人员在行使职权时,应当履行如下法定义务:

① 应当忠于职守,坚持原则,秉公执法;

② 执行监督检查任务时,必须出示有效的监督执法证件;

③ 对涉及被检查单位的技术秘密和业务秘密,应当为其保密。

8.3.2 建设工程安全生产管理条例

《安全生产管理条例》的立法目的在于加强建设工程安全生产监督管理,保障人民群众生命和财产安全。《建筑法》和《安全生产法》是制定该条例的基本法律依据。《安全生产管理条例》分为8章,共包括71条,分别对建设单位、施工单位、工程监理单位以及勘察、设计和其他有关单位的安全责任做出了规定。

《建设工程安全生产管理条例》第2条规定:"在中华人民共和国境内从事建设工程的新建、扩建、改建和拆除等有关活动及实施对建设工程安全生产的监督管理,必须遵守本条例。本条例所称建设工程，是指土木工程、建筑工程、线路管道和设备安装工程及装修工程。"

1. 建设工程安全生产管理制度

（1）安全生产责任制度

安全生产责任制度是指将各种不同的安全责任落实到负责有安全管理责任的人员和具体岗位人员身上的一种制度。这种制度是建筑生产中最基本的安全管理制度，是所有安全规章制度的核心，是安全第一、预防为主方针的具体体现。

（2）群防群治制度

群防群治制度是职工群众进行预防和治理安全的一种制度。这一制度也是"安全第一、预防为主"的具体体现，同时也是群众路线在安全工作中的具体体现，是企业进行民主管理的重要内容。这一制度要求建筑企业职工在施工中应当遵守有关生产的法律、法规和建筑行业安全规章、规程，不得违章作业；对于危及生命安全和身体健康的行为有权提出批评、检举和控告。

（3）安全生产教育培训制度

安全生产教育培训制度是对广大建筑干部职工进行安全教育培训，提高安全意识，增加安全知识和技能的制度。安全生产，人人有责。只有通过对广大职工进行安全教育、培训，才能使广大职工真正认识到安全生产的重要性、必要性，才能使广大职工掌握更多更有效的安全生产的科学技术知识，牢固树立安全第一的思想，自觉遵守各项安全生产和规章制度。

（4）安全生产检查制度

安全生产检查制度是上级管理部门或企业自身对安全生产状况进行定期或不定期检查的制度。通过检查可以发现问题，查出隐患，从而采取有效措施，堵塞漏洞，把事故消灭在发生之前，做到防患于未然，是"预防为主"的具体体现。通过检查，还可总结出好的经验加以推广，为进一步搞好安全工作打下基础。安全检查制度是安全生产的保障。

（5）伤亡事故处理报告制度

施工中发生事故时，建筑企业应当采取紧急措施减少人员伤亡和事故损失，并按照国家有关规定及时向有关部门报告的制度。事故处理必须遵循一定的程序，做到三不放过（事故原因不清不放过、事故责任者和群众没有受到教育不放过，没有防范措施不放过）。通过对事故的严格处理，可以总结出教训，为制定规程、规章提供第一手素材，做到亡羊补牢。

（6）安全责任追究制度

建设单位、设计单位、施工单位、监理单位，由于没有履行职责造成人员伤亡和事故损失的，视情节给予相应处理；情节严重的，责令停业整顿，降低资质等级或吊销资质证书；构成犯罪的，依法追究刑事责任。

2. 建设单位的安全责任

（1）向施工单位提供资料的责任

建设单位应当向施工单位提供施工现场及毗邻区域内供水、排水、供电、供气、供热、通信、广播电视等地下管线资料，气象和水文观测资料，相邻建筑物和构筑物、地下工程的有关资料，并保证资料的真实、准确、完整。

建设单位提供的资料将成为施工单位后续工作的主要参考依据。这些资料如果不真实、准确、完整，并因此导致了施工单位的损失，施工单位可以就此向建设单位要求赔偿。

（2）依法履行合同的责任

建设单位不得对勘察、设计、施工、工程监理等单位提出不符合建设工程安全生产法律、法规和强制性标准规定的要求，不得压缩合同约定的工期。

建设单位与勘察、设计、施工、工程监理等单位都是完全平等的合同双方的关系，其对这些单位的要求必须要以合同为根据并不得触犯相关的法律、法规。

（3）提供安全生产费用的责任

《安全生产管理条例》第8条规定："建设单位在编制工程概算时，应当确定建设工程安全作业环境及安全施工措施所需费用。"

（4）不得推销劣质材料设备的责任

建设单位不得明示或者暗示施工单位购买、租赁、使用不符合安全施工要求的安全防护用具、机械设备、施工机具及配件、消防设施和器材。

（5）提供安全施工措施资料的责任

建设单位在申请领取施工许可证时，应当提供建设工程有关安全施工措施的资料。

依法批准开工报告的建设工程，建设单位应当自开工报告批准之日起15日内，将保证安全施工的措施报送建设工程所在地的县级以上地方人民政府建设行政主管部门或者其他有关部门备案。

（6）对拆除工程进行备案的责任

《安全生产管理条例》第11条规定，建设单位应当将拆除工程发包给具有相应资质等级的施工单位。

建设单位应当在拆除工程施工15日前，将下列资料报送建设工程所在地的县级以上地方人民政府建设行政主管部门或者其他有关部门备案：

① 施工单位资质等级证明；

② 拟拆除建筑物、构筑物及可能危及毗邻建筑的说明；

③ 拆除施工组织方案；

④ 堆放、清除废弃物的措施。

实施爆破作业的，应当遵守国家有关民用爆炸物品管理的规定。

3. 工程监理单位的安全责任

（1）审查施工方案的责任

《建设工程安全生产管理条例》第14条第1款规定：工程监理单位应当审查施工组织设计中的安全技术措施或者专项施工方案是否符合工程建设强制性标准。

（2）安全生产的监理责任

工程监理单位和监理工程师应当按照法律、法规和工程建设强制性标准实施监理，并对建设工程安全生产承担监理责任。

《建设工程安全生产管理条例》第14条第2款规定：工程监理单位在实施监理过程中，发现存在安全事故隐患的，应当要求施工单位整改；情况严重的，应当要求施工单位暂时停止施工，并及时报告建设单位。施工单位拒不整改或者不停止施工的，工程监理单位应当及时向有关主管部门报告。

4. 施工单位的安全责任

（1）总承包单位和分包单位的安全责任

《建设工程安全生产管理条例》第24条规定，建设工程实行施工总承包的、由总承包单位对施工现场的安全生产负总责。

总承包单位应当自行完成建设工程主体结构的施工。

总承包单位依法将建设工程分包给其他单位的，分包合同中应当明确各自的安全生产方面的权利、义务。总承包单位和分包单位对分包工程的安全生产承担连带责任。

分包单位应当接受总承包单位的安全生产管理，分包单位不服从管理导致生产安全事故的，由分包单位承担主要责任。

（2）施工单位安全生产责任制度

《建设工程安全生产管理条例》第21条规定，施工单位主要负责人依法对本单位的安全生产工作全面负责。施工单位应当建立健全安全生产责任制度和安全生产教育培训制度，制定安全生产规章制度和操作规程，保证本单位安全生产条件所需资金的投入，对所承担建设工程进行定期和专项安全检查，并做好安全检查记录。

施工单位的项目负责人应当由取得相应执业资格的人员担任，对建设工程项目的安全施工负责，落实安全生产责任制度、安全生产规章制度和操作规程，确保安全生产费用的有效使用，并根据工程的特点组织制定安全施工措施，消除安全事故隐患，及时、如实报告生产安全事故。

（3）施工单位安全生产基本保障措施

1）安全生产费用应当专款专用

《建设工程安全生产管理条例》第22条规定，施工单位对列入建设工程概算的安全作业环境及安全施工措施所需费用，应当用于施工安全防护用具及设施的采购和更新、安全施工措施的落实、安全生产条件的改善，不得挪作他用。

2）安全生产管理机构及人员的设置

《建设工程安全生产管理条例》第23条规定，施工单位应当设立安全生产管理机构，配备专职安全生产管理人员。

专职安全生产管理人员负责对安全生产进行现场监督检查。发现安全事故隐患，应当及时向项目负责人和安全生产管理机构报告；对违章指挥、违章操作的，应当立即制止。

3）编制安全技术措施及专项施工方案的规定

《建设工程安全生产管理条例》第26条规定，施工单位应当在施工组织设计中编制安全技术措施和施工现场临时用电方案，对下列达到一定规模的危险性较大的分部分项工程编制专项施工方案，并附具安全验算结果，经施工单位技术负责人、总监理工程师签字后实施，由专职安全生产管理人员进行现场监督：

① 基坑支护与降水工程；

② 土方开挖工程；

③ 模板工程；

④ 起重吊装工程；

⑤ 脚手架工程；

⑥ 拆除、爆破工程；

⑦ 国务院建设行政主管部门或者其他有关部门规定的其他危险性较大的工程。

对上述工程中涉及深基坑、地下暗挖工程、高大模板工程的专项施工方案，施工单位还应当组织专家进行论证、审查。

施工单位还应当根据施工阶段和周围环境及季节、气候的变化，在施工现场采取相应的安全施工措施。施工现场暂时停止施工的，施工单位应当做好现场防护，所需费用由责任方承担，或按照合同约定执行。

4）对安全施工技术要求的交底

《建设工程安全生产管理条例》第27条规定、建设工程施工前，施工单位负责项目管理的技术人员应当对有关安全施工的技术要求向施工作业班组、作业人员做出详细说明，并由双方签字确认。

5）危险部位安全警示标志的设置

《建设工程安全生产管理条例》第28条规定，施工单位应当在施工现场入口处、施工起重机械、临时用电设施、脚手架、出入通道口、楼梯口、电梯井口、孔洞口、桥梁口、隧道口、基坑边沿、爆破物及有害危险气体和液体存放处等危险部位，设置明显的安全警示标志。安全警示标志必须符合国家标准。

6）对施工现场生活区、作业环境的要求

《建设工程安全生产管理条例》第29条规定，施工单位应当将施工现场的办公、生活区与作业区分开设置，并保持安全距离；办公、生活区的选址应当符合安全性要求。职工的膳食、饮水、休息场所等应当符合卫生标准。施工单位不得在尚未竣工的建筑物内设置员工集体宿舍。

7）环境污染防护措施

《建设工程安全生产管理条例》第30条规定，施工单位因建设工程施工可能造成损害的毗邻建筑物、构筑物和地下管线等，应当采取专项保护措施。

施工单位应当遵守有关环境保护法律、法规的规定，在施工现场采取措施，防止或减少粉尘、废气、废水、固体废物、噪声、振动和施工照明对人和环境的危害和污染。

8）消防安全保障措施

消防安全是建设工程安全生产管理的重要组成部分，是施工单位现场安全生产管理的工作重点之一。《建设工程安全生产管理条例》第31条规定，施工单位应当在施工现场建立消防安全责任制度，确定消防安全责任人，制定用火、用电、使用易燃易爆材料等各项消防安全管理制度和操作规程，设置消防通道、消防水源，配备消防设施和灭火器材，并在施工现场入口处设置明显标志。

9）劳动安全管理规定

《建设工程安全生产管理条例》第32条规定，施工单位应当向作业人员提供安全防护用具和安全防护服装，并书面告知危险岗位的操作规程和违章操作的危害。

作业人员有权对施工现场的作业条件、作业程序和作业方式中存在的安全问题提出批评、检举和控告，有权拒绝违章指挥和强令冒险作业。

在施工中发生危及人身安全的紧急情况时，作业人员有权立即停止作业或者在采取必要的应急措施后撤离危险区域。

《建设工程安全生产管理条例》第 33 条规定，作业人员应当遵守安全施工的强制性标准、规章制度和操作规程，正确使用安全防护用具、机械设备等。

《建设工程安全生产管理条例》第 38 条规定，施工单位应当为施工现场从事危险作业的人员办理意外伤害保险。

意外伤害保险费由施工单位支付。实行施工总承包的，由总承包单位支付意外伤害保险费。意外伤害保险期限自建设工程开工之日起至竣工验收合格止。

10）安全防护用具及机械设备、施工机具的安全管理

《建设工程安全生产管理条例》第 34 条规定，施工单位采购、租赁的安全防护用具、机械设备、施工机具及配件，应当具有生产（制造）许可证、产品合格证，并在进入施工现场前进行查验。

施工现场的安全防护用具、机械设备、施工机具及配件必须由专人管理，定期进行检查、维修和保养，建立相应的资料档案，并按照国家有关规定及时报废。

《建设工程安全生产管理条例》第 35 条规定，施工单位在使用施工起重机械和整体提升脚手架、模板等自升式架设设施前，应当组织有关单位进行验收，也可以委托具有相应资质的检验检测机构进行验收；使用承租的机械设备和施工机具及配件的，由施工总承包单位、分包单位、出租单位和安装单位共同进行验收。验收合格的方可使用。

（4）安全教育培训制度

1）特种作业人员培训和持证上岗

《建设工程安全生产管理条例》第 25 条规定，垂直运输机械作业人员、安装拆卸工、爆破作业人员、起重信号工、登高架设作业人员等特种作业人员，必须按照国家有关规定经过专门的安全作业培训，并取得特种作业操作资格证书后，方可上岗作业。

2）安全管理人员和作业人员的安全教育培训和考核

《建设工程安全生产管理条例》第 36 条规定，施工单位的主要负责人、项目负责人、专职安全生产管理人员应当经建设行政主管部门或者其他有关部门考核合格后方可任职。

施工单位应当对管理人员和作业人员每年至少进行一次安全生产教育培训，其教育培训情况记录进个人工作档案。安全生产教育培训考核不合格的人员，不得上岗。

3）作业人员进入新岗位、新工地或采用新技术时的上岗教育培训

《建设工程安全生产管理条例》第 37 条规定，作业人员进入新的岗位或者新的施工现场前，应当接受安全生产教育培训。未经教育培训或者教育培训考核不合格的人员，不得上岗作业。

施工单位在采用新技术、新工艺、新设备、新材料时，应当对作业人员进行相应的安全生产教育培训。

5. 勘察、设计单位的安全责任

（1）勘察单位的安全责任

1）勘察单位应当按照法律、法规和工程建设强制性标准进行勘察，提供的勘察文件应当真实、准确，满足建设工程安全生产的需要。

2）勘察单位在勘察作业时，应当严格按照操作规程，采取措施保证各类管线、设施和周边建筑物、构筑物的安全。

(2) 设计单位的安全责任

1) 设计单位应当按照法律、法规和工程建设强制性标准进行设计，防止因设计不合理导致安全生产事故的发生。

2) 设计单位应当考虑施工安全操作和防护的需要，对涉及施工安全的重点部位和环节在设计文件中注明，并对防范安全生产事故提出指导意见。

3) 采用新结构、新材料、新工艺的建设工程和特殊结构的建设工程，设计单位应当在设计中提出保障施工作业人员安全和预防生产安全事故的措施建议。

4) 设计单位和注册建筑师等注册执业人员应当对其设计负责。

6. 建设工程相关单位的安全责任

(1) 机械设备和配件供应单位的安全责任

《建设工程安全生产管理条例》第15条规定，为建设工程提供机械设备和配件的单位，应当按照安全施工的要求配备齐全有效的保险、限位等安全设施和装置。

(2) 机械设备、施工机具和配件出租单位的安全责任

《建设工程安全生产管理条例》第16条规定，出租的机械设备和施工工具及配件，应当具有生产（制造）许可证、产品合格证。

出租单位应当对出租的机械设备和施工工具及配件的安全性能进行检测，在签订租赁协议时，应当出具检测合格证明。

禁止出租检测不合格的机械设备和施工工具及配件。

(3) 起重机械和自升式架设设施的安全管理

1) 在施工现场安装、拆卸施工起重机械和整体提升脚手架、模板等自升式架设设施，必须由具有相应资质的单位承担。

2) 安装、拆卸施工起重机械和整体提升脚手架、模板等自升式架设设施，应当编制拆装方案、制定安全施工措施，并由专业技术人员现场监督。

3) 施工起重机械和整体提升脚手架、模板等自升式架设设施安装完毕后，安装单位应当自检，出具自检合格证明，并向施工单位进行安全使用说明，办理验收手续并签字。

4) 施工起重机械和整体提升脚手架、模板等自升式架设设施的使用达到国家规定的检验检测期限的，必须经具有专业资质的检验检测机构检测。经检测不合格的，不得继续使用。

5) 检验检测机构对检测合格的施工起重机械和整体提升脚手架、模板等自升式架设设施，应当出具安全合格证明文件，并对检测结果负责。

8.3.3 安全生产许可证的管理规定

《安全生产许可证条例》第2条规定："国家对矿山企业、建筑施工企业和危险化学品、烟花爆竹、民用爆破器材生产企业（以下统称企业）实行安全生产许可制度。企业未取得安全生产许可证的，不得从事生产活动。"

《建筑施工企业安全生产许可证管理规定》第2条规定：国家对建筑施工企业实行安全生产许可制度；建筑施工企业未取得安全生产许可证的，不得从事建筑施工活动。

1. 安全生产许可证的申请

建筑施工企业从事建筑施工活动前，应当依照《建筑施工企业安全生产许可证管理规

定》向省级以上建设主管部门申请领取安全生产许可证。建筑施工企业申请安全生产许可证时，应当向建设主管部门提供下列材料：

(1) 建筑施工企业安全生产许可证申请表；

(2) 企业法人营业执照；

(3) 与申请安全生产许可证应当具备的安全生产条件相关的文件、材料。

2. 安全生产许可证的有效期

安全生产许可证的有效期为3年。安全生产许可证有效期满需要延期的，企业应当于期满前3个月向原安全生产许可证颁发管理机关申请办理延期手续。

3. 安全生产许可证的变更与注销

建筑施工企业变更名称、地址、法定代表人等，应当在变更后10日内，到原安全生产许可证颁发管理机关办理安全生产许可证变更手续。

建筑施工企业破产、倒闭、撤销的，应当将安全生产许可证交回原安全生产许可证颁发管理机关予以注销。

8.4 其他相关法规

8.4.1 招投标法

《中华人民共和国招标投标法》（以下简称《招标投标法》）的立法目的在于规范招标投标活动，保护国家利益、社会公共利益和招标投标活动当事人的合法权益，提高经济效益，保证项目质量。

依据《招标投标法》，我国陆续发布了一系列规范招标投标活动的部门规章，主要有《工程建设项目招标范围和规模标准规定》、《评标委员会和评标办法暂行规定》、《工程建设项目勘察设计招标投标办法》、《工程建设项目施工招标投标办法》、《工程建设项目货物招标投标办法》等。

1. 招标投标活动的基本原则及适用范围

(1) 招标投标活动的基本原则

《招标投标法》第5条规定："招标投标活动应当遵循公开、公平、公正和诚实信用的原则。"

(2) 必须招标的项目范围和规模标准

1) 必须招标的工程建设项目范围

根据《招标投标法》第3条规定，在中华人民共和国境内进行下列工程建设项目包括项目的勘察、设计、施工、监理以及与工程建设有关的重要设备、材料等的采购，必须进行招标：

① 大型基础设施、公用事业等关系社会公共利益、公众安全的项目；

② 全部或者部分使用国有资金投资或者国家融资的项目；

③ 使用国际组织或者外国政府贷款、援助资金的项目。

2) 必须招标项目的规模标准

根据《工程建设项目招标范围和规模标准规定》的规定，上述各类工程建设项目包括项目的勘察、设计、施工、监理以及与工程建设有关的重要设备、材料等的采购，达到下列标准之一的，必须进行招标：

① 施工单项合同估算价在 200 万元人民币以上的；
② 重要设备、材料等货物的采购，单项合同估算价在 100 万元人民币以上的；
③ 勘察、设计、监理等服务的采购，单项合同估算价在 50 万元人民币以上的；
④ 单项合同估算价低于第 1、2、3 项规定的标准。但项目总投资额在 3000 万元人民币以上的。

（3）可以不进行招标的工程建设项目

《工程建设项目施工招标投标办法》第 12 条的规定，工程建设项目有下列情形之一的，依法可以不进行施工招标：

① 涉及国家安全、国家秘密或者抢险救灾而不适宜招标的；
② 属于利用扶贫资金实行以工代赈需要使用农民工的；
③ 施工主要技术采用特定的专利或者专有技术的；
④ 施工企业自建自用的工程，且该施工企业资质等级符合工程要求的；
⑤ 在建工程追加的附属小型工程或者主体加层工程，原中标人仍具备承包能力的；
⑥ 法律、行政法规规定的其他情形。

2. 招标程序

根据《招标投标法》和《工程建设项目施工招标投标办法》的规定，招标程序如下：

① 成立招标组织，由招标人自行招标或委托招标；
② 编制招标文件和标底（如果有）；
③ 发布招标公告或发出投标邀请书；
④ 对潜在投标人进行资质审查，并将审查结果通知各潜在投标人；
⑤ 发售招标文件；
⑥ 组织投标人踏勘现场，并对招标文件答疑；
⑦ 确定投标人编制投标文件所需要的合理时间；
⑧ 接受投标书；
⑨ 开标、评标；
⑩ 定标、签发中标通知书，签订合同。

3. 投标的要求和程序

（1）投标的要求

《建筑法》规定：承包建筑工程的单位应当持有依法取得的资质证书，并在其资质等级许可的范围内承揽工程。禁止建筑施工企业超越本企业资质登记许可的业务范围或以任何形式用其他施工企业的名义承揽工程。

（2）投标程序

① 组织投标机构；
② 编制投标文件；
③ 送达投标文件。

4. 关于投标的禁止性规定

根据《招标投标法》第 32 条、第 33 条的规定，投标人不得实施以下不正当竞争行为：
① 投标人之间串通投标；
② 投标人与招标人之间串通招标投标；
③ 投标人以行贿的手段谋取中标；
④ 投标人以低于成本的报价竞标；
⑤ 投标人以非法手段骗取中标。

8.4.2 合同法

1. 合同法的调整范围

1) 合同法所称合同的含义

《中华人民共和国合同法》（以下简称《合同法》）所称合同是指平等主体的自然人、法人、其他组织之间设立、变更、终止民事权利义务关系的协议。这里所说的民事权利义务关系，主要是指债权关系，即债权合同。

2) 不受合同法调整的合同类型

目前，部分合同虽称之为"合同（协议）"，但却不受合同法调整，主要有以下几类：

① 有关身份关系的合同。如婚姻合同（婚约）适用《婚姻法》、收养合同适用《收养法》等专门法。

② 有关政府行使行政管理权的行政合同。政府依法进行社会管理活动，属于行政管理关系，适用各行政管理法，不适用合同法。

③ 劳动合同。在我国劳动者与用人单位之间的劳动合同适用《劳动法》、《劳动合同法》等专门法。

④ 政府间协议。国家或者特别地区之间协议适用国际法，如国家之间各类条约、协定、议定书等。

2. 合同法的基本原则

《合同法》的基本原则包括：平等原则、自愿原则、公平原则、诚实信用原则、不得损害社会公共利益原则。

3. 合同的形式

合同的形式指订立合同的当事人达成一致意思表示的表现形式。

《合同法》第10条规定：当事人订立合同，有书面形式、口头形式和其他形式。法律、行政法规规定采用书面形式的，应当采用书面形式；当事人约定采用书面形式的，应当采用书面形式。

《合同法》第36条规定，法律、行政法规规定或者当事人约定采用书面形式订立合同，当事人未采用书面形式但一方已经履行主要义务，对方接受的，该合同成立。

4. 合同的要约与承诺

合同的订立要经过两个必要的程序，即要约与承诺。

(1) 要约

1) 要约的概念

要约是希望和他人订立合同的意思表示，该意思表示应当符合下列规定：

① 内容具体确定；

② 表明经受要约人承诺，要约人即受该意思表示约束。

要约是一种法律行为。它表现为在规定的有效期限内，要约人要受到要约的约束。受要约人若按时和完全接受要约条款时，要约人负有与受要约人签订合同的义务。否则，要约人对由此造成受要约人的损失应承担法律责任。

2) 要约邀请

《合同法》第15条规定：要约邀请是希望他人向自己发出要约的意思表示。寄送价目表、拍卖公告、招标公告、招股说明书、商业广告等为要约邀请。商业广告的内容符合要约规定的，视为要约。

3) 要约生效

《合同法》第16条规定："要约到达受约人时生效。采用数据电文形式订立合同，收件人指定特定系统接收数据电文的，该数据电文进入该特定系统的时间，视为到达时间；未指定特定系统的，该数据电文进入收件人的任何系统的首次时间，视为到达时间。"

4) 要约撤回与要约撤销

要约的撤回，是指在要约发生法律效力之前，要约人使其不发生法律效力而取消要约的行为。《合同法》第17条规定："要约可以撤回。撤回要约的通知应当在要约到达受要约人之前或者与要约同时到达受要约人。"

要约的撤销，是指在要约发生法律效力之后，要约人使其丧失法律效力而取消要约的行为。《合同法》第18条规定："要约可以撤销。撤销要约的通知应当在受要约人发出承诺通知之前到达受要约人"

为了保护当事人的利益，有下列情形之一的，要约不得撤销：

① 要约人确定了承诺期限或者以其他形式明示要约不可撤销的；

② 受要约人有理由认为要约是不可撤销的，并已经为履行合同作了准备工作。

5) 要约失效

《合同法》第20条规定，有下列情形之一的，要约失效：

① 拒绝要约的通知到达要约人；

② 要约人依法撤销要约；

③ 承诺期限届满，受要约人未作出承诺；

④ 受要约人对要约的内容作出实质性变更。

(2) 承诺

1) 承诺的概念

承诺是受要约人同意要约的意思表示。

承诺也是一种法律行为。承诺必须是要约的相对人在要约有效期限内以明示的方式作出，并送达要约人；承诺必须是承诺人作出完全同意要约的条款，方为有效。如果受要约人对要约中的某些条款提出修改、补充、部分同意，附有条件或者另行提出新的条件，以及迟到送达的承诺，都不被视为有效的承诺，而被称为新要约。

2) 承诺方式

《合同法》第22条规定：承诺应当以通知的方式作出，但根据交易习惯或者要约表明可以通过行为作出承诺的除外。

"通知"的方式，是指承诺人以口头形式或书面形式明确告知要约人完全接受要约内容作出的意思表示。"行为"的方式，是指承诺人依照交易习惯或者要约的条款能够为要约人确认承诺人接受要约内容作出的意思表示。

3）承诺期限

《合同法》第23条规定：承诺应当在要约确定的期限内到达要约人。要约没有确定承诺期限的，承诺应当依照下列规定到达：

① 要约以对话方式作出的，应当即时作出承诺，但当事人另有约定的除外；

② 要约以非对话方式作出的，承诺应当在合理期限到达。

要约以信件或者电报作出的，承诺期限自信件载明的日期或者电报交发之日开始计算。信件未载明日期的，自投寄该信件的邮戳日期开始计算。要约以电话，传真等快速通信方式作出的，承诺期限自要约到达受要约人时开始计算。

4）承诺生效

《合同法》第25条规定：承诺生效时合同成立。

承诺生效与合同成立是密不可分的法律事实。承诺生效，是指承诺发生法律效力，也即承诺对承诺人和要约人产生法律约束力。承诺人作出有效的承诺，在事实上合同已经成立，已经成立的合同对合同当事人双方具有约束力。

5）承诺撤回、超期和延误

① 承诺撤回　承诺的撤回，是指承诺人主观上欲阻止或者消灭承诺发生法律效力的意思表示。《合同法》第27条规定："承诺可以撤回。撤回承诺的通知应当在承诺通知到达要约人之前或者与承诺通知同时到达要约人。"

② 承诺超期　承诺超期是指受要约人主观上超过承诺期限而发出的承诺。《合同法》第28条规定："受要约人超过承诺期限发出承诺的，除要约人及时通知受要约人该承诺有效的以外，为新要约（承诺无效）。"

③ 承诺延误　承诺延误是指受要约人发出的承诺由于外界原因而延迟到达要约人。《合同法》第29条规定："受要约人在承诺期限内发出承诺，按照通常情形能够及时到达要约人，但因其他原因承诺到达要约人时超过承诺期限的，除要约人及时通知受要约人因承诺超过期限不接受该承诺的以外，该承诺有效。"

5. 合同的一般条款

合同的一般条款，即合同的内容。《合同法》第12条规定，合同的内容由当事人约定，一般包括以下条款：

① 当事人的名称或者姓名和住所；

② 标的；

③ 数量；

④ 质量；

⑤ 价款或者报酬；

⑥ 履行期限、地点和方式；

⑦ 违约责任；

⑧ 解决争议的方法。当事人可以参照各类合同的示范文本订立合同。

6. 合同的效力

合同生效需要具备一定的条件。这些条件的欠缺可能导致所订立的合同成为无效合同、效力待定合同或可变更、可撤销合同。

当事人可以约定合同生效的时间或条件。如果未满足所附条件的要求，即使具备了合同生效的要件，合同也不会生效。如果约定了终止的时间或条件，满足了该时间或条件的要求，也不因符合合同生效要件而继续有效，合同将终止。

（1）合同成立：

合同成立是指当事人完成了签订合同过程，并就合同内容协商一致。合同成立不同于合同生效。合同生效是法律认可合同效力，强调合同内容合法性。因此，合同成立体现了当事人的意志，而合同生效体现国家意志。

1）合同成立的一般要件
① 存在订约当事人；
② 订约当事人对主要条款达成一致；
③ 经历要约与承诺两个阶段。

《合同法》第13条规定，"当事人订立合同，采取要约、承诺方式。"当事人就订立合同达成合意，一般应经过要约、承诺阶段。若只停留在要约阶段，合同根本未成立。

2）合同成立时间
确定合同成立时间，遵守如下规则：
① 承诺生效时合同成立。
② 当事人采用合同书形式订立合同的，自双方当事人签字或者盖章时合同成立。各方当事人签字或者盖章的时间不在同一时间的，最后一方签字或者盖章时合同成立。
③ 当事人采用信件、数据电文等形式订立合同的，可以在合同成立之前要求签订确认书。签订确认书时合同成立。此时，确认书具有最终正式承诺的意义。

3）合同成立地点
确定合同成立地点，遵守如下规则：
① 承诺生效的地点为合同成立的地点。采用数据电文形式订立合同的，收件人的主营业地为合同成立的地点；没有主营业地的，其经常居住地为合同成立的地点。当事人另有约定的，按照其约定。
② 当事人采用合同书形式订立合同的，双方当事人签字或者盖章的地点为合同成立的地点。

（2）合同生效

合同生效需要具备以下要件：
① 订立合同的当事人必须具有相应民事权利能力和民事行为能力；
② 意思表示真实；
③ 不违反法律、行政法规的强制性规定，不损害社会公共利益；
④ 具备法律所要求的行式。

《合同法》第44条规定：依法成立的合同，自成立时生效；法律、行政法规规定应当办理批准、登记等手续生效的，依照其规定。

7. 合同的履行

合同履行是指合同当事人双方依据合同条款的规定，实现各自享有的权利，并承担各自负有的义务。合同的履行，就其实质来说，是合同当事人在合同生效后，全面地、适当地完成合同义务的行为。

合同当事人履行合同时，应遵循以下原则：
① 全面、适当履行的原则；
② 遵循诚实信用的原则；
③ 公平合理，促进合同履行的原则；
④ 当事人一方不得擅自变更合同的原则。

8.4.3 劳动法

《中华人民共和国劳动法》（以下简称《劳动法》）的立法目的在于保护劳动者的合法权益，调整劳动关系，建立和维护适应社会主义市场经济的劳动制度，促进经济发展和社会进步。

《劳动法》第2条规定：在中华人民共和国境内的企业、个体经济组织（以下统称用人单位）和与之形成劳动关系的劳动者，适用本法；国家机关、事业组织、社会团体和与之建立劳动合同关系的劳动者，依照本法执行。

1. 劳动保护的规定

（1）劳动安全卫生

劳动安全卫生，又称劳动保护，是指直接保护劳动者在劳动中的安全和健康的法律保障。根据《劳动法》的有关规定，用人单位和劳动者应当遵守如下有关劳动安全卫生的法律规定：

① 用人单位必须建立、健全劳动安全卫生制度，严格执行国家劳动安全卫生规程和标准，对劳动者进行劳动安全卫生教育，防止劳动过程中的事故，减少职业危害。

② 劳动安全卫生设施必须符合国家规定的标准。新建、改建、扩建工程的劳动安全卫生设施必须与主体工程同时设计、同时施工、同时投入生产和使用。

③ 用人单位必须为劳动者提供符合国家规定的劳动安全卫生条件和必要的劳动防护用品，对从事有职业危害作业的劳动者应当定期进行健康检查。

④ 从事特种作业的劳动者必须经过专门培训并取得特种作业资格。

⑤ 劳动者在劳动过程中必须严格遵守安全操作规程。劳动者对用人单位管理人员违章指挥、强令冒险作业，有权拒绝执行；对危害生命安全和身体健康的行为，有权提出批评、检举和控告。

（2）女职工和未成年工特殊保护

1) 女职工的特殊保护

根据我国《劳动法》的有关规定，对女职工的特殊保护规定主要包括：

① 禁止安排女职工从事矿山井下、国家规定的第四级体力劳动强度的劳动和其他禁忌从事的劳动。

② 不得安排女职工在经期从事高处、低温、冷水作业和国家规定的第三级体力劳动强度的劳动。

③ 不得安排女职工在怀孕期间从事国家规定的第三级体力劳动强度的劳动和孕期禁忌从事的劳动。对怀孕7个月以上的女职工，不得安排其延长工作时间和夜班劳动。

④ 女职工生育享受不少于 90 天的产假。
⑤ 不得安排女职工在哺乳未满一周岁的婴儿期间从事国家规定的第三级体力劳动强度的劳动和哺乳期禁忌从事的其他劳动，不得安排其延长工作时间和夜班劳动。

2）未成年工特殊保护

所谓未成年工，是指年满 16 周岁未满 18 周岁的劳动者。根据我国《劳动法》的有关规定，对未成年工的特殊保护规定主要包括：

① 不得安排未成年工从事矿山井下、有毒有害、国家规定的第四级体力劳动强度的劳动和其他禁忌从事的劳动。

② 用人单位应当对未成年工定期进行健康检查。

2. 劳动合同

（1）劳动合同的概念

劳动合同是指劳动者与用人单位确立劳动关系，明确双方权利和义务的书面协议。

我国《劳动法》对劳动合同作出了明确规定。为了完善劳动合同制度，明确劳动合同双方当事人的权利和义务，保护劳动者的合法权益，构建和发展和谐稳定的劳动关系，2007 年 6 月 29 日全国人大常务委员会通过了《中华人民共和国劳动合同法》（以下简称《劳动合同法》），2012 年 12 月 28 日又通过局部修订条款。

（2）劳动合同的类型

根据《劳动合同法》的规定，劳动合同分为固定期限劳动合同、无固定期限劳动合同和以完成一定工作任务为期限的劳动合同。

1）固定期限劳动合同

固定期限劳动合同，是指用人单位与劳动者约定合同终止时间的劳动合同。用人单位与劳动者协商一致，可以订立固定期限劳动合同。

2）无固定期限劳动合同

无固定期限劳动合同，是指用人单位与劳动者约定无确定终止时间的劳动合同。用人单位与劳动者协商一致，可以订立无固定期限劳动合同。

有下列情形之一，劳动者提出或者同意续订、订立劳动合同的，除劳动者提出订立固定期限劳动合同外，应当订立无固定期限劳动合同：

① 劳动者在该用人单位连续工作满十年的；

② 用人单位初次实行劳动合同制度或者国有企业改制重新订立劳动合同时，劳动者在该用人单位连续工作满十年且距法定退休年龄不足十年的；

③ 连续订立二次固定期限劳动合同，且劳动者没有本法第三十九条和第四十条第一项、第二项规定的情形，续订劳动合同的。

用人单位自用工之日起满一年不与劳动者订立书面劳动合同的，视为用人单位与劳动者已订立无固定期限劳动合同。

3）以完成一定工作任务为期限的劳动合同

以完成一定工作任务为期限的劳动合同，是指用人单位与劳动者约定以某项工作的完成为合同期限的劳动合同。用人单位与劳动者协商一致，可以订立以完成一定工作任务为期限的劳动合同。

（3）劳动合同的订立

1）劳动关系与劳动合同的确定

根据《劳动合同法》的有关规定，劳动关系与劳动合同的确定应符合以下规定：

① 用人单位自用工之日起即与劳动者建立劳动关系。用人单位应当建立职工名册备查；

② 建立劳动关系，应当订立书面劳动合同；

③ 已建立劳动关系，未同时订立书面劳动合同的，应当自用工之日起一个月内订立书面劳动合同；

④ 用人单位与劳动者在用工前订立劳动合同的，劳动关系自用工之日起建立。

2）劳动合同的内容

《劳动合同法》第十七条规定：劳动合同应当具备以下条款。

① 用人单位的名称、住所和法定代表人或者主要负责人；

② 劳动者的姓名、住址和居民身份证或者其他有效身份证件号码；

③ 劳动合同期限；

④ 工作内容和工作地点；

⑤ 工作时间和休息休假；

⑥ 劳动报酬；

⑦ 社会保险；

⑧ 劳动保护、劳动条件和职业危害防护；

⑨ 法律、法规规定应当纳入劳动合同的其他事项。

劳动合同除前款规定的必备条款外，用人单位与劳动者可以约定试用期、培训、保守秘密、补充保险和福利待遇等其他事项。

3）劳动合同的试用期

根据《劳动合同法》第19条规定，劳动合同的试用期应符合以下规定：

① 劳动合同期限三个月以上不满一年的，试用期不得超过一个月；劳动合同期限一年以上不满三年的，试用期不得超过二个月；三年以上固定期限和无固定期限的劳动合同，试用期不得超过六个月。

② 同一用人单位与同一劳动者只能约定一次试用期。

③ 以完成一定工作任务为期限的劳动合同或者劳动合同期限不满三个月的，不得约定试用期。

④ 试用期包含在劳动合同期限内。劳动合同仅约定试用期的，试用期不成立，该期限为劳动合同期限。

劳动者在试用期的工资不得低于本单位相同岗位最低档工资或者劳动合同约定工资的百分之八十，并不得低于用人单位所在地的最低工资标准。

3. 劳动争议的处理

劳动争议，又称劳动纠纷，是指劳动关系当事人之间关于劳动权利和义务的争议。我国《劳动法》第77条明确规定："用人单位与劳动者发生劳动争议，当事人可以依法申请调解、仲裁、提起诉讼，也可以协商解决。"2008年5月1日开始施行的《中华人民共和国劳动争议调解仲裁法》（以下简称《劳动争议调解仲裁法》）第5条进一步规定,"发生劳动争议,当事人不愿协商、协商不成或者达成和解协议后不履行的,可以向调解组织申请调解;不愿调解、调解不成或者达成调解协议后不履行的,可以向劳动争议仲裁委员会申请仲裁;对仲裁裁决不服的,除本法另有规定的外,可以向人民法院提起诉讼。"

(1) 协商

劳动争议发生后,当事人首先应当协商解决。协商是一种简便易行、最有效、最经济的方法,能及时解决争议,消除分歧,提高办事效率,节省费用。协商一致的,当事人可以形成和解协议,但和解协议不具有强制执行力,需要当事人自觉履行。

根据《劳动争议调解仲裁法》第4条的规定,"发生劳动争议,劳动者可以与用人单位协商,也可以请工会或者第三方共同与用人单位协商,达成和解协议。"

(2) 调解

劳动争议发生后,当事人可以向本单位劳动争议调解委员会申请调解。经调解达成协议的,由劳动争议调解委会制作调解书。调解协议书由双方当事人签名或者盖章,经调解员签名并加盖调解组织印章后生效,对双方当事人具有约束力,当事人应当履行。

《劳动法》第80条规定:在用人单位内,可以设立劳动争议调解委员会。劳动争议调解委员会由职工代表、用人单位代表和工会代表组成。劳动争议调解委员会主任由工会代表担任。

(3) 仲裁

劳动争议发生后,当事人任何一方都可以直接向劳动争议仲裁委员会申请仲裁。当事人申请劳动争议仲裁,应当在法律规定的仲裁时效内提出。

《劳动法》第82条规定:提出仲裁要求的一方应当自劳动争议发生之日起60日内向劳动争议仲裁委员会提出书面申请。仲裁裁决一般应在收到仲裁申请的60日内作出。对仲裁裁决无异议的,当事人必须履行。

《劳动法》第83条规定:当事人对仲裁裁决不服的,可自收到仲裁裁决书之日起15日内向人民法院提起诉讼。一方当事人在法定期限内不起诉又不履行仲裁裁决的,另一方当事人可以申请人民法院强制执行。

8.5 建设工程纠纷的处理

8.5.1 建设工程纠纷的分类及处理方式

建设工程纠纷主要分为民事纠纷和行政纠纷两大类。

1. 民事纠纷

民事纠纷是指平等主体的当事人之间发生的纠纷。这种纠纷又可分为两类:合同纠纷和侵权纠纷。前者是指当事人之间对合同是否成立、生效、对合同的履行和不履行出现的后果等产生的纠纷。如建设工程勘查设计合同纠纷、建设工程施工合同纠纷、建设工程委托监理合同纠纷、建材及设备采购合同纠纷等;后者是指由于当事人对另一方侵权而产生的纠纷,如工程施工中对施工单位未采取安全措施而对他人造成损害而产生的纠纷等。其中,合同纠纷是建设活动中最常出现的纠纷。

民事纠纷的处理方式主要有和解、调解、仲裁、诉讼四种。

我国《合同法》第128条规定：当事人可以通过和解或者调解解决合同争议；当事人不愿和解、调解或者和解、调解不成的，可以根据仲裁协议向仲裁机构申请仲裁；当事人没有订立仲裁协议或者仲裁协议无效的，可以向人民法院起诉；当事人应当履行发生法律效力的判决、仲裁裁决、调解书，拒不履行的，对方可以请求人民法院执行。

2. 行政纠纷

行政纠纷是指行政机关与相对人之间因行政管理而产生的纠纷，如在办理施工许可证时符合办证条件而不予办理所导致的纠纷；在招投标过程中行政机关进行行政处罚而产生的纠纷等。

目前解决行政争议的途径主要有行政复议和行政诉讼两种。

8.5.2 和解与调解

1. 和解

（1）和解的概念

和解是指建设工程纠纷当事人在自愿互谅的基础上，就已经发生的争议进行协商并达成协议，自行解决争议的一种方式。和解达成的协议不具有强制执行的效力，但是可以成为原合同的补充部分。建设工程发生纠纷时，当事人应首先考虑通过和解解决纠纷。事实上，在工程建设过程中，绝大多数纠纷都可以通过和解解决。

（2）和解的适用

① 未经仲裁和诉讼的和解。发生争议后，当事人即可以自行和解。如果达成一致意见，就不需要进行仲裁或诉讼。

② 申请仲裁后的和解。当事人申请仲裁后，可以自行和解。达成和解协议的，可以请求仲裁庭根据和解协议作出裁决书，也可以撤回仲裁申请。当事人达成和解协议，撤回仲裁申请后反悔的，可以根据仲裁协议申请仲裁。

③ 诉讼后的和解。当事人在诉讼中和解的，应由原告申请撤诉，经法院裁定撤诉后结束诉讼。

④ 执行中的和解。在执行过程中，双方当事人在自愿协商的基础上达成的和解协议，产生结束执行程序的效力。如果一方当事人不履行和解协议或者反悔的，另一方当事人可以申请人民法院按照原生效法律文书强制执行。

（3）建设工程纠纷和解解决的特点

① 简便易行，能经济、及时地解决纠纷。

② 纠纷的解决依靠当事人的妥协与让步，没有第三方的介入，有利于维护合同双方的友好合作关系，使合同能更好地得到履行。

③ 和解协议不具有强制执行的效力，和解协议的执行依靠当事人的自觉履行。

2. 调解

（1）调解的概念

调解是指建设工程当事人对法律规定或者合同约定的权利、义务发生纠纷，第三人依据一定的道德和法律规范，通过摆事实、讲道理，促使双方互相作出适当的让步，平息争端，自愿达成协议，以求解决建设工程纠纷的一种方式。

(2) 调解的形式

① 民间调解，即在当事人以外的第三人或组织的主持下，通过相互谅解，使纠纷得到解决的方式。民间调解达成的协议不具有强制约束力。

② 行政调解，是指在有关行政机关的主持下，依据相关法律、行政法规、规章及政策，处理纠纷的方式。行政调解达成的协议也不具有强制约束力。

③ 仲裁调解，仲裁庭在作出裁决前进行调解的解决纠纷的方式。当事人自愿调解的，仲裁庭应当调解。仲裁的调解达成协议，仲裁庭应当制作调解书或者根据协议的结果制作裁决书。调解书与裁决书具有同等法律效力，调解书经当事人签收后即发生法律效力。

④ 法院调解，是指在人民法院的主持下，在双方当事人自愿的基础上，以制作调解书的形式，从而解决纠纷的方式。调解书经双方当事人签收后，即具有法律效力。

(3) 建设工程纠纷调解解决的特点

1) 法院外调解的特点

① 当事人的行为无诉讼上的意义；

② 主持者可以是人民调解委员会、行政机关、仲裁机关以及双方当事人所信赖的个人；

③ 有利于消除当事人的对立情绪，维护双方的长期合作关系；

④ 除仲裁机构制作的调解书对当事人有约束力外，其他机构或个人主持下达成的调解协议均无约束力，调解协议的执行依靠当事人的自觉履行。当事人反悔的，可向人民法院起诉。

2) 法院调解的特征

① 调解发生在诉讼过程中；

② 调解在法院主持下进行；

③ 调解书送达双方当事人并经签收后产生法律效力；

④ 调解书生效后，若一方不执行，另一方有权请求法院强制执行。

8.5.3 仲裁

1. 仲裁的概念

仲裁是指建设工程当事人在纠纷发生前或纠纷发生后达成协议，自愿将纠纷提交第三者（仲裁机构），由第三者在事实上作出判断、在权利义务上作出裁决的一种解决纠纷的方式。如果当事人之间有仲裁协议，纠纷发生后又无法通过和解和调解解决的，则应及时将纠纷提交仲裁机构仲裁。

《中华人民共和国仲裁法》（以下简称《仲裁法》）是调整和规范仲裁制度的基本法律，但《仲裁法》的调整范围仅限于民商事仲裁，即平等主体的公民、法人和其他组织之间发生的合同纠纷和其他财产权纠纷仲裁。劳动争议仲裁不受《仲裁法》的调整；依法应当由行政机关处理的行政争议不能仲裁。

2. 建设工程纠纷仲裁解决的特点

① 自愿性。仲裁以双方当事人的自愿为前提，即当事人之间的纠纷是否提交仲裁，交与谁仲裁，仲裁庭如何组成，以及仲裁的审理方式、开庭形式等都是在当事人自愿的基础上，由双方协商确定。因此，仲裁是最能充分体现当事人意思自治原则的争议解决

方式。

② 专业性。由于各仲裁机构的仲裁员都是由各方面的专业人士组成，当事人完全可以选择熟悉纠纷领域的专业人士担任仲裁员。专家仲裁是民商事仲裁的重要特点之一。

③ 保密性。保密和不公开审理是仲裁制度的重要特点，除当事人、代理人，以及需要时的证人和鉴定人外，其他人员不得出席和旁听仲裁开庭审理，仲裁庭和当事人不得向外界透露案件的任何实体及程序问题。

④ 裁决的终局性。仲裁实行一裁终局制，仲裁裁决一经仲裁庭作出即发生法律效力，这使当事人之间的纠纷能够迅速得以解决。

⑤ 执行的强制性。仲裁裁决具有强制执行的法律效力，当事人可以向人民法院申请强制执行。由于中国是《承认及执行外国仲裁裁决公约》的缔约国，中国的涉外仲裁裁决可以在世界上100多个公约成员国得到承认和执行。

8.5.4 诉讼

1. 诉讼的概念

诉讼是指建设工程当事人依法请求人民法院行使审判权，审理双方之间发生的纠纷，作出有国家强制保证实现其合法权益、从而解决纠纷的审判活动。合同双方当事人如果未约定仲裁协议，则只能以诉讼作为解决纠纷的最终方式。《中华人民共和国民事诉讼法》（以下简称《民事诉讼法》）是调整和规范法院和诉讼参与人的各种民事诉讼活动的基本法律。

2. 建设工程纠纷诉讼解决的基本特点

① 公权性。民事诉讼是以司法方式解决平等主体之间的纠纷，是由法院代表国家行使审判权解决民事争议。它既不同于群众自治组织性质的人民调解委员会以调解方式解决纠纷，也不同于由民间性质的仲裁委员会以仲裁方式解决纠纷。

② 强制性。民事诉讼的强制性既表现在案件的受理上，又反映在裁判的执行上。只要原告起诉符合民事诉讼法规定的条件，无论被告是否愿意，诉讼均会发生。同时，若当事人不自动履行生效裁判所确定的义务，法院可以依法强制执行。

③ 程序性。民事诉讼是依照法定程序进行的诉讼活动，无论是法院还是当事人或者其他诉讼参与人，都应按照《民事诉讼法》设定的程序实施诉讼行为，违反诉讼程序常常会引起一定的法律后果。

8.5.5 证据

证据是指在诉讼中能够证明案件真实情况的各种资料。当事人只有通过证据才能证明自己主张的观点是正确的。因此，证据在纠纷的处理过程中具有非常重要的地位。

1. 证据的种类

《民事诉讼法》第63条规定：根据表现形式的不同，民事证据有以下7种，分别是书证、物证、视听资料、证人证言、当事人的陈述、鉴定结论、勘验笔录。

1) 书证

书证是指以文字、符号、图形等形式所记载的内容或表达的思想来证明案件事实的证据。如合同文本、信函、电报、传真、图纸、图表等各种书面文件或纸面文字材料，但书证的物质载体并不限于纸质材料，非纸类的物质也可成为载体，如木、竹、金属等均不限。

2）物证

物证是指能够证明案件事实的物品及其痕迹。凡是以其存在的外形、重量、规格、损坏程度等物体的内部或者外部特征来证明待证事实的一部或者全部的物品及痕迹，均属于物证范畴。

3）视听资料

视听资料是指利用录音、录像等技术手段反映的声音、图像以及电子计算机储存的数据证明案件事实的证据。常见的视听资料如录像带、录音带、胶卷、电脑数据等。

4）证人证言

证人是指了解案件事实情况并向法院或当事人提供证词的人。证言是指证人将其了解的案件事实向法院所作的陈述或证词。

5）当事人陈述

当事人陈述是指当事人在诉讼中就本案的事实向法院所作的说明。作为证据的当事人陈述是指那些能够证明案件事实的陈述。

6）鉴定结论

鉴定结论是指鉴定人运用自己的专门知识，对案件中的专门性问题进行鉴定后所作出的书面结论。当事人申请鉴定，应当注意在举证期限内提出。

7）勘验笔录

勘验笔录，是指人民法院审判人员或者行政机关工作人员对能够证明案件事实的现场或者对不能、不便拿到人民法院的物证，就地进行分析、检验、测量、勘察后所作的记录。包括文字记录、绘图、照相、录像、模型等材料。

2. 证据的保全

（1）证据保全的概念

所谓证据保全，是指在证据可能灭失或以后难以取得的情况下，法院根据申请人的申请或依职权，对证据加以固定和保护的制度。

根据最高人民法院《关于民事诉讼证据的若干规定》第23条规定，当事人依据《民事诉讼法》第74条的规定向人民法院申请保全证据的，不得迟于举证期限届满前7日。当事人申请保全证据的，人民法院可以要求其提供相应的担保。

（2）证据保全的方法

人民法院采取证据保全的方法主要有三种：

① 向证人进行询问调查，记录证人证言；

② 对文书、物品等进行录像、拍照、抄写或者用其他方法加以复制；

③ 对证据进行鉴定或者勘验。

人民法院获取的证据材料，由法院存卷保管。

3. 证据的应用

（1）证明对象

证明对象就是需要证明主体运用证据加以证明的案件事实。在民事诉讼中，需要运用证据加以证明的对象包括：

① 当事人主张的实体权益的法律事实。如当事人主张权利产生、变更、消灭的事实。
② 当事人主张的程序法事实。如当事人的资格与行为能力等问题。
③ 证据事实。如书证是否客观真实，所反映内容与本案待证事实是否相关。
④ 习惯、地方性法规。

(2) 举证责任

举证责任是指当事人对自己提出的主张有收集或提供证据的义务，并有运用该证据证明主张的案件事实成立或有利于自己的主张的责任。

1) 一般原则

《民事诉讼法》第64条规定：当事人对自己提出的主张，有责任提供证据。即谁主张相应的事实，谁就应当对该事实加以证明。

在合同纠纷诉讼中，主张合同成立并生效的一方当事人对合同订立和生效的事实承担举证责任。主张合同变更、解除、终止、撤销的一方当事人对引起合同变动的事实承担举证责任。对合同是否履行发生争议的，由负有履行义务的当事人承担举证责任。代理权发生争议的，由主张有代理权的一方当事人承担举证责任。

在侵权纠纷诉讼中，主张损害赔偿的权利人应当对损害赔偿请求权产生的事实加以证明。另一方面，关于免责事由就应由行为人加以证明，如损害是受害人的故意造成的。

2) 举证责任的倒置

举证责任倒置，是为了弥补一般原则的不足，针对一些特殊的案件，将按照一般原则本应由己方承担的某些证明责任，改为由对方当事人承担的证明方法。证明责任倒置必须有法律的规定，法官不可以在诉讼中任意将证明责任分配加以倒置。如因医疗行为引起的侵权诉讼，由医疗机构就医疗行为与损害结果之间不存在因果关系及不存在医疗过错承担举证责任。

(3) 证据的收集

证据收集是指审判人员为了查明案件事实，按照法定获取证据的行为。一般可以通过以下方法收集证据：

① 当事人提供证据；
② 人民法院认为审理案件需要，依职权主动调查收集；
③ 当事人依法申请人民法院调查收集证据。

(4) 证明过程

证明过程是一个动态过程，一般认为证明过程由举证、质证与认证组成。

① 举证时限 是指法律规定或法院、仲裁机构指定的当事人能够有效举证的期限。当事人应当在举证期限内向人民法院提交证据材料，当事人在举证期限内不提交的，视为放弃举证权利。

② 证据交换 是指在诉讼答辩期届满后开庭审理前，在人民法院的主持下，当事人之间相互明示其持有证据的过程。

③ 质证 是指当事人在法庭的主持下，围绕证据的真实性、合法性、关联性，针对证据证明力有无以及证明力大小，进行质疑、说明与辩驳的过程。根据最高人民法院《关于民事诉讼证据的若干规定》第47条的规定，证据应当在法庭上出示，由当事人质证。

未经质证的证据，不能作为认定案件事实的依据。

④ 认证　即证据的审核认定，是指人民法院对经过质证或当事人在证据交换中认可的各种证据材料作出审查判断，确认其能否作为认定案件事实的根据。

8.5.6　行政复议和行政诉讼

1. 行政复议

行政复议是通过行政机关内部的复议来解决。即公民、法人或者其他组织不服原处理机关行政处理决定的，依法向该机关的上一级行政机关或者法律、法规规定的复议机关提出申请，由上一级行政机关或者法律、法规规定的复议机关对原处理机关处理的决定的合法性和适当性进行审查，并作出复议决定。现行的法律依据主要是《中华人民共和国行政复议法》。

根据《行政复议法》第6条的有关规定，建设工程行政纠纷当事人可以申请复议的情形通常包括：

① 行政处罚，即当事人对行政机关作出的警告、罚款、没收违法所得、没收非法财物、责令停产停业、暂扣或者吊销许可证、暂扣或者吊销执照、行政拘留等行政处罚决定不服的；

② 行政强制措施，即当事人对行政机关作出的限制人身自由或者查封、扣押、冻结财产等行政强制措施决定不服的；

③ 行政许可，包括：当事人对行政机关作出的有关许可证、执照、资质证、资格证等证书变更、中止、撤销的决定不服的，以及当事人认为符合法定条件，申请行政机关颁发许可证、执照、资质证、资格证等证书，或者申请行政机关审批、登记等有关事项，行政机关没有依法办理的；

④ 认为行政机关侵犯其合法的经营自主权的；

⑤ 认为行政机关违法集资、征收财物、摊派费用或者违法要求履行其他义务的；

⑥ 认为行政机关的其他具体行政行为侵犯其合法权益的等。

《行政复议法》第9条规定：公民、法人或者其他组织认为具体行政行为侵犯其合法权益的，可以自知道该具体行政行为之日起六十日内提出行政复议申请；但是法律规定的申请期限超过六十日的除外。因不可抗力或者其他正当理由耽误法定申请期限的，申请期限自障碍消除之日起继续计算。

2. 行政诉讼

行政诉讼是通过向人民法院提出行政诉讼来解决。即公民、法人或者其他组织不服行政机关处理决定或复议决定的，依法向人民法院提出行政诉讼，由人民法院对行政机关具体行政行为的合法性进行审查，并依法作出判决或裁定。现行的法律依据主要是《中华人民共和国行政诉讼法》。

公民、法人或者其他组织（原告）提起行政诉讼，应当在法定期间内进行，具体包括：

① 除法律另有规定的以外，行政复议申请人不服行政复议决定，可以在收到行政复议决定书之日起15日内向法院提起诉讼。行政复议机关逾期不做决定的，申请人可以在复议期满之日起15日内向法院提起诉讼。

② 不申请行政复议，直接向法院提起行政诉讼的，除法律另有规定的以外，应当知道作出具体行政行为之日起 3 个月内提出。

根据《行政诉讼法》第 42 条及相关规定，人民法院接到起诉状，经审查，应当在 7 日内立案或者作出裁定不予受理。原告对裁定不服的，可以在裁定送达之日起 10 日内提起上诉。

第 9 章 职 业 道 德

9.1 概 述

1. 基本概念

道德是以善恶为标准，通过社会舆论、内心信念和传统习惯来评价人的行为，调整人与人之间以及个人与社会之间相互关系的行为规范的总和。只涉及个人、个人之间、家庭等的私人关系的道德，称为私德；涉及社会公共部分的道德，称为社会公德。一个社会一般有社会公认的道德规范，不过，不同的时代，不同的社会，往往有一些不同的道德观念；不同的文化中，所重视的道德元素以及优先性、所持的道德标准也常常会有所差异。

（1）道德与法纪的区别和联系

遵守道德是指按照社会道德规范行事，不做损害他人的事。遵守法纪是指遵守纪律和法律，按照规定行事，不违背纪律和法律的规定条文。法纪与道德既有区别也有联系。它们是两种重要的社会调控手段，自人类进入文明社会以来，任何社会在建立与维持秩序时，都必须借助于这两种手段。遵守道德与遵守法纪是这两种规范的实现形式，两者是相辅相成、相互促进、相互推动的。

1) 法纪属于制度范畴，而道德属于社会意识形态范畴。道德侧重于自我约束，是行为主体"应当"的选择，依靠人们的内心信念、传统习惯和社会舆论发挥其作用和功能，不具有强制力；而法纪则侧重于国家或组织的强制，是国家或组织制定和颁布，用以调整、约束和规范人们行为的权威性规则。

2) 遵守法纪是遵守道德的最低要求。道德可分为两类：第一类是社会有序化要求的道德，是维系社会稳定所必不可少的最低限度的道德，如不得暴力伤害他人、不得用欺诈手段谋取利益、不得危害公共安全等；第二类是那些有助于提高生活质量、增进人与人之间紧密关系的原则，如博爱、无私、乐于助人、不损人利己等。第一类道德通常会上升为法纪，通过制裁、处分或奖励的方法得以推行。而第二类道德是对人性较高要求的道德，一般不宜转化为法纪，需要通过教育、宣传和引导等手段来推行。法纪是道德的演化产物，其内容是道德范畴中最基本的要求，因此遵纪守法是遵守道德的最低要求。

3) 遵守道德是遵守法纪的坚强后盾。首先，法纪应包含最低限度的道德，没有道德基础的法纪，是一种"恶法"，是无法获得人们的尊重和自觉遵守的。其次，道德对法纪的实施有保障作用，"徒善不足以为政，徒法不足以自行"，执法者职业道德的提高，守法者的法律意识、道德观念的加强，都对法纪的实施起着推动的作用。再者，道德对法纪有补充作用，有些不宜由法纪调整的，或本应由法纪调整但因立法的滞后而尚"无法可依"的，道德约束往往起到了补充作用。

(2) 公民道德的主要内容

公民道德主要包括社会公德、职业道德和家庭美德三个方面：

1) 社会公德。社会公德是全体公民在社会交往和公共生活中应该遵循的行为准则，涵盖了人与人、人与社会、人与自然之间的关系。在现代社会，公共生活领域不断扩大，人们相互交往日益频繁，社会公德在维护公众利益、公共秩序和保持社会稳定方面的作用更加突出，成为公民个人道德修养和社会文明程度的重要表现。以文明礼貌、助人为乐、爱护公物、保护环境、遵纪守法为主要内容的社会公德，旨在鼓励人们在社会上做一个好公民。

2) 职业道德。职业道德是所有从业人员在职业活动中应该遵循的行为准则，涵盖了从业人员与服务对象、职业与职工、职业与职业之间的关系。随着现代社会分工的发展和专业化程度的增强，市场竞争日趋激烈，整个社会对从业人员职业观念、职业态度、职业技能、职业纪律和职业作风的要求越来越高。以爱岗敬业、诚实守信、办事公道、服务群众、奉献社会为主要内容的职业道德，旨在鼓励人们在工作中做一个好建设者。

3) 家庭美德。家庭美德是每个公民在家庭生活中应该遵循的行为准则，涵盖了夫妻、长幼、邻里之间的关系。家庭生活与社会生活有着密切的联系，正确对待和处理家庭问题，共同培养和发展夫妻爱情、长幼亲情、邻里友情，不仅关系到每个家庭的美满幸福，也有利于社会的安定和谐。以尊老爱幼、男女平等、夫妻和睦、勤俭持家、邻里团结为主要内容的家庭美德，旨在鼓励人们在家庭里做一个好成员。

党的"十八大"对未来我国道德建设也做出了重要部署。强调要坚持依法治国和以德治国相结合，加强社会公德、职业道德、家庭美德、个人品德教育，弘扬中华传统美德，弘扬时代新风，指出了道德修养的"四位一体"性。"十八大"报告中"推进公民道德建设工程，弘扬真善美、贬斥假恶丑，引导人们自觉履行法定义务、社会责任、家庭责任，营造劳动光荣、创造伟大的社会氛围，培育知荣辱、讲正气、作奉献、促和谐的良好风尚"，强调了社会氛围和社会风尚对公民道德品质的塑造；"深入开展道德领域突出问题专项教育和治理，加强政务诚信、商务诚信、社会诚信和司法公信建设"，突出了"诚信"这个道德建设的核心。

(3) 职业道德的概念

所谓职业道德，是指从事一定职业的人们在其特定职业活动中所应遵循的符合职业特点所要求的道德准则、行为规范、道德情操与道德品质的总和。职业道德是对从事这个职业所有人员的普遍要求，它不仅是所有从业人员在其职业活动中行为的具体表现，同时也是本职业对社会所负的道德责任与义务，是社会公德在职业生活中的具体化。每个从业人员，不论是从事哪种职业，在职业活动中都要遵守职业道德，如教师要遵守教书育人、为人师表的职业道德；医生要遵守救死扶伤的职业道德；企业经营者要遵守诚实守信、公平竞争、合法经营职业道德等。具体来讲，职业道德的涵义主要包括以下八个方面：

1) 职业道德是一种职业规范，受社会普遍的认可。
2) 职业道德是长期以来自然形成的。
3) 职业道德没有确定形式，通常体现为观念、习惯、信念等。
4) 职业道德依靠文化、内心信念和习惯，通过职工的自律来实现。
5) 职业道德大多没有实质的约束力和强制力。

6）职业道德的主要内容是对职业人员义务的要求。

7）职业道德标准多元化，代表了不同企业可能具有不同的价值观。

8）职业道德承载着企业文化和凝聚力，影响深远。

2. 职业道德的基本特征

职业道德是从业人员在一定的职业活动中应遵循的、具有自身职业特征的道德要求和行为规范。根据《中华人民共和国公民道德建设实施纲要》，我国现阶段各行各业普遍使用的职业道德的基本内容包括"爱岗敬业、诚实守信、办事公道、服务群众、奉献社会"。上述职业道德内容具有以下基本特征：

（1）职业性

职业道德的内容与职业实践活动紧密相连，反映着特定职业活动对从业人员行为的道德要求。每一种职业道德都只能规范本行业从业人员的执业行为，在特定的职业范围内发挥作用。由于职业分工的不同，各行各业都有各自不同特点的职业道德要求。如医护人员有以"救死扶伤"为主要内容的职业道德，营业员有以"优质服务"为主要内容的职业道德。建设领域特种作业人员的职业道德则集中体现在"遵章守纪，安全第一"上。职业道德总是要鲜明地表达职业义务、职业责任以及职业行为上的道德准则，反映职业、行业以至产业特殊利益的要求；它往往表现为某一职业特有的道德传统和道德习惯，表现为从事某一职业的人们所特有的道德心理和道德品质。甚至形成从事不同职业的人们在道德品貌上的差异。如人们常说，某人有"军人作风"、"工人性格"等等。

（2）继承性

在长期实践过程中形成的职业道德内容，会被作为经验和传统继承下来。即使在不同的社会经济发展阶段，同样一种职业，虽然服务对象、服务手段、职业利益、职业责任有所变化，但是职业道德基本内容仍保持相对稳定，与职业行为有关的道德要求的核心内容将被继承和发扬，从而形成了被不同社会发展阶段普遍认同的职业道德规范。如"有教无类"、"学而不厌，诲人不倦"，从古至今都是教师的职业道德。

（3）多样性

不同的行业和不同的职业，有不同的职业道德标准，且表现形式灵活，涉及范围广泛。职业道德的表现形式总是从本职业的交流活动实际出发，采用制度、守则、公约、承诺、誓言、条例，以至标语口号之类来加以体现，既易于为从业人员所接受和实行，而且便于形成一种职业的道德习惯。

（4）纪律性

纪律也是一种行为规范，但它是介于法律和道德之间的一种特殊的规范。它既要求人们能自觉遵守，又带有一定的强制性。就前者而言，它具有道德色彩；对后者而言，又带有一定的法律色彩。就是说，一方面遵守纪律是一种美德，另一方面，遵守纪律又带有强制性，具有法令的要求。例如，工人必须执行操作规程和安全规定；军人要有严明的纪律等。因此，职业道德有时又以制度、章程、条例的形式表达，让从业人员认识到职业道德又具有纪律的约束性。

3. 职业道德建设的必要性和意义

在现代社会里，人人都是服务对象，人人又都为他人服务。社会对人的关心、社会的安宁和人们之间关系的和谐，是同各个岗位上的服务态度、服务质量密切相关的。在构建和谐社会的新形势下,大力加强社会主义的职业道德建设,具有十分重要的意义,一个人对社会贡献的大小,主要体现在职业实践中。

(1) 加强职业道德建设,是提高职业人员责任心的重要途径

行业、企业的发展有赖于好的经济效益,而好的经济效益源于好的员工素质。员工素质主要包含知识、能力、责任心三个方面,其中责任心即是职业道德的体现。职业道德水平高的从业人员其责任心必然很强,因此,职业道德能促进行业企业的发展。职业道德建设要把共同理想同各行各业、各个单位的发展目标结合起来,同个人的职业理想和岗位职责结合起来,这样才能增强员工的职业观念、职业事业心和职业责任感。职业道德要求员工在本职工作中不怕艰苦,勤奋工作,既讲团结协作,又争个人贡献,既讲经济效益,又讲社会效益。

在现代社会里,各行各业都有它的地位和作用,也都有自己的责任和权力。有些人凭借职权钻空子,谋私利,这是缺乏职业道德的表现。加强职业道德建设,就要紧密联系本行业本单位的实际,有针对性地解决存在的问题。比如,建筑行业要针对高估多算、转包工程从中渔利等不正之风,重点解决好提高质量、降低消耗、缩短工期、杜绝敲诈勒索和拖欠农民工工资等问题;商业系统要针对经营商品以次充好、以假乱真和虚假广告等不正之风,重点解决好全心全意为顾客服务的问题;运输行业要针对野蛮装卸、以车谋私和违章超载等不正之风,重点解决好人民交通为人民的问题。当职业人员的职业道德修养提升了,就能做到干一行,爱一行,脚踏实地工作,尽心尽责地为企业为单位创造效益。

(2) 加强职业道德建设,是促进企业和谐发展的迫切要求

职业道德的基本职能是调节职能。它一方面可以调节从业人员内部的关系,即运用职业道德规范约束职业内部人员的行为,促进职业内部人员的团结与合作,加强职业、行业内部人员的凝聚力。如职业道德规范要求各行各业的从业人员,都要团结、互助、爱岗、敬业、齐心协力地为发展本行业、本职业服务。另一方面,职业道德又可以调节从业人员和服务对象之间的关系,用来塑造本职业从业人员的社会形象。

企业是具有社会性的经济组织,在企业内部存在着各种复杂的关系。这些关系既有相互协调的一面,也有矛盾冲突的一面,如果解决不好,将会影响企业的凝聚力。这就要求企业所有的员工都应从大局出发,光明磊落、相互谅解、相互宽容、相互信赖、同舟共济,而不能意气用事、互相拆台。总之,要求职工必须具有较高的职业道德觉悟。

现在,各行各业从宏观到微观都建立了经济责任制,并与企业、个人的经济利益挂钩,从业者的竞争观念、效益观念、信息观念、时间观念、物质利益观念、效率观念都很强,这使得各行各业产生了新的生机和活力。但另一方面,由于社会观念的相对转弱,又往往会产生只顾小集体利益,不顾大集体利益;只顾本企业利益,不顾国家利益;只顾个人利益,不顾他人利益;只顾眼前利益,不顾长远利益等问题。因此,加强职业道德建设,教育员工顾大局、识大体,正确处理国家、集体和个人三者之间的关系,防止各种旧思想、旧道德对员工的腐蚀就显得尤为重要。要促进企业内部党政之间、上下级之间、干群之间团结协作,使企业真正成为一个具有社会主义精神风貌的和谐集体。

(3) 加强职业道德建设,是提高企业竞争力的必要措施

当前市场竞争激烈,各行各业都讲经济效益,这就促使企业的经营者在竞争中不断开拓创新。但行业之间为了自身的利益,会产生很多新的矛盾,形成自我力量的抵消,使一

些企业的经营者在竞争中单纯追求利润、产值，不求质量，或者以次充好、以假乱真，不顾社会效益，损害国家、人民和消费者的利益。这只能给企业带来短暂的收益，当企业失去了消费者的信任，也就失去了生存和发展的源泉，难以在竞争的激流中不倒。在企业中加强职业道德建设，可使企业在追求自身利润的同时，创造社会效益，从而提升企业形象，赢得持久而稳定的市场份额；同时，可使企业内部员工之间相互尊重、相互信任、相互合作，从而提高企业凝聚力。如此，企业方能在竞争中稳步发展。

现阶段的企业，在人财物、产供销方面都有极大的自主权。但粗放型经济增长方式在建设、生产、流通等各个领域，突出表现为管理水平低、物资消耗高、科技含量低、资金周转慢、经济效益差，新旧经济体制的转变已进入了交替的胶着状态，旧经济体制在许多方面失去了效应，而新经济体制还没有完全建立起来。同时，人们在认识上缺乏科学的发展观念。解决这些问题，当然要坚定不移地推进改革，进一步完善经济、法制、行政的调节机制，但运用道德手段来调节和规范企业及员工的经济行为也是合乎民心的极其重要的工作。因此，随着改革的深入，人们的道德责任感应当加强而不是削弱。

(4) 加强职业道德建设，是个人健康发展的基本保障

市场经济对于职业道德建设有其积极一面，也有消极的一面，它的自发性、自由性、注重经济效益的特性，诱惑一些人"一切向钱看"，唯利是图，不择手段追求经济效益，从而走上不归路，断送前程。通过加强职业道德建设，提高从业人员的道德素质，使其树立职业理想，增强职业责任感，形成良好的职业行为。当从业人员具备职业道德精神，将职业道德作为行为准则时，就能抵抗物欲诱惑，而不被利益所熏心，脚踏实地在本行业中追求进步。在社会主义市场经济条件下，弄虚作假、以权谋私、损人利己的人不但给社会、国家利益造成损害，自身发展也会受到影响，只有具备"爱岗敬业、诚实守信、办事公道、服务群众、奉献社会"职业道德精神的从业人员，才能在社会中站稳脚跟，成为社会的栋梁之才，在为社会创造效益的同时，也保障了自身的健康发展。

(5) 加强职业道德建设，是提高全社会道德水平的重要手段

职业道德是整个社会道德的主要内容，它一方面涉及到每个从业者如何对待职业，如何对待工作，同时也是一个从业人员的生活态度、价值观念的表现，是一个人的道德意识和道德行为发展到成熟阶段的体现，具有较强的稳定性和连续性。另一方面，职业道德也是一个职业集体甚至一个行业全体人员的行为表现，如果每个行业、每个职业集体都具备优良的道德，那么对整个社会道德水平的提高就会发挥重要作用。

9.2 建设行业从业人员的职业道德

对于建设行业从业人员来说，一般职业道德要求主要有忠于职守、热爱本职，质量第一、信誉至上，遵纪守法、安全生产，文明施工、勤俭节约，钻研业务、提高技能等内容，这些都需要全体人员共同遵守。对于建设行业不同专业、不同岗位从业人员，还有更加具有针对性和更加具体的职业道德要求。

1. 一般职业道德要求

(1) 忠于职守，热爱本职

一个从业人员不能尽职尽责，忠于职守，就会影响整个企业或单位的工作进程。严重

的还会给企业和国家带来损失，甚至还会在国际上造成不良影响。因此，应当培养高度的职业责任感，以主人翁的态度对待自己的工作，从认识上、情感上、信念上、意志乃至习惯上养成"忠于职守"的自觉性。

1）忠实履行岗位职责，认真做好本职工作

岗位责任一般包括：岗位的职能范围与工作内容；在规定的时间内完成的工作数量和质量。忠实履行岗位职责是国家对每个从业人员的基本要求，也是职工对国家、对企业必须履行的义务。

2）反对玩忽职守的渎职行为

玩忽职守，渎职失责的行为，不仅影响企事业单位的正常活动，还会使公共财产、国家和人民的利益遭受损失，严重的将构成渎职罪、玩忽职守罪、重大责任事故罪，而受到法律的制裁。作为一个建设行业从业人员，就要从一砖一瓦做起，忠实履行自己的岗位职责。

(2) 质量第一、信誉至上

"质量第一"就是在施工时要对建设单位（用户）负责，从每个人做起，严把质量关，做到所承建的工程不出次品，更不能出废品，争创全优工程。建筑工程的质量问题不仅是建筑企业生产经营管理的核心问题，也是企业职业道德建设中的一个重大课题。

1）建筑工程的质量是建筑企业的生命

建筑企业要向企业全体职工，特别是第一线职工反复地进行"百年大计，质量第一"的宣传教育，增强执行"质量第一"的自觉性，同时要"奖优罚劣"，严格制度，检查考核。

2）诚实守信、实践合同

信誉，是信用和名誉两者在职业活动中的统一。一旦签订合同，就要严格认真履行，不能"见利忘义"，"取财无道"，不守信用。"信招天下客，誉从信中来"，企业生产经营要真诚待客，服务周到，产品上乘，质量良好，以获得社会肯定。

建设行业职工应该从我做起，抓职业道德建设，抓诚信教育，使诚实守信成为每个建筑企业的精神，成为每个建筑职工进行职业活动的灵魂。

(3) 遵纪守法，安全生产

遵纪守法，是一种高尚的道德行为，作为一个建筑业的从业人员，更应强调在日常施工生产中遵守劳动纪律。自觉遵守劳动纪律，维护生产秩序，不仅是企业规章制度的要求，也是建筑行业职业道德的要求。

严格遵守劳动纪律，要求做到：听从指挥，服从调配，按时、按质、按量完成上级交给的生产劳动任务；保证劳动时间，不迟到、不早退、不旷工，遵守考勤制度；认真执行岗位责任制和承包责任制，坚守工作岗位，不玩忽职守，在施工劳动中精力要集中，不"磨洋工"，不干私活，不拉扯闲谈开玩笑，不做与本职工作无关的事；要文明施工、安全生产，严格遵守操作规程，不违章指挥、违章作业；做遵纪守法、维护生产秩序的模范。

(4) 文明施工、勤俭节约

文明施工就是坚持合理的施工程序，按既定的施工组织设计，科学地组织施工，严格地执行现场管理制度，做到经常性的监督检查，保证现场整洁，工完场清，材料堆放整齐，施工秩序良好。

勤俭就是勤劳俭朴，节约就是把不必使用的节省下来。换句话说，一方面要多劳动、多学习、多开拓、多创造社会财富；另一方面又要俭朴办企业，合理使用人力、物力、财力，精打细算，节省开支、减少消耗，降低成本、提高劳动生产率，提高资金利用率，严格执行各项规章制度，避免浪费和无谓的损失。

（5）钻研业务，提高技能

当前，我国建立了社会主义市场经济体制，建筑企业要在优胜劣汰的竞争中立于不败之地，并保持蓬勃的生机和活力，从内因来看，很大程度上取决于企业是否拥有现代化建设所需要的各种适用人才。企业要实现技术先进、管理科学、产品优良，关键是要有人才优势。企业的职工素质优劣（包括文化、科学、技术、业务水平的高低，政治思想、职业道德品质的好坏）往往决定了企业的兴衰。科学技术越进步，人才在生产力发展中的作用也就越大，作为建设行业从业人员，要努力学习先进技术和专门知识，了解行业发展方向，适应新的时代要求。

2. 个性化职业道德要求

在遵守一般职业道德要求的基础上，建设行业从业人员还应遵守各自的特殊、详细职业道德要求。为进一步加强建筑业社会主义精神文明建设，提高全行业的整体素质，树立良好的行业形象，一九九七年九月，中华人民共和国建设部建筑业司组织起草了《建筑业从业人员职业道德规范（试行）》，并下发施行。其中，重点对项目经理、工程技术人员、管理人员、工程质量监督人员、工程招标投标管理人员、建筑施工安全监督人员、施工作业人员的职业道德规范提出了要求。

对于项目经理，重点要求有：强化管理，争创效益对项目的人财物进行科学管理；加强成本核算，实行成本否决，厉行节约，精打细算，努力降低物资和人工消耗。讲求质量，重视安全，加强劳动保护措施，对国家财产和施工人员的生命安全负责，不违章指挥，及时发现并坚决制止违章作业，检查和消除各类事故隐患。关心职工，平等待人，不拖欠工资，不敲诈用户，不索要回扣，不多签或少签工程量或工资，搞好职工的生活，保障职工的身心健康。发扬民主，主动接受监督，不利用职务之便谋取私利，不用公款请客送礼。用户至上，诚信服务，积极采纳用户的合理要求和建议，建设用户满意工程，坚持保修回访制度，为用户排忧解难，维护企业的信誉。

对于工程技术人员，重点要求有：热爱科技，献身事业，不断更新业务知识，勤奋钻研，掌握新技术、新工艺。深入实际，勇于攻关，不断解决施工生产中的技术难题提高生产效率和经济效益。一丝不苟，精益求精，严格执行建筑技术规范，认真编制施工组织设计，积极推广和运用新技术、新工艺、新材料、新设备，不断提高建筑科学技术水平。以身作则，培育新人，既当好科学技术带头人，又做好施工科技知识在职工中的普及工作。严谨求实，坚持真理，在参与可行性研究时，协助领导进行科学决策；在参与投标时，以合理造价和合理工期进行投标；在施工中，严格执行施工程序、技术规范、操作规程和质量安全标准。

对于管理人员，重点要求有：遵纪守法，为人表率，自觉遵守法律、法规和企业的规章制度，办事公道。钻研业务，爱岗敬业，努力学习业务知识，精通本职业务，不断提高工作效率和工作能力。深入现场，服务基层，积极主动为基层单位服务，为工程项目服务。团结协作，互相配合，树立全局观念和整体意识，遇事多商量、多通气，互相配合，互相支持，不推、不扯皮，不搞本位主义。廉洁奉公，不谋私利，不利用工作和职务之便吃拿卡要。

对于工程质量监督人员，重点要求有：遵纪守法，秉公办事，贯彻执行国家有关工程质量监督管理的方针、政策和法规，依法监督，秉公办事，树立良好的信誉和职业形象。敬业爱岗，严格监督，严格按照有关技术标准规范实行监督，严格按照标准核定工程质量等级。

提高效率，热情服务，严格履行工作程序，提高办事效率，监督工作及时到位。公正严明，接受监督，公开办事程序，接受社会监督、群众监督和上级主管部门监督，提高质量监督、检测工作的透明度，保证监督、检测结果的公正性、准确性。严格自律，不谋私利，严格执行监督、检测人员工作守则，不在建筑业企业和监理企业中兼职，不利用工作之便介绍工程进行有偿咨询活动。

对于工程招标投标管理人员，重点要求有：遵纪守法，秉公办事，在招标投标各个环节要依法管理、依法监督，保证招标投标工作的公开、公平、公正。敬业爱岗，优质服务，以服务带管理，以服务促管理，寓管理于服务之中。接受监督，保守秘密，公开办事程序和办事结果，接受社会监督、群众监督及上级主管部门的监督，维护建筑市场各方的合法权益。廉洁奉公，不谋私利，不吃宴请，不收礼金，不指定投标队伍，不准泄露标底，不参加有妨碍公务的各种活动。

对于建筑施工安全监督人员，重点要求有：依法监督，坚持原则，宣传和贯彻"安全第一，预防为主"的方针，认真执行有关安全生产的法律、法规、标准和规范。敬业爱岗、忠于职守，以减少伤亡事故为本，大胆管理。实事求是，调查研究，深入施工现场，提出安全生产工作的改进措施和意见，保障广大职工群众的安全和健康。努力钻研，提高水平，学习安全专业技术知识，积累和丰富工作经验，推动安全生产技术工作的不断发展和完善。

对于施工作业人员，重点要求有：苦练硬功，扎实工作，刻苦钻研技术，熟练掌握本工作的基本技能，努力学习和运用先进的施工方法，练就过硬本领，立志岗位成才。热爱本职工作，不怕苦、不怕累，认认真真，精心操作。精心施工，确保质量，严格按照设计图纸和技术规范操作，坚持自检、互检、交接检制度，确保工程质量。安全生产，文明施工，树立安全生产意识，严格执行安全操作规程，杜绝一切违章作业现象。维护施工现场整洁，不乱倒垃圾，做到工完场清。不断提高文化素质和道德修养。遵守各项规章制度，发扬劳动者的主人翁精神，维护国家利益和集体荣誉，服务从上级领导和有关部门的管理，争做文明职工。

9.3 建设行业职业道德的核心内容

1. 爱岗敬业

爱岗敬业，顾名思义就是认真对待自己的岗位，对自己的岗位职责负责到底，无论在任何时候，都尊重自己的岗位职责，对自己的岗位勤奋有加。

爱岗敬业是人类社会最为普遍的奉献精神，它看似平凡，实则伟大。一份职业，一个工作岗位，都是一个人赖以生存和发展的基本保障。同时，一个工作岗位的存在，往往也是人类社会存在和发展的需要。所以，爱岗敬业不仅是个人生存和发展的需要，也是社会存在和发展的需要。爱岗敬业是一种普遍的奉献精神。只有爱岗敬业的人，才会在自己的工作岗位上勤勤恳恳，不断地钻研学习，一丝不苟，精益求精，才有可能为社会为国家做出崇高而伟大的奉献。

热爱本职工作、热爱自己的单位。职工要做到爱岗敬业，首先应该热爱单位，树立坚定的事业心。只有真正做到甘愿为实现自己的社会价值而自觉投身这种平凡，对事业心存敬重，甚至可以以苦为乐、以苦为趣才能产生巨大的拼搏奋斗的动力。我们的劳动是平凡的，但求要求是很高的。人的一生应该有明确的工作和生活目标，为理想而奋斗虽苦然乐在其中，热爱事业，关心单位事业发展，这是每个职工都应具备的。

爱岗敬业需要有强烈的责任心。责任心是指对事情能敢于负责、主动负责的态度；责任心，是一种舍己为人的态度。一个人的责任心如何，决定着他在工作中的态度，决定着其工作的好坏和成败。如果一个人没有责任心，即使他有再大的能耐，也不一定能做出好的成绩来。有了责任心，才会认真地思考，勤奋地工作，细致踏实，实事求是；才会按时、按质、按量完成任务，圆满解决问题；才能主动处理好分内与分外的相关工作，从事业出发，以工作为重，有人监督与无人监督都能主动承担责任而不推卸责任。

2. 诚实守信

诚实守信就是指言行一致，表里如一，真实无欺，相互信任，遵守诺言，信守约定，践行规约，注重信用，忠实地履行自己应当承担的责任和义务。诚实守信作为社会主义职业道德的基本规范，是和谐社会发展的必然要求，对推进社会主义市场经济体制建立和发展具有十分重要的作用。它不仅是建筑行业职工安身立命的基础，也是企业赖以生存和发展的基石。

在公民道德建设中，把"诚实守信"融入到职业道德的各个领域和各个方面，使各行各业的从业人员，都能在各自的职业中，培养诚实守信的观念，忠诚于自己从事的职业，信守自己的承诺。对一个人来说，"诚实守信"既是一种道德品质和道德信念，也是每个公民的道德责任，更是一种崇高的"人格力量"，因此"诚实守信"是做人的"立足点"。对一个团体来说，它是一种"形象"，一种品牌，一种信誉，一个使企业兴旺发达的基础。对一个国家和政府来说，"诚实守信"是"国格"的体现，对国内，它是人民拥护政府、支持政府、赞成政府的一个重要的支撑；对国际，它是显示国家地位和国家尊严的象征，是国家自立自强于世界民族之林的重要力量，也是良好"国际形象"和"国际信誉"的标志。

"以诚实守信为荣，以见利忘义为耻"，是社会主义荣辱观的重要内容。市场经济是交换经济、竞争经济，又是一种契约经济。保证契约双方履行自己的义务，是维护市场经济秩序的关键。而"诚实守信"对保证市场经济沿着社会主义道路向前发展，有着特殊的指向作用。一些企业之所以能兴旺发达，在世界市场占有重要地位，尽管原因很多，但"以诚信为本"，是其中的一个决定的因素；相反，如果为了追求最大利润而弄虚作假、以次充好、假冒伪劣和不讲信用，尽管也可能得利于一时，但最终必将身败名裂、自食其果。在前一段时期，我国的一些地方、企业和个人，曾以失去"诚实守信"而导致"信誉扫地"，在经济上、形象上蒙受了重大损失。一些地方和企业，"痛定思痛"，不得不以更大的代价，重新铸造自己"诚实守信"形象，这个沉痛教训，是值得认真吸取的。

一个行业、一个企业的信誉，也就是它们的形象、信用和声誉，是指企业及其产品与服务在社会公众中的信任程度，提高企业的信誉主要靠产品的质量和服务质量，而从业人员职业道德水平高是产品质量和服务质量的有效保证。如江苏省的建筑队伍，由于素质过硬，吃苦耐劳、能征善战，狠抓工程质量、工程进度和安全生产，在全国建造了众多荣获鲁班奖的地标建筑，被誉为江苏建筑铁军。这支队伍在世博会的建设上再展风采，江苏建筑铁军凭借过硬的质量、创新的科技、可靠的信誉和一流的素质，成为世博会场馆建设的主力军。江苏建筑企业承接完成了英国馆、比利时馆、奥地利馆、阿曼馆、俄罗斯馆、沙特馆、爱尔兰馆、意大利馆和震旦馆、万科馆、气象馆、航空馆、H1世博村酒店等14个世博会展馆和附属工程的总包项目，63个分包项目，合同额计28.8亿元。江苏是除上海以外，承担场馆建设项目最多、工程科技含量最大、施工技术要求最高的省份，江苏铁军为国家再立新功。

3. 安全生产

近年来，建筑工程领域对工程的要求由原来的"三控"（质量，工期，成本）变成"四控"（质量，工期，成本，安全），特别增加了对安全的控制，可见安全越来越成为建筑业一个不可忽视的要素。

安全，通常是指各种（指天然的或人为的）事物对人不产生危害、不导致危险、不造成损失、不发生事故、运行正常、进展顺利等状态，近年来，随着安全科学（技术）学科的创立及其研究领域的扩展，安全科学（技术）所研究的问题不再仅局限于生产过程中的狭义安全内容，而是包括人们从事生产、生活以及可能活动的一切领域、场所中的所有安全问题，即称为广义的安全。这是因为，在人的各种活动领域或场所中，发生事故或产生危害的潜在危险和外部环境有害因素始终是存在的，即事故发生的普遍性不受时空的限制，只要有人和危害人身心安全与健康的外部因素同时存在的地方，就始终存在着安全与否的问题。换句话说，安全问题存在于人的一切活动领域中，伤亡事故发生的可能性始终存在，人类遭受意外伤害的风险也永远存在。

虽然目前我国已经建立了一套较为完整的建筑安全管理组织体系，建筑安全管理工作也取得了较为显著的成绩，但整体形势依然严峻。近十年来我国建筑业百亿元产值死亡率一直呈下降趋势，然而从绝对数上看死亡人数和事故发生数却一直居高不下。因此安全第一、预防为主、综合治理就成了建设行业一项十分重要的工作。

文明生产是指以高尚的道德规范为准则，按现代化生产的客观要求进行生产活动的行为，具体表现为物质文明和精神文明两个方面。在这里物质文明是指为社会生产出优质的符合要求的建筑或为住户提供优质的服务。精神文明体现出来的是建筑员工的思想道德素质和精神面貌。安全施工就是在施工过程中强调安全第一，没有安全的施工，随时都会给生命带来危害、给财产造成损失。文明生产、安全施工是社会主义文明社会对建筑行业的要求，也是建筑行业员工的岗位规范要求。

要达到文明生产、安全施工的要求，一些最基本的要求首先必须做到：

（1）相互协作，默契配合。在生产施工中，各工序、工种之间、员工与领导之间要发扬协作精神，互相学习，互相支援。处理好工地上土建与水电施工之间经常会出现的进度不一、各不相让的局面，使工程能够按时按质的完成。

（2）严格遵守操作规程。从业人员在施工中要强化安全意识，认真执行有关安全生产的法律、法规、标准和规范，严格遵守操作规程和施工程序，进入工地要戴安全帽，不违章作业，不野蛮施工，不乱堆乱扔。

（3）讲究施工环境优美，做到优质、高效、低耗。做到不乱排污水，不乱倒垃圾，不遗撒渣土，不影响交通，不扰民施工。

4. 勤俭节约

勤俭节约是指在施工、生产中严格履行节省的方针，爱惜公共财物和社会财物以及生产资料。降低企业成本是指企业在日常工作中将成本降低，通过技术、提高效率、减少人员投入、降低人员工资或提高设备性能或批量生产等方法，将成本降低。作为建筑施工企业的施工员，必须要做到杜绝资源的浪费。资源是有限的，但人类利用资源的潜力是无限的，我们应该杜绝不合理的浪费资源现象的发生。在当今建筑施工企业竞争日益激烈的局面中，勤俭节约，降低成本是每一个从业人员都应该努力做到的。我们与公司的关系实质上是同舟共济，并肩前进的关系，只有每个员工都从自身做起，严格要求自己，我们的建筑施工企业才能不断发展壮大。

人才也是重要的社会资源，建筑企业要充分发挥员工的才能，让员工在合适的岗位上做出相应的业绩。企业更应当采取各种措施培养人才，留住人才，避免人才流动频繁。每一个员工也都应该关心本企业的发展，以积极向上的精神奉献社会。

5. 钻研技术

技术、技巧、能力和知识是为职业服务的最基本的"工具"，是提高工作效率的客观需要，同时也是搞好各项工作的必要前提。从业人员要努力学习科学文化知识，刻苦钻研专业技术，精通本岗位业务。创新是人类发展之本，从业人员应该在实际中不断探索适于本职工作的新知识，掌握新本领，才能更好地获得人生最大的价值。

9.4 建设行业职业道德建设的现状、特点与措施

1. 建设行业职业道德建设现状

（1）质量安全问题频发，敲响职业道德建设警钟。从目前我国建筑业总的发展形势来看，总体上各方面还是好的，无论是工程规模、业绩、质量、效益、技术等都取得了很大突破。虽然行业的主流是好的，但出现的一些问题必须引起人们的高度重视。因为，作为百年大计的建筑物产品，如果质量差，则损失和危害无法估量。例如5.12汶川大地震中某些倒塌的问题房屋，杭州地铁坍塌，上海、石家庄在建楼房倒楼事件，以及由于其他一些因为房屋质量、施工技术问题引发的工程事故频发，对建设行业敲响了职业道德建设警钟。

（2）营造市场经济良好环境，急切呼唤职业道德。众所周知，一座建筑物的诞生需要有良好的设计、周密的施工、合格的建筑材料和严格的检验与监督。然而，在一段时间内许多设计不仅结构不合理、计算偏差，而且根本不考虑相关因素，埋下很大隐患；施工过程中秩序混乱；建筑材料伪劣产品层出不穷，人情关系和金钱等因素严重干扰建筑工程监督的严肃性。这一系列环节中的问题，使我国近几年的建筑工程质量事故屡见不鲜。影响建筑工程质量的因素很多，但是道德因素是重要因素之一，所以，新形势下的社会主义市场经济急切呼唤职业道德。

面对市场经济大潮，建筑企业逐渐从传统的计划经济体制中走了出来。面对市场竞争，人们要追求经济效益，要讲竞争手段。我国的建筑市场竞争激烈，特别是我国各省市发展不平衡，建筑行业的法规不够健全，在竞争中引发出一些职业道德病。每当我国大规模建设高潮到来时，总伴随着工程质量问题的增加。一些建筑企业为了拿到工程项目，使用各种手段，其中手段之一就是盲目压价，用根本无法完成工程的价格去投标。中标后就在设计、施工、材料等方面做文章，启用非法设计人员搞黑设计；施工中偷工减料；材料上买低价伪劣产品，最终，使建筑物的"百年大计"大大打了折扣。

搞社会主义市场经济，不仅要重视经济效益，也要重视社会效益，并且，这两种效益密不可分。一个建筑企业如果只重视经济效益，而不重视社会效益，最终必然垮台。实践证明，许多企业并不是垮在技术方面，而是垮在思想道德方面。我国的建筑业要振兴，必须大力加强建筑行业职业道德建设。否则，有可能给中华大地留下一堆堆建筑垃圾，建筑业的发展和繁荣最终成为一句空话。一个企业不仅要在施工技术和经营管理方面有发展，在企业员工职业道德建设方面也不可忽视。两个品牌建设都要创。我国的建筑业要振兴，必须大力加强建筑行业职业道德建设。否则，将会严重影响我们国家的社会主义经济建设的发展。

2. 建设行业职业道德建设的特点

开展建设行业职业道德建设，要注意结合行业自身的特点。以建筑行业为例，职业道德建设具有以下几个方面特点：

（1）人员多、专业多、岗位多、工种多。

我国建筑行业有着逾千万人员，40多个专业，30多个岗位，100多个职业工种。且众多工种的从业人员中，80％左右来自广大农村，全国各地都有，语言不一，普遍文化程度较低，基本上从业前没有受过专门专业的岗位培训教育，综合素质相对不高。对这些员工来讲应该积极参加各类教育培训、认真学习文化、专业知识、努力提高职业技能和道德素质。

（2）条件艰苦，工作任务繁重。

建筑行业大部分属于露天作业、高空作业，有些工地差不多在人烟荒芜地带，工人常年日晒雨淋，生产生活场所条件艰苦，作业人员缺乏必要的安全作业生产培训，安全作业存在隐患，安全设施落后和不足，安全事故频发。随着经济社会的不断发展和国家社会越来越注重以人为本的理念，经济发达地区的企业对于现场工地人员的生活条件有了明显改善。同时对建筑行业中房屋的质量、工期、人员安全要求也更高，加强职业道德建设成为一项必要的内容。

（3）施工面大，人员流动性大。

建筑行业从业人员的工作地点很难长期固定在一个地方，人员来自全国各地又流向全国各地，随着一个施工项目的完工，建设者又会转移到别的地方，可以说这些人是四海为家，随处奔波。很难长期定点接受一定的职业道德教育培训教育。

（4）各工种之间联系紧密。

建筑行业职业的各专业、岗位和工种之间有一种承前启后的紧密联系。所有工程的建设，都是由多个专业、岗位、工种共同来完成的。每个职业所完成的每项任务，既是对上一个岗位的承接，也是对下一个岗位的延续，直到工程竣工验收。

(5) 社会性。

一座建筑物的完工，凝聚了多方面的努力，体现了其社会价值和经济价值。同时，建筑行业随着国民经济的发展，其行业地位和作用也越来越重要，行业发展关乎国计民生。建筑工程项目生产过程中，几乎与国民经济中所有部门都有协作关系，而且一旦建成为商品，其功能应满足社会的需要，满足国民经济发展的需要。建筑物只有在体现出自身的社会价值之后才能体现出自身的经济价值。

因此，开展建筑行业的职业道德建设，一定要联系上述特点，因地制宜地实施行业的职业道德建设。要以人为本，遵守职业道德规范，一切为了社会广大人民和子孙后代的利益，坚持社会主义、集体主义原则，发挥行业人员优秀品质，严谨务实，艰苦奋斗、团结协作，多出精品优质工程，体现其社会价值和经济价值。

3. 加强建设行业职业道德建设的措施

职业道德建设是塑造建筑行业员工行业风貌的一个窗口，也是提高行业竞争力和发展势头的重要保证。职业道德建设涉及政府部门、行业企业、职工队伍等方方面面，需要齐抓共管，共同参与，各司其职，各负其责。

(1) 发挥政府职能作用，加强监督监管和引导指导。政府各级建设主管部门要加强监督和引导，要重视对建设行业职业道德标准的建立完善，在行政立法上约束那些不守职业道德规范的员工，建立健全建设行业职业道德规范和制度。坚持"教育是基础"，编制相关教材，开展骨干培训，积极采用广播电视网络开展宣传教育。不但要努力贯彻实施建设部制定颁布的行业职业道德准则，有条件的可以下企业了解并制定和健全不同行业、工种、岗位的职业道德规范，并把企业的职业道德建设作为企业年度评优的重要参考内容。

(2) 发挥企业主体作用，抓好工作落实和服务保障。企业要把员工职业道德建设作为自身发展的重要工作来抓，领导班子和管理者首先要有对职业道德建设重要性的充分认识，要起模范带头作用。企业领导应关注职业道德建设的具体工作落实情况，企业的相关部门要各负其责，抓好和布置具体活动计划，使企业的职业道德建设工作有序开展。

(3) 改进教学手段，创新方式方法。由于目前建设行业特别是建筑行业自身的特点，建筑队伍素质整体上文化水平不是很高，大部分职工在接受文化教育能力有限。因此，在教育时要改进教学手段，创新方式方法，尽量采用一些通俗易懂的方法，防止生硬、呆板、枯燥的教学方式，努力营造良好的学习教育氛围，增加职工对职业道德学习的兴趣。可以采用报纸、讲演、座谈、黑板报、企业报，网络新闻电视传媒等多种有效的宣传教育形式，使职工队伍学习到更多的施工技术、科学文化、道德法律等方面知识。可以充分利用工地民工学校这样便捷教育场地，在时间和教育安排上利用员工工作的业余时间或集中专门培训；岗位业务培训和职业道德教育培训相结合；班前班后上岗针对性安全技术教育培训等。使广大员工受到全面有效的职业技能和职业道德教育学习，从而为行业员工队伍建设打好坚实基础。

(4) 结合项目现场管理，突出职业道德建设效果。项目部等施工现场作为建设行业的第一线，是反映建设行业职业道德建设的窗口，在开展职业道德建设中要认真做好施工现场管理工作，做到现场道路畅通，材料堆放整齐，防护设备完备，周围环境整洁，努力创建安全文明样板工地，充分展示建设工地新形象。把提高项目工程质量目标、信守合同作为职业道德建设的一个重要一环，高度注重：施工前为用户着想；施工中对用户负责；完工后使用户满意。把它作为建设企业职业道德建设工作实践的重要环节来抓。

(5) 开展典型性教育，发挥惩奖激励机制作用。在职业道德教育中，应当大力宣传身边的先进典型，用先进人物的精神、品质和风格去激发职工的工作热情。此外，应当在项目建设中建立惩奖激励机制。一个品质项目的诞生，离不开那些有着特别贡献的员工，要充分调动广大员工的积极性和主动性，激发其创新潜能和发挥其奉献精神，对优秀施工班组和先进个人实行物质精神奖励，作为其他员工的学习榜样。同时，对于不遵章守规、作风不良的应该曝光、批评，指出缺点错误，使其在接受教育中逐步改变原来的陈规陋习，得到正确的职业道德教育。

(6) 倡导以人为本理念，改善职工工作生活环境。随着经济社会的发展，政府和社会对人的关心、关怀变的更加重视，确保广大职工有一个良好的工作生活环境，为他们解决生产生活方面的困难，如夏季的降温解暑工作，冬天供热保暖工作，每年春节、中秋等节假日的慰问、团拜工作，以及其他一些业余文化活动，使广大职工感觉到企业和社会对他们的关爱，更加热爱这份职业，更能在实现自身价值中充分展现职业道德风貌。

9.5 加强职业道德修养

当前我国社会职业道德方面存在的问题相当严重，凸显了加强职业道德修养的必要性和紧迫性。职业人员为了个人或小团体利益，违背职业道德的现象频频出现，如官场的"钱权交易"，市场的"缺德交易"，文场的"钱文交易"。一些政府官员以权谋私，将人民赋予的权力当做牟利的工具，严重影响了政府的公信力；医疗卫生行业，收受红包、回扣，乱开药，乱收费，草率误诊，小病大治，服务态度恶劣等现象屡禁不止；企业之间恶性竞争，制销售各种假冒伪劣商品，类似"染色馒头"、"地沟油"、"瘦肉精"、"毒奶粉"等事件屡屡发生，消费者利益甚至生命安全都受到了威胁；在建筑行业，施工单位围标、串标、低价抢标，中标后，通过各种途径更改投标文件，违规建设、偷工减料、以次充好，以牺牲工程质量和安全为代价赚取利润，以致工程事故时有发生，建筑企业或个人的"挂靠"行为盛行，有资质的企业或工程师"以资质换收益"而不是通过提供技术服务来获取所得，这种行为容易造成工程质量劣质，给工程带来了安全隐患；学术界中，一些学者由于急功近利，捏造、篡改研究数据，抄袭他人成果，恶意一稿多投的行为也层出不穷，严重影响了学术尊严。我国正处在经济转型阶段，市场经济的自由交易带来经济的快速发展，然而，在利益面前，道德越来越被人们所忽视，各行各业的职业道德缺失问题愈演愈烈，这必然会阻碍我国经济社会的健康发展，企业和个人的自身发展也将会受到威胁。

职业道德修养，它是一个从业者头脑中进行的两种不同思想的斗争。用形象一点的话来说，就是自己重视思想建设，用儒家的话来说就是"内省"，也就是做好自我批评，发扬优点，改正缺点。正是由于这种特点，必须随时随地认真培养自己的道德情感，充分发挥思想道德上正确方面的主导作用，促使"为他"的职业道德观念去战胜"为己"的职业道德观念，认真检查自己的一切言论和行动，改正一切不符合社会主义职业道德的东西，才能达到不断提高自己职业道德的水平。

1. 加强职业道德修养的途径

首先,树立正确的人生观是职业道德修养的前提。其次,职业道德修养要从培养自己良好的行为习惯着手。最后,要学习先进人物的优秀品质,不断激励自己。职业道德修养是一个从业人员形成良好的职业道德品质的基础和内在因素。一个从业人员只知道什么是职业道德规范而不进行职业道德修养,是不可能形成良好职业道德品质的。

2. 加强职业道德修养的方法

(1) 学习职业道德规范、掌握职业道德知识。

(2) 努力学习现代科学文化知识和专业技能,提高文化素养。

(3) 经常进行自我反思,增强自律性。

(4) 提高精神境界,努力做到"慎独"。"慎独"一词出于我国古籍《礼记·中庸》:"道也者,不可须臾离也,可离非道也。事故君子戒慎乎其所不睹,恐惧乎其所不闻。莫见乎隐,莫显乎微,故君子慎其独也"。意思是说,道德原则是一时一刻也不能离开的,时时刻刻检查自己的行动,一个有道德的人在独自一人,无人监督时,也是小心谨慎地不做任何不道德的事。在提倡"慎独"的同时,提倡"积善成德"。就是精心保持自己的善行,使其不断积累和壮大。我国战国时哲学家荀况曾说:"积土成山,风土兴焉;积水成渊,蛟龙生焉;积善成德,而神明自得,圣心备焉。故不积跬步,无以至千里;不积小流,无以成江河。"高尚的道德人格和道德品质,不是一夜之间能够养成的,它需要一个长期的积善过程。

参 考 文 献

[1] 季敏. 建筑制图与构造基础 [M]. 北京：机械工业出版社，2011
[2] 闫培明. 房屋建筑构造 [M]. 北京：机械工业出版社，2008
[3] 刘凤翰. 混凝土结构及其施工图识读 [M]. 北京：北京理工大学出版社，2012
[4] 鲁伟，余克俭，陈翔. 建筑结构 [M]. 南京：南京大学出版社，2011
[5] 陈晋中. 土力学与地基基础（第 2 版）[M]. 北京：机械工业出版社，2013
[6] 宋莲琴等. 建筑制图与识图（第 3 版）[M]. 北京：清华大学出版社，2012
[7] 张正禄等. 工程的变形监测分析与预报 [M]. 北京：测绘出版社，2007
[8] 魏静. 建筑工程测量 [M]. 北京：机械工业出版社，2008
[9] 刘斌，许汉明. 土木工程材料 [M]. 武汉：武汉理工大学出版社，2009
[10] 纪闯，冷超群，谢晓杰. 建筑法规 [M]. 南京：南京大学出版社，2013
[11] 一级建造师执业资格考试用书编写委员会编写. 建设工程法规及相关知识（第 3 版）. 北京：中国建筑工业出版社，2011 年
[12] 二级建造师执业资格考试用书编写委员会编写. 建设工程法规及相关知识（第 3 版）. 北京：中国建筑工业出版社，2011 年
[13] 胡成建主编. 建设工程法规 [M]. 北京：中国建筑工业出版社，2009 年
[14] 江苏省建设厅. 江苏省建筑与装饰工程计价表. 北京：知识产权出版社，2004
[15] 中华人民共和国建设部. 建设工程工程量清单计价规范. 北京：中国计划出版社，2013
[16] 全国造价工程师执业资格考试培训教材编审委员会. 建设工程计价（2013 年版）. 北京：中国计划出版社，2013
[17] 中华人民共和国行业标准. 建筑生石灰（JC/T 479—1992）
[18] 中华人民共和国行业标准. 建筑石膏（GB/T 9776—2008）
[19] 中华人民共和国国家标准. 通用硅酸盐水泥（GB 175—2007）
[20] 中华人民共和国行业标准. 混凝土用砂、石质量及检验方法标准（JGJ 52—2006）
[21] 中华人民共和国行业标准. 混凝土用水标准（JGJ 63—2006）
[22] 中华人民共和国国家标准. 混凝土外加剂应用技术规范（GB 50119—2003）
[23] 中华人民共和国国家标准. 普通混凝土拌和物性能试验方法标准（GB/T 50080—2002）
[24] 中华人民共和国国家标准. 普通混凝土力学性能试验方法标准（GB/T 50081—2002）
[25] 中华人民共和国行业标准. 普通混凝土配合比设计规程（JGJ 55—2011）
[26] 中华人民共和国国家标准. 混凝土结构设计规范（GB 50010—2010）
[27] 中华人民共和国行业标准. 建筑砂浆基本性能试验方法（JGJ 70—2009）
[28] 中华人民共和国国家标准. 预拌砂浆标准（GB/T 25181—2010）
[29] 中华人民共和国国家标准. 碳素结构钢（GB/T 700—2006）
[30] 中华人民共和国国家标准. 低合金高强度结构钢（GB 1591—2008）
[31] 中华人民共和国国家标准. 优质碳素钢（GB/T 699—2008）
[32] 中华人民共和国国家标准. 热轧光圆钢筋（GB 1499.1—2008）
[33] 中华人民共和国国家标准. 热轧带肋钢筋（GB 1499.2—2007）

[34] 中华人民共和国国家标准. 预应力钢筋混凝土用螺纹钢筋（GB/T 20065—2006）
[35] 中华人民共和国国家标准. 冷轧带肋钢筋（GB 13788—2008）
[36] 中华人民共和国行业标准. 冷轧扭钢筋（JG 190—2006）
[37] 中华人民共和国行业标准. 道路石油沥青（SH/T 0522—2000）
[38] 中华人民共和国国家标准. 建筑石油沥青（GB/T 494—2010）
[39] 中华人民共和国国家标准. 烧结普通砖（GB 5101—2003）
[40] 中华人民共和国国家标准. 烧结多孔砖和多孔砌块（GB 13544—2011）
[41] 中华人民共和国国家标准. 烧结空心砖（GB 13545—2003）
[42] 单辉祖. 材料力学（第2版）Ⅰ、Ⅱ. 北京：高等教育出版社，2004
[43] 建筑结构荷载规范（GB 50009—2012）. 北京：中国建筑工业出版社，2011
[44] 龙驭求，包世华. 结构力学教程Ⅰ. 北京：高等教育出版社，2000
[45] 周国瑾，施美丽，张景良. 建筑力学. 上海：同济大学出版社，2000
[46] 哈工大理论力学教研室. 理论力学（第六版）Ⅰ、Ⅱ. 北京：高等教育出版社，2002
[47] 职业道德. 国家职业资料培训教程. 中央广播电视大学出版社. 2007
[48] 职业道德（第二版）. 人才资源和社会保障部教材小公室组织编写. 中国劳动社会保障出版社. 2009